인체의 신비

인체의 신비

재미있고 놀라운 우리 몸 이야기

안도 유키오 감수 | 안창식 편역

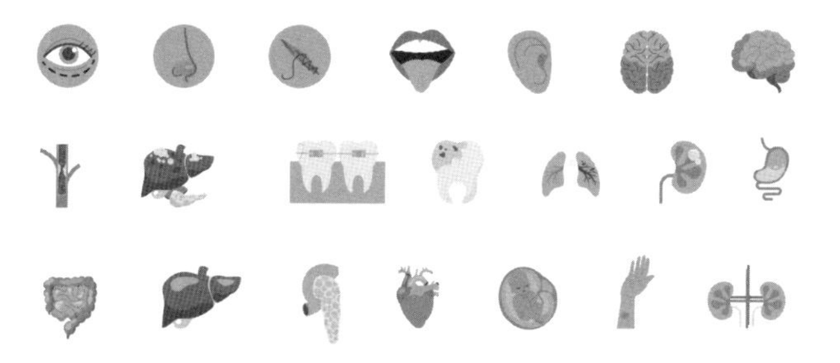

중앙에듀북스

여는 글

인간의 몸은 신비로 가득 차 있습니다. 인체의 구조는 놀랄 정도로 정밀하고 어떤 컴퓨터도 흉내낼 수 없을 정도로 복잡합니다.

생명체의 최소 단위인 세포 약 60조 개가 인체를 이루고 있습니다. 세포들은 다양하게 얽혀서 기관이나 장기를 만들고 우리의 몸을 유지합니다. 이런 인체의 구조를 우리는 의외로 잘 모르고 있습니다. 병에라도 걸리지 않으면 자신의 몸에 대해 극히 무지한 것이 사실입니다.

의학은 나날이 발전하고 있습니다. 의료기기, 의약품의 진보와 더불어 진단과 치료뿐만 아니라, 예방의학의 발전도 눈부십니다. 현대사회에서 노인인구는 갈수록 증가해 이제 고령화사회가 되었습니다. 예방의학은 병의 조기발견, 진행의 방지라는 이차적 예방에서, 병을 막고 더 나아가서는 건강의 증진이라는 일차적 예방으로 변해 왔습니다.

건강진단에서는 병이 있으면 그에 따른 진단과 치료를, 이상이 있으면 그 대책을, 그리고 건강한 몸이면 올바른 체력 평가를 통해 자신의 체력에 알맞은 생활지도가 이루어집니다.

의사의 이러한 지시를 이해하기 위해서는 몸의 구조, 즉 어디에 어떤 장기가 있고, 어떤 구조로 되어 있으며, 어떠한 역할을 담당하고 있는지, 그에 대한 최소한의 지식이 필요합니다. 이 책은 그런 최소한의 지식을 전달하기 위해 쓰여졌습니다.

건강은 자기 자신을 관리하는 것입니다. 균형 잡힌 식사와 운동 등을 실행하기 위해서는 우선 몸에 대한 올바른 지식을 잘 이해하는 것이 중요합니다.

우리 몸의 불가사의를 아는 데, 또한 풍요롭고 건강한 생활을 영위하는 데 이 책이 독자 여러분에게 도움이 될 것이라 확신합니다.

의학박사 안도 유키오

찾아보기

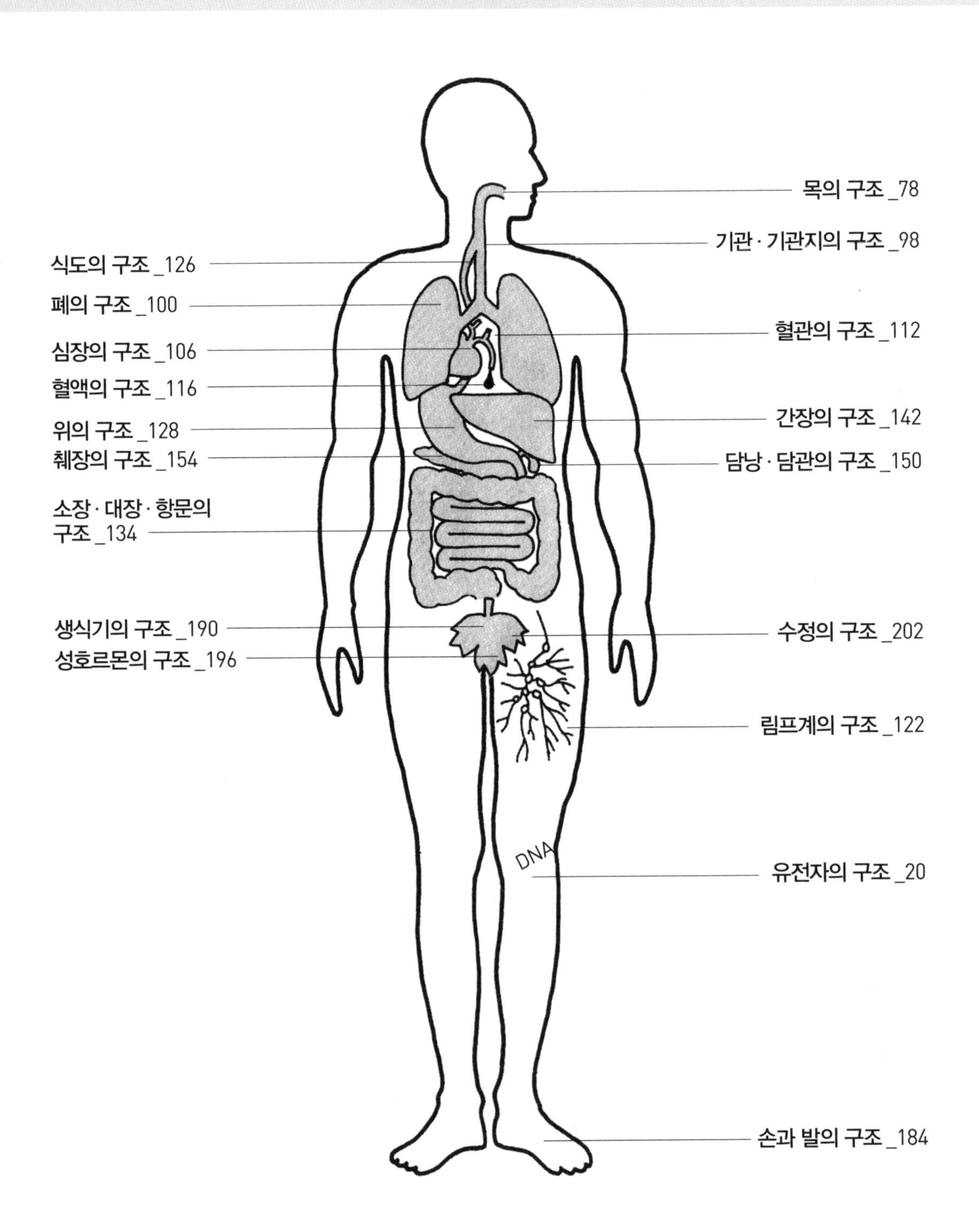
목의 구조 _78
기관 · 기관지의 구조 _98
식도의 구조 _126
폐의 구조 _100
혈관의 구조 _112
심장의 구조 _106
혈액의 구조 _116
간장의 구조 _142
위의 구조 _128
췌장의 구조 _154
담낭 · 담관의 구조 _150
소장 · 대장 · 항문의
구조 _134
생식기의 구조 _190
수정의 구조 _202
성호르몬의 구조 _196
림프계의 구조 _122
DNA
유전자의 구조 _20
손과 발의 구조 _184

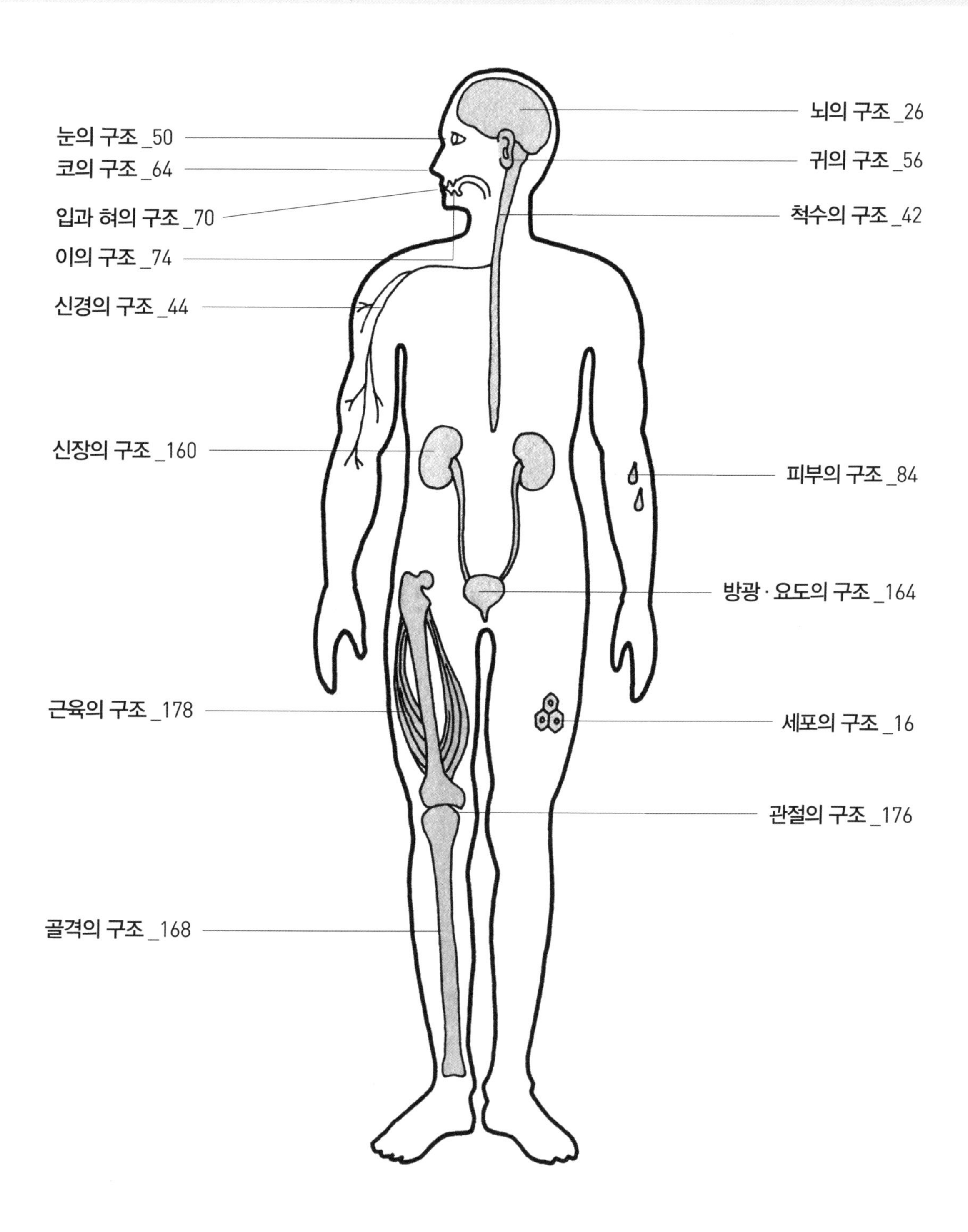
눈의 구조 _50
코의 구조 _64
입과 혀의 구조 _70
이의 구조 _74
신경의 구조 _44
신장의 구조 _160
근육의 구조 _178
골격의 구조 _168
뇌의 구조 _26
귀의 구조 _56
척수의 구조 _42
피부의 구조 _84
방광 · 요도의 구조 _164
세포의 구조 _16
관절의 구조 _176

차례

6장

에너지 저장고 · 비축기지
소화기

9장

아담과 이브의 신비
생식기와 생명탄생

서장

생명체의 근원

세포와 유전자

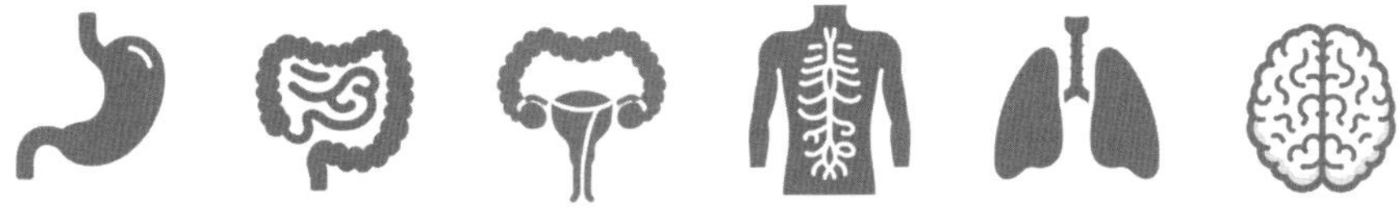

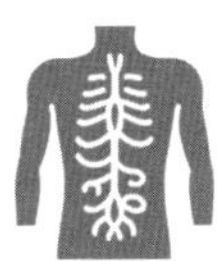

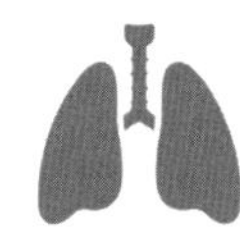

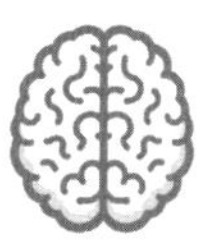

세포의 구조

생명체의 최소단위

인체는 1개의 수정란에서 태어난다

모든 생물은 세포라는 최소단위로 이루어져 있다. 우리 인간의 몸은 여러 가지 기능을 가진 약 60조 개의 세포로 이루어져 있다. 그 크기는 평균적으로 대개 1/300mm이고, 형태는 천차만별이다. 1개의 세포에는 인간이 만든 어떤 최첨단 기술보다 뛰어난 정교한 시스템이 있다. 생명체인 세포는 외부세계에서 영양을 섭취해 소화하고, 그것을 에너지로 바꾸거나 분열해서 그 수를 늘리면서 우리의 몸을 유지한다.

| 1개의 세포를 모형화해 보면 |

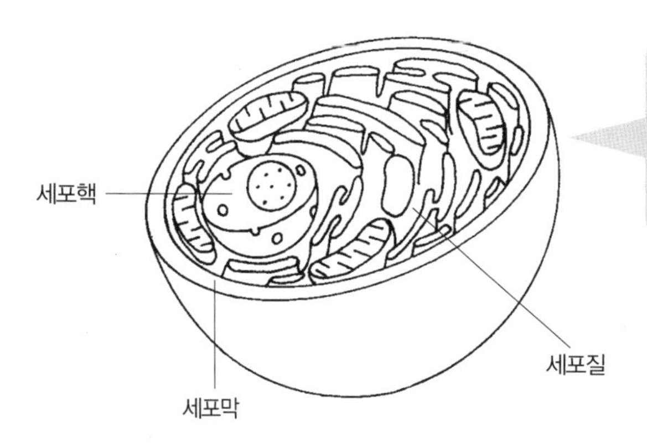

우리 몸의 60%는 수분이다. 그 외에는 세포로 이루어져 있다. 놀랄 만한 것은 눈에는 보이지 않는 아주 작은 세포도 생명을 갖고 있다는 사실이다.

시작은 단 1개의 수정한 난세포. 이것이 차차 규칙적으로 분열하여 그 수가 늘어나고 모양이나 움직임이 비슷한 것끼리 조직을 만든다.

조직의 종류 • 상피조직 • 지지조직 • 근조직 • 신경조직

이런 조직 몇 개가 모여서 장기(기관)가 되고, 인체의 형태가 만들어진다.

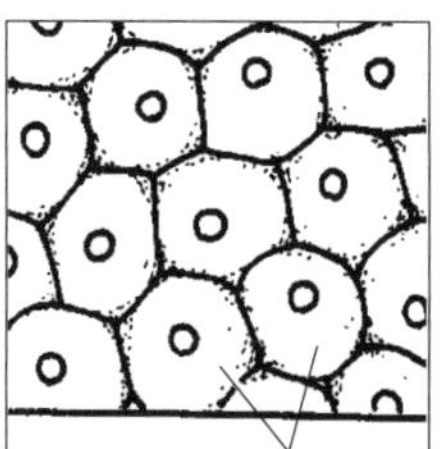

피부 상피조직의 예
인체의 각 기관은 세포가 겹쳐 쌓여서 이루어진다.

인간의 몸은 60조 개의 세포로 이루어져 있다!

세포는 무엇으로 이루어져 있을까? 더 작게 나눠 보면 생명활동이 불가능한 유기화합물이라는 단순한 물질이 되어 버린다. 세포는 생명을 갖고 있는 체내 최소 단위이다.

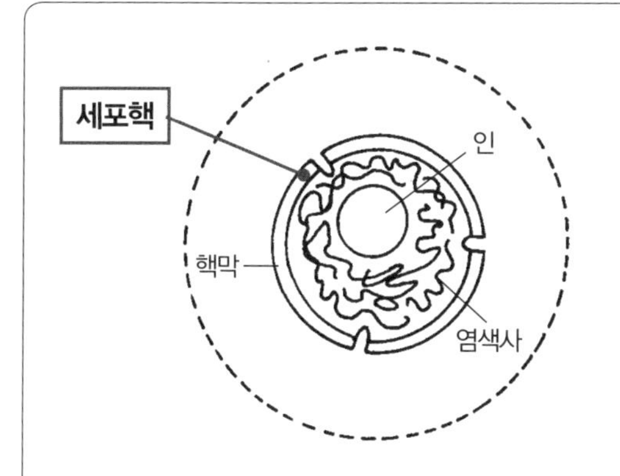

핵은 그 세포의 뇌에 해당하고, 인은 세포분열을 할 때 염색사의 유전 정보를 세포 내에 전달하는 역할을 한다. 염색사는 유전에 관한 정보가 가득 들어 있는, 불규칙적이고 불투명한 망상이다. 핵막 내의 성분은 염색질이라 하는데 데옥시리보핵산(DNA)으로 이루어져 있다. 세포분열시 출현하는 염색체는 이것이 서로 달라붙어 있는 것에 단백질이 결합한 것이다. 핵막에는 구멍이 뚫려 있어 영양분이 들어오고 나가고 한다.

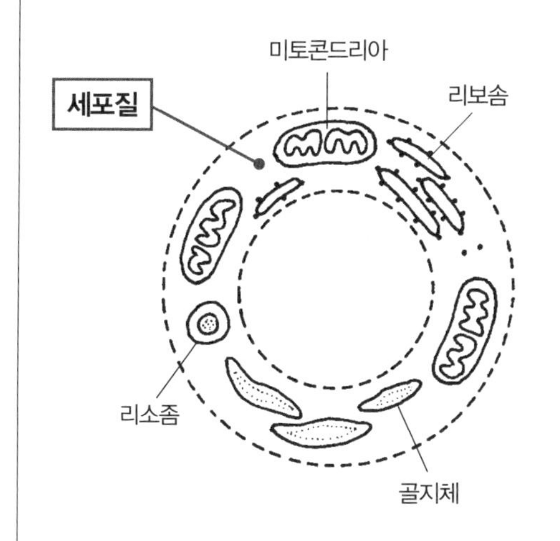

세포질의 대부분은 단백질이 섞인 물이다. 이 안에 몇 개의 세포 내 소기관이 있고, 인체의 내장과 같은 역할을 한다. 그중 하나가 미토콘드리아인데 효소의 힘으로 에너지를 만들어, 세포분열 등 필요한 곳에 에너지를 공급하는 곳이다. 입으로 섭취한 음식물의 단백질은 소화기에서 아미노산으로 분해되고, 리보솜은 이것을 세포 밖으로 분비하거나 세포 내에서 사용하ㄴ는 단백질로 합성하는 역할을 한다. 리소좀은 세포 내의 공포에 들어있는 영양을 소화흡수해 이물질이나 찌꺼기를 효소로 분해 처리한다. 골지체는 주머니 모양으로 되어 있어 리보솜이 만든 단백질을 저장, 운반한다.

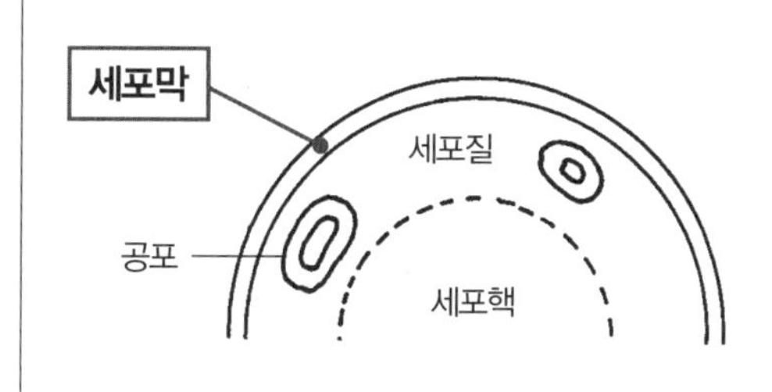

세포막은 주로 단백질과 지질로 이루어져 있다. 이 막은 필요한 영양분을 세포 내로 받아들이거나 소화 후 남은 찌꺼기를 세포 밖으로 버리는 등 특별한 것만이 통과할 수 있도록 되어 있다. 또한 효소나 이산화탄소의 출입도 이루어진다.

··· 인체조직의 구조 ···

각각의 역할을 충실히 수행하는 세포

세포에도 몇 개의 종류가 있다. 세포핵, 세포질, 세포막이라는 기본적인 구성요소를 갖추고 있는 것은 같지만, 그 역할이나 형태에 따라 상피세포, 근육세포, 신경세포, 섬유아세포, 골세포의 5가지로 분류할 수 있다. 같은 종류의 세포가 모이면, 하나의 통합된 역할을 담당한다.

이런 세포의 덩어리가 조직이다. 뼈나 근육, 신경, 피부, 기관이나 장기 등은 모두 조직에 의해 형성되어 있다. 예를 들면 상피조직이라는 그룹은 위, 장 등 안이 비어 있는 기관을 만든다.

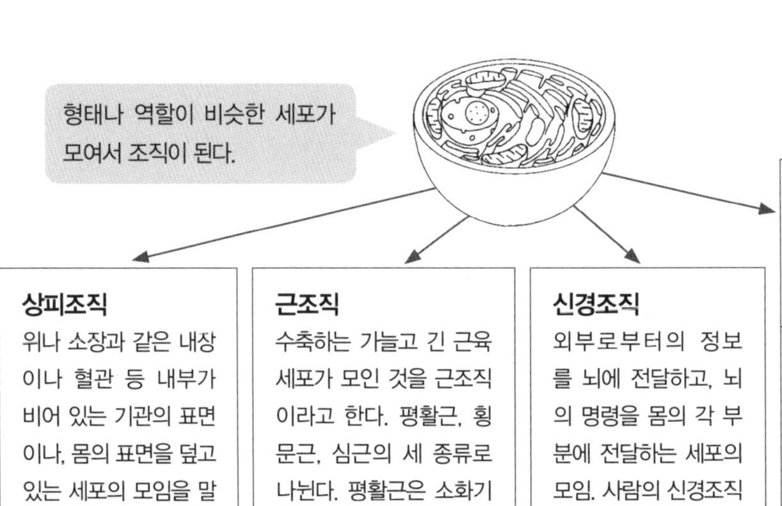

상피조직

위나 소장과 같은 내장이나 혈관 등 내부가 비어 있는 기관의 표면이나, 몸의 표면을 덮고 있는 세포의 모임을 말한다. 영양분을 흡수하거나 소화액 등을 분비하거나 해서 내부를 보호하는 역할을 한다.

상피세포

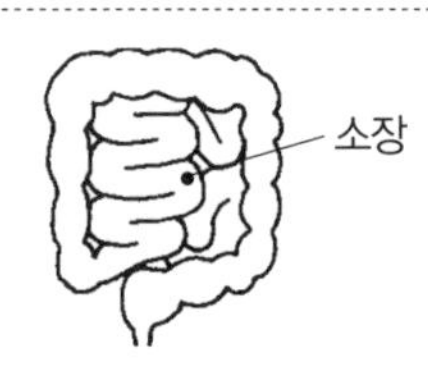

근조직

수축하는 가늘고 긴 근육세포가 모인 것을 근조직이라고 한다. 평활근, 횡문근, 심근의 세 종류로 나뉜다. 평활근은 소화기나 혈관벽 등에 분포하고 반사적인 수축활동을 한다. 또한 횡문근은 손발의 골격에 붙어 있는 근이나 안면의 표정근 등 의식적으로 수축할 수 있는 근조직이다. 심근은 심장을 담당하는 근조직이다.

근육세포

신경조직

외부로부터의 정보를 뇌에 전달하고, 뇌의 명령을 몸의 각 부분에 전달하는 세포의 모임. 사람의 신경조직은 믿지 못할 정도로 복잡하고 정교하게 만들어져 있다. 일반적으로 '신경'이라고 불리는 것이 이 조직이다.

신경세포

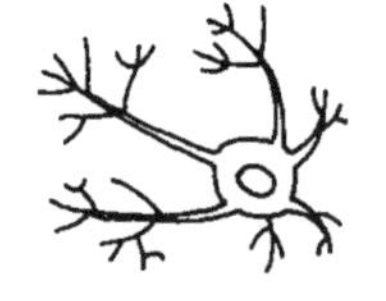

딱딱한 뼈도 조직으로 이루어져 있다.

섬유아세포

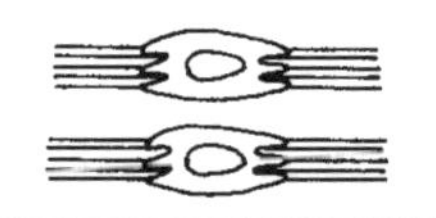

골세포

결합 · 지지조직

여러 가지 조직이나 기관 사이를 메우거나 연결하는 결합조직과 뼈나 연골 등 몸을 지탱하는 지지조직. 결합조직은 섬유 성분을 만드는 섬유아세포나 지방을 축적하는 지방세포 등으로 이루어져 있다. 한편 지지조직은 골세포로 이루어져 있다. 뼈가 딱딱한 것은 세포간 물질에 칼슘 성분이 많기 때문이다.

··· 세포분열의 구조 ···

세포는 분열하면서 그 수를 증식시킨다

60조 개의 세포로 이루어져 있는 인체도 원래는 단 1개의 수정란으로 시작한다. 1개의 세포가 2개로 늘어나는 체세포분열로 점점 그 수가 증가한다.

또한 우리 몸의 거의 모든 부위에는 항상 새로운 세포가 생겨, 낡은 세포는 새로운 세포로 바뀐다. 세포가 계속 만들어지기 때문에 사람은 생명을 유지할 수 있다.

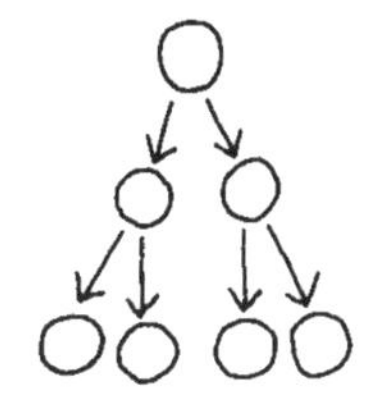

1 정지기(간기)
핵 안에서 DNA(데옥시리보핵산)의 복제가 이루어지고 양이 2배로 된다.

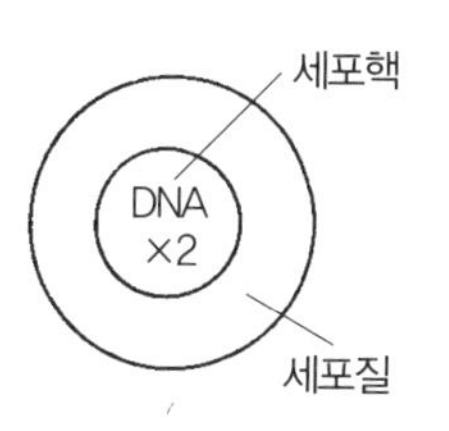

2 전기
핵에 나선형의 염색사가 나타난다.

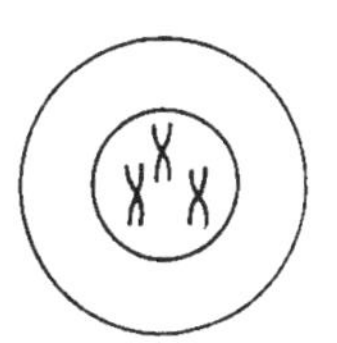

3 중기
핵막이 사라지고 중심체가 세포의 양극으로 움직인다. 염색체는 중앙에 고정되어 있다.

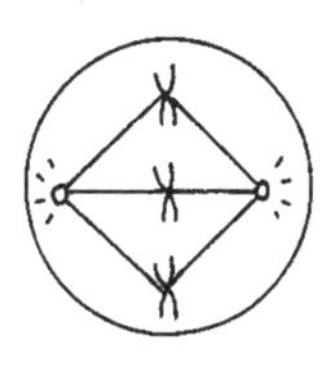

4 후기
2등분된 염색체는 양극으로 끌려간다.

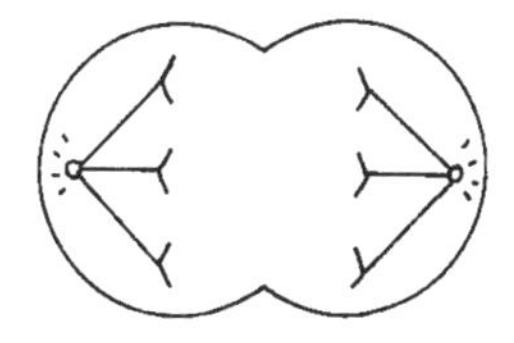

5 말기
양극으로 끌려간 염색체는 늘어나서 실 모양으로 되고, 재생된 2개의 핵 안으로 분산한다.

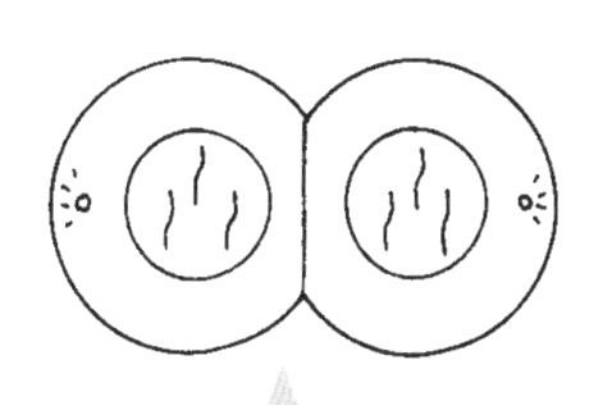

우선 DNA양이 2배가 되고, 그것이 2개의 세포로 나뉜다.

6 세포질도 2등분되어 1개의 세포에서 2개의 세포가 된다. 1개의 세포내의 DNA량은 원래 세포와 똑같다.

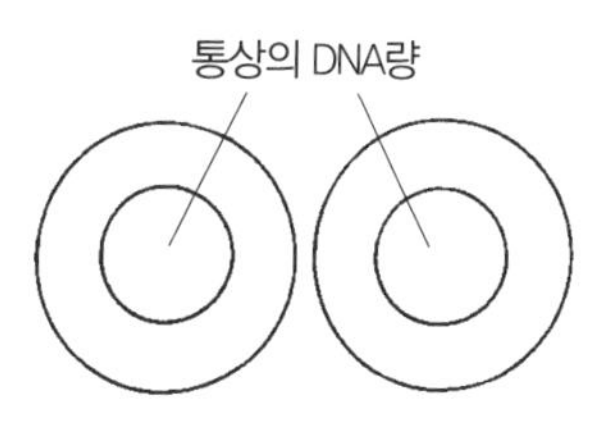

왜 암에 걸리나?
암세포는 무엇인가 발암인자의 작용으로 세포분열이 불규칙적으로 된 결과 생겨난 무질서한 세포이다. 암세포는 정상세포보다 활발하게 분열해 주위 조직을 위협할 뿐만 아니라 혈관이나 림프관 등에 들어가 전이한다.

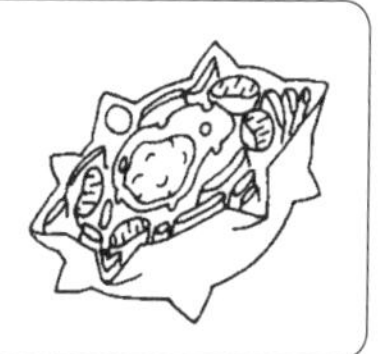

유전자의 구조

이중나선의 불가사의

부모에게서 자식에게 전달되는 엄청난 양의 정보

부모의 형질이 자식에게 나타나는 현상을 유전이라고 한다. 형질은 그 사람의 얼굴 모양, 체질, 혈액형, 성격 등 개개의 생물학적 특징으로 이것들이 정보로서 부모에게서 자식에게 전달되는 것이다. 정자와 난자, 즉 생식세포 안에 있는 염색체에 유전자가 포함되어 있어 그것이 정보 전달의 역할을 한다. 인간의 경우 1개의 세포 안에 46개의 염색체가 있고 2개가 1쌍으로 되어 있다.

유전자는 데옥시리보핵산(DNA)이라는 화학물질이다. 우리들은 약 5만 종류의 유전자를 부모에게서 물려받는다.

사람의 몸은 60조 개나 되는 세포로 이루어져 있다. 이 세포 하나하나에 핵이 있고, 핵 안에 있는 염색체 위에 유전자가 나열되어 있다.

1개의 세포핵에 46개의 염색체가 있다. 이 수는 생물의 종류에 따라 다르다.

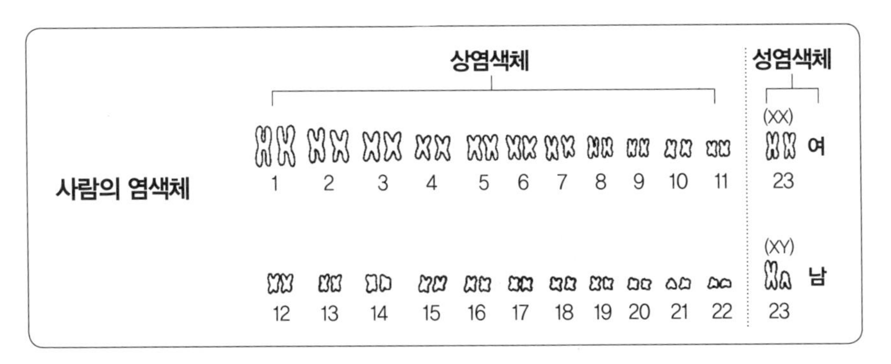

염색체는 유전 담당자. 부모의 형질은 수정시 정자와 난자 내의 염색체에 포함된 유전자에 의해 전달된다.

1개의 세포 안에는 23쌍 46개의 염색체가 있다. 이 가운데 22쌍(44개)은 남녀 공통으로 이것을 상염색체라고 한다. 남은 1쌍은 성염색체로 남성은 XY, 여성은 XX와 같은 조합으로 되어 있다.

염색체 위에는 유전자가 일정한 순서로 규칙적으로 나열되어 있다. 대체 유전자는 무엇으로 이루어져 있을까? 그것은 데옥시리보핵산이라는 화학물질로 이루어져 있다. 1개의 염색체 위에는 수천 개의 유전자가 나열되어 있다.

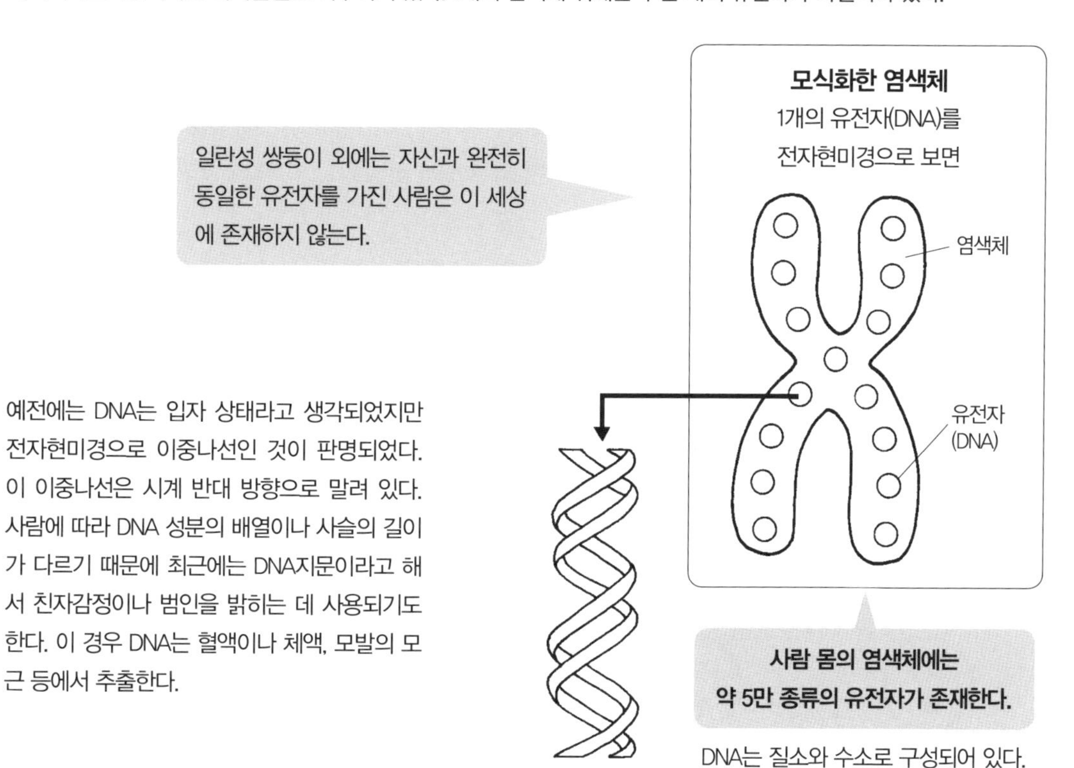

예전에는 DNA는 입자 상태라고 생각되었지만 전자현미경으로 이중나선인 것이 판명되었다. 이 이중나선은 시계 반대 방향으로 말려 있다. 사람에 따라 DNA 성분의 배열이나 사슬의 길이가 다르기 때문에 최근에는 DNA지문이라고 해서 친자감정이나 범인을 밝히는 데 사용되기도 한다. 이 경우 DNA는 혈액이나 체액, 모발의 모근 등에서 추출한다.

DNA는 질소와 수소로 구성되어 있다.

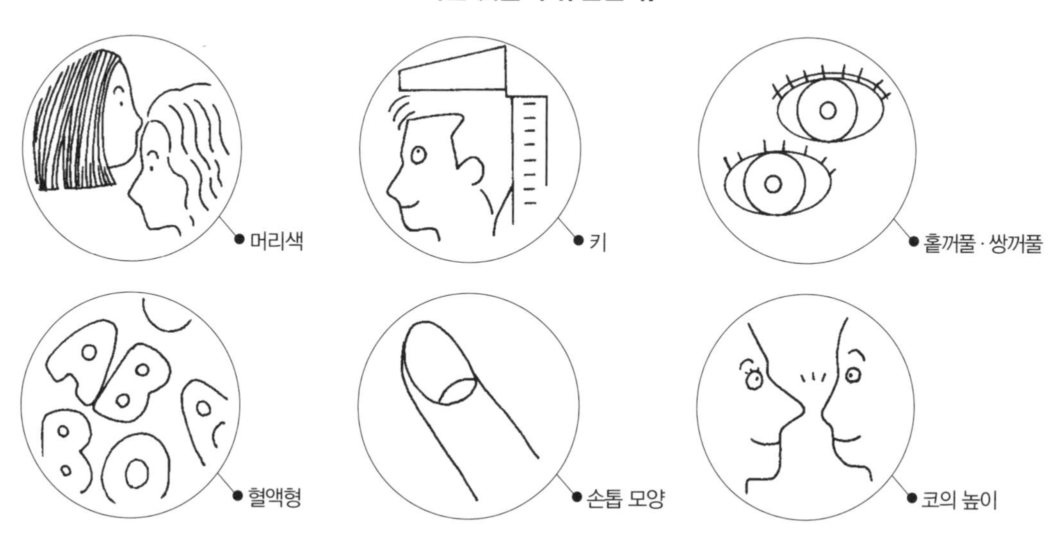

··· 부모의 유전자가 자식에게 전달되는 구조 ···

염색체를 반씩 가진 정자와 난자가 수정한다

생물은 자신과 같은 형질을 가진 개체를 만드는(자기복제) 능력을 갖고 있다. 물론 100% 똑같이 복사하는 것은 아니지만 그 설계도는 부모로부터 자식에게 전달된다. 이때 중요한 역할을 하는 것이 유전자다.

수정하기 전의 생식세포(정자와 난자)는 감수분열로 염색체 수가 반이 되고, 수정에 의해 46개가 된다. 동시에 염색체 위의 유전자도 아버지와 어머니 양쪽에서 반씩 자식에게 전달된다.

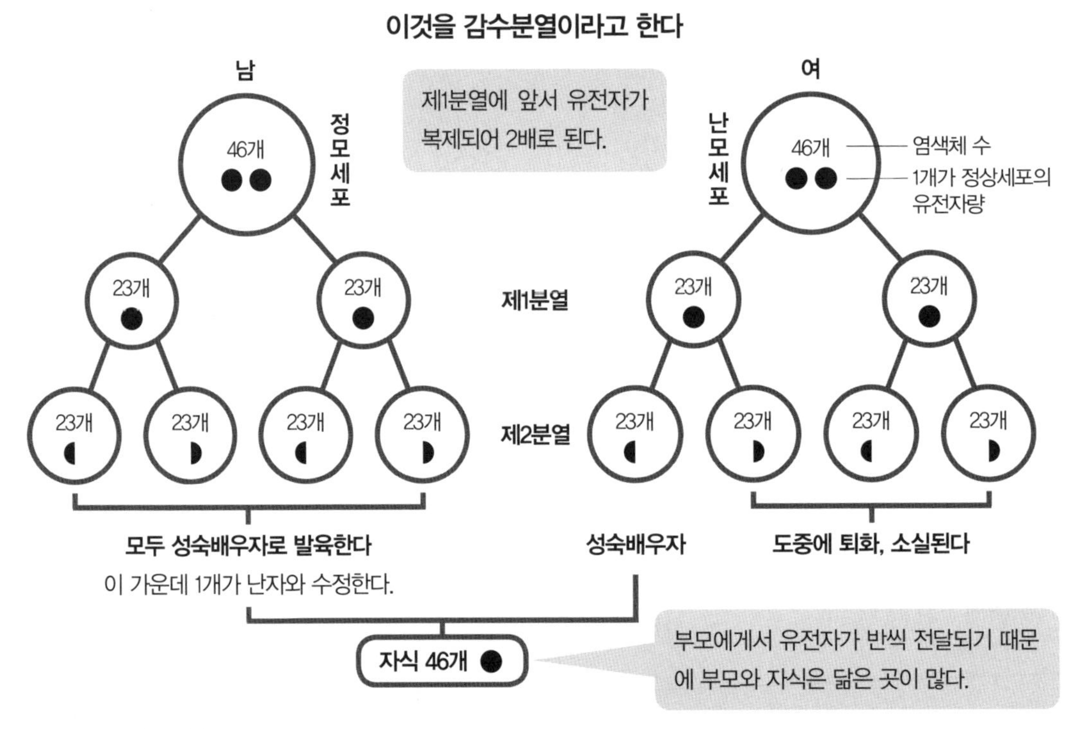

우성유전과 열성유전

유전자는 부모에게서 1개씩 쌍이 되어 하나의 성질을 나타내지만, 유전자에는 자식에게 나타나기 쉬운 것과 나타나기 어려운 것이 있다. 전자를 우성유전자, 후자를 열성유전자라고 한다. 우성이라고 해서 뛰어나다는 의미는 아니다.

예를 들면 부모가 각각 갖고 있는 우성유전자를 A, 열성유전자를 B라고 한다. 아버지 AB와 어머니 AB 사이에 태어나는 자식은 부모에게서 반씩 요소를 받기 때문에 AA, AB, BA, BB의 4가지가 된다. 우성유전자는 쌍의 유전자가 무엇이든 그 성질을 나타내므로 AA, AB, BA인 3명은 A의 성질이 나타난다. 열성유전자는 열성끼리 쌍이 됐을 때만 나타나기 때문에 열성이 나타날 확률은 1/4이다.

··· 남자와 여자로 나뉘는 구조 ···

수정의 순간에 성(性)은 결정된다

사람의 23쌍 염색체 가운데 남자와 여자의 다른 단 1쌍의 성염색체가 성을 결정한다. 수정하면 감수분열로 정자와 난자 모두 염색체는 원래의 반이 되는데, 그 반씩이 붙어서 하나가 되기 때문에 XX와 XY 2개의 조합이 생긴다. XX가 여자, XY가 남자이다. 이것을 유전적 성이라고 하는데, 이 순간에 성의 모든 것이 결정되는 것은 아니다. 이후의 발생이 정상이면 성기나 신체적인 형질로 남녀의 차이가 나타나기 시작하고 유전자형이 일치하는 성으로 분화된다.

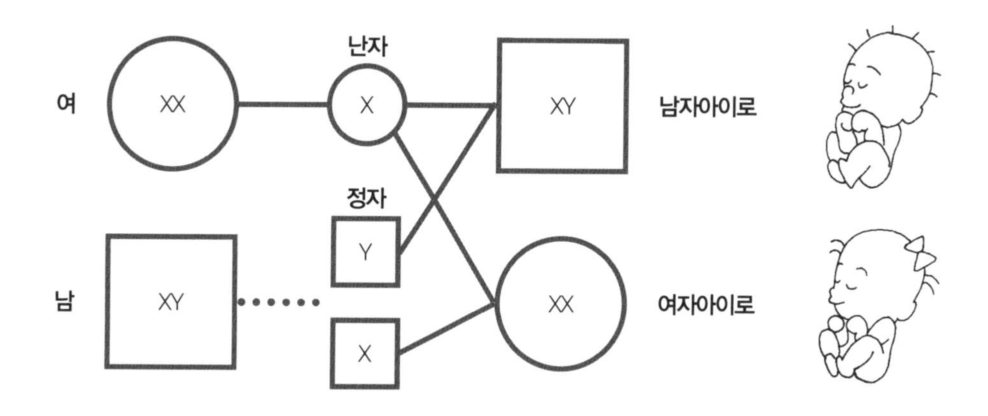

염색체 가운데 남녀의 성을 결정하는 성염색체를 클로즈업. 정자와 난자의 수정으로 XX가 되면 여자, XY면 남자이다. 성을 결정하는 열쇠는 어쨌든 정자가 쥐고 있는 듯하다.

SEX(성)은 라틴어 '나누다, 나뉘다'라는 말에서 유래했다고 한다. 또 SEX에는 SIX라는 의미도 있다. 손으로 수를 셀 때 6부터는 다른 한쪽 손으로 꼽아야 하기 때문일까?

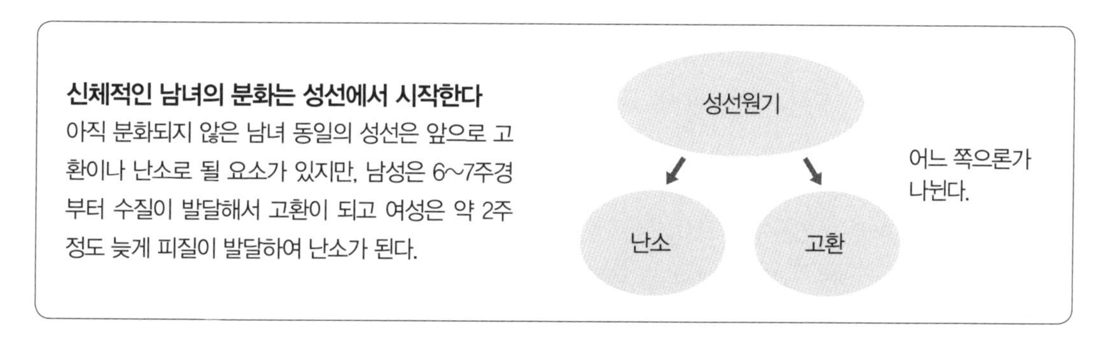

신체적인 남녀의 분화는 성선에서 시작한다

아직 분화되지 않은 남녀 동일의 성선은 앞으로 고환이나 난소로 될 요소가 있지만, 남성은 6~7주경부터 수질이 발달해서 고환이 되고 여성은 약 2주 정도 늦게 피질이 발달하여 난소가 된다.

··· 성격도 유전되나? ···

성격은 유전만으로 정해지는 것은 아니다

사람마다 성격이 다른데, 이것을 바꾸는 것은 상당히 어렵다. 성격은 그리스어 '파서 새긴 것'이라는 뜻에서 유래, 개인의 특성이라는 의미를 갖고 있다. 그 사람의 심리행동적 표식이라고 할 수 있다. 성격은 유전과 가정 등의 환경이 상호작용해서 형성되는 것으로 이것을 바꾸는 것은 쉬운 일이 아니다. 성격은 일면적인 것이 아니라 개개인마다 매우 복잡하다. 따라서 기존의 성격유형에 적용해서 '당신은 이런 성격입니다'라고 단정하는 것은 무리다.

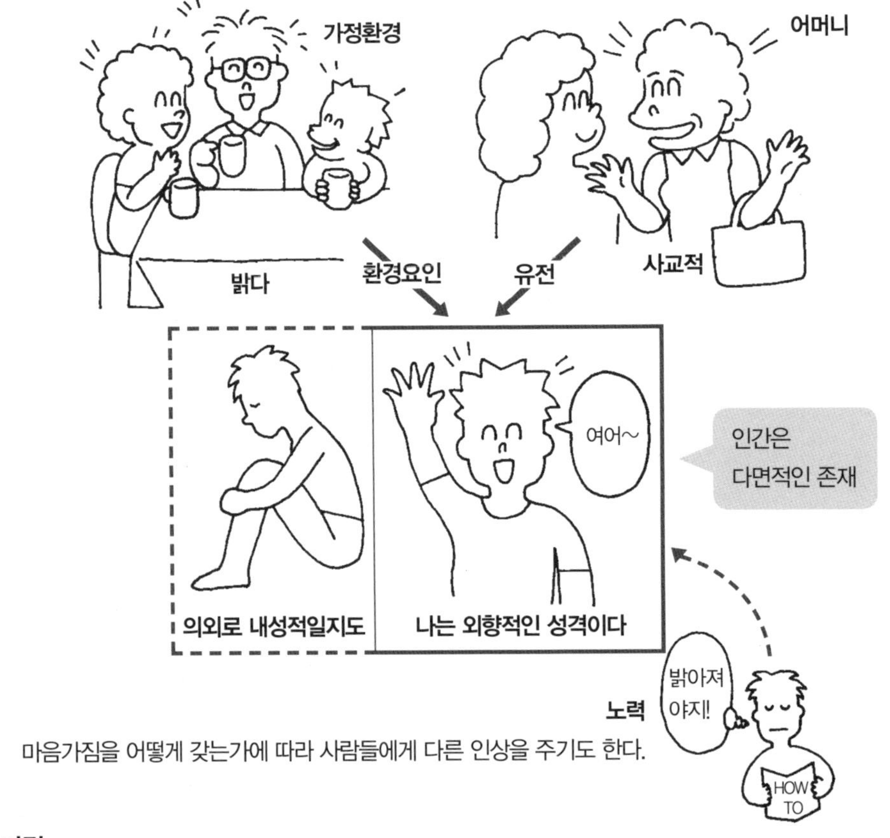

마음가짐을 어떻게 갖는가에 따라 사람들에게 다른 인상을 주기도 한다.

인격과 기질

인격은 사회적으로 연기하고 있는 역할, 타인이 보는 모습을 의미한다. 라틴어로 기질은 '적당한 혼합'을 의미한다. 혈액, 담즙, 점액 등의 혼합비로 그 사람의 체질이나 성질이 결정된다는 체액설과 관계가 있는 듯하다. 사람의 내면을 결정하는 요인에 대해서는 여러 가지 설이 있다.

1장

신비의 베일에 싸인 소우주

뇌

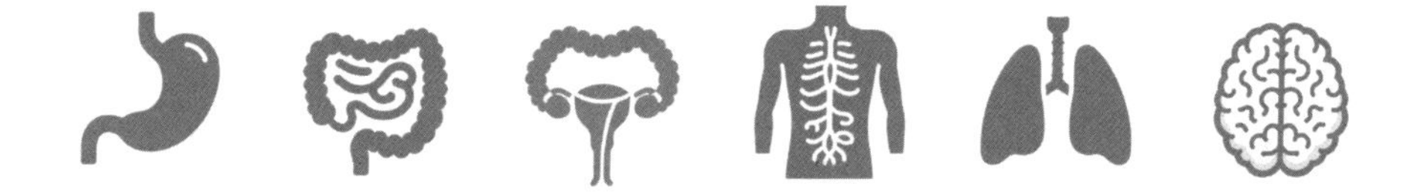

뇌의 구조
어떤 컴퓨터도 상대가 되지 않는다

일천 수백억 개나 되는 신경세포가 복잡한 회로를 만들고 있다

두개골 안에 있는 뇌는 대뇌, 소뇌와 그것들을 둘러싸고 있는 뇌간으로 되어 있다. 뇌는 생각하거나 감정을 갖거나 하는 곳이고, 체내의 다양한 기관을 종합적으로 조절해서 생명을 유지하는 중요한 역할을 담당하고 있다. 즉, 몸의 조절센터라고 할 수 있다.

뇌는 다른 기관과 무엇이 다른 것일까? 뇌를 구성하는 최소단위는 뉴런이라는 신경세포이다. 뇌에는 무려 일천 수백억 개나 되는 뉴런이 상상도 할 수 없는 복잡한 회로로 연결되어 있다.

| 뇌를 위에서 보면 |

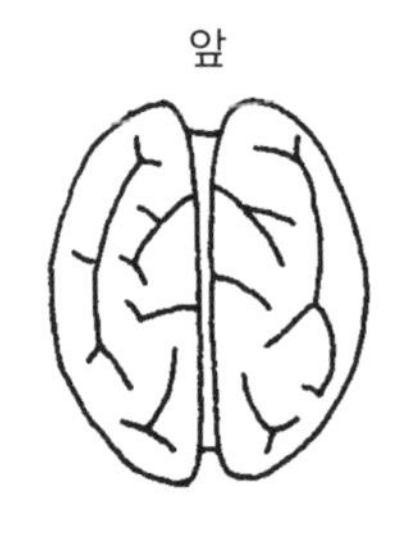

뇌의 평균 무게

남성 1,350~1,450g

여성 1,200~1,250g

단, 뇌의 무게와 지능은 반드시 비례하는 것은 아니다.

대뇌는 좌우의 대뇌반구로 나뉘어 있고, 안쪽에 있는 뇌량이라는 다리와 같은 부분으로 연결되어 있다.

| 뇌의 외측면 |

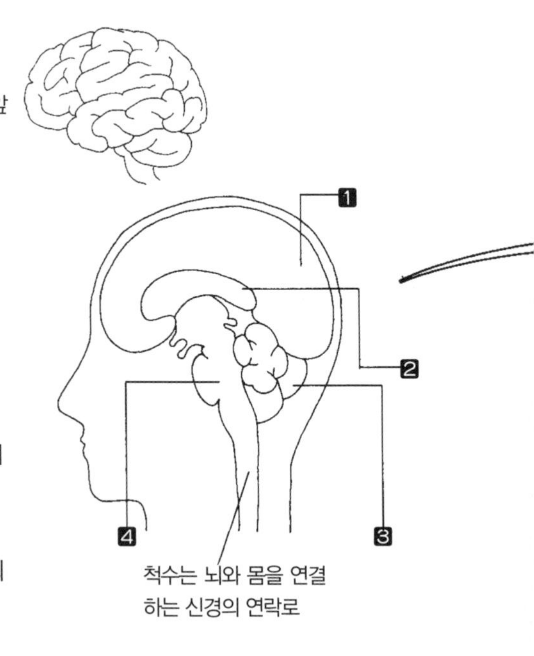

척수는 뇌와 몸을 연결하는 신경의 연락로

❶ 대뇌피질 : 대뇌피질과 대뇌변연계를 합쳐서 대뇌라고 한다. 대뇌피질의 두께는 2~5mm. 주름을 펼치면 신문지 1장 정도의 크기.

❷ 대뇌변연계 : 대뇌피질의 일부로 진화적으로는 오래된 부분. 대뇌피질로 싸여 있어 표면에서는 보이지 않는다.

❸ 소뇌 : 대뇌의 뒤 아래쪽에 있고, 무게는 성인 남자가 약 135g, 성인 여자는 약 122g. 뇌 전체의 10% 정도의 무게이지만 여기에는 전체의 반 이상이나 되는 신경세포가 집중해 있다.

4 뇌간 : 무게는 약 200g. 뇌 전체를 버섯에 비유할 때 몸통에 해당하는 부분. 모양도 크기도 사람의 엄지 손가락과 비슷하다.

뉴런을 거쳐서 정보가 전달된다

뉴런끼리 연결되는 부분을 시냅스라고 하는데 딱 붙어 있는 것은 아니다. 좁은 틈이 있어 정보가 오면 이곳에서 미량의 신경전달물질이 분비되어 그것이 다음 뉴런에 붙어서 전달되는 구조로 되어 있다. 몸의 다른 부분의 세포는 재생 가능하지만 이 신경세포만은 그렇지 않다. 태어날 때부터 갖고 있는 신경세포만을 사용할 수 있다. 그것도 30세를 넘을 무렵부터는 하루에 10만 개에서 20만 개의 신경세포가 계속 죽는다. 이 속도를 늦추기 위해서라도 평소에 뇌를 잘 사용하는 것이 중요하다.

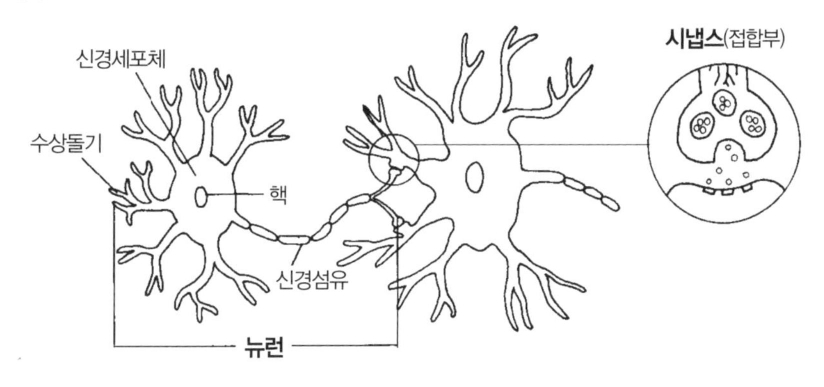

뉴런 사이의 아주 좁은 틈을 건너 신경전달물질이 전달된다.

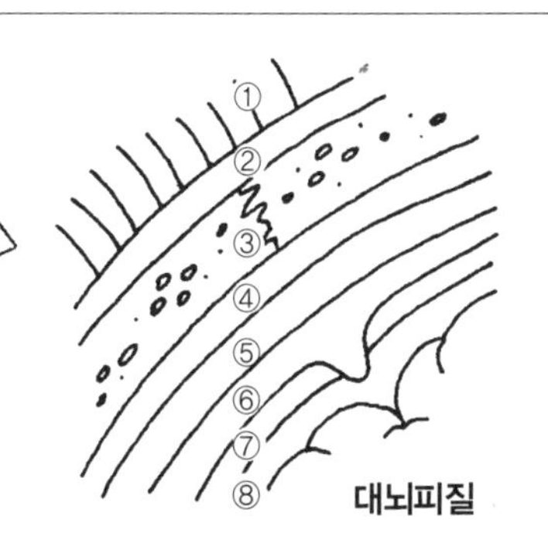

① 모발
② 피부
③ 두개골
④ 경막
⑤ 림프액
⑥ 지주막
⑦ 수액
⑧ 연막

뇌는 여러 겹으로 보호받고 있다

뇌 그 자체는 매우 부드럽지만 연막, 지주막, 경막 3층으로 덮여 있다. 또한 두개골이 보호한다. 연막과 지주막 사이에는 수액이, 지주막과 경막 사이에는 림프액이 흘러 쿠션 역할을 한다.

혈액에서 산소와 영양을 보급한다

막대한 수의 신경세포에 산소와 영양을 운반하는 것은 뇌 속을 흐르는 혈관. 심장에서 보내진 전체 혈액의 20%, 매분 750cc나 되는 혈액이 흘러들어온다. 뇌동맥이 막히는 '뇌경색'과 뇌동맥의 혈관벽이 파괴되어 버리는 '뇌내출혈', 지주막하강의 혈관이 끊어지는 '지주막하출혈' 등의 경우, 반신마비나 혼수상태에 빠지기도 한다.

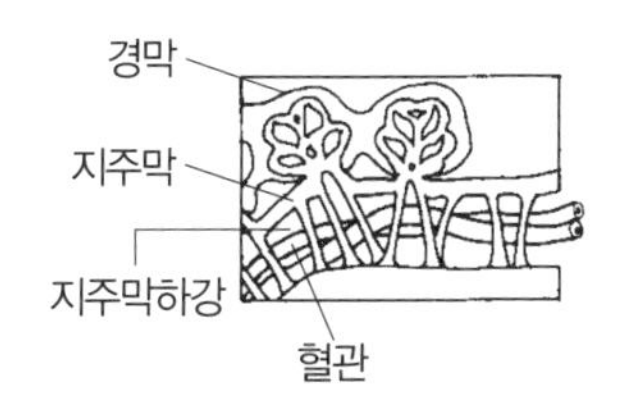

··· 대뇌의 구조 ···

우리는 대뇌의 명령으로 행동한다

바깥에서 뇌를 볼 때 표면의 대부분을 점하고 있는 것이 바로 대뇌다. 무게는 뇌 전체의 약 80%이고, 좌우의 대뇌반구로 나뉘어 있다.

표면에 꾸불꾸불 보이는 것이 대뇌피질. 여기에는 뉴런(신경세포)이 가득 차 있어, 이것이 정보를 받아들이고 판단하고 또는 반대로 몸의 말단에 명령을 보내는 역할을 한다. 즉, 대뇌는 인간의 몸을 조종하는 곳이라 할 수 있다.

대뇌피질의 어느 부분이 몸의 어느 부분에 대응하고, 어떠한 정신활동을 하는지도 대부분 밝혀졌다.

피질의 주름을 펴면 신문지 1장 정도 크기가 된다. 표면적을 넓게 해서 많은 정보를 담기 위한 주름이다.

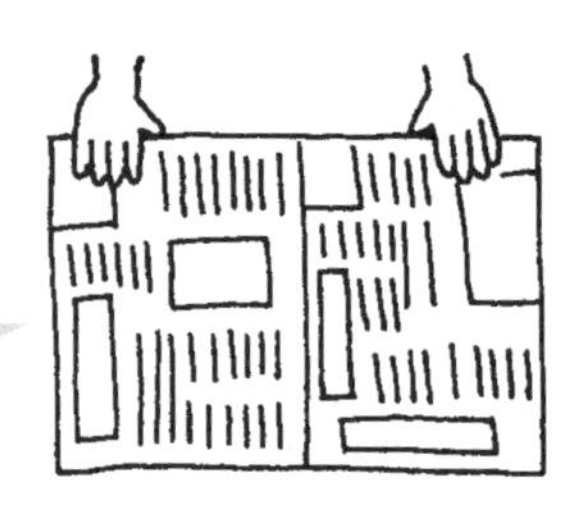

우대뇌반구의 측면도

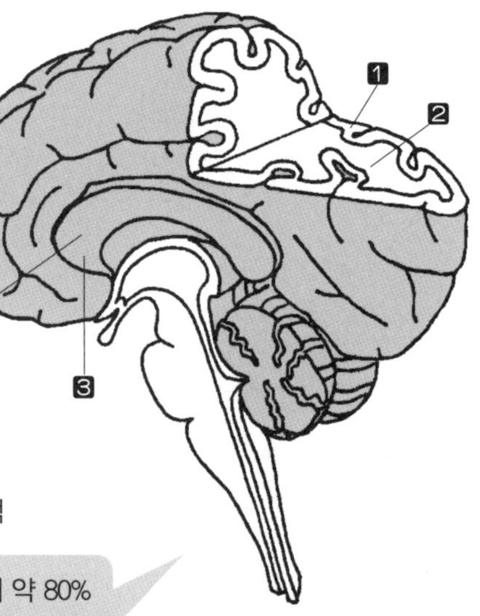

뇌를 위에서 좌우로 잘랐을 때 우반구의 측면도

1 대뇌피질

두께는 장소에 따라 다르지만 평균적으로 2.5mm로 얇다. 분홍빛을 띤 회백색이다. 약 140억 개의 뉴런이 모여 있고, 말을 하거나 창조적인 활동 등 고도의 정신활동이 이곳에서 일어난다.

2 대뇌기저핵

대뇌피질의 내측은 백색이어서 백질이라고 한다. 그 중심부에 있는 것이 대뇌기저핵이다. 걷거나 달리거나 할 때 일일이 생각하지 않아도 다리가 움직이는 것은 이곳 덕분이다.

3 대뇌변연계

대뇌피질 아래 싸여 있는 진화적으로는 오래된 피질. 감정이나 본능적인 충동에 관여한다. 이 안의 해마라고 불리는 부분은 최근의 일을 기억하는 역할을 하는 것으로 보인다.

대뇌의 무게는 뇌 전체의 약 80%를 점하고 있다. 대뇌는 좌우 반구 1세트. 2개의 반구는 뇌량을 통하는 신경으로 연결되어 있다.

신대뇌피질과 구대뇌피질은 다른 역할을 하고 있다

인간의 진화와 더불어 크게 발달한 대뇌피질을 '신피질'이라 하고, 오래전부터 인간이 갖고 있는 대뇌변연계의 피질을 '구피질'이라 한다. 구조적으로 신피질에 싸여 있는 구피질은 역할도 다르다. 신피질은 고도의 지능활동을 담당하는 곳이고, 구피질은 식욕이나 성욕 등 본능적인 활동과 쾌감이나 분노 등의 충동, 기억 등에 관여한다.

대뇌피질의 구조

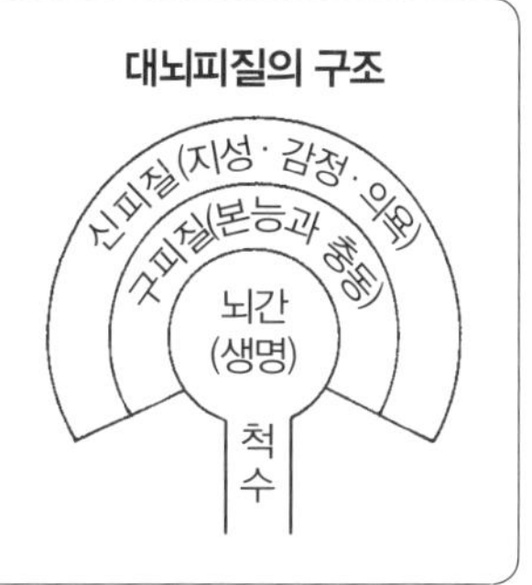

대뇌피질의 부위별 역할

대뇌반구는 전두엽, 측두엽, 두정엽, 후두엽의 4개 부분으로 나뉜다. 대뇌피질이 어떠한 행동과 관련있는지 살펴보자.

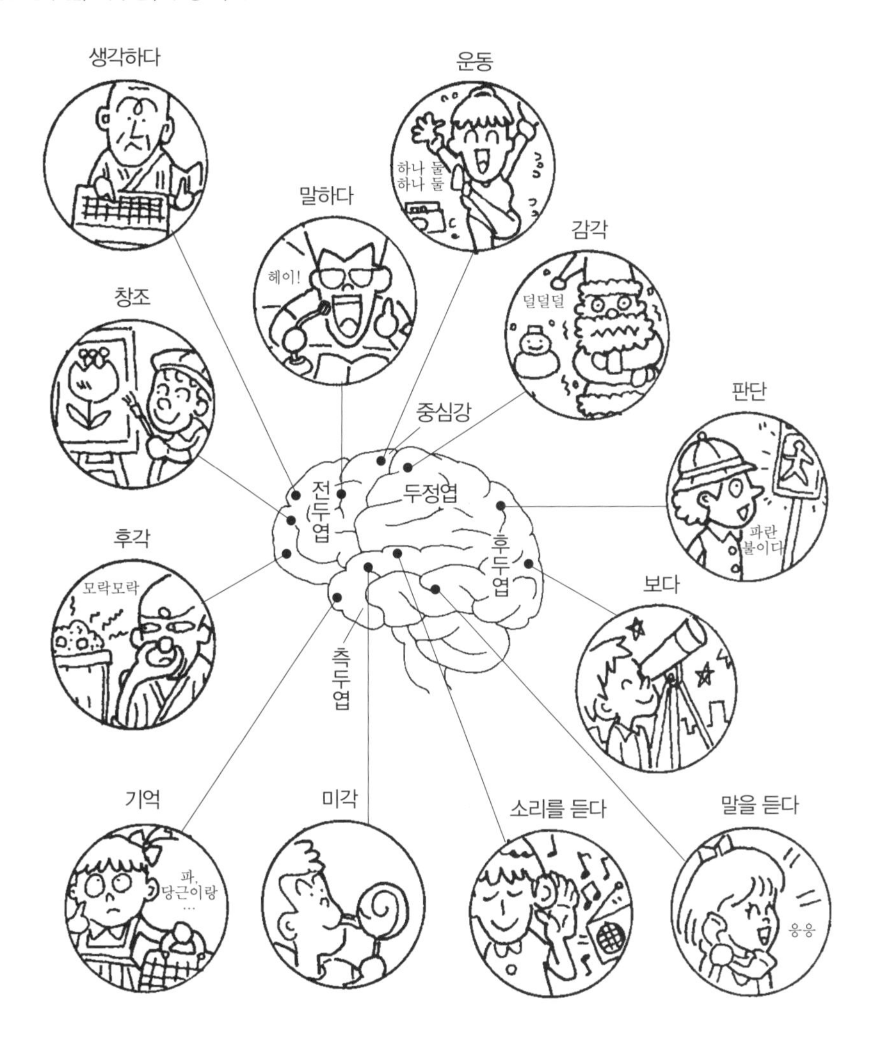

··· 우뇌 · 좌뇌의 구조 ···

우뇌는 좌반신을, 좌뇌는 우반신을 지배한다

대뇌의 좌우 반구는 같은 역할을 하기도 하지만 어느 한쪽으로 기능이 집중되어 있는 것도 있다. 예를 들면 팔다리의 운동명령은 좌우 어느 쪽 뇌에서도 내릴 수 있다. 단, 우뇌의 명령은 좌반신에, 좌뇌의 명령은 우반신에 전달된다. 이것은 대뇌피질과 피부와 근육을 연결하는 신경이 뇌의 연수에서 교차해서 반대편으로 이동하기 때문이다.

한편 언어기능과 같이 좌뇌에만 집중해 있는 기능도 있다. 사람에게는 '잘 움직이는 뇌'가 있는데, 사람에 따라 좌우 어느 한쪽의 뇌를 잘 사용한다.

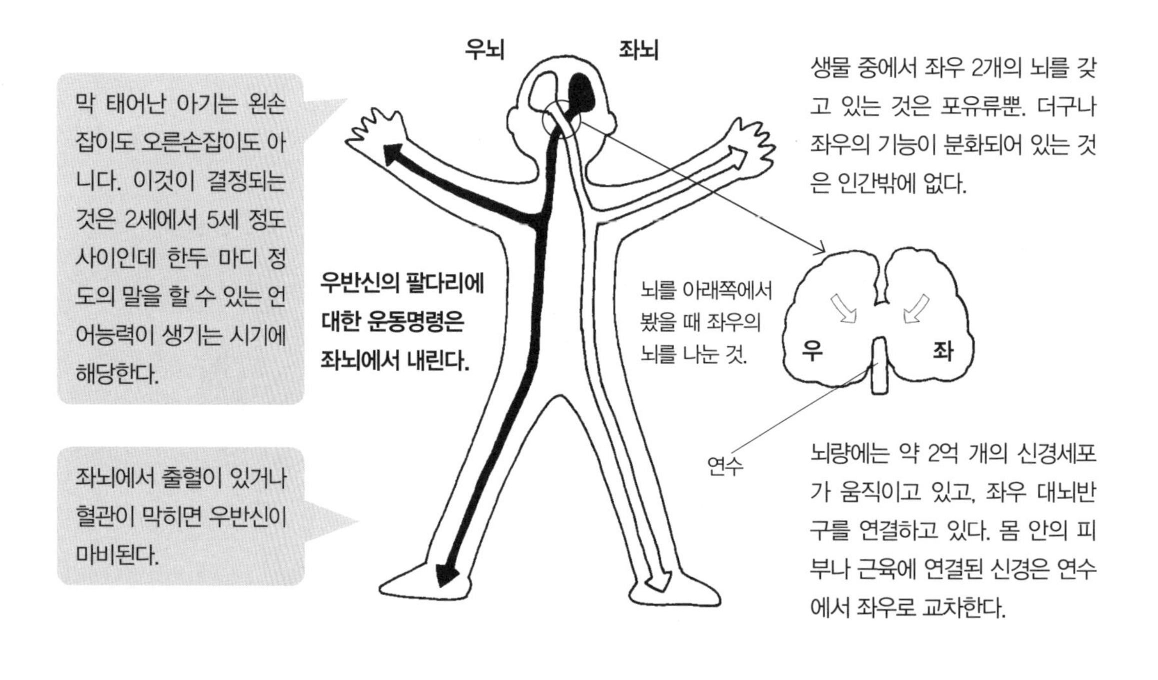

오른손잡이는 좌뇌를 활발히 사용한다. 또한 좌뇌의 측두면이 넓다.

왼손잡이는 우뇌의 활동이 왕성하다. 왼손잡이인 사람의 뇌량의 단면적은 오른손잡이에 비해 11%나 크다.

뇌의 움직임은 좌우가 다르다!

우뇌
사물을 직감적으로 이미지화 하거나, 창조적인 발상의 감각 기능을 한다.

좌뇌
말이나 기호를 사용해서 이론적으로 생각하는 기능이 있다.

사람의 얼굴은 조금씩 다르기 때문에 개성이 있다. 그런 차이를 알아보고 얼굴을 식별하는 것도 우뇌.

음악을 듣거나 연주할 때는 우뇌가 움직인다.

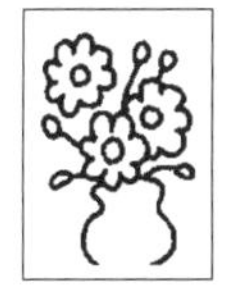

그림을 그릴 수 있는 것은 형태를 기억하는 능력이 우뇌에 있기 때문이다.

방향을 직관적으로 이해. 공간에서 다른 물건과 자신의 위치 관계를 파악하는 것도 우뇌의 역할.

듣기, 말하기, 읽기, 쓰기와 같이 언어에 관한 능력은 좌뇌의 역할에 따른다.

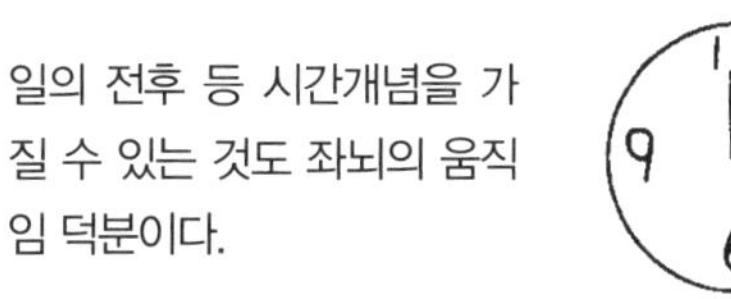

일의 전후 등 시간개념을 가질 수 있는 것도 좌뇌의 움직임 덕분이다.

$\sqrt{2}$ πr^2

$y=2x+2$

계산도 좌뇌에서 한다. 구구단 암기에서 알 수 있는 것처럼 숫자는 말로 인식된다.

'잘 움직이는 뇌'는 좌우 어느 쪽?

사람은 무의식 중에 좌우 한쪽의 뇌를 잘 사용하고 있다. 이것을 '잘 움직이는 뇌'라고 하는데, 반드시 왼손잡이나 오른손잡이의 어느 쪽 손잡이와 일치하는 것은 아니다. 잘 움직이는 뇌는 팔짱을 껴 보면 알 수 있다. 오른쪽 팔이 위에 올라오면 잘 움직이는 뇌는 좌뇌. 좌뇌의 사용빈도가 높다는 것은 사물을 감각적으로 받아들이기보다는 이치를 생각하는 유형.

한 대학의 조사에 따르면 이과계통의 학생에는 좌뇌를 잘 사용하는 경우가 많았고, 문과계통에서는 우뇌를 잘 사용하는 경우가 많았다고 한다. 좌뇌 인간이 창조력이나 번쩍이는 재치를 몸에 익히기 위해서는 왼손으로 이를 닦거나 열쇠를 여는 등 왼손을 적극적으로 사용해서 우뇌를 활성화하는 것도 하나의 방법이 될 수 있다.

··· 소뇌의 구조 ···

대뇌의 운동명령을 받아서 팔다리를 부드럽게 움직이는 역할을 한다

소뇌의 대부분은 대뇌에 덮여 있고 무게는 뇌 전체의 10% 정도이다. 문자 그대로 작은 뇌이다. 하지만 여기에는 뇌 전체의 반 이상의 신경세포가 모여 있다.

대강의 운동명령은 대뇌에서 내려지지만, 소뇌의 회로에서 그것을 작은 부분까지 조절하기 때문에 몸 전체로 명령이 전달될 수 있다. 그래서 미묘한 운동도 부드럽게 할 수 있는 것이나.

또한 몸의 균형을 조절하는 것도 소뇌이다. 소뇌의 움직임이 망가지면 현기증이 나기도 하고 신체의 균형을 유지할 수 없거나 한쪽 발로 서 있을 수 없게 된다.

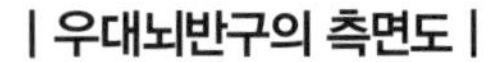

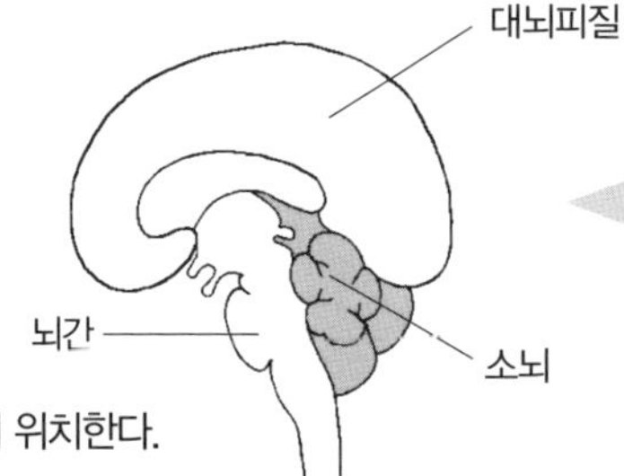

소뇌의 무게
성인 남성 약 135g
성인 여성 약 122g

소뇌는 뇌간의 등쪽에 위치한다.

소뇌에는 신경세포가 가득!
소뇌의 피질은 매우 규칙적인 구조로 되어 있다. 1mm²에 약 50만 개의 신경세포가 회로망을 만들어 하나의 컴퓨터와 같이 정보를 처리하고 있다. 소뇌 전체에는 이 시스템이 약 3만 개나 있는 것과 같다. 이 때문에 많은 근육을 서로 협조하게 해서 복잡한 운동도 할 수 있는 것이다.

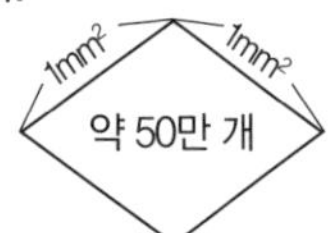

소뇌는 오래된 소뇌(구소뇌)와 새로운 소뇌(신소뇌)로 나뉜다.

구소뇌 : 평형감각의 중추. 자세를 유지하는 역할을 한다. 이곳의 움직임이 둔해지면 몸의 균형을 유지할 수 없어 바른 자세로 서 있을 수 없게 된다.

신소뇌 : 원숭이나 사람의 소뇌는 거의 이 신소뇌가 차지하고 있다. 운동신경에 깊이 관여하는 부분이다. 대뇌의 운동명령을 이곳에서 작은 부분까지 조절해서 몸 전체에 명령을 전달한다. '소뇌는 시계다'라고 하는데 이것은 하나의 운동을 적절한 시간에 할 수 있도록 하기 때문이다. 예를 들면 소뇌가 손상되면 컨베이어 벨트로 운반되는 물건을 집으려고 손을 뻗어도 잡지 못하고 놓쳐버리거나 한다.

··· 뇌간의 구조 ···

생명활동을 지배하는 모든 신경이 집중해 있는 곳

몸의 구석구석에서 뇌에 전달되는 정보도, 대뇌에서 내려지는 명령도 모두 이 뇌간을 통과한다. 무게는 약 200g. 모양도 크기도 그 사람의 엄지손가락과 비슷하다.

'생명의 자리'라고 불리는 뇌간은 호흡이나 심장활동, 체온조절 등 생명을 유지하기 위한 모든 신경이 모여 있는 곳이다. 뇌간이 있기 때문에 자고 있을 때도 심장의 움직임을 유지하고, 체온을 조절할 수 있다. 또한 대뇌피질의 신경세포의 움직임을 조정해서 수면과 각성의 리듬을 유지하는 역할도 한다.

뇌간의 무게
약 200g

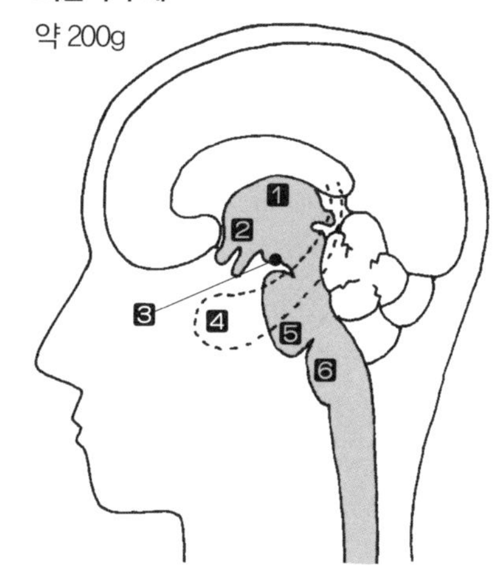

뇌간은 간뇌, 중뇌, 연수, 뇌교로 이루어져 있다. 대뇌가 의식적인 활동에 관여하는 데 비해 뇌간은 무의식적인 활동의 중추이다.

1 시상(간뇌) : 몸 전체에서 후각 이외의 모든 감각을 전달하는 신경섬유의 중계점. 이곳에서 정보를 정리해서 대뇌에 전달하는 역할을 한다.

2 시상하부(간뇌) : 4g 정도의 크기. 자율신경계나 내분비(호르몬)계의 중추 역할을 한다. 또한 체온이나 소화, 수면 등을 조절하는 기능이나 성기능의 중추 역할도 한다.

3 중뇌 : 몸의 균형을 유지하고 안구의 움직임과 동공의 크기 조절을 담당하는 곳.

4 해마 : 시각, 청각, 촉각으로 얻은 정보를 일시적으로 쌓아두는 곳.

5 뇌교 : 뇌간에서 가장 부풀어 있는 부분. 대뇌피질에서 소뇌로 향하는 신경의 중계점. 얼굴과 눈을 움직이는 신경이 나와 있다.

6 연수 : 크기는 작지만 많은 역할을 하는 곳이다. 재채기나 기침으로 인한 이물질의 침입을 막고, 무의식적으로 음식물을 씹어서 삼키는 운동의 중추도 이곳에 있다. 또한 호흡이나 혈액의 순환, 발한, 배설 등을 조절하는 중추이기도 하다.

뇌간의 죽음을 '뇌사'라고 한다

뇌간은 살아가기 위해 최소한으로 필요한 뇌이다. 대뇌의 기능이 멈추고 이 뇌간만 살아 있는 상태를 '식물인간'이라고 한다. 하지만 반대로 뇌간이 죽어버리면 곧 대뇌도 죽어버린다. '뇌사'라는 것은 이 뇌간이 죽은 것을 말한다.

··· 희로애락은 어디에서 생기나? ···

쾌감, 불쾌감, 기쁨, 슬픔 등의 감정이 생기는 곳은 다르다

인간은 날마다 여러 가지 감정을 느끼며 살아가고 있다. 희로애락을 느끼는 시스템은 2단계로 나뉘어 있는데 처음에는 쾌감이나 불쾌감, 분노나 공포와 같은 동물적이고 충동적인 반응이 있고, 다음으로 그것에 뿌리를 둔 기쁨이나 슬픔과 같은 감정을 느끼게 되어 있다. 이 감정이야말로 인간이 인간이라는 증거이다.

쾌감, 불쾌감 등의 감정은 뇌의 심층부에 있는 시상하부에서 생기는 것으로 보인다. 한편 기쁨이나 슬픔 등의 감정은 인간의 뇌에서 가장 발달한 전두엽에서 생기는 것으로 보인다.

전두엽의 앞부분에 장애가 오면, 발생하는 여러 가지 일에 대해 무관심해져 버린다. 감정을 가질 수 없게 되는 것이다. 이러한 사실에서 기쁨이나 슬픔의 감정에 전두엽이 관여하고 있는 것으로 여겨지고 있다.

자신의 욕구가 충족되었을 때 인간은 쾌감을 느낀다. 기쁨이란 그 쾌감에 뿌리를 둔 감정이다. 반대로 바람이 충족되지 않았을 때는 슬픔을 느낀다. 이 기쁨이나 슬픔의 감정을 담당하고 있는 것이 전두엽인 것으로 보인다. 이곳은 계통발생학적으로도 새로운 피질로 고등동물일수록 발달되어 있다.

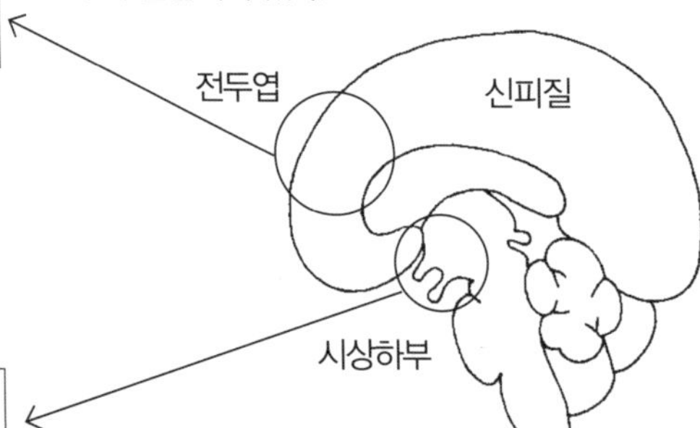

풍부한 감정을 가지고 사는 것은 전두엽에 자극을 주는 일이기도 하다.

감정과 충동은 별개. 충동은 보다 동물적인 반응이다.

쾌감이나 불쾌감, 분노나 공포 등의 본능적인 충동은 시상하부 후부와 그 주변에서 생긴다. 시상하부는 여러 가지 다양한 호르몬의 분비를 조절하고 있고, 이 호르몬의 작용도 충동에 관여하고 있는 것으로 보인다.

신피질이 충분히 발달하지 않은 아기도 쾌감이나 불쾌감을 느끼는 것으로 보인다. 이와 같은 사실에서도 이 충동이 생기는 곳은 신피질이 아니라는 것을 알 수 있다.

··· 기억은 어디에서 하나? ···

기억의 내용에 따라서 저장되는 장소는 다르다

생활하면서 우리들의 감각기관에 들어오는 정보는 방대하다. 이것들은 우선 뇌에 보내져 신경세포가 흥분을 전달한다. 해마에서 해마 주변의 신경회로, 그리고 대뇌피질의 연합야로 전달되지만 99%의 정보는 도중에 걸러진다.

생각해서 떠오르는 기억은 전두엽과 해마, 두정엽, 측두엽 앞부분 등에 저장되고, 의식하지 않아도 떠올릴 수 있는 기억은 입력과 재생 양쪽에 모든 중추신경계가 동원된다.

기억의 시스템

① 시각, 청각, 촉각에서 정보를 취한 기억. (1초 보존)

⬇

② 단기기억 : 해마에서 일시적으로 정보를 저장. (수분 보존)

⬇⬆

③ 근시기억 : 해마 주변의 '기억회로'라 불리는 신경회로에 전달된다. (수일 보존)

⬇⬆

④ 장기기억 : 회로를 빙빙 도는 동안에 대뇌피질의 연합야에 정리된다. (수개월~일생 보존)

→ (기억의 재생) 떠올리다

기억은 생각해서 떠오르는 것(사실기억)과 의식하지 않고도 떠올릴 수 있는 것(숙련기억)으로 나뉜다.

사실기억

1392 조선건국
1592 임진왜란
GNP
GATT

의미기억

자신과는 직접적인 관계가 없는 정보. 예를 들면 학문적 지식 등의 기억.

두정엽 해마 전두엽 측두엽 전부

에피소드 기억

자신의 체험에서 얻은 기억. 여행, 첫사랑, 인간관계… 등 자신과 관련있는 에피소드.

숙련기억

특별히 정해진 부위에 저장되는 것이 아니라 모든 중추신경이 사용된다.

인지적 기능

게임의 규칙이나 간단한 계산방법 등의 기억.

숙련기능

자전거 타기나 악기 연주 등 '몸으로 익힌' 동작의 기억. 일단 한번 익히면 잘 잊혀지지 않는다.

조건반사

의식하지 않고 순간적으로 생리적, 육체적 반응을 촉발하는 기억.

… 창조력은 어디에서 나오나? …

뇌 안에서 만들어지는 신경호르몬이 창조력을 만든다

인간이 다른 동물과 다른 점은 욕구와 창조력을 갖고 문화를 만들어냈다는 점이다. '머리가 좋다'라는 것은 학교 성적이 좋다는 의미만은 아니다. 도구, 요리, 놀이, 그리고 예술작품 등 새로운 것을 만들어내는 능력이 있는 사람이야말로 진정한 의미에서 머리가 좋은 사람일 것이다.

이전에 저장된 여러 가지 다양한 정보를 선택하거나 조합해서 새로운 것을 창조하는 역할을 하고 있는 것은 뇌의 전두연합야이다. 그리고 뇌간에서 분비되는 신경호르몬의 하나인 도파민이 '하고자 하는 마음'을 불러일으키는 커다란 원동력이다.

1 뇌간의 중앙부를 출발한 A10신경은 시상하부로 들어간다. 이곳은 식욕과 성욕의 중추이다. 이곳에서 생긴 욕구가 A10신경을 활성화한다.

2 A10신경은 대뇌변연계로 나아간다. 이곳의 여러 부위에 A10 신경은 신경말단을 갖고 있고, 이곳에서 도파민을 분비한다.

3 A10신경은 모든 정신활동의 근원인 전두연합야로 들어간다. 이곳에 도파민이 들어오면 필요 이상으로 각성되어 활동이 활발해진다. 인간의 뇌는 쾌감에 빠지고 그곳에서 새로운 발상이 생겨난다.

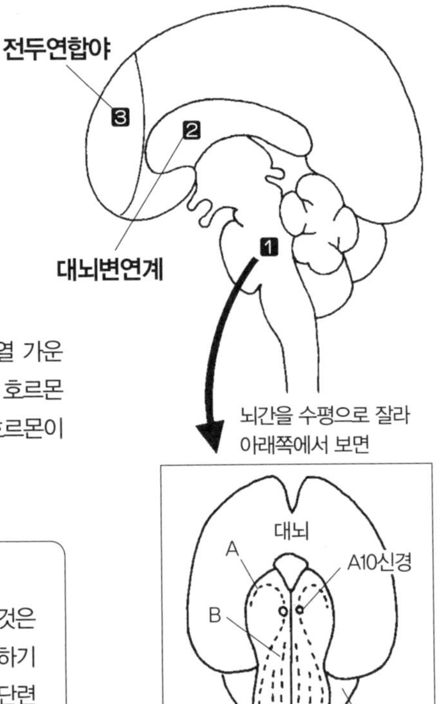

뇌간에 있는 A10신경에 주목!

뇌간의 중앙부에는 40개의 신경핵이 늘어서 있다. A, B, C 3개의 계열 가운데 A계열 열 번째에 해당하는 1쌍의 신경핵이 A10신경이다. 여기에서 호르몬 분비세포가 길게 뻗어 신경호르몬의 하나인 도파민을 분비한다. 이 호르몬이 뇌세포에 쾌감과 각성을 준다.

창조성이 있는 사람이 되려면?

전두연합야에서 창조력이 생긴다고 해서 이곳을 강화하면 되는 것은 아니다. 뇌의 각 부위는 서로서로 연관되어 있다. 창조성을 단련하기 위해서는 뇌 전체를 사용해서 '지성', '감정', '의욕'의 모든 기능을 단련하는 것이 제일 좋다. 뇌의 활성화에 보다 관심을 가져야 한다.

… 술을 마시면 왜 취하나? …

뇌 안의 알코올이 신경세포끼리의 정보교환을 방해한다

간장의 처리능력을 넘은 알코올은 혈액에 들어가 몸 전체로 보내진다. 물론 뇌에도 전달된다. 뇌에는 이물질의 침입을 막는 방어 시스템이 있지만 안타깝게도 알코올을 비롯한 지용성 물질은 막지 못한다. 뇌내에서는 알코올 탈수소효소가 분해를 서두르지만, 음주 속도를 따라가지 못하는 경우에는 알코올이 뉴런 막을 녹여 시냅스의 정보교환을 엉망으로 만들어버린다. 이것이 '취한' 상태이다. 취하는 것은 대뇌에서부터 차근차근 진행되어 소뇌, 뇌간에도 영향을 끼치는 경우가 있다.

마신 알코올은 위나 장에서 흡수되어 혈액 속으로 들어가 간장에서 처리된다. 하지만 처리능력 이상의 술을 마시면…

'혈액뇌관문'이라는 뇌의 방어 시스템의 낡은 부분을 통과해 알코올이 뇌 속으로 들어온다. 시냅스 사이를 전달하는 신경 전달물질에도 영향을 끼쳐 정보를 엉망으로 만들어버린다.

뇌내에서도 알코올을 분해하려고 하지만 계속 술을 마시면…

기억 회로에 있는 시냅스가 알코올에 의해 장애를 일으키면 '어젯밤 일을 기억할 수 없다'라는 사태가 발생한다.

··· 수면 중 뇌는 어떻게 되어 있을까? ···

깊은 수면과 얕은 수면을 반복, 뇌도 휴식을 취한다

수면은 식욕과 마찬가지로 인간의 본능이다. 뇌의 신경세포는 몸의 다른 세포와 달라서 한 번 망가지면 재생되지 않는다. 그렇기 때문에 수면은 뇌를 쉬게 하기 위한 안전장치라고 해도 좋을 것이다. 그렇다고 해서 수면이 '몸과 뇌의 완전한 휴식시간'인 것은 아니다.

수면에는 깊은 수면(NON REM 수면)과 얕은 수면(REM 수면)이 있고, 이것이 교대로 반복된다. REM 수면시의 뇌는 각성 상태(일어나 있을 때)에 가까운 상태로 활동하고 있다. 꿈의 대부분은 이 REM 수면에서 꾸는 것이라고 한다.

NON REM 수면 = 깊은 수면

심장 박동의 템포는 느려지고 천천히 규칙적인 호흡을 반복하는 상태. 뇌는 쉬고 있다. 졸음은 대부분 NON REM 수면. 시간 날 때 잠시 조는 것만으로도 부족한 수면을 꽤 보충할 수 있다.

REM 수면 = 얕은 수면

REM(Rapid Eye Movement)은 심박수나 호흡수가 증가해 눈과 얼굴의 근육이나 손 등이 꿈틀꿈틀 움직이는 상태이다. 몸은 깊게 잠들어 있는데도 뇌가 각성에 가까운 상태로 활동하고 있다. 잠에서 깨는 준비상태이기도 한 이때 일어나면 기분도 상쾌.

수면의 패턴

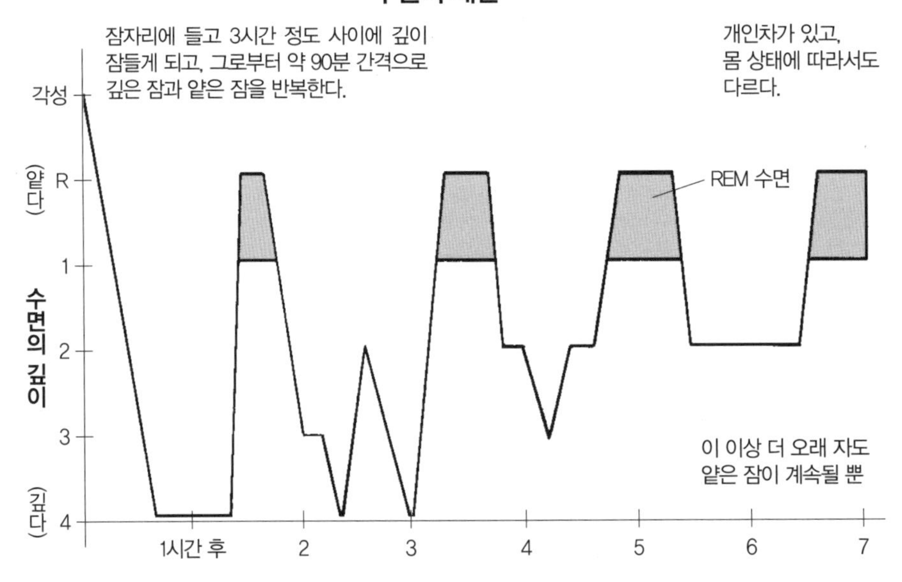

수면 중에는 기억력 제로!

사람이 수면상태가 되면 해마에 들어 있는 기억정보가 기억회로를 돌아 고정되기 전에 대뇌피질이 휴식상태가 되어 버린다. 이 때문에 수면에 들어가는 약 5분 전부터 이후의 일은 잊어버린다.

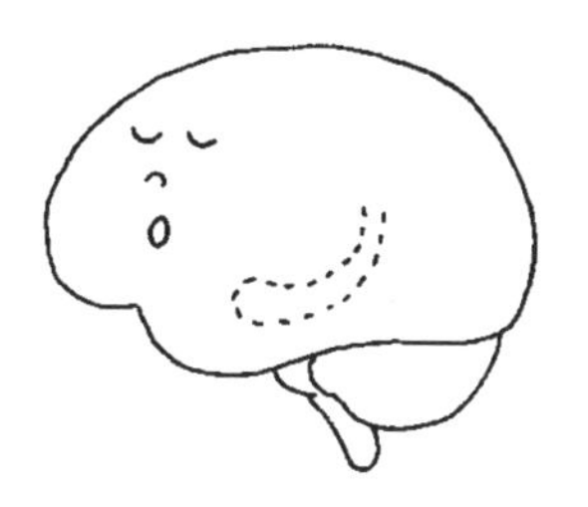

자고 있을 때 들리는 소리나 목소리를 기억하지 못하는 것도 이 때문

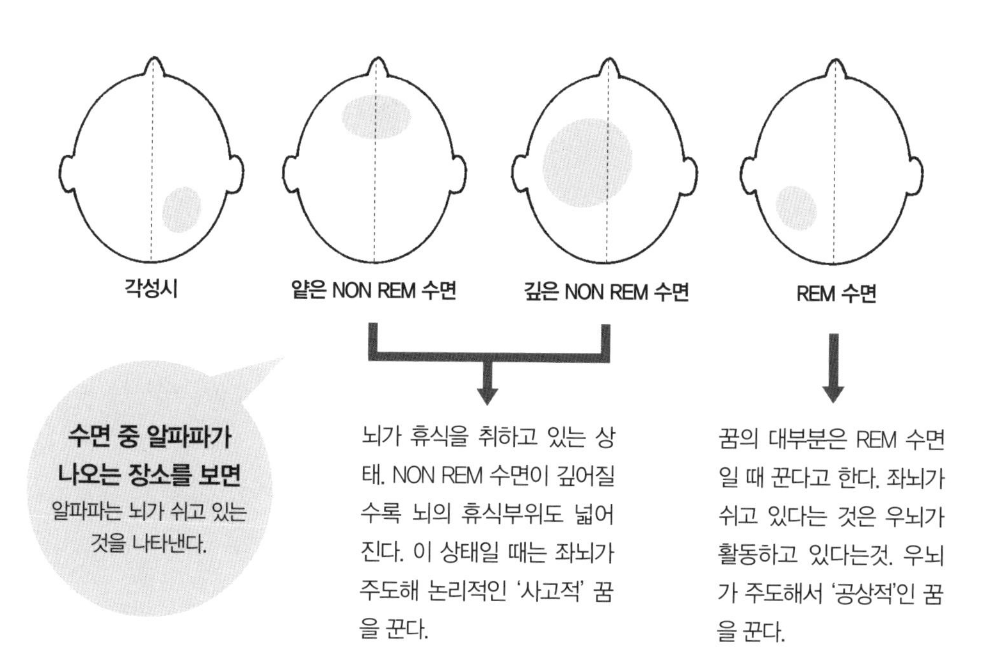

수면 중 알파파가 나오는 장소를 보면
알파파는 뇌가 쉬고 있는 것을 나타낸다.

뇌가 휴식을 취하고 있는 상태. NON REM 수면이 깊어질수록 뇌의 휴식부위도 넓어진다. 이 상태일 때는 좌뇌가 주도해 논리적인 '사고적' 꿈을 꾼다.

꿈의 대부분은 REM 수면일 때 꾼다고 한다. 좌뇌가 쉬고 있다는 것은 우뇌가 활동하고 있다는것. 우뇌가 주도해서 '공상적'인 꿈을 꾼다.

자고 있을 때 몸은…

잠을 자면 몸의 생리현상은 전체적으로 저하된다. 호흡수와 심박수가 감소하며, 혈압은 떨어지고, 소변 양도 줄어든다. 그러나 성장호르몬이나 성선자극호르몬, 갑상샘호르몬 등의 분비는 반대로 왕성해진다.

이상적인 수면시간은?

나폴레옹의 수면시간은 3시간, 에디슨은 4시간이라고 하지만 어쨌든 잠은 양보다도 질이 중요한 듯하다. 깊은 잠(NON REM 수면)이 충분하고, 얕은 잠(REM 수면)일 때 일어나는 것이 가능하면 수면시간은 5시간 정도로 충분하다는 설도 있다.

··· 체내시계의 구조 ···

사람은 하루를 주기로 같은 리듬을 매일 반복한다

우리는 보통 아침에 일어나서 밤에 잠드는 생활을 계속하고 있는데, 이 각성과 수면의 리듬은 어디에서 비롯된 것일까? 이와 같은 하루의 리듬을 조절하고 있는 것이 뇌의 시상하부. 여기에는 시계와 비슷한 기능이 있어 체내시계라고 불린다. 이 시계의 하루는 약 25시간. 외부세계에서 들어오는 빛의 정보로 매일 24시간으로 고치면서 움직이고 있다.

수면 중 REM 수면과 NON REM 수면이 약 90분마다 반복되는 것도 이 시계의 역할. 하루 종일 체온이 변화하는 것도 마찬가지이다.

여기에 시계가 숨겨져 있다!?

하루를 주기로 일어나고 있는 다양한 리듬은 시상하부에 있는 체내시계에 의해 무의식 중에 만들어지고 있다. 밤에 졸리는 것도 이 때문.

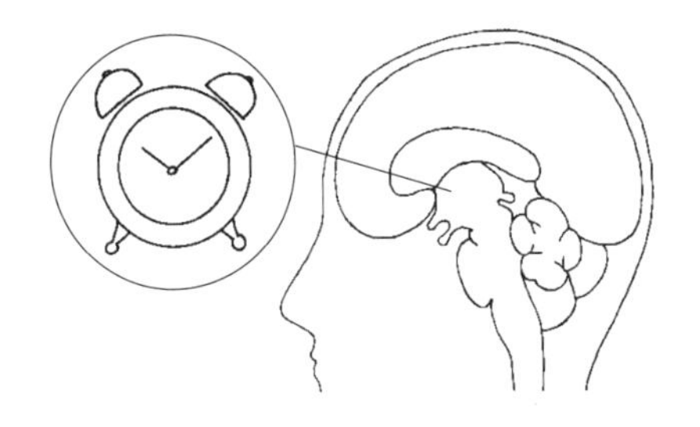

체내시계의 역할

- **하루 종일 체온을 변화시킨다**

  우리의 체온은 오전 중에는 낮고, 오후 3시에서 5시경에 최고점에 달한다. 이후 떨어져서 아침에 눈뜰 무렵에는 최저점이 되는 리듬을 반복하고 있다. 하루 동안의 차는 1℃ 이내지만 그래프의 곡선은 매일 똑같다.

- **수면과 각성의 명령을 내린다**

  체내시계의 신호를 받아서 뇌간에서 대뇌피질에 수면이나 각성을 자극하는 신호가 내려진다. 이 때문에 졸립기도 하고, 혼자서도 일어나거나 한다.

- **REM 수면과 NON REM 수면을 반복한다**

  우리는 수면 중 REM 수면과 NON REM 수면을 약 90분 주기로 반복하고 있다. 주기를 반복할수록 NON REM 수면이 짧아지고, 마지막에는 얕은 수면뿐.

체온의 변화

체온과 수면은 깊은 관계가 있다. 졸릴 때 체온은 낮아진다.

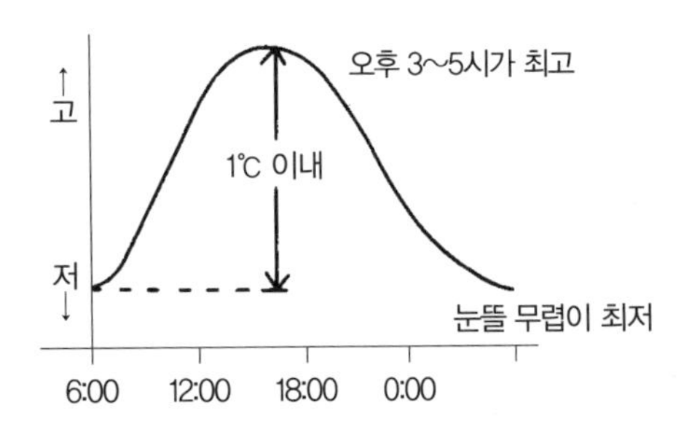

체내시계가 망가지면?

체내시계가 24시간 주기로 잘 움직이지 않게 되면 수면과 각성의 리듬에 장애가 발생한다. 밤에 잘 잠들지 못하고 아침에 아무리 깨워도 일어나지 못하거나 잠드는 시간이 점점 늦어지거나 한다. 수면 각성 리듬 장애는 최근 증가하고 있는 병의 하나다.

2장

인체 구석구석까지
뻗어 있는 통신망

척수와 신경

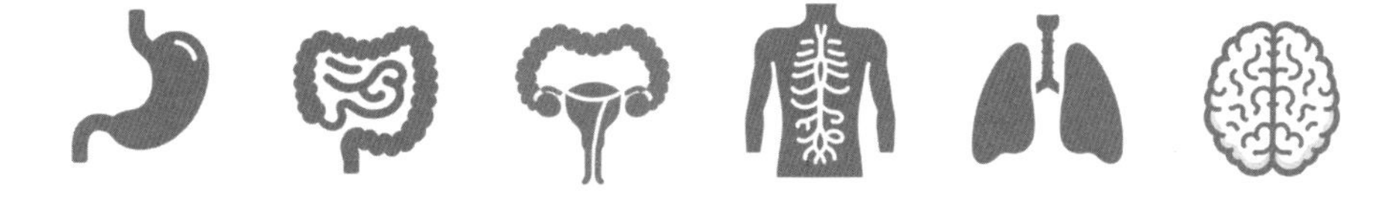

척수의 구조

신경이 다발이 되어

교묘한 척수반사의 메커니즘

뇌에 연결된 신경섬유의 긴 다발인 척수는 대뇌의 명령을 정리해 몸의 각 부위로 전달하는 연락로이다. 우리 몸이 항상 외부세계의 상황에 적절한 행동을 취할 수 있는 것은 외부세계로부터의 정보(신호)가 척수를 경유해 뇌에 전달되고, 뇌에서 내려지는 명령이 다시 척수를 통해 팔다리 등에 보내지기 때문이다. 물건에 걸려 넘어지거나 하는 순간적인 위험에서 몸을 피해야 할 때는 뇌에 정보를 전달하기 전에 척수가 반사운동을 일으킨다. 이런 경우에는 척수가 몸의 중추 역할을 한다.

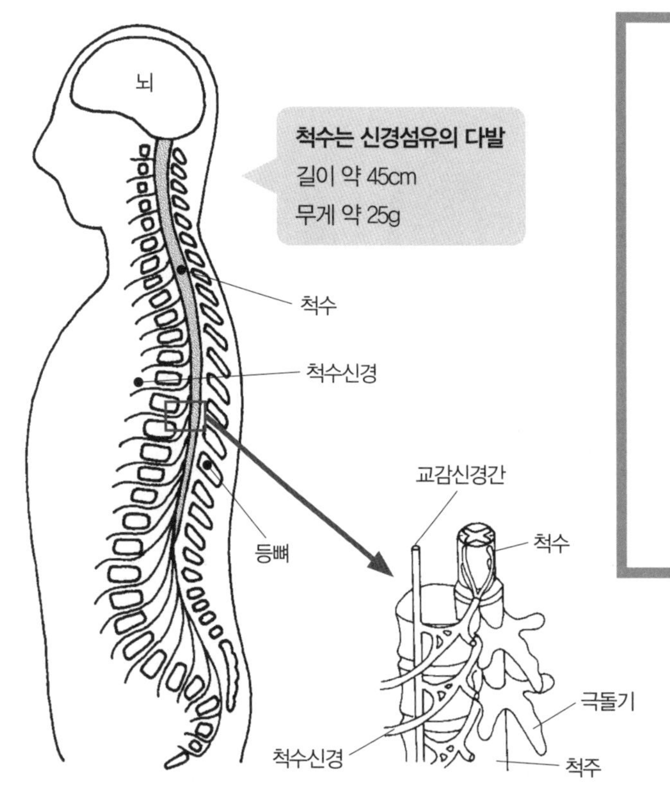

뇌와 몸의 구석구석을 연결하는 정보와 명령의 연락로

척수의 한가운데에는 H자 모양의 회백질이 있고, 그 중심부에는 신경섬유(뉴런)가 가득 차 있다. 몸 전체의 감각기관에서 신경을 통해 들어온 신호는 뒤쪽 길을 통해 척수에 도달하고, 위쪽을 향해 대뇌로 전달된다. 한편 대뇌에서 내려진 운동명령은 앞쪽 길로 내려가 신경을 거쳐 팔다리 등에 전달된다. 감각신경과 운동신경이 지나가는 길은 달라서 척수 안에서 혼선되는 일은 없다.

척수에서 몸의 좌우로 31쌍의 신경이 나와 있다. 이 신경들이 여러 갈래로 나뉘어 몸의 구석구석까지 뻗어 있는 것이다.

때로는 뇌 대신에 중추로서 움직인다

척수는 몸의 각 부위와 뇌를 연결하는 중요한 연락로이지만 순간적으로 위험에서 몸을 피해야 할 때는 척수 자체가 뇌 대신에 중추 역할을 해 무의식적으로 몸을 움직이게 한다. 예를 들면 압정을 밟았을 때 순간적으로 발을 드는 것도 자극이 뇌에 전달되기 전에 척수가 명령을 내려 근육을 수축시키기 때문이다. 넘어졌을 때 순간적으로 팔을 드는 것도 같은 이유에서이다.

뇌를 경유하지 않고 근육에 도달한다

뒤쪽 길을 통해 척수에 도달한 신호는 척수 속에서 운동신경과 연결된다. 신경의 최단 경로로 뇌를 경유하지 않기 때문에 의식되지 않는다.

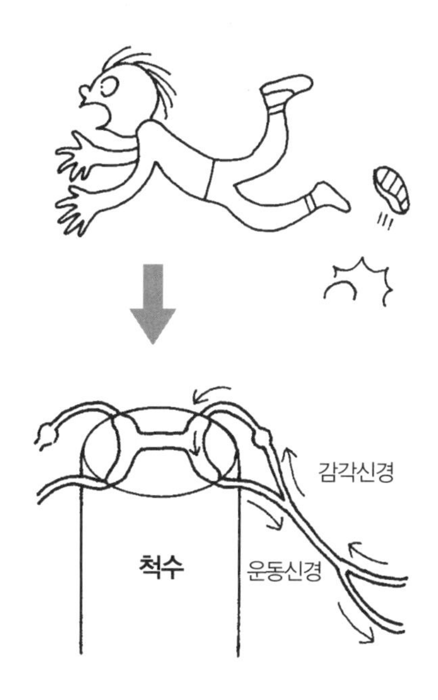

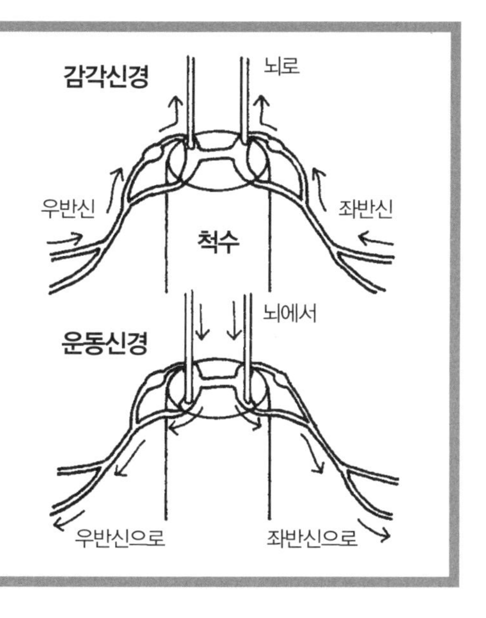

척수반사

척수는 위험에서 몸을 피하려 할 때뿐만 아니라, 보다 기본적인 반사활동을 한다. 무릎의 움푹 패인 곳을 치면 순간적으로 발끝이 올라가는 것이 대표적인 예이다. 자극은 척수를 거쳐서 바로 돌아와 순간적으로 근육을 수축시킨다. 완전히 자동적으로 반사가 일어나는 것이다. 이것은 척수 속에 회로가 정해져 있기 때문이다. 예를 들면 우리는 걸을 때 '다음은 오른발, 다음은 왼발, …'하고 의식하지 않는다. 이는 어렸을 때부터 반복된 동작으로 척수에 회로가 조립되어 있어 일일이 뇌의 명령을 받지 않아도 그렇게 하는 것이 가능하기 때문이다. 아주 자연스럽게 직립해 있을 수 있는 것도 척수 덕분이다.

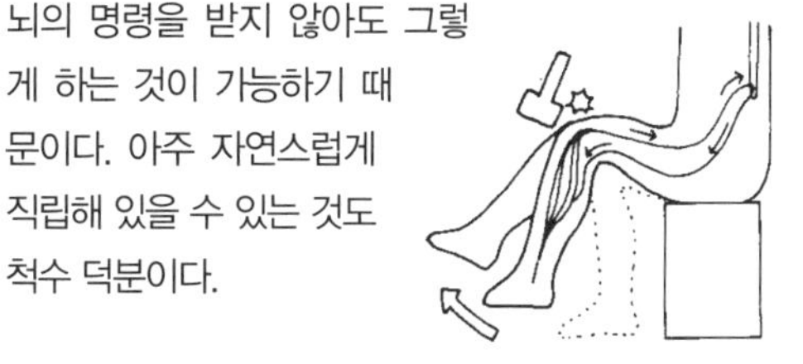

무릎의 움푹 패인 곳(슬개골인대)을 치면 발이 튕겨 올라간다.

신경의 구조

인간을 인간이게 하는 가는 실

몸 안에 빽 둘러쳐진 정보전달망

신경은 몸의 각 부분, 내장 등과의 연결을 유지하고 정보를 집중하거나 기능을 통제하는 매우 중요한 기관이다. 인간을 인간이게 하는 것은 이런 신경의 역할이 크다. 신경은 신경 전체의 중심인 중추신경(뇌, 척수)과 중추신경에서 몸 전체에 분포하는 말초신경 2가지로 나뉜다.

말초신경은 뇌에서 직접 나와 있는 좌우 12쌍의 뇌신경과 척수에서 여러 갈래로 나뉘어 있는 좌우 31쌍의 척수신경의 총칭이다. 신경은 더욱 가늘게 나뉘어 몸의 구석구석까지 분포한다.

몸 전체에 퍼져 있는 신경망

신경은 신경세포(뉴런)가 모여서 이루어진 것으로 끈이나 실처럼 보인다. 굵기는 다양한데, 굵은 신경에서 신경신호(임펄스)가 전해지는 속도는 매초 약 60m로 매우 빠르다. 척수신경 31쌍, 뇌신경 12쌍, 자율신경이 여러 갈래로 나뉘어 전선처럼 몸의 구석구석까지 빽 둘러쳐져 있다. 우리 몸에 신경이 분포하지 않는 곳은 손톱, 발톱, 머리카락 정도이다.

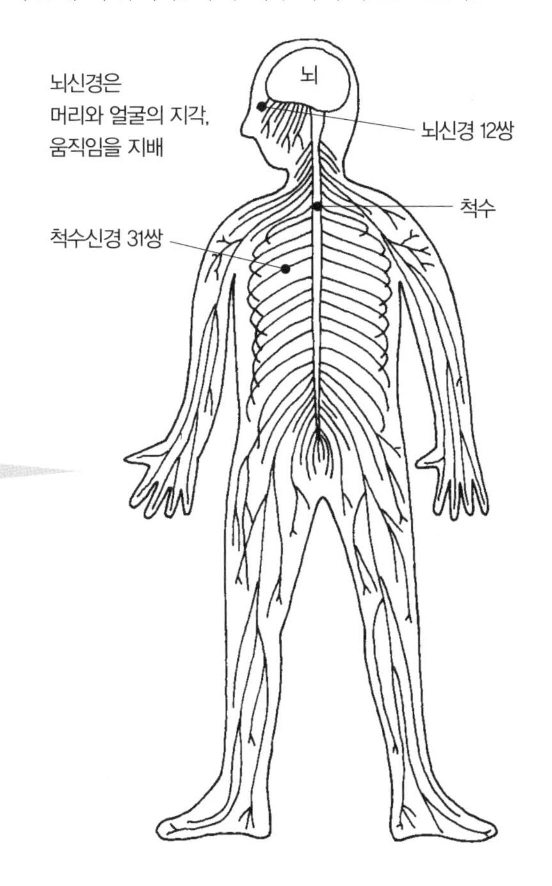

척수신경은 뇌의 명령을 몸의 각 부위에 전달하고, 몸의 각 부위의 정보를 뇌에 전달한다.

신경통이란?

감각신경이 있는 부위를 따라서 아픈 것이 신경통이다. 추간판 헤르니아에 의해 생기는 좌골신경통에서 볼 수 있는 것처럼 병의 한 증상으로 나타나는 경우도 있지만, 대부분 원인을 잘 모르는 경우가 많다.

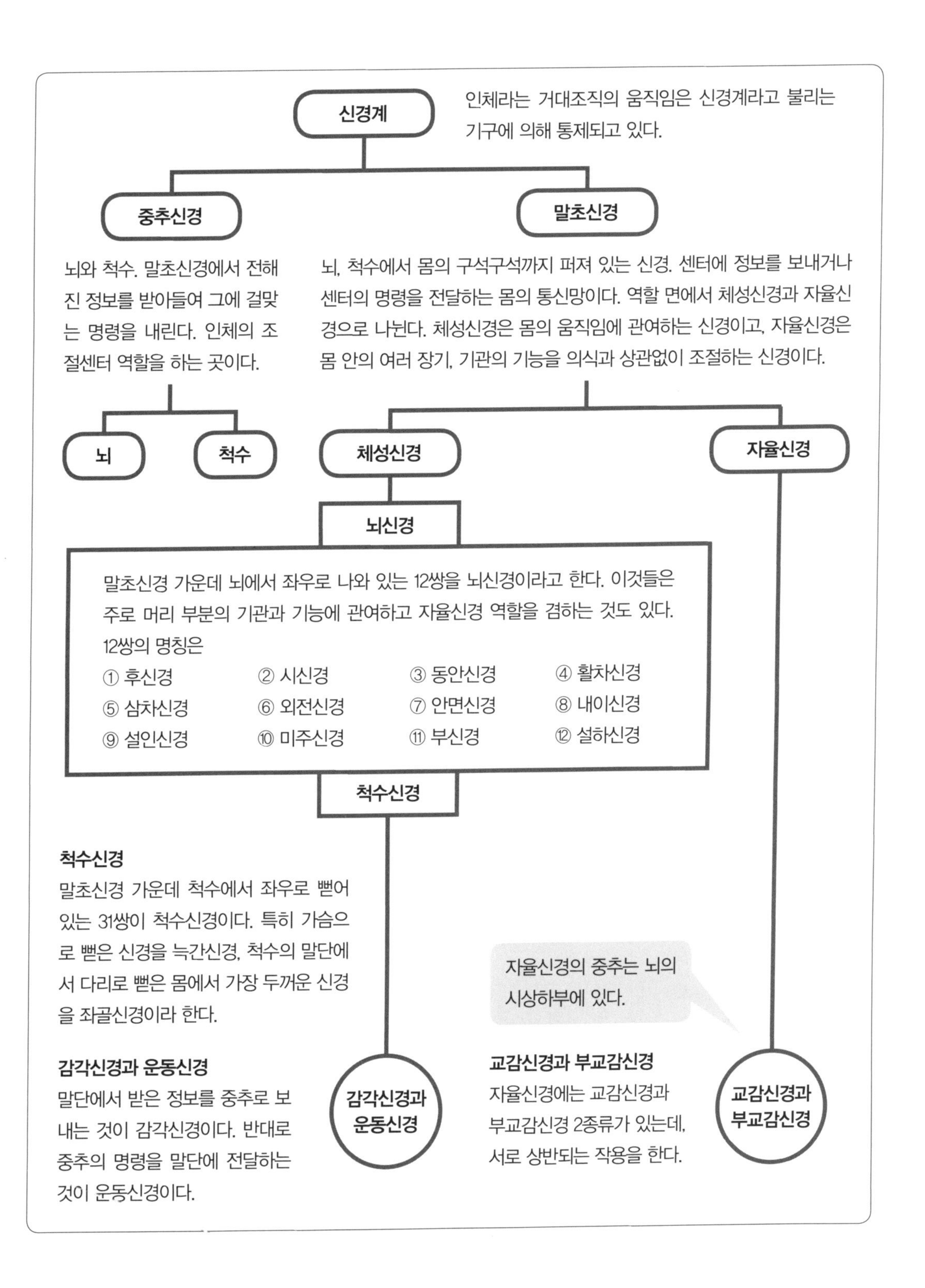
신경계
인체라는 거대조직의 움직임은 신경계라고 불리는 기구에 의해 통제되고 있다.
중추신경
말초신경
뇌와 척수. 말초신경에서 전해진 정보를 받아들여 그에 걸맞는 명령을 내린다. 인체의 조절센터 역할을 하는 곳이다.
뇌, 척수에서 몸의 구석구석까지 퍼져 있는 신경. 센터에 정보를 보내거나 센터의 명령을 전달하는 몸의 통신망이다. 역할 면에서 체성신경과 자율신경으로 나뉜다. 체성신경은 몸의 움직임에 관여하는 신경이고, 자율신경은 몸 안의 여러 장기, 기관의 기능을 의식과 상관없이 조절하는 신경이다.
뇌
척수
체성신경
자율신경
뇌신경
말초신경 가운데 뇌에서 좌우로 나와 있는 12쌍을 뇌신경이라고 한다. 이것들은 주로 머리 부분의 기관과 기능에 관여하고 자율신경 역할을 겸하는 것도 있다.
12쌍의 명칭은
① 후신경
② 시신경
③ 동안신경
④ 활차신경
⑤ 삼차신경
⑥ 외전신경
⑦ 안면신경
⑧ 내이신경
⑨ 설인신경
⑩ 미주신경
⑪ 부신경
⑫ 설하신경
척수신경
척수신경
말초신경 가운데 척수에서 좌우로 뻗어 있는 31쌍이 척수신경이다. 특히 가슴으로 뻗은 신경을 늑간신경, 척수의 말단에서 다리로 뻗은 몸에서 가장 두꺼운 신경을 좌골신경이라 한다.
감각신경과 운동신경
말단에서 받은 정보를 중추로 보내는 것이 감각신경이다. 반대로 중추의 명령을 말단에 전달하는 것이 운동신경이다.
감각신경과 운동신경
자율신경의 중추는 뇌의 시상하부에 있다.
교감신경과 부교감신경
자율신경에는 교감신경과 부교감신경 2종류가 있는데, 서로 상반되는 작용을 한다.
교감신경과 부교감신경

··· 감각신경의 구조 ···

맛있는 식사도 감각신경 덕분

보거나, 듣거나, 만지거나, 냄새를 맡거나, 맛을 보거나 해서 정보를 쉬지 않고 뇌에 전달하는 것이 감각신경이다. 피부에 외부의 자극이 있을 때처럼 신경 말단의 감각수용기에 외부의 자극, 즉 정보가 전해지면 특정신경이 흥분한다. 이때 정보는 전기신호로서 신경을 통해 뇌에 전달된다. 신호는 대뇌피질에 퍼지고 순식간에 통합되어 '뜨겁다, 차갑다'와 같은 감각이 생긴다.

뇌신경 안의 감각신경에는 후각을 뇌에 전달하는 후신경, 시각을 뇌에 전달하는 시신경, 청각과 평형감각을 뇌에 전달하는 내이신경, 혀에서 느낀 것을 뇌에 전달하는 설인신경 등이 있다.

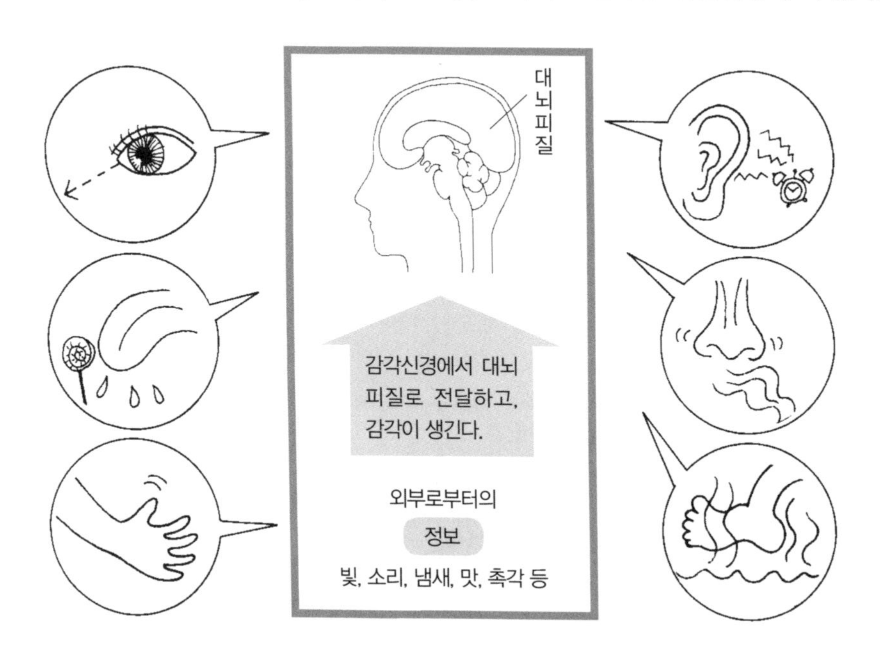

눈, 귀, 코, 혀, 피부 등은 외부세계를 알기 위한 기관이다. 이 감각기에 대한 자극은 감각신경을 통해 대뇌에 전달된다. 각각의 정보는 대뇌피질에서 통합되어 '젖어서 춥다', '뜨겁고 맵다'와 같은 감각이 생기는 것이다.

뇌파란?

외부로부터의 자극은 전기신호로 감각신경을 돌아 뇌로 전달된다. 즉, 몸 안에 전류가 생기는 것이다. 전기신호는 대뇌피질로 퍼져 나간다. 뇌 내부의 전류를 밖에서 측정해서 증폭해 기록한 것이 뇌파다. 1만분의 1 이하의 전류지만 뇌의 움직임이나 의식상태를 조사하는 데 도움이 된다.

··· 운동신경의 구조 ···

부드러운 몸의 움직임을 담당하는 신경

뇌가 동작명령을 내릴 때 사용하는 신경을 운동신경이라 한다. 대뇌피질의 좌우 운동야에서 발생한 명령은 소뇌, 뇌간을 거쳐 척수에서 정리되어 목적지인 팔, 다리, 손 등으로 전해진다. 척수까지의 길을 추체로라고 하는데, 이것은 연수 아래에서 대부분 교차한다. 예를 들면 우뇌의 명령은 척수에서 왼쪽으로 갈라지는 운동신경으로 가서 좌반신의 운동을 담당한다. 그래서 뇌의 어느 쪽 반구에 이상이 생기면 그 반대편 반신에는 장애가 오지만, 다른 쪽은 전혀 영향을 받지 않는다.

운동신경의 기본단위도 다른 신경과 마찬가지로 뉴런이다. 정보는 이 뉴런 사이에서 전달된다. 운동신경은 이 뉴런이 다발로 된 것인데, 청년기까지는 직경이 두꺼워져서 전달속도도 빠르지만, 나이 들면서 가늘어져 반응이 늦어진다.

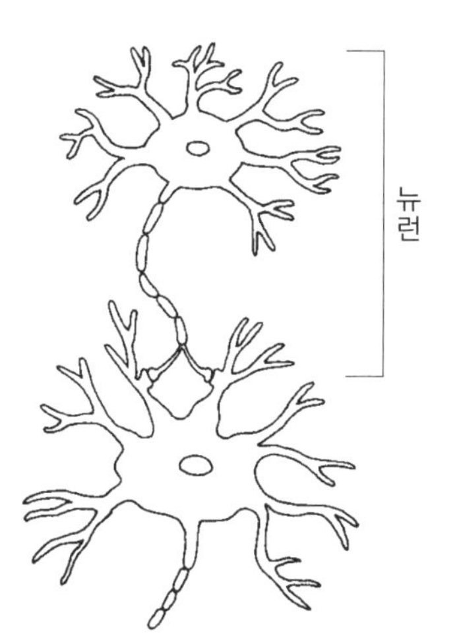

대뇌의 동작명령을 팔다리에 전달하는 것이 운동신경이다. 운동신경의 말단은 근육과 연결되어 있어 뇌의 신경신호에 따라 근육을 움직인다.

좌뇌의 운동명령은 우반신에 전달된다
좌우 뇌 각각의 대뇌피질에 몸의 운동 중추가 있다. 여기에서 척수까지의 신경통로를 추체로라고 하는데, 이것은 연수에서 교차한다. 즉, 좌뇌의 운동명령은 척수의 오른쪽 길로 들어가 우반신에 분포하는 운동신경을 근육으로 전달한다.

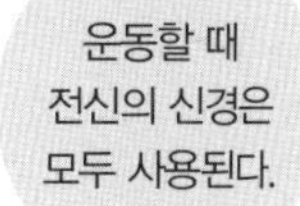

흔히 '운동신경이 발달했다'라고 하는데, 이것은 결코 운동신경 자체가 굵다는 의미는 아니다. 연습을 계속하는 가운데 척수와 대뇌의 반응이 부드러워져 운동을 잘하게 되는 것이다.

··· 자율신경의 구조 ···

생체유지를 위해 자지도 않고, 쉬지도 않고 계속 움직인다

뇌의 명령을 받지 않아도 독립해서 움직이고 있는 신경을 자율신경이라고 한다. 모든 내장, 분비선, 폐호흡 등은 자율신경의 지배를 받고 있어, 우리가 자신의 의사로 조절하는 것이 불가능하다. 심장이 쉬지 않고 박동을 계속하는 것도 자율신경 덕분이다. 자율신경은 교감신경계와 부교감신경계로 나뉜다. 각각 뇌와 척수에서 조절이 이루어지고 둘은 상반해서 움직인다.

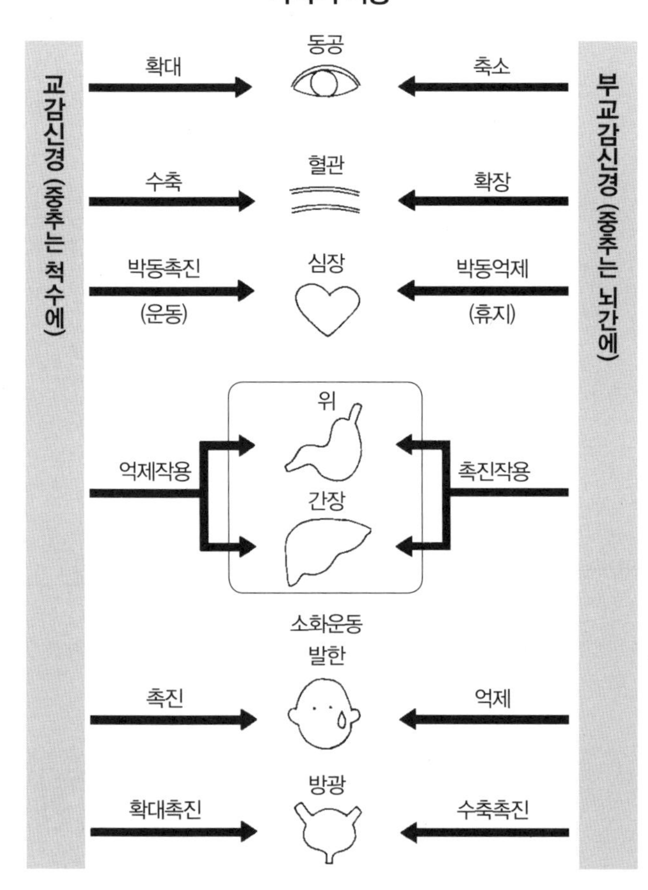

자율신경은 자신의 의사로는 움직일 수 없는 불수의근을 통제

뇌의 명령과 상관없이 독립해서 움직이는 자율신경에는 교감신경과 부교감신경 2가지가 있다. 예를 들면 심장에 대해 교감신경은 박동을 촉진시키고, 부교감신경은 억제하는 것처럼 하나의 기관에 대해 서로 상반된 작용을 한다.

교감신경은 척수를 따라 아래로 뻗은 교감신경간에서 내장 등에 분포한다. 부교감신경은 뇌의 지배를 받는 신경과 같은 길을 사용한다. 안면신경을 예로 들면 얼굴의 근육은 자신의 의사로 움직이는 것도 가능하지만 무의식적으로 움직이기도 한다.

3장

외계의 정보를 민감하게 감지

두부의 기관과 피부

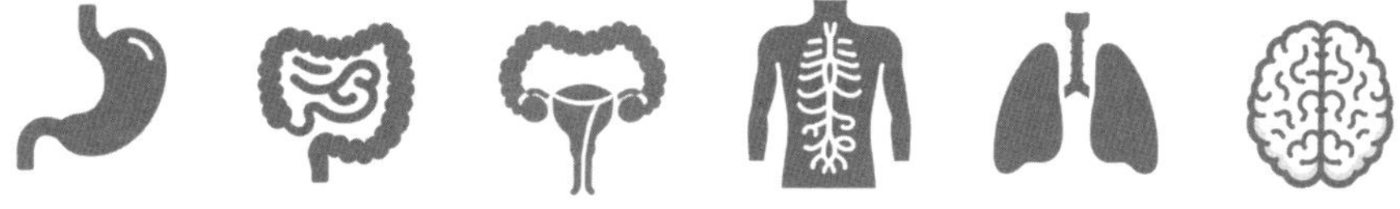
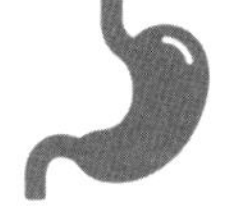

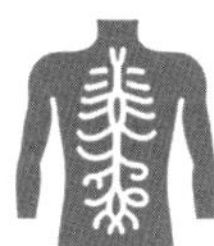
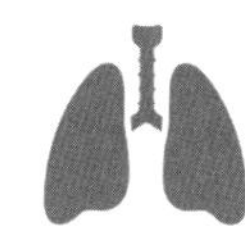
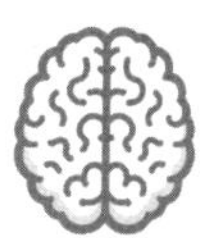

눈의 구조
보이는 것이 아는 것

본다는 것은 우리를 둘러싼 환경을 인식하는 것이다

눈은 태어날 때부터 있다. 그러나 눈의 '보는' 기능은 어린아이가 말을 익혀가는 것과 같이 하나하나 사물과 접해 확인하고 보면서 익혀, 환경을 인식하게 된다. 보는 것으로 우리는 멀리 있는 사물이나 색채 등을 판단해서 보다 윤택한 생활을 할 수 있다.

눈은 몸 외부의 정보를 수용하는 감각기관의 하나이다. 냄새나 맛, 소리 등으로도 많은 정보를 인식하지만 눈이 받아들이는 전체 정보의 양은 80%나 된다.

어떻게 보는가

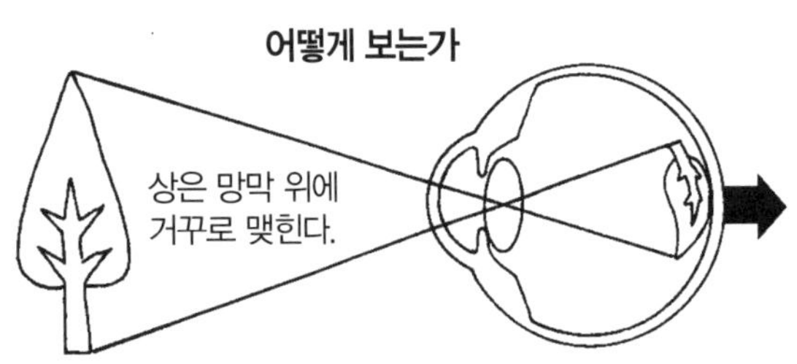

망막에서 시신경을 거쳐 대뇌에 도달해 시각으로 인식된다.

대뇌로

거꾸로 맺힌 상이 수정된다.

물체에서 반사한 빛은 우선 필터에 해당하는 각막에서 크게 굴절되고 나서 동공을 통해 렌즈 역할을 하는 수정체에서 초점을 맞춰 유리체(초자체)를 거쳐 망막에 도달한다.

초점 맞추기는?

모양체가 긴장하면 수정체를 지지하는 모양체소대의 당김이 느슨해진다. 그러면 수정체는 스스로의 탄력으로 부풀어 렌즈를 두껍게 한다. 두꺼워진 렌즈의 곡면이 조여져 빛의 굴절력이 커진다. 가까운 곳을 볼 때는 이렇지만, 먼 곳을 볼 때는 반대로 작용한다.

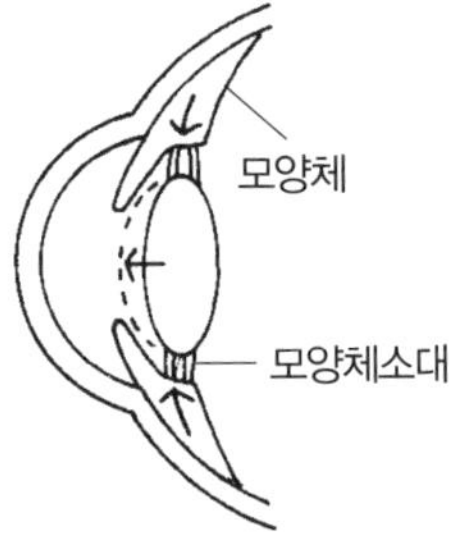

각막에도 영양이 필요

각막은 무혈관으로 투명한 0.5mm 정도의 막이다. 대기와 직접 접하고 있어 매우 건조해지기 쉽다. 습기와 양분을 충분히 공급하지 않으면 안 되지만 여기에는 혈관이 통하지 않는다. 그래서 모양체에서 만들어진 방수를 흡수한다. 콘택트렌즈는 이 각막에 직접 닿기 때문에 영양이 퍼지지 않게 돼 충혈 등을 일으키기 쉽다. 최근 산소가 통과되는 콘택트렌즈가 일반화된 것도 각막을 보호하기 위해서이다.

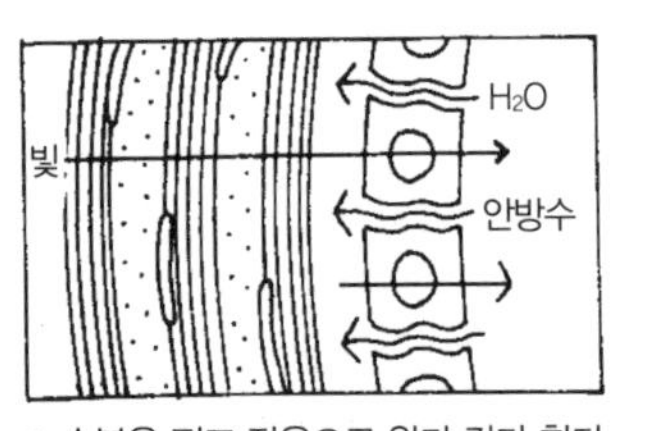

▲ 수분은 펌프 작용으로 왔다 갔다 한다.

눈의 구조

유리체
젤리 상태의 물질이 차 있어
안구 전체의 모양을 유지한다.

근육
안구를 움직이기 위해
3쌍의 근육이 연결되어 있다.

모양체
수정체의 굴절력(두께)을 조정하는 근육이다. 또한 방수라는 영양분을 만들어 각막 안쪽과 수정체에 공급한다.

눈꺼풀
눈꺼풀 안에는 결막이라는 얇은 막이 있는데, 여기에서 점액이 분비된다. 눈물샘에서 분비된 눈물과 함께 눈을 깜빡거림으로써 결막과 각막을 건조하지 않게 하고, 세균을 씻어낸다. 점액 등이 말라서 딱딱해진 것이 눈곱이다.

각막
외부세계와 안구의 경계면으로 0.5mm 정도의 투명한 얇은 막이다. 여기에서 빛이 굴절되어 동공으로 전달된다.

안구의 직경 약 24mm
무게 7~8g

동공

안구 주위에는
혈관이 지나간다.

시신경
망막이 수용한 상을
뇌에 전달하는 역할.

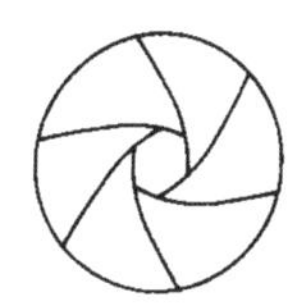

홍채·동공
홍채는 수정체 앞에 있는데, 카메라의 조리개에 해당한다. 홍채의 중앙은 빛을 통과시키기 위한 창 역할을 하는 동공이 있다. 여기에는 멜라닌 색소가 있어, 색소가 많으면 갈색, 적으면 청색 눈동자가 된다.

망막
안구 안쪽에 유리체를 싸듯이 붙어 있는 얇은 막으로 카메라에서는 필름 표면에 해당한다. 빛을 받아들이고 이곳에 연결된 외부세계의 정보(상)는 시신경을 통해 대뇌로 전달된다.

수정체
탄성을 가진 수정체는 주위를 둘러싼 근육, 모양체의 신축에 의해 두께가 변한다.

눈동자와 색소의 관계
멜라닌 색소는 자외선을 차단하는 역할을 한다. 색소가 적으면 태양광선을 필요 이상으로 받아들인다. 멜라닌 색소가 적은 서양인들에게는 눈을 보호하기 위한 선글라스가 필수품이다.

··· 사물이 입체로 보이는 구조 ···

좌우의 눈은 같은 것을 봐도 보는 방식이 미묘하게 다르다

'눈은 두 개 있으니까, 안대를 해서 한쪽은 쓰지 않다가 다른 한쪽이 나빠지면 사용하면 되지 않을까?'라고 생각할지도 모른다. 그러나 실제로 안대를 해 보면 안대를 한쪽에 사각이 생겨 똑바로 걷기 어렵다. 또한 한쪽 눈을 감고 팔을 벌려 양손의 검지손가락 끝을 붙여 보면 거리감이 정확하지 않아 잘되지 않는다. 이처럼 두 눈은 각각 다른 곳을 보고 있어 양쪽에서 보는 것으로 서로 부족한 부분을 보충한다. 사물을 입체적으로 보기 위해서는 시야와 거리감이 필요하다.

원근감을 알 수 있는 것은

가까운 곳을 본다

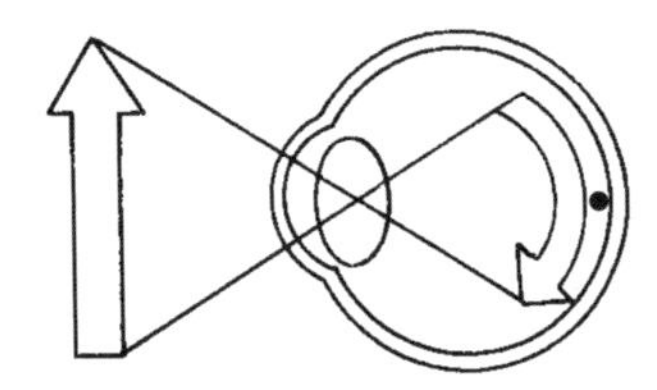

먼 곳을 본다

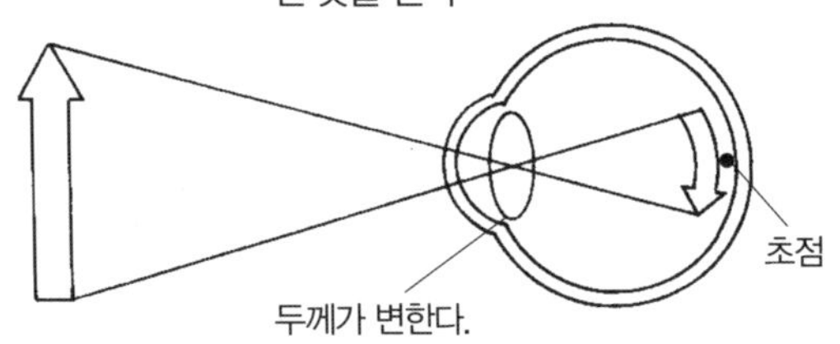

각막에서 굴절된 빛이 그대로 망막에 도달하면 먼 곳의 사물과 가까운 곳의 사물을 구별할 수 없을 뿐만 아니라 어느 한 점에만 초점이 맞고 다른 것은 초점이 안 맞아 상이 흐려진다. 그래서 거리감을 알기 위해 수정체의 두께를 변화시켜 모든 사물에 초점을 맞춘다. 먼 곳을 볼 때는 모양체가 수정체를 끌어당겨 얇게 해서 빛의 굴절을 작게 한다. 가까운 곳을 볼 때는 그 반대이다.

초점이 잘 맞지 않으면

수정체가 제 역할을 하지 못하면 망막 앞에서 초점을 맞춰 버려 망막에 도달했을 때는 초점이 맞지 않는다. 이것이 근시로 사진 찍을 때 초점이 앞에 맞춰진 것과 같다. 원시는 그 반대로 사진 찍을 때 초점이 뒤에 맞춰진 것과 같다. 그래서 근시는 오목렌즈를, 원시는 볼록렌즈를 사용한 안경으로 빛의 굴절을 조정해 망막에서 정확히 초점이 맞춰지도록 한다.

초점 맞추는 법

정상

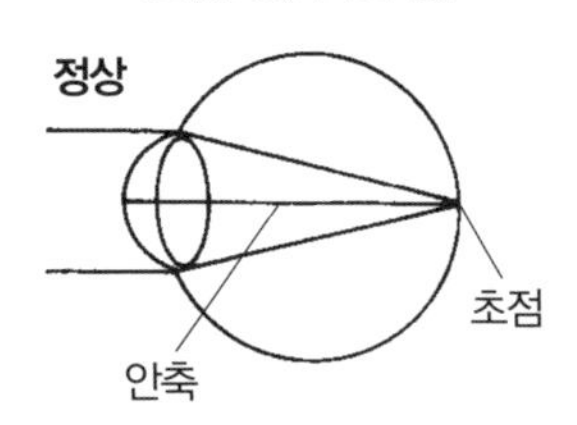

가깝거나 멀거나 초점을 잘 맞춰서 망막 위로 정확하게 초점을 연결한다.

근시

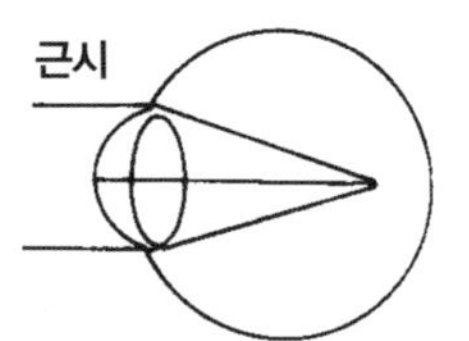

각막과 수정체의 굴절률이 커지거나 안구가 빛의 축 방향으로 길어지거나 해서 망막 앞으로 초점이 맞춰진다.

원시

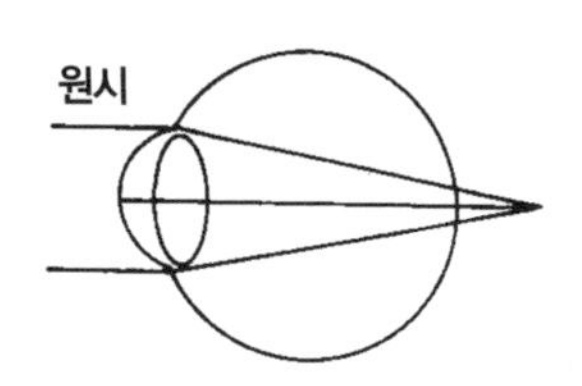

각막과 수정체의 굴절률이 작아지거나 안구가 빛의 축 방향으로 짧아지거나 해서 망막 뒤로 초점이 맞춰진다.

같은 사물이라도 오른쪽 눈으로 본 것과 왼쪽 눈으로 본 것은 보이는 각도가 조금씩 다르다. 또한 한쪽 눈으로도 형태나 색은 구별할 수 있지만 거리감과 장소 등은 정확하게 구별할 수 없다.

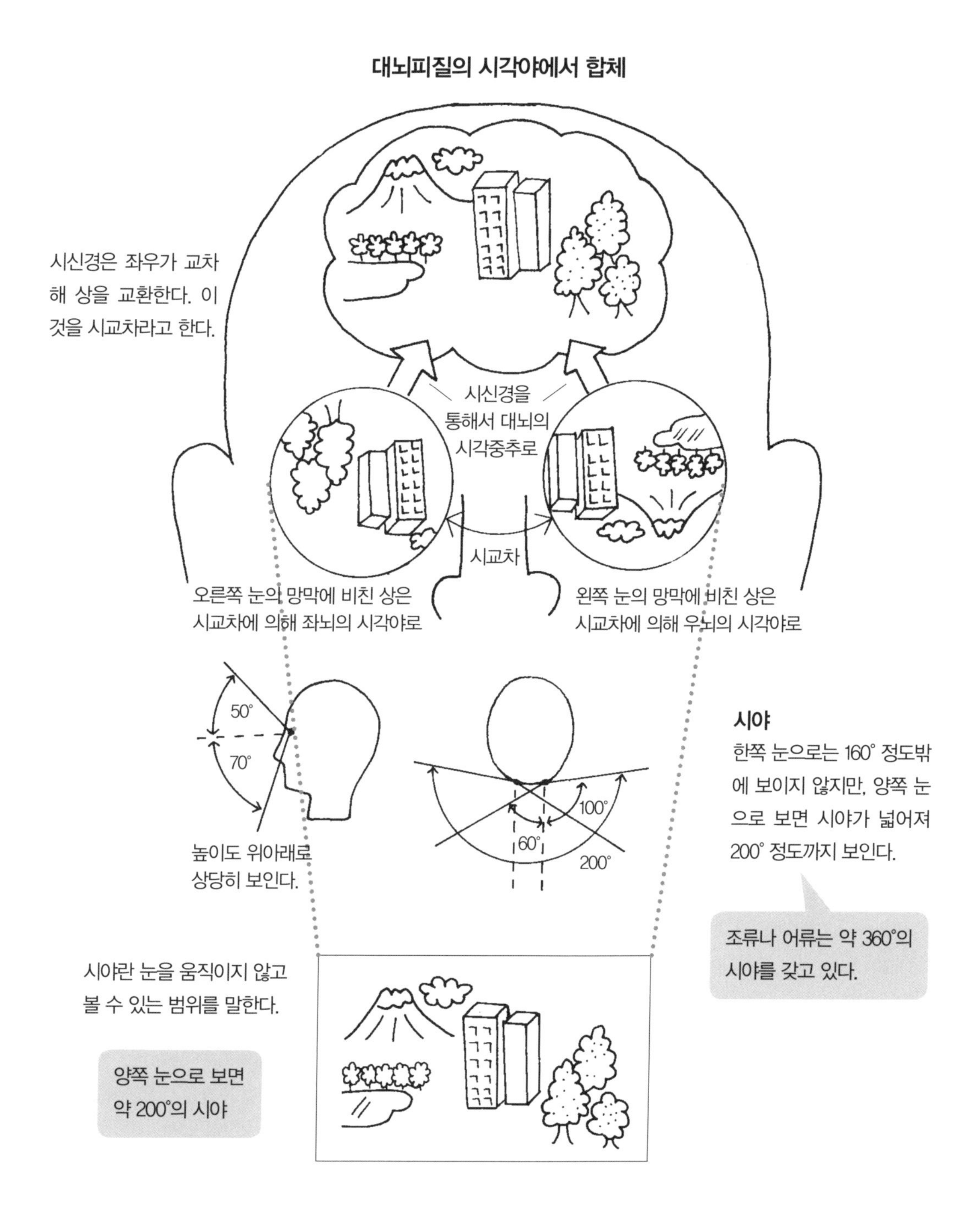

··· 색을 식별하는 구조 ···

어떤 색으로 보이는가는 눈이 흡수한 빛의 반사로

태양은 눈부시게 쏟아져 우리들 주변의 모든 것에 닿아서 반사한다. 이 반사된 빛이 눈에 들어와 사물이 보인다. 태양광선에는 여러 가지 빛이 포함되어 있는데 각각 다른 파장을 갖고 있다.

어느 곳에서는 파장이 짧은 빛만을 반사해서 파랗게 보이고, 또 다른 곳에서는 파장이 긴 빛을 많이 반사해 빨갛게 보인다. 이 빛의 파장을 산출해내는 것이 망막에 있는 시세포이다. 색 감지 역할을 하는 시세포는 파장을 시신경에서 대뇌의 시각야로 전달해 무슨 색인지 식별한다.

색을 지각하는 능력은 어디에서 생길까

망막에 있는 시세포가 색 감지 역할을 한다. 시세포에는 밝을 때 움직이는 추상체와 어두울 때 움직이는 간상체가 있다. 추상체에는 3가지 종류가 있는데 이 세포들은 빛을 세밀하게 흡수해서 색을 구별한다. 간상체는 1가지 종류밖에 없어 빛의 강약밖에 파악하지 못한다. 그래서 어두운 곳에서는 흑백으로밖에 보이지 않는다.

빛의 파장은 nm(나노미터) 단위로 표시한다. 인간이 볼 수 있는 빛은 400~700nm 정도인데, 이것을 가시광선이라 한다.

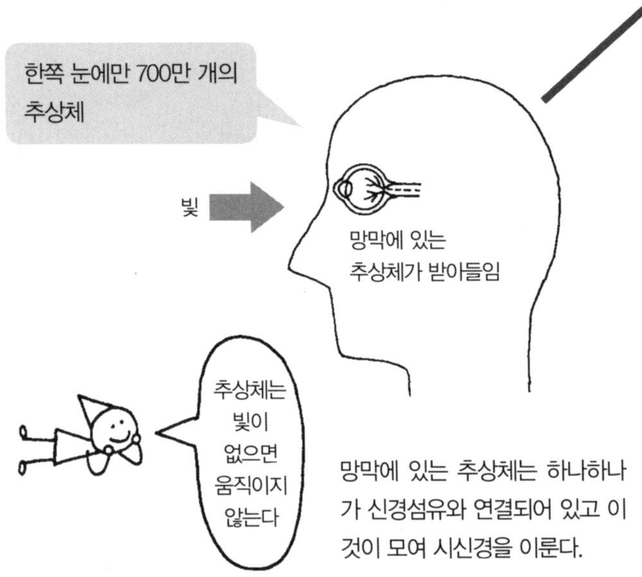

망막에 있는 추상체는 하나하나가 신경섬유와 연결되어 있고 이것이 모여 시신경을 이룬다.

빛과 색의 관계

태양광선이 빗방울에 부딪쳐 산산이 흩어진 빛이 일곱 빛깔 무지개이다. 여기에서 알 수 있는 것처럼 태양광선에는 여러 가지 빛이 포함되어 있다. 이것들은 각각 다른 파장을 갖고 있어, '파장이 길면 빨강, 짧으면 파랑'과 같이 나타난다. 이 파장을 받아들이는 것이 추상체이다.

색약이란?

풍부한 색채를 즐길 수 있는 것은 오로지 인간뿐이다. 동물은 종류에 따라 볼 수 있는 색이 다르고 모든 색을 볼 수 없다. 그러나 조류와 원숭이는 색을 구별할 수 있다고 한다.
색 감지 역할을 하는 추상체가 빛을 제대로 흡수하지 못하면 인간도 색을 식별할 수 없게 된다. 이것이 색약이다. 빨강을 흡수하는 시세포가 고장나면 빨강을 구별할 수 없게 되어 빨간색을 봐도 다른 색을 보고 있는 것처럼 된다.

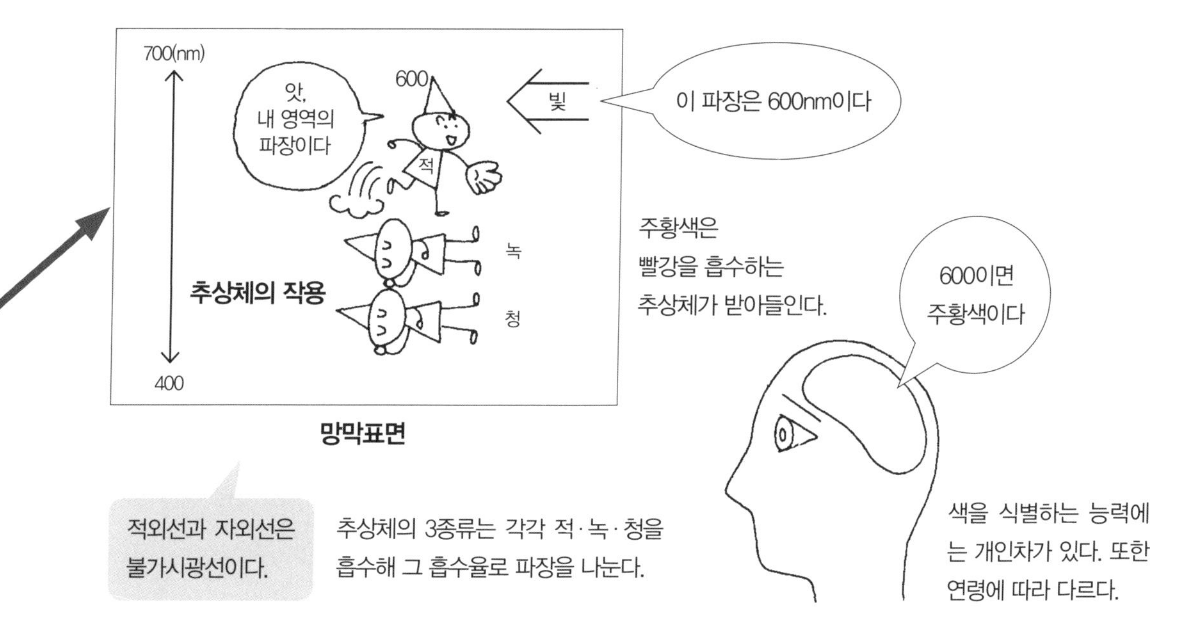

추상체가 나눈 파장이 시신경을 거쳐 대뇌의 시각야에 전달되어 무슨 색의 파장인지 판단된다.

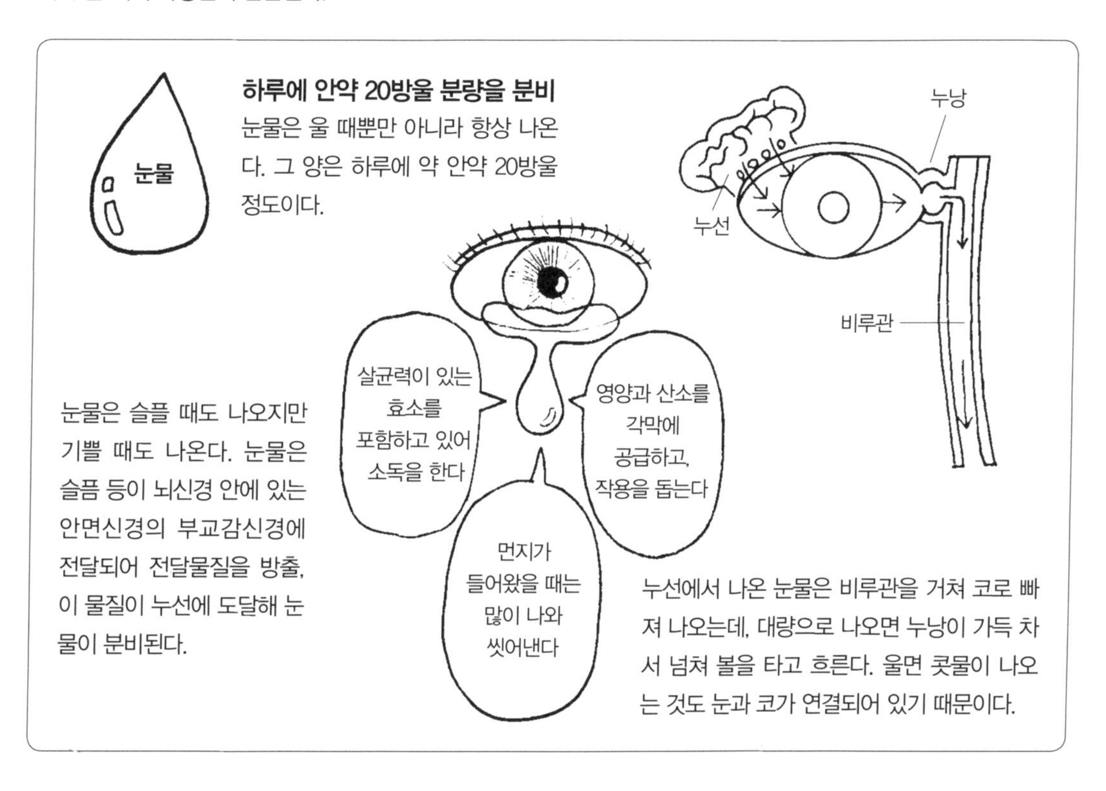

귀의 구조
소리를 전달하는 달팽이관(와우각)

소리를 듣는 것뿐만 아니라 균형을 유지하는 것도 귀

귀라고 하면 일반적으로는 귓바퀴(이개)를 떠올리지만, 이곳은 소리를 모으기만 하는 곳으로 더욱 중요한 역할은 내부에서 한다. 귀는 청각은 물론이고 몸의 균형을 유지하기 위한 평형기의 역할을 하기도 하고, 기압의 변화를 조정해서 환경에 적응할 수 있도록 한다. 현기증이 날 때 이비인후과에 가라는 것도 이러한 역할을 하는 기관에 장해가 발생했기 때문이다.

인간이 판단할 수 있는 다른 음정은 약 4,000단계라고 한다. 가청 범위의 용량은 12,500비트(비트는 정보량의 최소단위) 정도라고 한다. 회화뿐만 아니라 모든 음을 구별할 수 있는 것도 이만큼의 용량이 있기 때문이다.

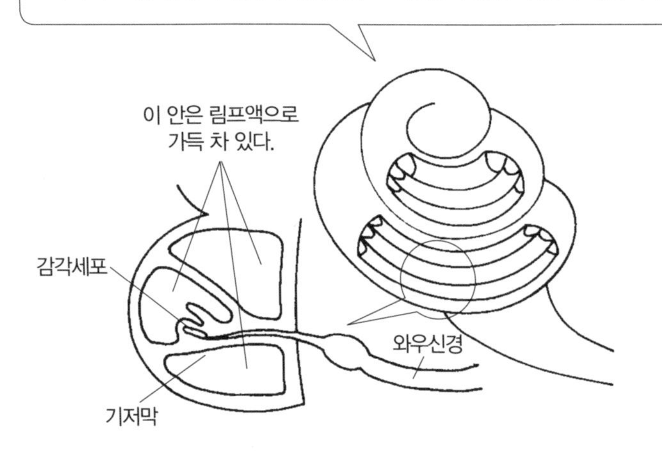

귀가 균형을 잡는다
귀는 몸의 균형을 유지하는 기관이기도 한데, 삼반규관이라는 곳이 그 역할을 담당한다.

와우
말 그대로 달팽이처럼 말려 있는 뼈에 싸인 기관으로 여기에서 음을 구별한다. 내부는 기저막이라는 조직이 중앙을 나누고, 그 위에 음을 감지하는 감각세포가 있다.

귀와 인후를 연결하는 이관
고막 안쪽에는 고실이라는 콩알만한 크기의 방이 있는데, 여기에는 공기가 들어 있다. 이 공기는 이관이라는 가늘고 긴 관을 통해 인후로 빠져 나간다.

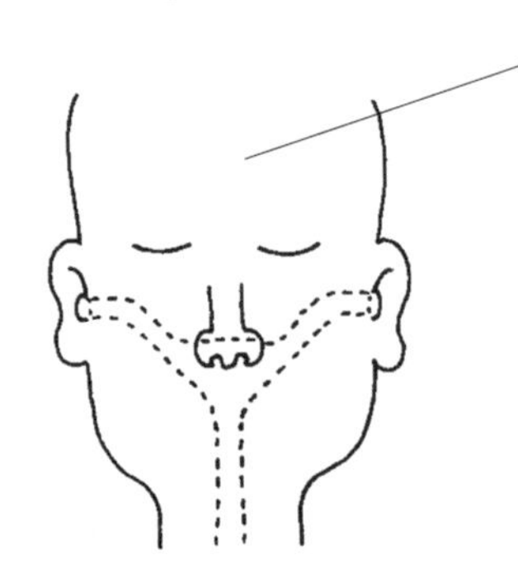

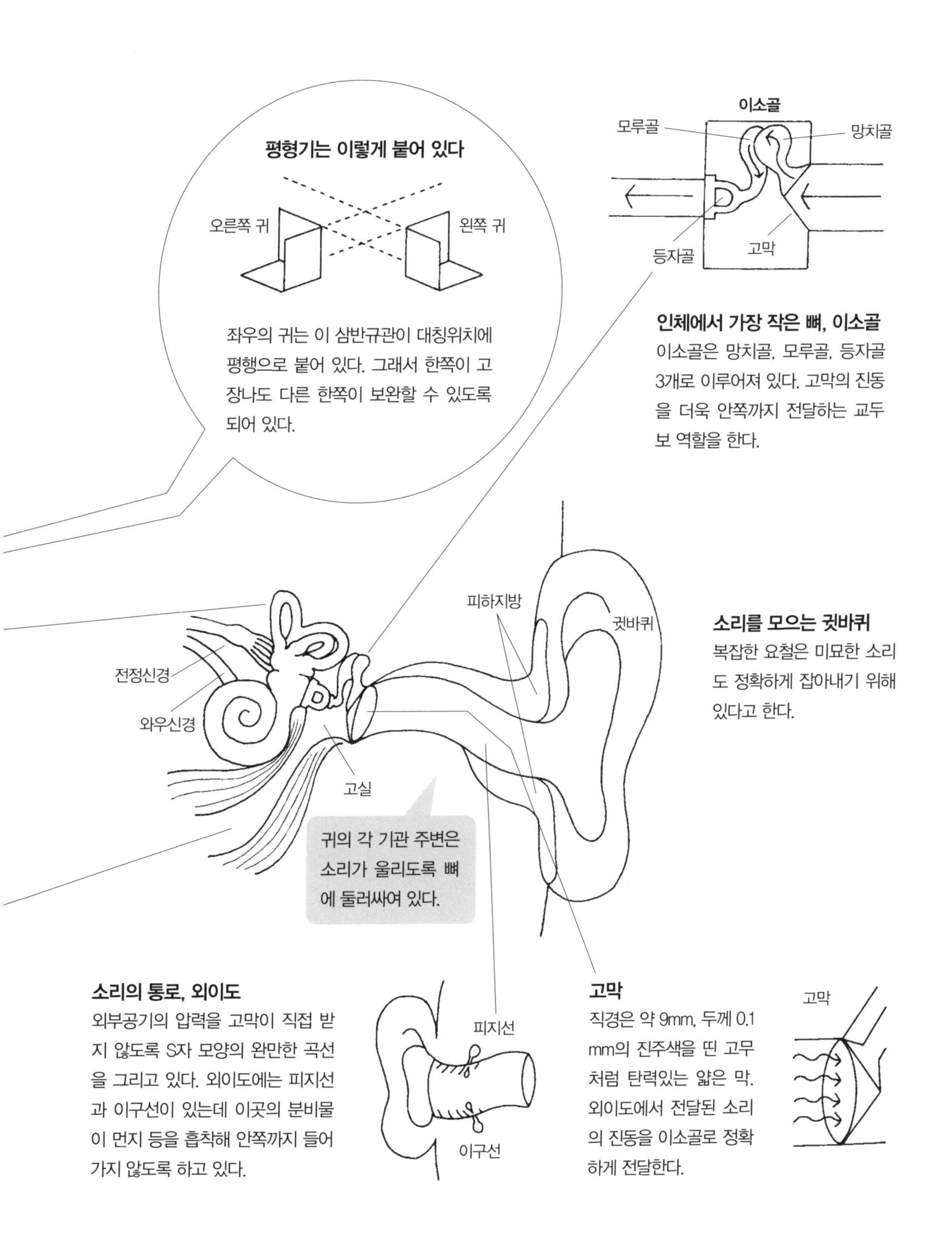
평형기는 이렇게 붙어 있다
오른쪽 귀
왼쪽 귀
좌우의 귀는 이 삼반규관이 대칭위치에 평행으로 붙어 있다. 그래서 한쪽이 고장나도 다른 한쪽이 보완할 수 있도록 되어 있다.
이소골
모루골
망치골
등자골
고막
인체에서 가장 작은 뼈, 이소골
이소골은 망치골, 모루골, 등자골 3개로 이루어져 있다. 고막의 진동을 더욱 안쪽까지 전달하는 교두보 역할을 한다.
피하지방
귓바퀴
소리를 모으는 귓바퀴
복잡한 요철은 미묘한 소리도 정확하게 잡아내기 위해 있다고 한다.
전정신경
와우신경
고실
귀의 각 기관 주변은 소리가 울리도록 뼈에 둘러싸여 있다.
소리의 통로, 외이도
외부공기의 압력을 고막이 직접 받지 않도록 S자 모양의 완만한 곡선을 그리고 있다. 외이도에는 피지선과 이구선이 있는데 이곳의 분비물이 먼지 등을 흡착해 안쪽까지 들어가지 않도록 하고 있다.
피지선
이구선
고막
직경은 약 9mm, 두께 0.1mm의 진주색을 띤 고무처럼 탄력있는 얇은 막. 외이도에서 전달된 소리의 진동을 이소골로 정확하게 전달한다.
고막

··· 소리를 알아듣는 구조 ···

주파수가 다른 여러 소리를 분석하는 달팽이관(와우각)

실 전화의 원리에서 알 수 있는 것처럼 소리는 공기의 진동에 의해 만들어진다. 공기가 진동되어 외이도에 들어온 소리는 그 끝에 있는 고막을 진동시켜 중이라는 구멍에 있는 이소골로 전달된다. 그리고 그 안쪽의 내이를 통과해 와우로 들어가는데 바로 여기에서 소리가 식별된다. 식별된 소리는 내이신경에서 대뇌의 청각중추로 보내져 음으로서의 감각이 생긴다.

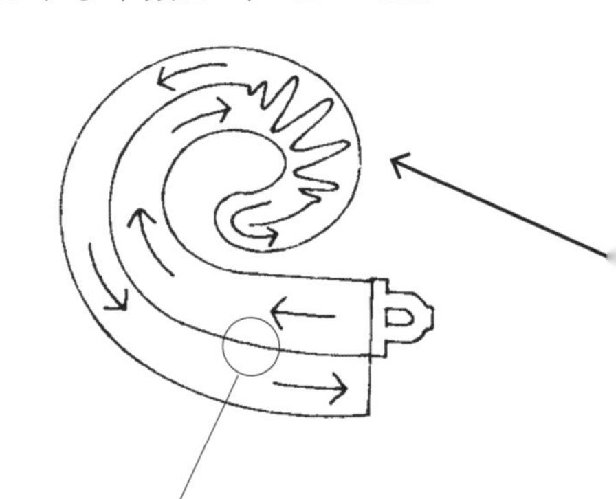

소리가 어느 쪽에서 들렸는지 알 수 있는 것은 좌우 귀에 도달하는 시간이 미묘하게 다르기 때문이다. 좌우 양쪽에 귀가 있기 때문에 우리는 방향을 구별할 수 있다.

소리란?

소리는 공기의 진동에 의해 생긴 '음파'라는 파동이다. 인간은 진동수 20~20,000헤르츠 정도의 음파를 소리로 느낄 수 있다. 최근 화제가 되고 있는 α파라는 고주파는 소리로 인식하지는 못하지만 몸이 느끼는 기분 좋은 음이다. 가장 편안함을 느낄 수 있는 파동은 1/f의 흔들림이라고 한다.

와우가 소리의 고저를 감지한다

소리의 진동은 와우의 뿌리 부분에서 앞으로 넘실거리며 나아간다. 이때 림프액에 파동을 일으켜 기저막도 진동하게 한다. 이렇게 진동하는 장소가 소리의 높이에 따라 다르다.

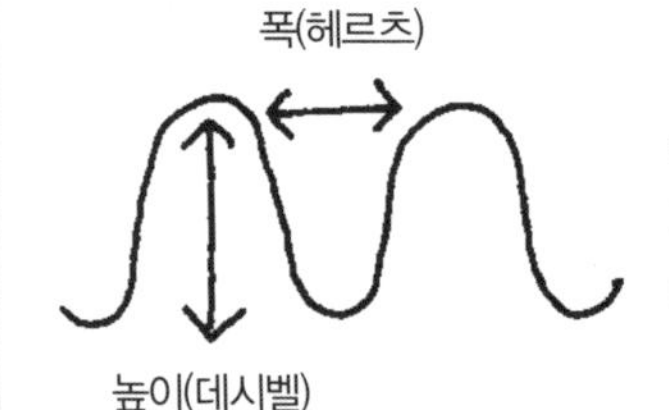

소리의 고저는 진동하는 수(주파수)로 결정된다. 세기는 파동의 높낮이에 의해 결정된다.

기저막에는 피아노 건반이 나열되어 있는 것처럼 감각세포가 나란히 나열되어 있다. 소리의 진동은 반응하는 건반(세포)을 찾아 (건반 위를) 나아간다. 반응하는 건반이 발견되면 그것을 와우 신경을 거쳐 대뇌에 알린다.

1 귓바퀴
귓바퀴로 소리를 모아 외이도로 보낸다. 외이도는 좁은 터널이지만 소리가 이곳을 통과하는 동안 감소하지는 않는다.

2 고막
외이도를 통해 들어온 소리에 의해 고막은 진동한다. 큰 소리일 때는 크게, 높은 소리일 때는 조금씩 진동해 이소골로 전달한다.

3 이소골
3개의 뼈는 V자를 뒤집어놓은 모양으로 연결되어 있다. 망치골과 모루골은 인대라는 근육이 연결해 고정하고 있다. 이 인대와 주위의 근육이 교묘히 작용해서 지나치게 큰 소리는 작게 하고, 작은 소리는 증폭시킨다.

4 와우
소리의 진동이 와우의 감각세포를 자극한다. 감각세포는 소리의 높이에 따라 반응하는 위치가 다른데, 입구 부근이 높은 음, 안쪽으로 들어갈수록 낮은 음에 반응한다.

5 와우신경
감각세포가 받아들인 소리를 내이신경을 거쳐 대뇌로 전달한다. 내이신경에는 2가지 종류가 있는데, 이 경우에는 와우신경이 작용한다.

6 대뇌
소리는 대뇌의 청각야에 도달한다. 여기에서 처음으로 무슨 소리인지가 판단된다.

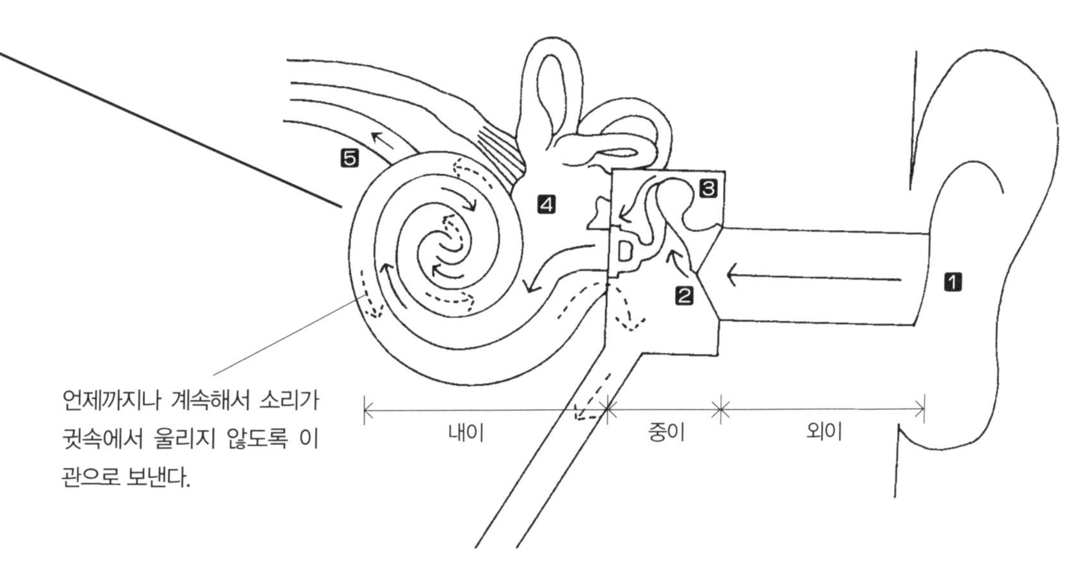

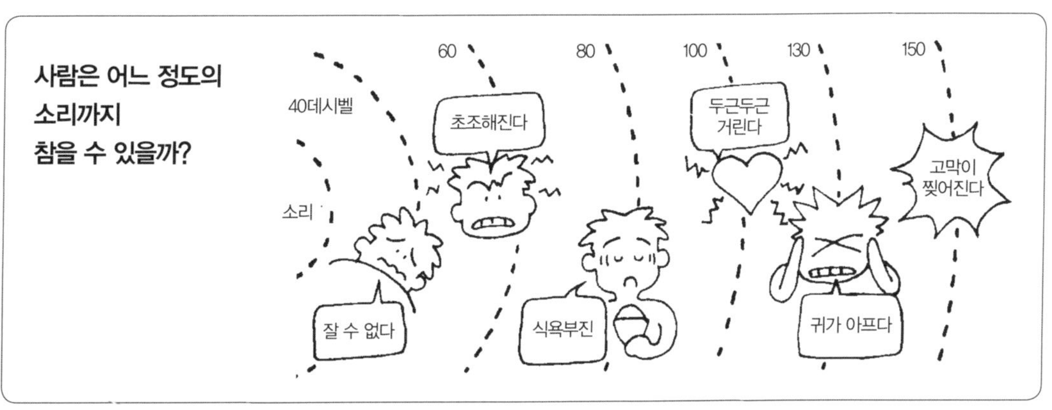

··· 몸이 균형을 취하는 구조 ···

중력을 느끼고 무의식적으로 조절하는 평형기관

평형감각은 보통은 의식하고 있지 않지만, 몸의 균형을 유지하는 데 중요한 역할을 한다. 이것을 담당하는 기관이 3개의 고리가 결합된 삼반규관과 그 중심에 있는 전정기관으로 둘 다 속은 주머니 모양으로 되어 있다. 속은 림프액으로 차 있고 유모세포가 있다. 이 세포가 몸의 움직임에 맞춰서 흐르는 림프액에 자극을 받아 움직임을 느끼는 구조로 되어 있다.

감지한 정보는 청각과는 다르게 대뇌의 체성지각야로 보내져 여기에서 몸 전체에 명령을 내려 균형을 취할 수 있게 된다.

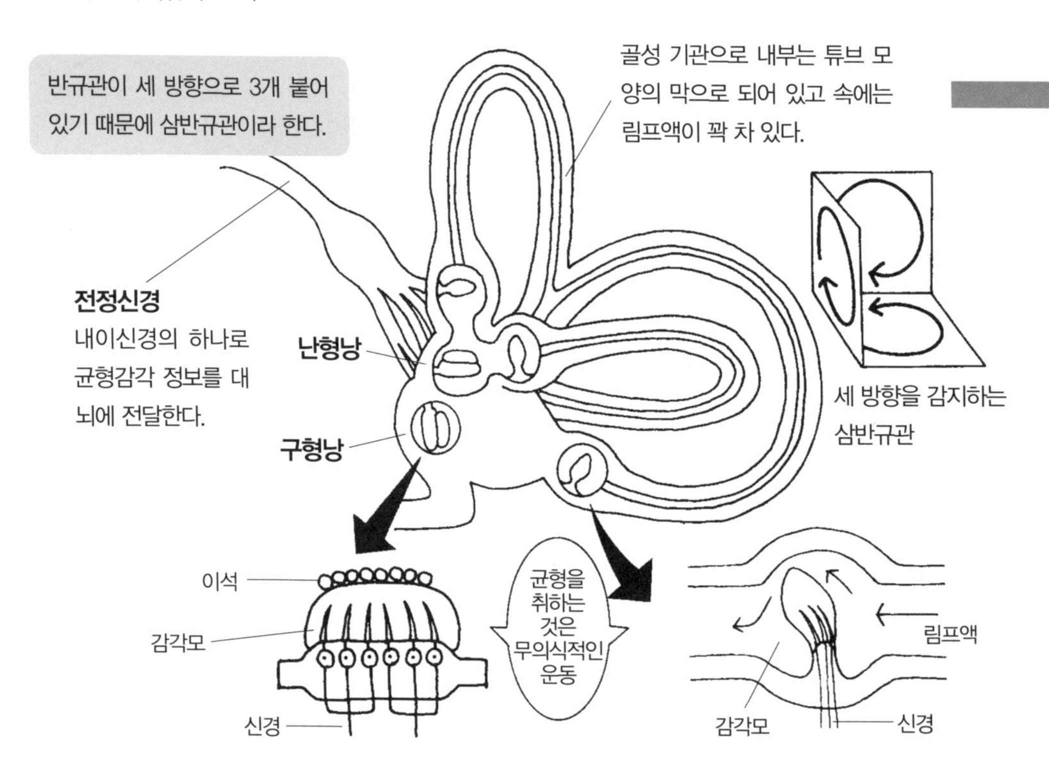

이석기(전정기관)

림프액으로 차 있는 주머니 속에 감각모가 나 있고, 주머니 위에는 탄산칼슘인 이석이 놓여 있다. 머리가 기울면 이 이석이 지구의 중력에 끌려서 움직이고 감각모를 자극해 그 흥분을 전정신경으로 보낸다.

반규관

반원형의 관 속은 림프액으로 차 있고 한쪽 끝이 부풀어 있는 곳이 있다. 여기에 감각세포가 들어 있다. 머리를 돌리면 림프액이 흘러 세포에 닿고 이 자극을 전정신경에 전달한다.

가속도가 발생하면 움직이기 시작하는 반규관

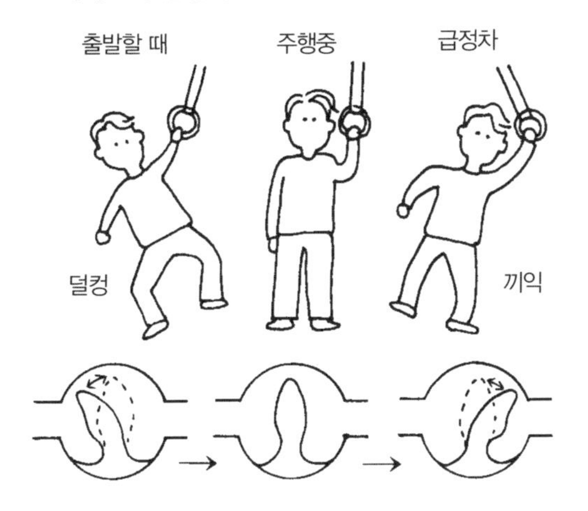

림프액 흐름의 변화로 3차원의 움직임을 측정한다. 삼반규관은 가속도가 발생했을 때만 작동하고, 움직임이 일정해지면 흥분하지 않는다.
이석기, 삼반규관이 측정한 경사도는 내이신경의 하나인 전정신경을 거쳐 청각과는 달리 대뇌의 체성지각야로 전달된다. 그러고 나서 몸 전체의 각 기관에 뇌가 명령을 내리면 몸의 균형을 유지한다.

항상 움직이고 있는 이석기

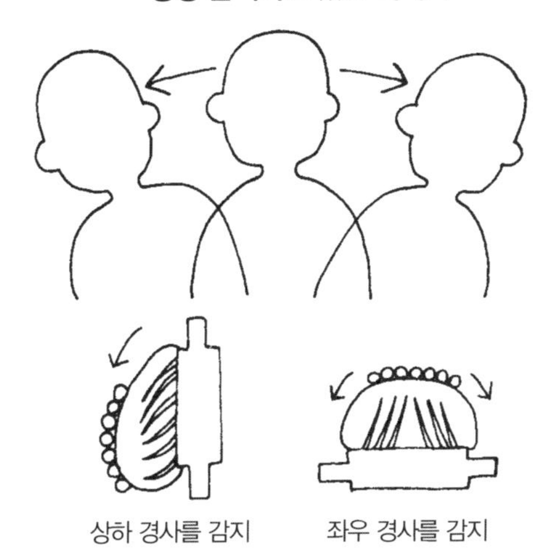

구형낭에는 수직의, 난형낭에는 수평의 이석이 붙어 있다. 머리를 기울이면 이석은 그 무게로 인해 기울게 되고, 그때의 움직임이 감각모를 자극해 몸의 위치를 감지한다. 2개의 이석기의 조합으로 몸의 경사도를 측정한다. 사람은 한 자세로 계속 있지 않기 때문에 이석기는 끊임없이 움직이게 된다.

현기증이란?

현기증은 외부세계와 자신의 위치 관계의 안정을 잃어버려 어찔어찔한 느낌이다. 일반적으로 현기증은 일시적인 것과 '그렇게 느낀다'라는 것을 말하는데, 진짜 현기증은 평형기관과 그것을 전달하는 신경장해에서 발생한다. 가장 대표적인 것이 메니에르 병이다. 갑자기 극심한 현기증이 일어나는 것이 특징으로 보행은 커녕 심할 때는 베개에서 머리를 드는 것도 힘들어진다. 또한 한쪽 귀의 청력까지 떨어진다. 원인은 평형기관 내부의 림프액이 팽창해 내압이 높아졌기 때문이라 여겨지고 있다.
이 병에서 알 수 있는 것처럼 청각기와 평형기의 2가지 역할을 가진 귀는 서로 연결되어 있다.

··· 기압의 변화를 조정하는 구조 ···

귀가 멍해졌을 때 침을 삼키면 낫는 이유는?

고층빌딩의 엘리베이터 안이나 터널 안에서, 그리고 코를 세게 풀었을 때 귀가 멍해진 경험은 누구에게나 있을 것이다.

눈에는 보이지 않지만 공기에는 사물을 누르는 기압이라는 힘이 작용하고 있다. 기압은 고도가 높아질수록 약해지기 때문에 고막을 외부에서 누르고 있는 공기의 힘이 약해지고, 안쪽에서는 강하게 되밀게 된다. 이러한 기압의 차로 귀가 멍해지는 것이다.

몸 안에도 기압이 있어 외부와 균형을 유지한다.

고막은 기압이 약한 쪽으로 밀려난다.

갑자기 기압에 큰 변화가 생기면 고막 내외의 압력 차이에 대한 조정이 늦어져 고막이 한쪽으로 밀려 귀가 멍해진다.

공기의 통함을 좋게 한다.

공기가 사물을 누르는 힘을 기압이라고 한다. 기압은 위로 올라갈수록 약해진다.

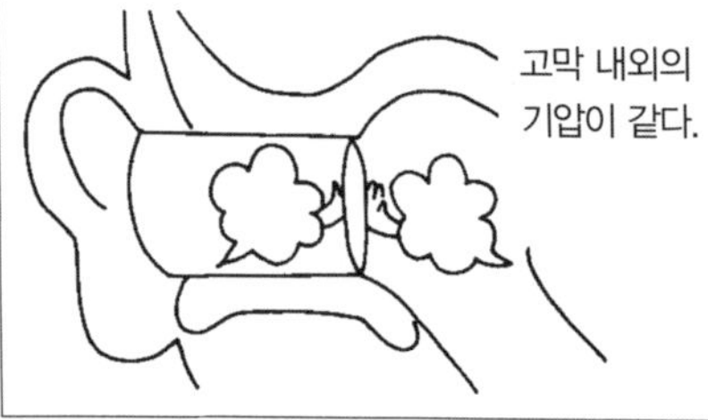

기압이 원상태로

이관은 코와 목과 연결되어 있기 때문에 침을 삼키거나 코를 막아 인두의 출구를 연다.

공기가 빠지면 고막이 정상 위치로 돌아가 멍했던 불쾌감이 사라진다.

··· 왜 귀지가 쌓이는 것일까? ···

이물질의 침입을 막아낸 잔해가 귀지의 정체

외이도에는 피지선과 이구선이 있는데, 여기에서 점액을 분비해 먼지 등을 흡착해 이물질의 침입을 막는다. 귀지는 이 점액과 먼지 등이 말라서 굳은 것으로, 굳기의 정도에는 개인차가 있다. 또한 유전에 의한 차이도 있다고 한다.

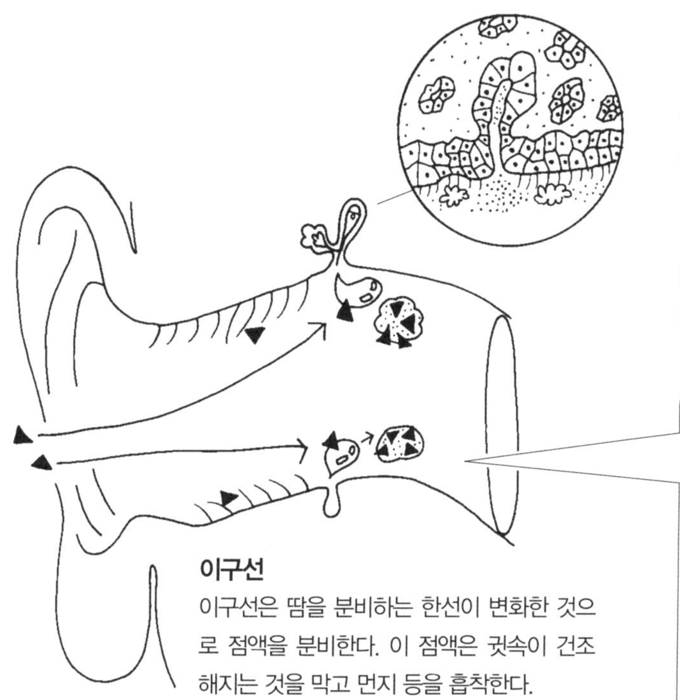

피지선

피지를 분비해 귓속에 적당한 습기를 유지해 상처나는 것을 막는다.

2종류의 분비물이 보호하고 있기 때문에 귀 청소는 입구만.

이구선

이구선은 땀을 분비하는 한선이 변화한 것으로 점액을 분비한다. 이 점액은 귓속이 건조해지는 것을 막고 먼지 등을 흡착한다.

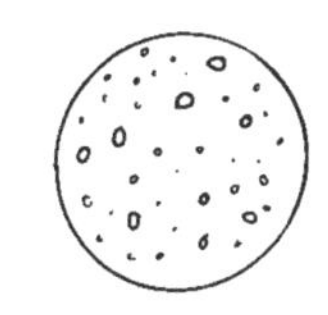

가루형 귀지

이구선의 분비가 적은 사람의 귀지는 건조해서 가루처럼 되어 있다(동양인에 많다).

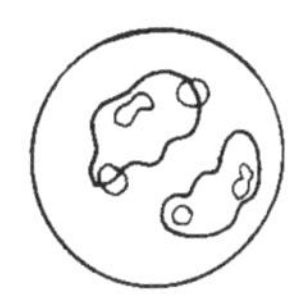

덩어리형 귀지

이구선의 분비가 많은 사람의 귀지는 갈색을 띠고 점성이 있다(서양인에 많다).

귓불이 차가운 이유는?

몸 안에서는 열을 만들고 그것을 발산하면서 균형을 취해 일정한 체온을 유지한다. 귓불과 코끝, 손가락끝 등 신체의 끝부분은 열이 빨리 발산되어 차가워지기 쉽다. 때문에 다른 부분보다도 차갑고, 여름에도 29℃ 정도밖에 되지 않는다.

코의 구조

인체의 에어컨

코털 하나에도 역할이 있는 에어컨 기능을 가진 코

코의 가장 중요한 부분은 안쪽에 있는 비강이라는 공간이다. 여기에는 좌우에서 돌출된 골격을 가진 3개의 주름이 있는데, 이 점막에 접하면서 공기가 지나간다. 이때 공기 중의 먼지를 제거하고 정화한다. 또한 기관지에 차가운 공기가 들어가지 않도록 가온·가습한다. 에어컨과 같은 역할을 하는 것이다. 코의 기능 중 잊지 말아야 할 것은 후각이다. 3cm도 되지 않는 후각막에 있는 세포가 모든 냄새를 맡아서 대뇌의 후각중추로 전달한다. 그러나 어떻게 좋은 냄새, 불쾌한 냄새를 선별하는지는 수수께끼이다.

후구

냄새를 맡는 수용기. 여기에서 공기 중을 부유하고 있는 여러 가지 냄새의 분자를 수용한다.

공기는 주로 하비갑개를 통과하는데, 이때 먼지의 60~70%가 제거된다. 또한 혈관과 점액이 적정 온도와 적정 습도를 유지한다.

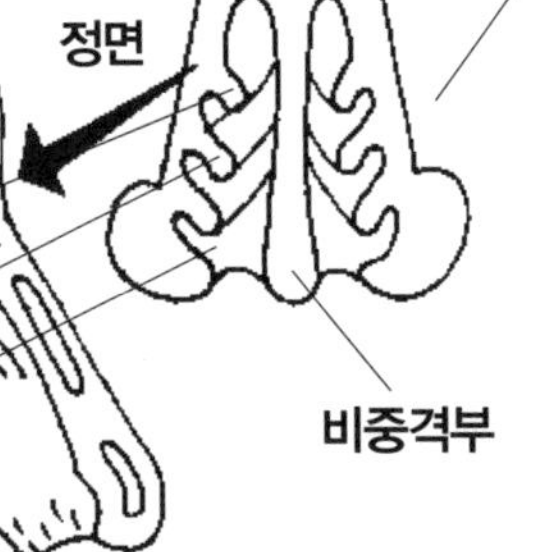

후신경

후구가 수용한 냄새 분자의 정보는 후신경을 통해 대뇌의 후각야에 도달해 후각이 생긴다.

이관 입구

귀에서 코, 목으로 연결되어 있는 공기가 빠지는 길. 보통은 닫혀 있지만 침을 삼키거나 입을 크게 벌리면 자동적으로 열려서 기압을 조정한다.

후점막에는 외부로부터의 차가운 공기를 적정한 온도로 유지하기 위한 모세혈관이 있다.

코딱지의 정체는?

냉방과 난방 등으로 건조한 공기를 오랜 시간 들이마시면 후점막의 표면이 건조해진다. 코털에 의해 제거된 먼지나, 점액이 흡착된 먼지도 말라서 굳는다. 이렇게 굳은 것이 '코딱지'이다.

상·중·하비갑개

콧속은 비중격이라는 벽을 경계로 좌우로 나뉘어 있는데, 각각 점막으로 덮인 3개의 주름(상·중·하비갑개)이 있다. 이 점막에서 분비된 점액이 공기 중의 먼지나 티를 흡착하고 적절한 습기를 유지해 깨끗한 공기를 폐에 전달한다.

비공

공기의 통로인 콧구멍. 여기에는 공기와 함께 빨아 들여진 먼지 등을 제거하는 코털이 있다. 코털은 필터 역할을 하므로 너무 짧게 자르거나 뽑거나 하는 것은 좋지 않다.

개성있는 소리를 만드는 공명기로서의 코

말을 할 때의 발음에는 공기를 입으로 뱉는 경우와 코로 내보내는 경우가 있다. 이 미묘한 차이로 음색이 만들어진다. 코에서 공기를 내보내는 소리를 비음이라고 하는데, 특히 m, n, g음(코에 울리는 소리)이 공명이 잘된다.

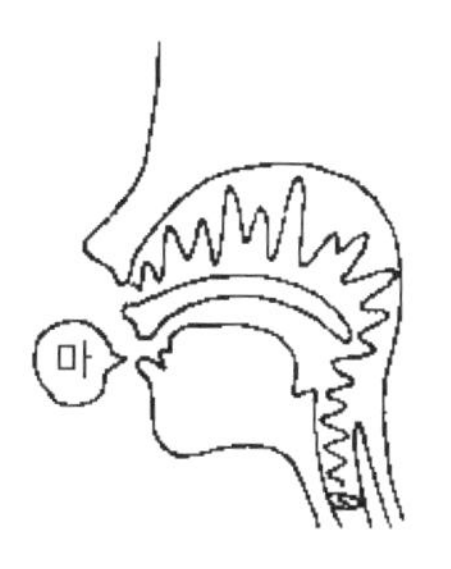

코와 눈·귀·목은 연결되어 있다

코와 눈

누선에서 나온 눈물은 비루관을 거쳐 코로 빠진다. 보통은 이 관을 지나는 동안 말라 버리지만 눈물이 가득 차면 마르기 전에 콧물이 되어 그대로 흘러나온다.

코와 귀

기압조정을 위한 이관이라는 관으로 연결되어 있다. 귀에 물이 들어갔을 때 코를 쥐고 '귀로 빼기'를 하는 것은 귀에서 코로 공기를 빼는 것으로 물을 내보낼 수 있기 때문이다.

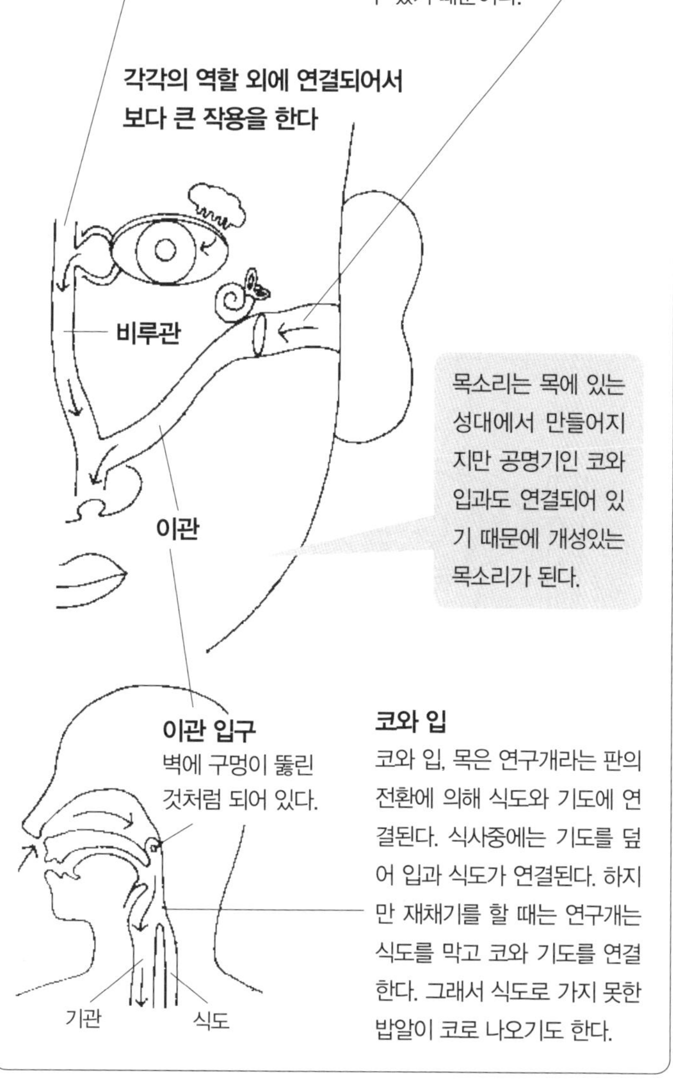

코와 입

코와 입, 목은 연구개라는 판의 전환에 의해 식도와 기도에 연결된다. 식사중에는 기도를 덮어 입과 식도가 연결된다. 하지만 재채기를 할 때는 연구개는 식도를 막고 코와 기도를 연결한다. 그래서 식도로 가지 못한 밥알이 코로 나오기도 한다.

··· 냄새를 맡는 구조 ···

문명의 발달이 인간의 후각을 퇴화시켰다

후각에 의지해 살아가는 동물에 비해 인간의 후각은 상당히 퇴화되어 있다. 원시생활을 하던 때는 인간도 위험에서 몸을 지키기 위해 후각이 발달해 있었지만 문화생활을 하게 되면서 퇴화되었다고 한다. 그래도 후각은 생활하는 데 중요한 역할을 한다.

냄새를 맡는 것은 비강의 최상부에 있는 우표 한 장 정도 크기의 후각기이다. 여기에는 후점막이 있고, 그 속에 있는 수용세포가 모든 냄새를 맡는다.

냄새 전달 경로

후각야에서 판단
냄새는 대뇌피질의 후각야에서 판단한다. 맛있는 냄새를 맡으면 뇌는 타액을 분비하고, 식욕을 증진하는 등 각 기관에 명령을 보낸다.

후구에서 수용
비강에 있는 냄새 수용기인 후구가 반응해서 그 자극을 대뇌의 후각야에 보낸다.

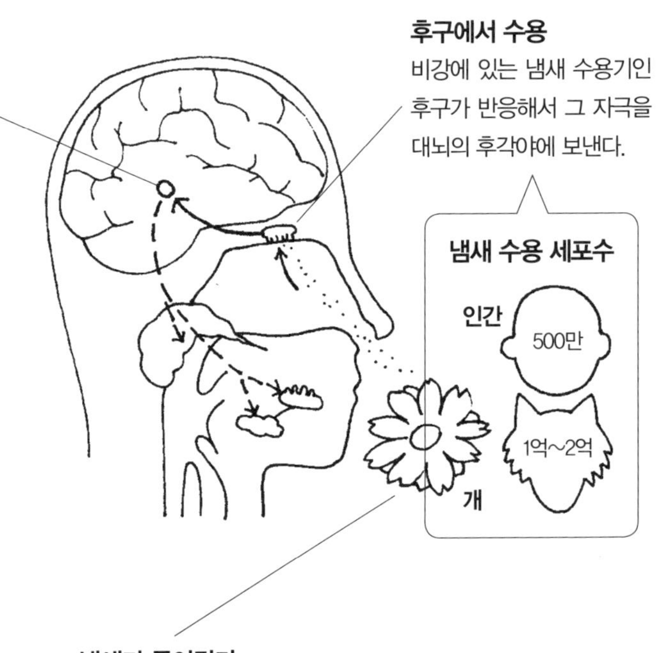

인간은 3천~1만 종류의 냄새를 식별할 수 있다고 한다.

냄새가 들어간다
보통의 호흡에서는 공기가 비강 아래쪽을 흐르기 때문에 냄새 분자는 확산되어 버린다. 그래서 '킁킁'하고 호흡을 빠르고 짧게 반복해 공기가 효율적으로 비강의 최상부까지 도달하도록 하면 냄새를 더 잘 맡게 된다.

코가 막히면 냄새를 맡을 수 없는 이유는?
코가 막히면 무의식적으로 입으로 호흡하게 된다. 그렇게 되면 공기의 흐름이 바뀌어 코의 최상부에 있는 후구까지 도달하지 않게 되어 냄새를 맡기 어렵게 된다.

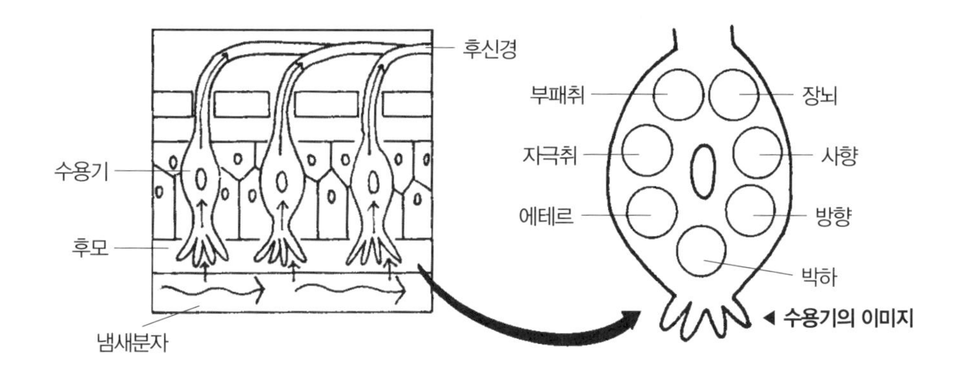

후각의 수용세포

후구 끝부분에 있는 후점막의 표면은 후모라는 얇은 털로 덮여 있고, 점막에서 분비된 점액 속에 돌출하듯이 나 있다. 우선 이 부분에서 냄새를 감지한다. 여기에서 감지한 자극이 후구로 들어가 후신경을 거쳐 대뇌로 보내진다.

냄새에도 원취가 있다

맛에 4가지 기본 맛이 있는 것처럼 냄새에도 원취가 있다. 그것은 장뇌, 사향, 방향, 박하, 에테르, 자극취, 부패취 등으로 각각의 냄새를 후각의 수용세포가 선별해 나눈다.

냄새 감각이 생긴다

좋은 냄새와 유해한 냄새를 맡아서 구별하고, 유해한 냄새(부패취)에 대해 뇌의 명령으로 몸은 그것을 피하려는 행동을 취한다.

후각이 둔하면?

후신경은 매우 예민하다. 또한 쉽게 지친다. 처음에는 안 좋은 냄새라고 느껴도 조금 지나면 신경이 둔해지게 된다. 그래서 가스 냄새 같은 것도 맡지 못하게 된다. 가스 중독은 이렇게 후신경이 둔해져 일어난다.

감각정보가 뇌에 전달되는 구조

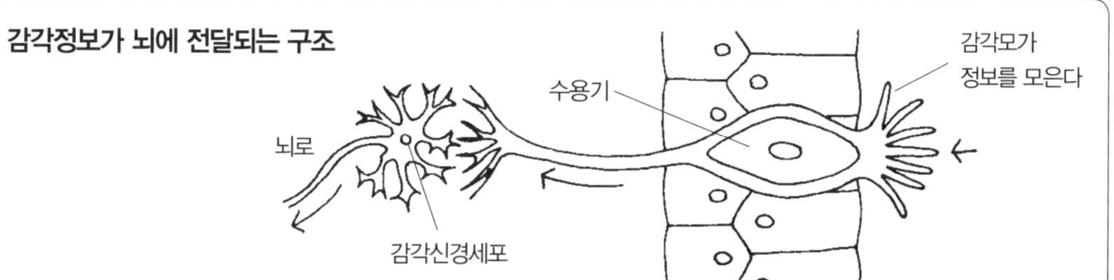

후각이나 미각 등의 감각기에는 수용기라는 특수한 신경세포가 있어 감각모가 자극을 받으면 그것이 감각신경세포에 전달된다. 그 정보가 뇌까지 도달하면 '느끼게' 된다.

··· 재채기가 나오는 구조 ···

허리케인과 같은 기세로 유해물질로부터 폐를 지킨다

한두 번 정도라면 애교로 봐줄 수 있지만 연속해서 재채기를 하게 되면 눈총을 받게 된다. 귀찮다고만 생각하는 재채기이지만 이것은 폐를 보호하기 위한 중요한 작용이다. 비강에 붙어 있는 유해물질을 제거하는 방어반응인 것이다. 재채기를 할 때 일어나는 공기의 흐름은 강할 때는 시속 160km나 된다고 한다. 마치 허리케인과 같은 기세이다.

재채기는 시속 160km나 된다

점막을 자극

후점막은 삼차신경(자율신경)을 거쳐 호흡근이라는 근육과 연결되어 있다. 감기 바이러스나 먼지 등을 빨아들여 그것이 후점막에 흡착하면 삼차신경이 자극된다.

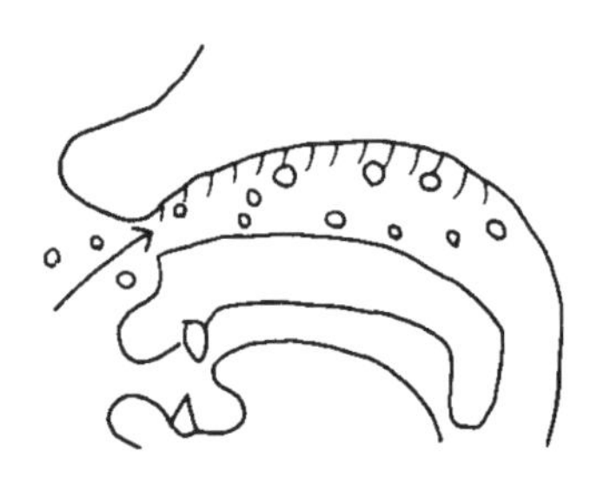

호흡근이 긴장

삼차신경이 자극을 호흡근에 보내는데, 유해물질을 너무 많이 빨아들이면 당연히 그 자극도 강해진다. 그렇게 되면 호흡근은 계속 긴장하게 되어 생각하는 대로 움직일 수 없게 된다.

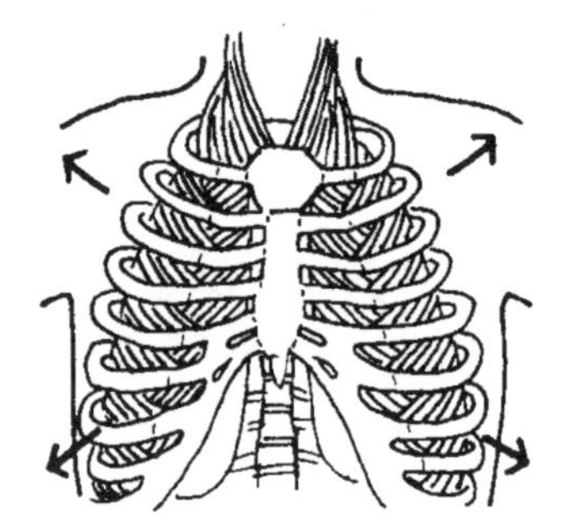

방어반응

참을 수 있을 만큼 견딘 호흡근은 긴장의 원인인 유해물질을 제거하기 위해 단번에 긴장을 완화한다. 그러기 위해 기도에서는 무서운 기세로 공기가 튀어나오고 유해물질도 같이 튕겨 나온다.

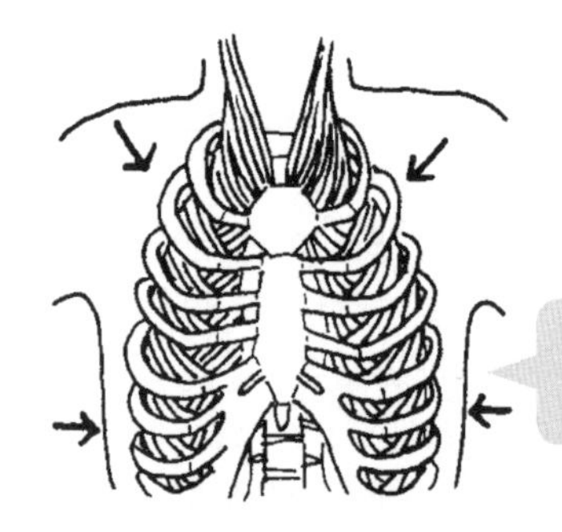

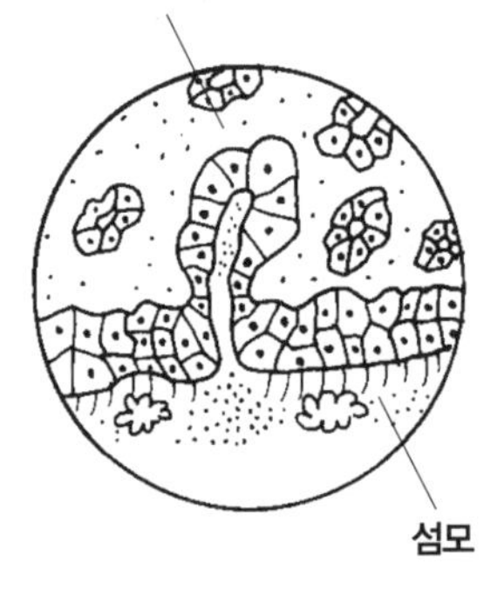

점액이 이물질을 흡착

후점막에서 분비된 점액은 점성이 강해 세균과 이물질을 확실하게 흡착한다. 그 뒤에는 물결치는 섬모가 위쪽으로 이물질을 운반하기 때문에 이물질이 폐에 도달하는 일은 없다.

··· 코피는 왜 나는 걸까? ···

비강 안에는 모세혈관이 그물코처럼 밀집해 있다

비강에는 온도 조절을 위한 혈관이 많이 지나고 있다. 그중에서도 '키셀바흐'라는 부위에는 동맥의 모세혈관이 밀집해 있어 출혈이 일어나기 쉬운 상태로 되어 있다. 이 때문에 코를 후비거나, 세게 코를 풀면 점막에 상처가 생겨 출혈이 일어나는 경우도 있다. 코피의 80%가 이곳의 출혈일 정도로 아주 예민한 부분이다.

키셀바흐 부위

비강내의 점막은 다른 부위의 점막에 비해 얇고 혈관도 많다. 점막 바로 아래에는 뼈와 연골이 있어 상처나기 쉽다. 특히 키셀바흐 부위는 혈관이 밀집해 있어 출혈이 일어나기 쉽다.

[새끼손가락을 넣었을 때 손가락 끝에 닿는 부분이 연골부분이다.]

목욕을 한다

오랜 시간 탕 속에 들어가 있거나, 자극이 강한 음식을 많이 먹었을 경우

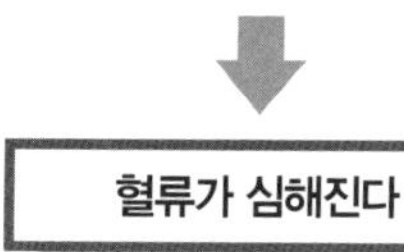

혈류가 심해진다

혈압이 상승한다

키셀바흐가 찢어진다

코를 푼다

코를 세게 풀거나, 후비거나, 이물질이 들어가거나 한 경우

비점막에 상처가 생긴다

키셀바흐가 파열된다

일시적인 경우가 많으므로 크게 걱정할 필요는 없다.

키셀바흐 부위 이외의 출혈 또는 출혈량이 많을 때는 이비인후과에 간다.

코피가 나면

무언가에 기대어 머리를 조금 높게 유지하도록 한다. 그리고 솜을 조금 길게 뭉쳐서 그 끝에 유성 크림이나 연고를 발라 비강에 넣고 콧등 위쪽을 차게 한다.

입과 혀의 구조
맛을 감지하는 무수한 세포

세 개의 기관이 하나가 되어 큰 역할을 한다

입과 혀, 그리고 이, 세 기관은 그야말로 삼위일체가 되어 소화관 입구로서의 역할을 수행한다. 서로 협동해서 음식물을 씹어 부수고 타액과 섞어서 식도로 보낸다. 혀는 맛을 느끼는 기관이기도 하다. 혀의 표면에는 미뢰라는 세포조직이 무수히 산재해 있는데 이것은 4가지 기본 맛을 감지하는 센서이다. 혀끝은 단맛과 짠맛, 옆 부분은 신맛, 그리고 뿌리 쪽은 쓴맛을 느낀다. 입과 혀에는 구강의 형태를 바꾸거나 혀를 움직이거나 해서 발성 보조를 하는 기능도 있다.

입, 혀, 이는 각각의 기능 외에도 세 기관이 모여서 보다 큰 역할을 수행한다

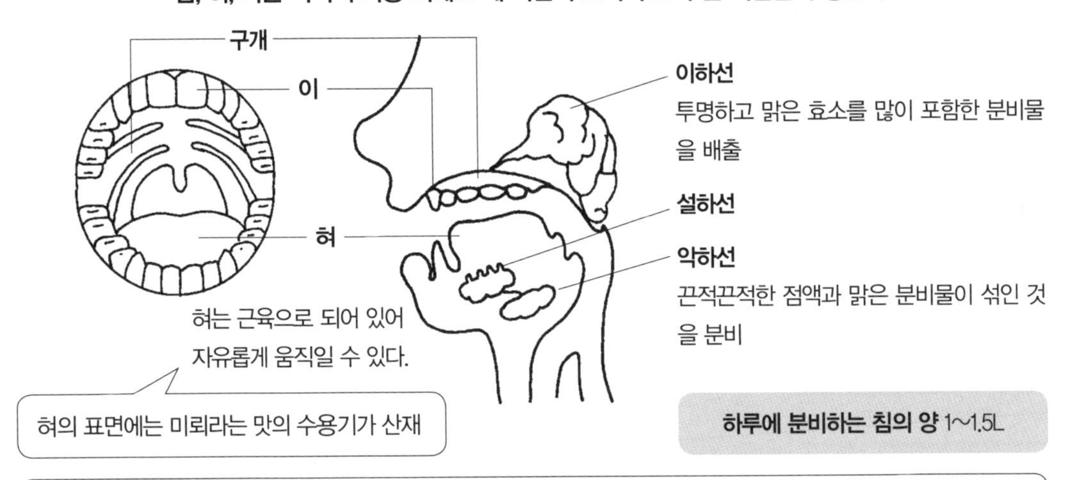

침 분비

침에는 여러 가지 효소가 포함되어 있다. 그중 하나인 아밀라아제는 전분의 소화를 돕는 역할을 한다. 그리고 페르옥시다아제라는 효소는 항균작용을 한다. 이 효소들이 입안을 청결하게 유지하고 저작을 원활하게 한다. 또한 이의 보호에도 도움이 된다. 작은 상처가 생겼을 때 상처에 침을 바르는 것도 이러한 작용이 있기 때문으로 침의 분비가 좋은 사람은 충치가 잘 생기지 않는다고도 한다.

호흡기 대역

격렬한 운동을 한 뒤에는 코로만 하는 호흡으로는 부족해져 무의식적으로 입을 벌리고 호흡한다.

소화의 첫걸음

입, 혀, 이로 음식물을 씹어 부수고, 침과 섞어서 식도로 보낸다. 또한 혀로 먹을 수 있는 것인지 아닌지를 판단한다.

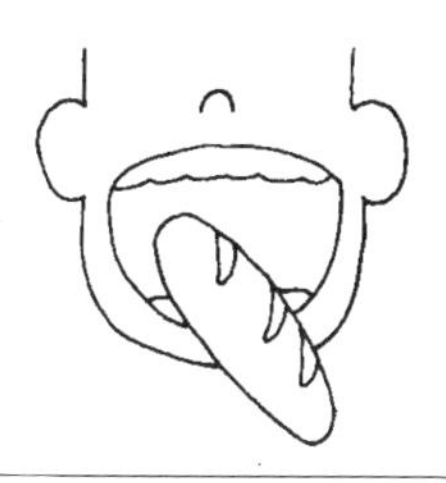

씹을 때 턱을 올리고 내리고 하는 것은 반사적인 동작이다.

맛을 감지하는 혀

혀에 있는 미뢰라는 세포가 맛을 수용하고, 그 자극이 뇌로 전달되어 우리들은 맛을 느낀다. 혀의 부위에 따라 느끼는 맛이 다르다.

맛을 느끼는 부위

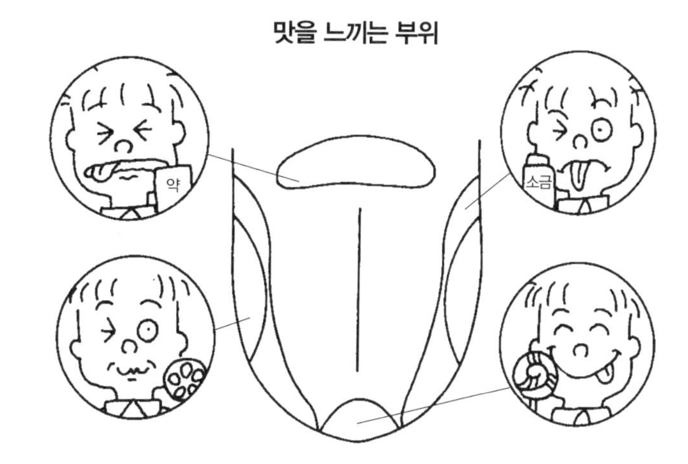

맛을 느끼는 데에도 개인차가 있는데, 쓴맛이 나는 페닐티오요소(약에 사용)를 느끼지 못하는 사람이 있다. 이런 사람을 미맹이라고 한다.

입 주위에는 표정근이라는 근육이 있어 입 모양을 바꾸는 보조 역할을 한다.

목소리를 구분해 내다

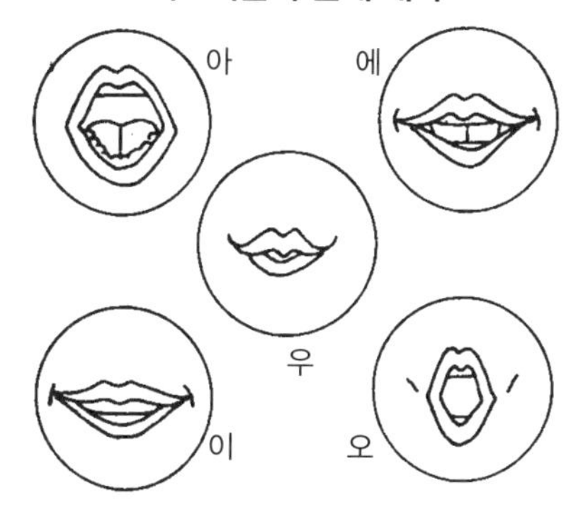

우리들은 입과 혀의 모양을 바꿔 여러 다양한 음을 만들어 낸다.

입술이 빨간 이유는?

입술은 다른 피부에 비해 얇고 색소가 적어서 혈액의 색이 비쳐 보인다. 건강할 때는 붉은색이지만 빈혈기가 있을 때는 보라색으로 보인다. 그래서 입술 색깔로 체온과 몸 상태의 변화를 알 수 있다.

··· 맛을 느끼는 구조 ···

맛을 감지하는 센서는 꽃봉오리 모양을 한 미뢰

우리가 느끼는 맛의 기본이 되는 것은 신맛, 단맛, 쓴맛, 짠맛 4가지인데 이것들의 조합에 의해 미각이 만들어진다. 맛을 느끼는 조직인 미뢰는 물이나 침에 녹아 들어온 음식물에 반응해 그 자극을 미각신경을 거쳐 대뇌피질의 미각야에 전달한다. 여기에서 처음으로 맛의 감각이 생긴다.

미각은 다른 감각보다도 외부의 자극에 민감해 시각, 후각, 혀에 닿는 감각, 온도감각의 영향을 크게 받는다. 예를 들면 음식물이 뜨거울 때는 느끼지 못했던 짠맛은 식으면 느끼게 된다.

혀에 있는 미뢰
4,000~5,000개

혀를 가만히 살펴보면 알맹이들이 한 면에 나란히 늘어서 있는 것을 알 수 있다. 이 알맹이가 맛의 수용기인 미뢰이다. 음식물을 씹어 부수고 침과 잘 섞은 후에야 비로소 미뢰가 반응한다.

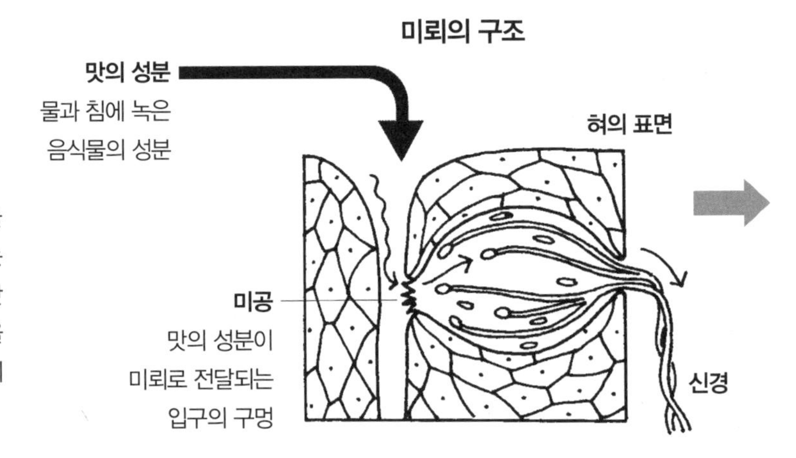

4가지 기본 맛
혀의 안쪽에 있는 유곽유두에서 쓴맛, 옆의 엽상유두에서 신맛, 혀끝에 많이 분포하는 용상유두에서 단맛, 그리고 혀의 가장자리에서는 짠맛을 감지한다.

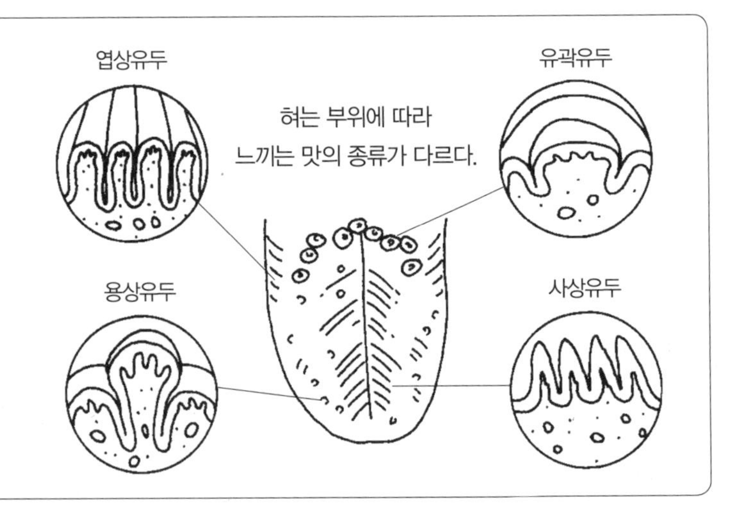

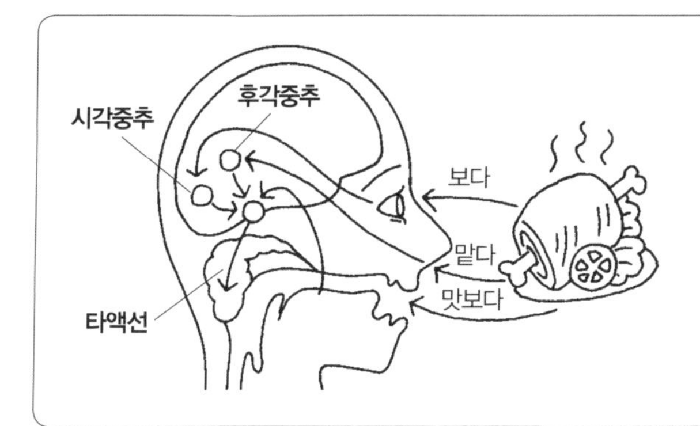

맛있다고 느끼다

맛있다고 느끼는 것은 미각뿐만 아니라, 시각, 후각 등의 종합작용에 의해서이다. 음식의 빛깔이나 담긴 모양 등을 보고 맛을 느끼고, 냄새로 식욕을 돋궈 침을 분비한다. 어두운 곳에서 식사를 하거나 코가 막히거나 했을 때 만족감이 적은 것도 이 때문이다.

꽃봉오리와 비슷하게 생긴 것에서 이름붙여진 미뢰는 침에 섞인 음식물의 성분과 접촉하면 반응한다. 이 자극이 신경을 거쳐 대뇌로 전달된다. 미뢰를 조직하고 있는 세포는 수명이 짧아 며칠 사이에 새로운 세포로 대치된다.

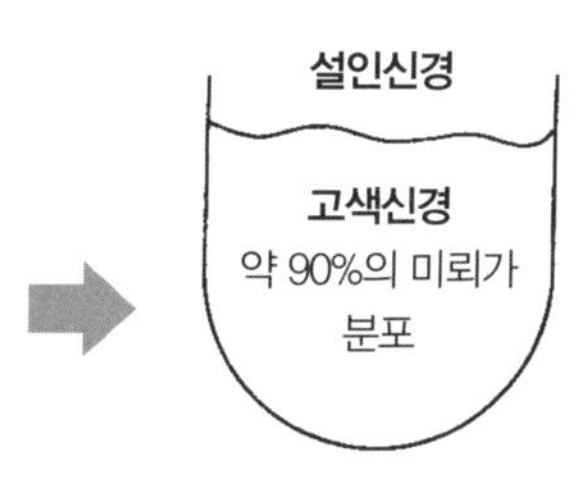

맛 자극이 신경에 전달된다

혀는 2종류의 신경에 지배된다. 앞쪽 2/3의 미뢰는 고색신경, 뒤쪽 1/3의 미뢰는 설인신경을 거쳐 맛을 대뇌로 전달한다.

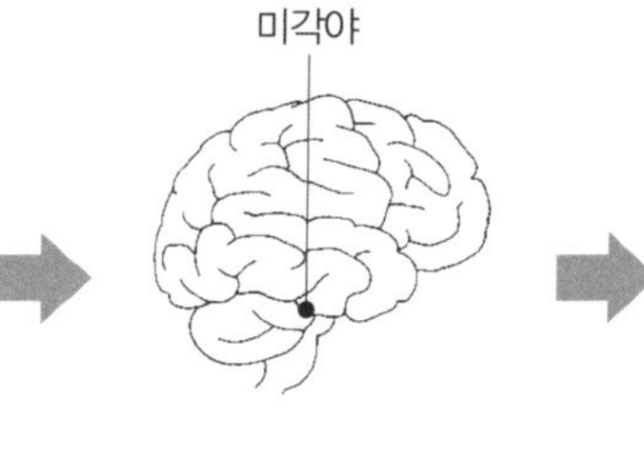

대뇌의 미각야로 전달

고색신경, 설인신경에서 전달된 맛 자극은 대뇌의 미각야에 도달해 어떤 맛인지가 판단된다.

맛 감각이 생긴다

미각의 대비현상

온도에 대해

뜨거운 음식이나 차가운 음식을 단숨에 삼키면 미뢰가 마비되어 맛을 알 수 없게 된다. 단맛, 쓴맛, 신맛의 수용기는 체온 정도의 온도에 가장 민감하지만 짠맛의 수용기는 낮은 온도에 반응한다. 이 때문에 식은 된장국 같은 것을 먹으면 미뢰가 민감하게 반응해서 보다 더 짜다고 느끼게 된다.

맛의 강약에 대해

수박을 먹을 때 소금을 뿌리거나 단팥죽을 만들 때 소금을 넣는 것은 단맛을 보다 더 끌어내기 위해서이다. 이것은 기본 맛의 감지기가 보다 강한 자극을 느끼기 때문인데, 짠맛보다 단맛 쪽이 강해서이다.

이의 구조

전체중을 걸고 씹어 부순다

순간적으로 씹어 부수는 힘은 자신의 체중과 거의 같다

이는 땅 속에 세워진 기둥과 같은 것으로, 눈에 보이는 부분이 치관, 묻힌 부분이 치근, 그리고 땅에 해당하는 부분이 잇몸이다. 기둥에 균열이 생기거나 토대가 흔들리거나 하면 기둥은 쓰러져 버린다. 그런 일이 일어나지 않도록 이는 몇 개나 되는 층으로 이루어져 있고, 표면은 몸에서 제일 단단하며 수정 정도의 경도인 에나멜질로 싸여 보호되고 있다. 그 내부가 상아질, 그리고 치근부가 시멘트질로 되어 있다. 중심부는 가늘고 긴 공동으로 되어 있고, 안은 치수라고 하는데 혈관과 신경이 들어 차 있다.

이(치아)의 구조

충치의 진행은 C_1, C_2, … 로 표시된다.

상아질
황색을 띠고 있고 에나멜질보다는 조금 부드럽다. 충치의 진행에서는 C_2.

치수
가는 혈관과 신경이 지나가고 턱뼈와 연결되어 있다. 여기가 상하면 통증을 느낀다.

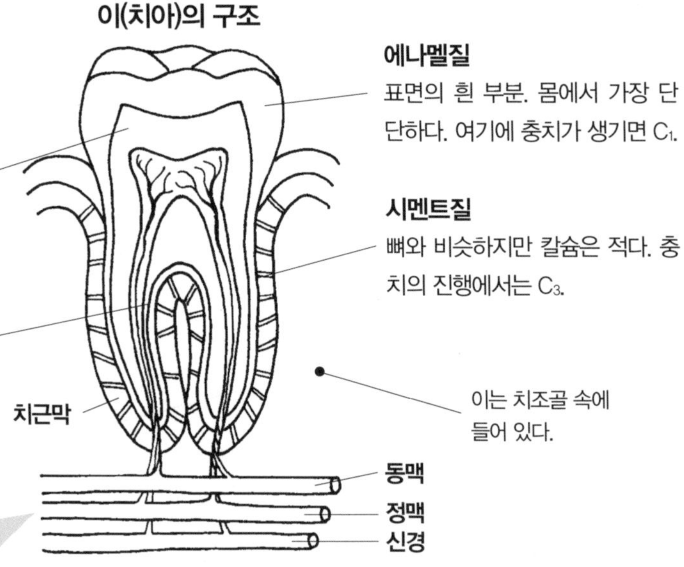

건강한 이는 음식물을 씹어 부수는 순간에 자신의 체중 정도의 힘이 나온다. 이런 이를 단단히 지지하고 있는 것이 잇몸이다. 다른 기관과 달리 자연치유력이 없어 잇몸과 이가 상하게 되면 의치를 해야 한다.

치조농루(치주병)
이를 지지하고 있는 잇몸(치주)의 조직이 파괴되어 이가 흔들리다가 빠져 버리는 병. 원인은 여러 가지지만 그중에서도 제일 큰 원인은 치석에 의한 잇몸염이다. 치석에 세균이 번식해 독소를 배출해 염증을 일으키기 때문이다.

앞니는 가위

야채와 과일용의 이라 하며 음식물을 가위와 같이 깨물어 자른다.

잇몸

이를 지지하기 위해 단단한 조직으로 되어 있고 약간의 자극으로는 통증을 느끼지 않는다. 덕분에 딱딱한 것도 씹을 수 있다.

작은어금니는 절구와 공이

씹어 자른 음식물을 부수거나 찧거나 한다. 이 때문에 올록볼록한 요철이 있고, 이 부분이 맞물리는 것으로 곡물과 씨를 씹는다.

건강한 이를 가진 사람은 음식물을 씹어 부술 때의 순간적인 힘이 50~90kg이다.

송곳니는 칼

송곳니는 고기용이라 하며 음식물을 잡아 찢는 칼 역할을 한다.

동물은 이의 형태나 종류로 육식동물인지 초식동물인지 알 수 있다. 인간은 잡식동물이다.

큰어금니는 맷돌

작은어금니와 같은 역할을 하는데, 음식물을 보다 잘게 부수어 충분히 씹는다. 맷돌과 같은 역할로 가장 힘이 많이 들어가는 이이다.

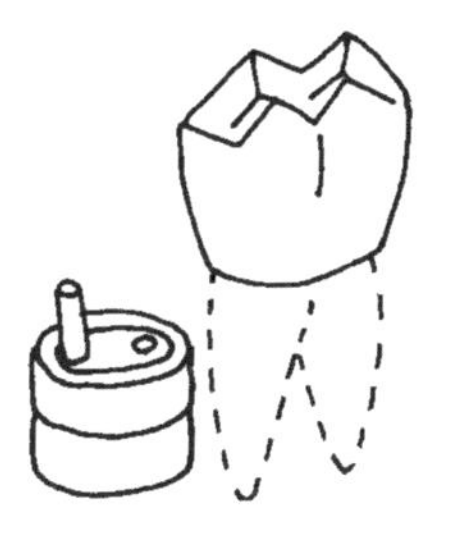

충치란?

음식물 찌꺼기

뮤턴스

이에 붙는다

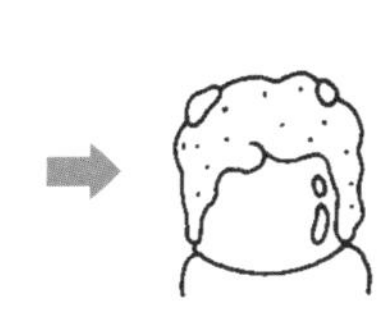

발효

산화

① 충치의 가장 큰 원인은 음식물의 찌꺼기가 이에 쌓이는 것이다. 이 찌꺼기에 (음식물과 함께 들어간) 세균(특히 강한 것이 뮤턴스라는 연쇄구균)이 들러붙는다.

② 뮤턴스는 음식물의 찌꺼기에 포함된 전분이나 당분과 접촉하면 덱스트린이라는 끈끈한 상태의 물질로 변한다.

③ 덱스트린은 점착력이 강해 이에 부착되면 잘 떨어지지 않는다. 이것이 치석이라는 것이다.

④ 이에 붙은 덱스트린이 발효해 산을 방출한다.

⑤ 단단하다고 해도 이의 성분은 산에 약한 칼슘이다. 그래서 점점 녹아 구멍이 생긴다. 이것이 충치이다. 그대로 내버려 둔 구멍에 음식물 찌꺼기가 더욱 쌓여 충치는 더욱더 진행하게 된다.

··· 영구치로 이를 가는 구조 ···

이가 빠지고 새로 나면 어른의 얼굴이 된다

아직 턱뼈가 작은 유아기에는 그에 맞는 작은 이(젖니)가 나고, 그 수도 20개로 적다. 성장과 동시에 턱이 발달하면 젖니만으로는 부족해 큰 이(영구치)로 갈게 된다. 턱의 뼈대는 초등학교 6학년 경에 완성되기 때문에 그 이상은 커지지 않고 이도 더 갈지 않게 된다.

이렇게 해서 몸과 얼굴이 커지는 것에 따라 이도 갈고 얼굴의 형태가 완성된다. 음식을 씹고 발성을 보조하는 역할 외에도 이는 얼굴의 형태를 잡아주는 역할도 한다.

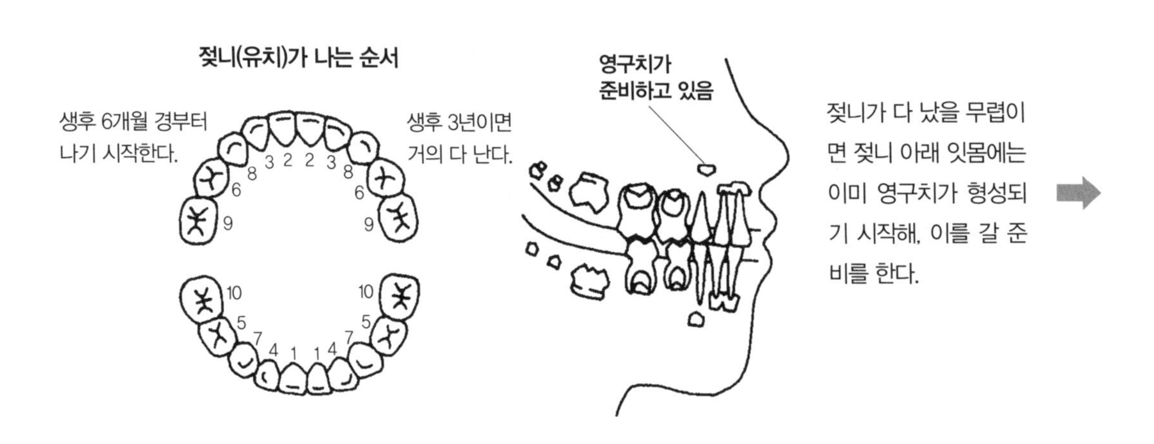

덧니는 어떻게 날까?

① 덧니가 되는 것은 송곳니뿐이다. 송곳니는 양 옆의 이보다도 이 가는 시기가 늦다.

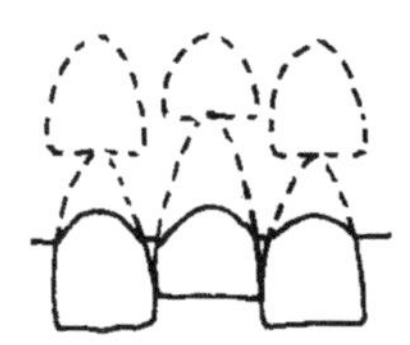

② 먼저 난 양 옆의 이 때문에 송곳니가 날 공간이 없다.

③ 몸의 성장보다도 이의 성장이 빠르면 턱이 아직 작을 때 큰 이가 나려고 해 이들이 서로 밀어낸다.

④ 송곳니는 옆으로 튀어 나와 덧니가 된다. 여자에게서 덧니를 많이 볼 수 있는 것은 남자보다 이의 성장이 빠르기 때문.

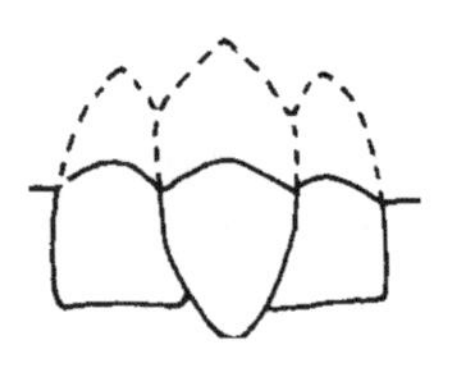

젖니 아래에 영구치가 형성되기 시작한다.

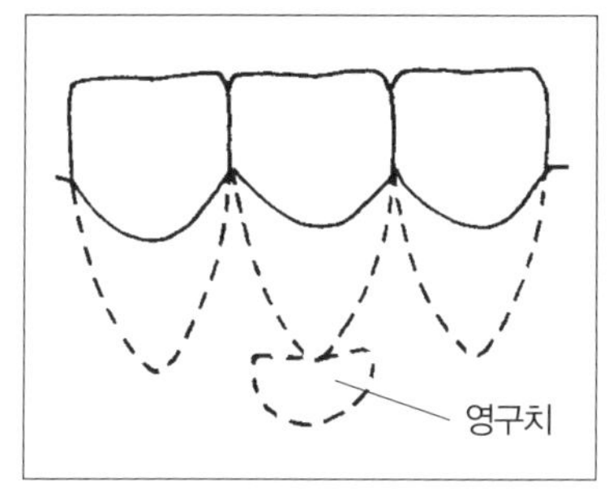

영구치가 성장하기 시작하면 젖니를 위로 밀어내 이의 뿌리가 잇몸에 얕게 박혀 있는 상태가 된다. 젖니는 흔들리게 되고 영구치는 날 공간을 확보한다.

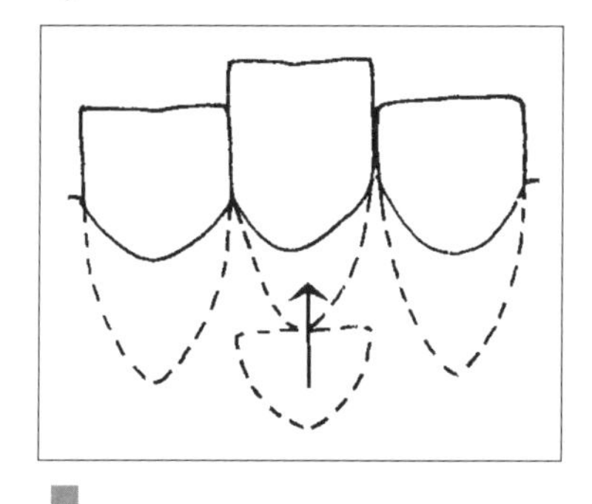

영구치가 완성되어 위로 올라오기 시작한다. 젖니는 빠진다. 다른 이에서도 영구치가 성장하기 시작한다.

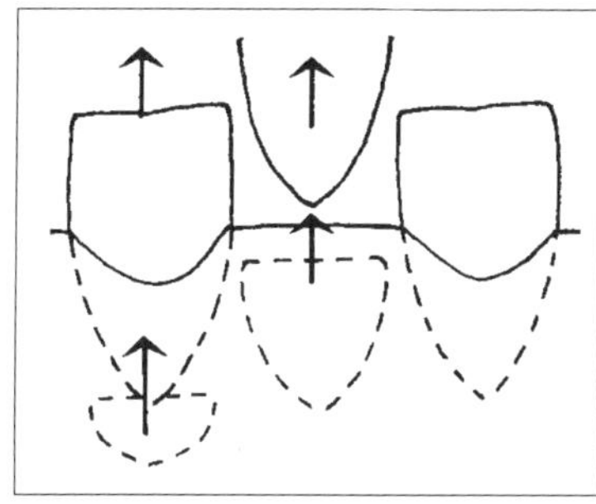

젖니에서 영구치로 이를 가는 것 종료. 다른 영구치도 젖니를 밀어올리기 시작한다. 이렇게 해서 이를 갈게 된다.

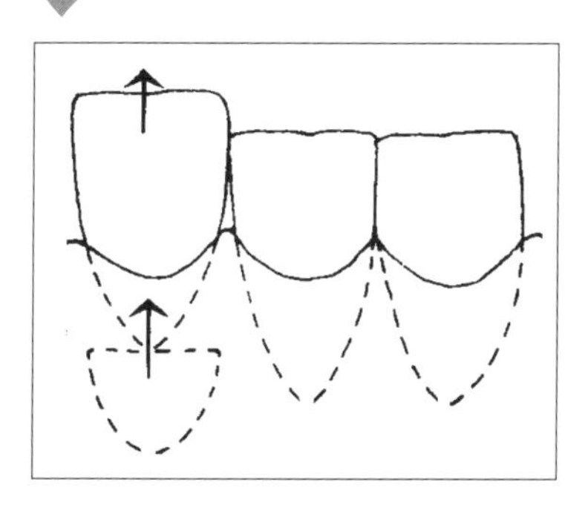

영구치(간니)가 나는 시기

	여자	남자
가운데 앞니	생후 6~8년	생후 8~11년
제1큰어금니 (제1대구치)	6~8년	8~11년
옆 앞니	7~9년	9~12년
송곳니	9~11년	11~14년
제1작은어금니 (제1소구치)	9~11년	12~15년
제2작은어금니 (제2소구치)	10~12년	12~15년
제2큰어금니 (제2대구치)	11~14년	13~17년
제3큰어금니 (제3대구치 · 사랑니)	17~23년	19년~

사랑니란?

18~40세 정도에 나는 큰어금니. 지치(智齒, wisdom tooth)라고도 한다. 제일 안쪽에 나기 때문에 앞쪽 이에 밀려서 나기 어렵다. 그래서 염증, 잇병의 원인이 된다. 또한 이를 닦기도 힘들어 충치가 되기 쉽다. 90세에 사랑니가 났다는 기록도 있다.

목의 구조

공기는 기관에, 음식물은 식도에

호흡기뿐만 아니라 발성기관의 역할도

목은 코의 안쪽에서부터 기관이 시작되는 부분까지를 말하는데 의학적으로는 인두와 후두라 한다. 인두는 들어온 음식물과 공기를 식도와 후두로 잘 나눠 보낼 수 있도록 통로를 전환한다. 후두는 기관의 입구이다. 내면 중앙의 좌우 벽에서 내뻗은 2장의 주름이 있는데 이것이 성대이다. 호흡을 하고 있을 때는 성대 사이(성문)가 열리고 목소리를 낼 때는 닫힌다.

이와 같이 목은 호흡기일뿐만 아니라 음식물의 통로가 되는 소화기 역할, 게다가 목소리를 내는 기관으로서의 역할도 하고 있다.

연구개
음식물이 코 쪽으로 들어가지 않도록 막는 판 역할을 한다.

후두개
음식물이 기관으로 들어가지 않도록 막는다.

후두
인두에서 나누어진 기관의 입구로 남성의 경우는 결후가 발달해 있어 위치를 금방 알 수 있다.

인두
비강, 구강에 연결되는 관 모양의 부분. 연구개·후두개의 전환으로 식도와 기관으로 나뉜다.

인두
후두
기관
식도
성대

인두 **통로의 전환**

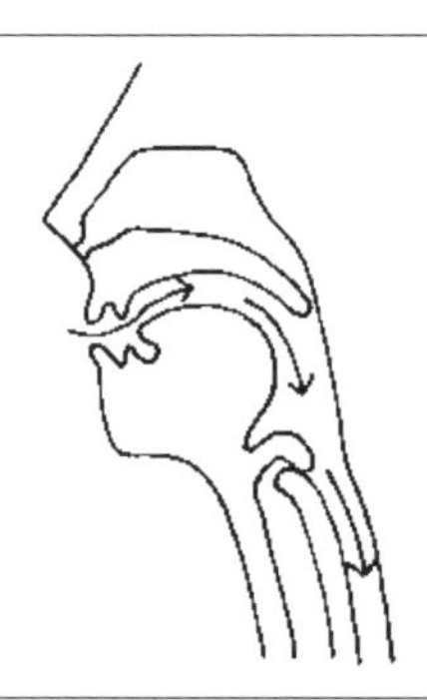

음식물을 삼킬 때
연구개가 등 쪽으로 움직여 식도의 입구를 만들고, 후두개가 기도를 막는다.

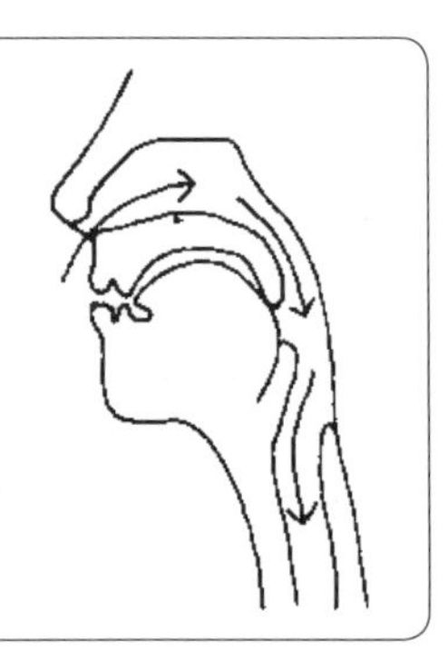

호흡할 때
연구개, 후두개가 반사적으로 기도를 확보.

편도 몸의 방어기구

구개편도

가장 염증이 생기기 쉬워 수술로 제거하는 것이 이 부분이다.

편도란 인두에 분포하고 있는 림프조직의 총칭. 세균에 대한 항체를 만들어 몸을 지킨다.

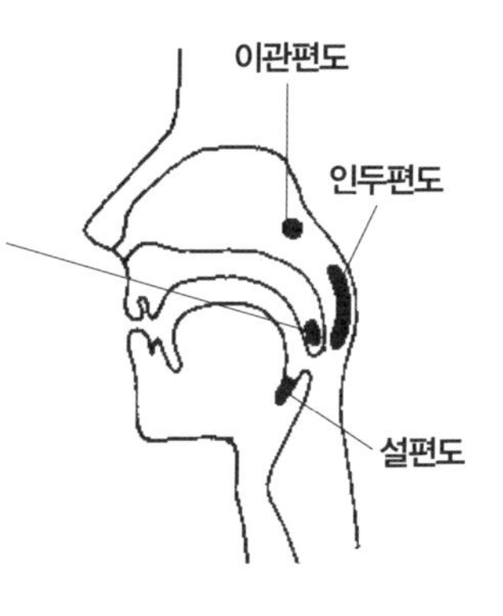

- 입으로 세균이 들어온다.

⬇

- 편도에는 작은 구멍이 많이 있어 이곳에 세균이 번식해 작은 염증을 일으킨다.

⬇

- 염증이 자극이 되어 세균에 적합한 항체를 만들어 혈액 속으로 방출.

⬇

- 항체가 몸 전체를 돌면서 세균으로부터 몸을 지킨다.

후두 호흡할 때 공기의 통로와 발성기관

성대를 거울로 보면

성대는 후두강의 좌우 양쪽 벽에서 돌출한 근육의 주름으로 이 사이의 틈이 성문이다. 이 성문이 열리면 공기가 흐른다.

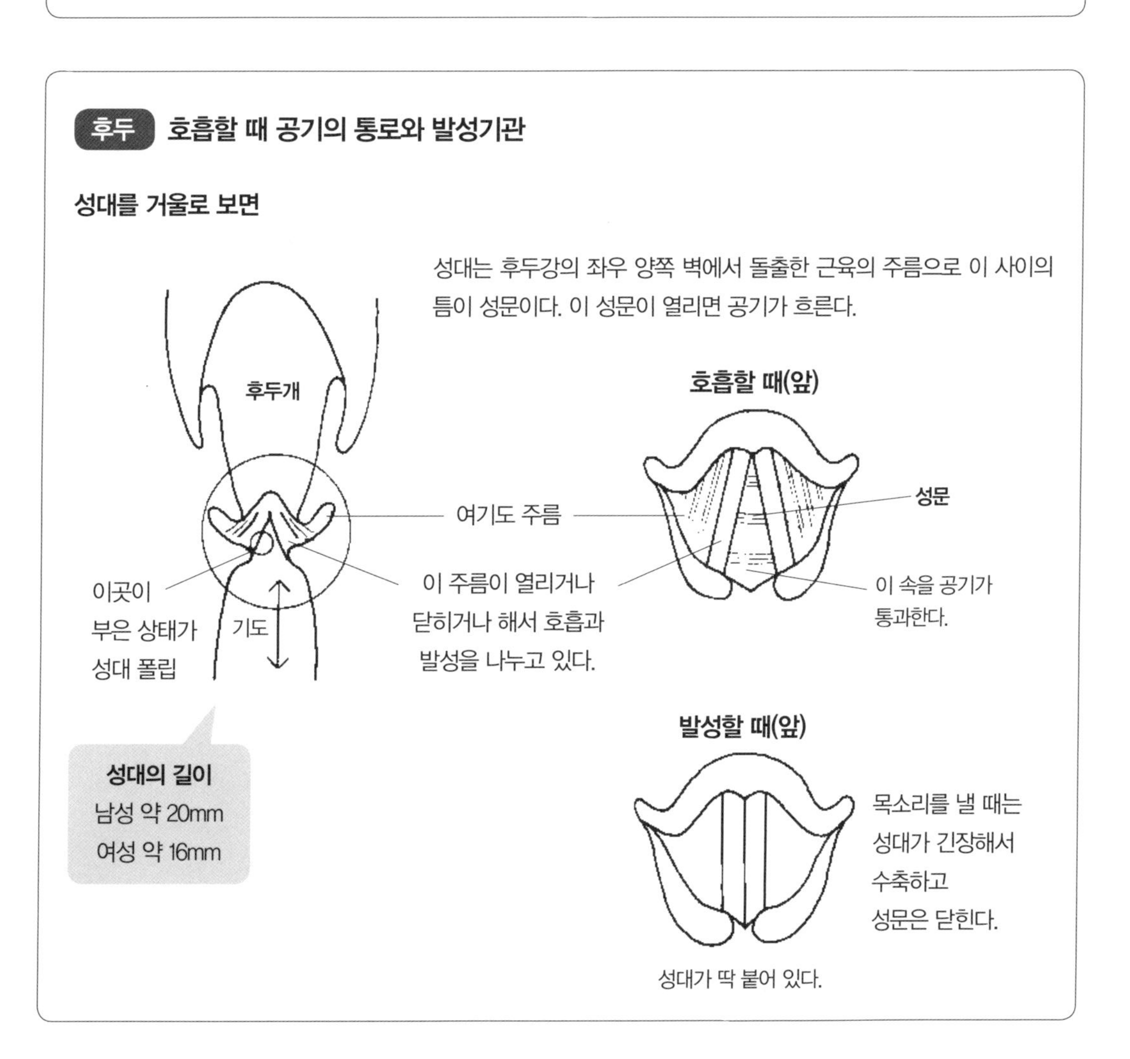

… 목소리가 만들어지는 구조 …

목소리의 근원은 성대의 진동으로 코나 입을 통해서 목소리가 된다

목소리는 닫혀 있는 성문에 토해 낸 숨이 부딪쳐 성대를 진동시켜 발생하는 소리로 만들어진다. 이 시점에서는 아직 목소리라 할 수 없고, 인두, 비강, 구강 등을 거쳐서 비로소 목소리가 된다. 목소리의 높이는 성대의 진동수로, 세기는 폐에서 내보내진 공기의 압력으로 결정된다. 코와 입이 공명기가 되어 그 사람만의 독특한 목소리가 되는 것이다.

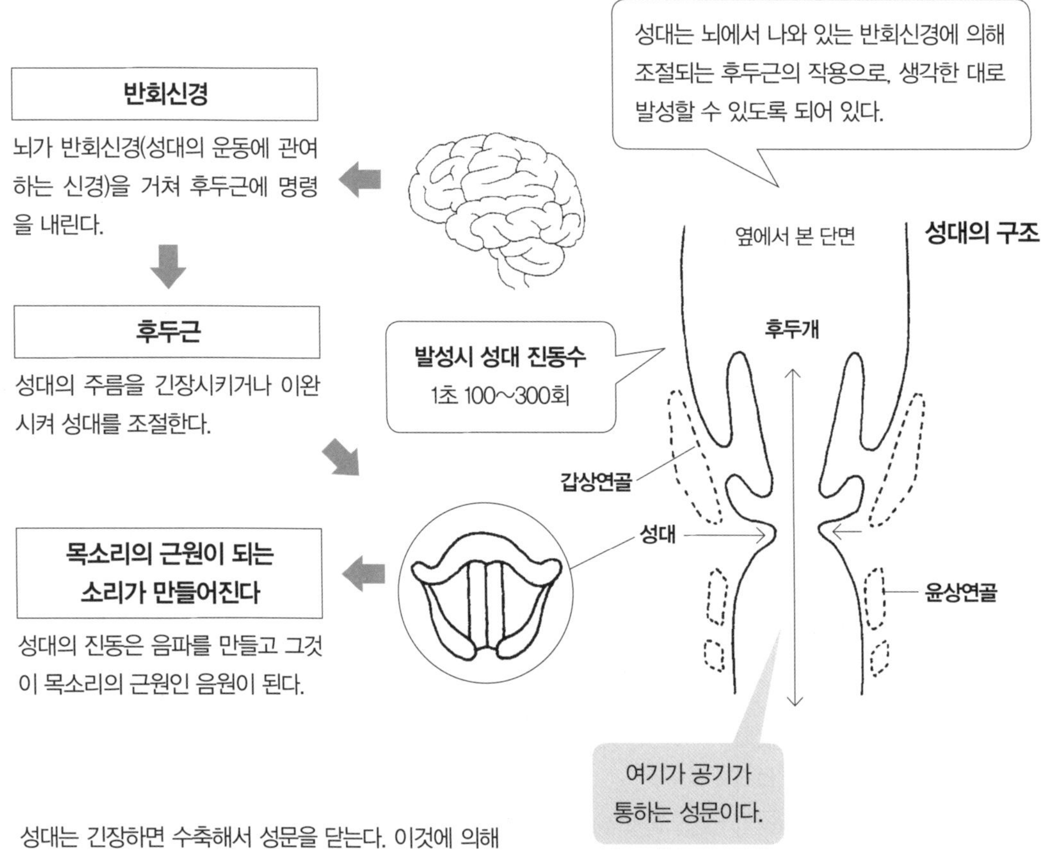

성대는 긴장하면 수축해서 성문을 닫는다. 이것에 의해 공기가 기관 내에 갇혀 내압이 높아진다. 어느 정도까지 압력이 높아지면 갑자기 성문이 열려 공기가 밖으로 나간다. 그래서 압력이 떨어지면 다시 성문이 닫힌다. 이것을 반복해서 성문을 진동시킨다.

후두는 갑상연골, 윤상연골 등의 연골로 형성되어 있다. 성대는 이 연골들 사이에 덮인 근육, 후두근의 수축에 의해 열리고 닫힌다.

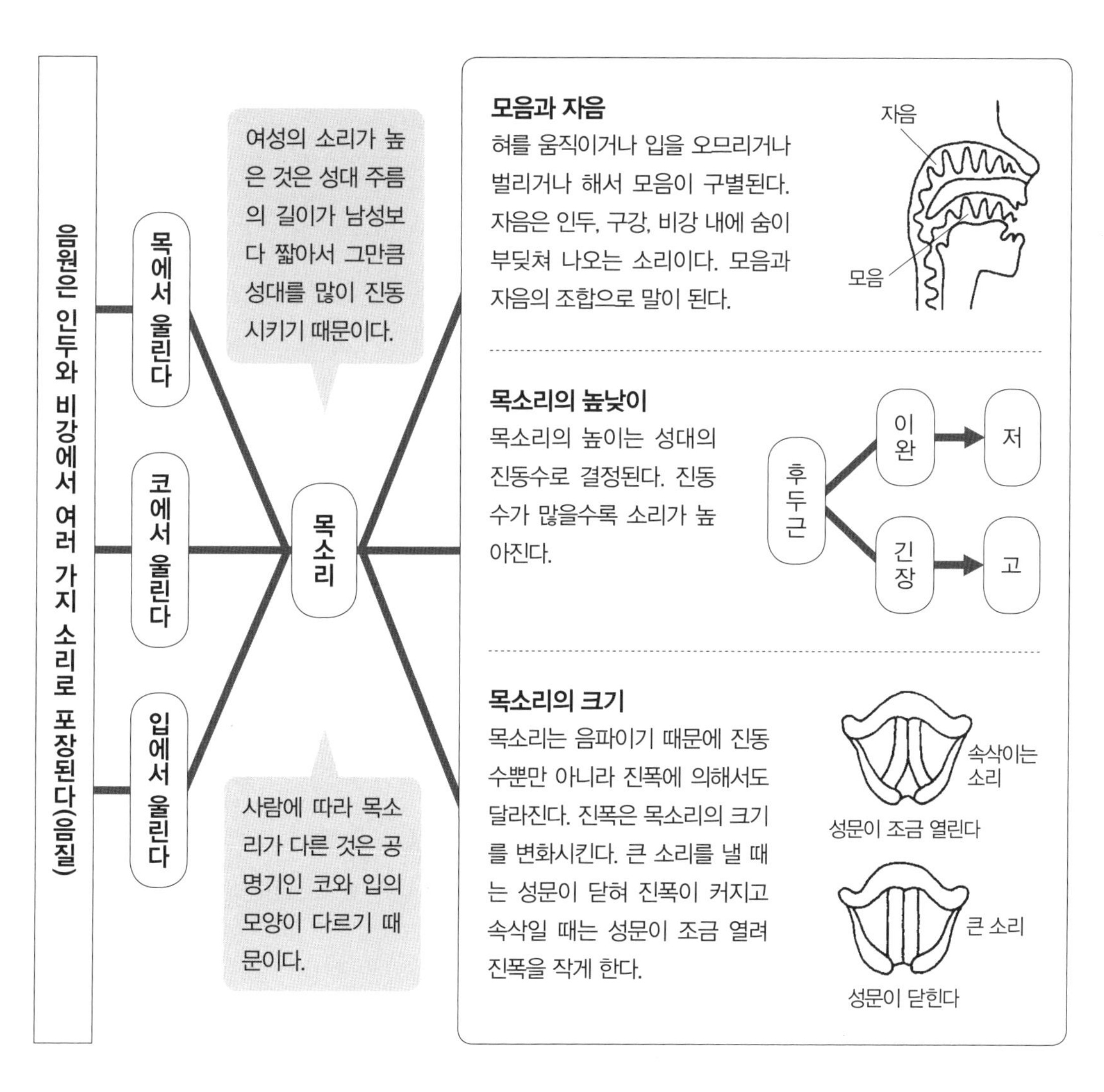
음원은 인두와 비강에서 여러 가지 소리로 포장된다(음질)
목에서 울린다
코에서 울린다
입에서 울린다
여성의 소리가 높은 것은 성대 주름의 길이가 남성보다 짧아서 그만큼 성대를 많이 진동시키기 때문이다.
목소리
사람에 따라 목소리가 다른 것은 공명기인 코와 입의 모양이 다르기 때문이다.
모음과 자음
혀를 움직이거나 입을 오므리거나 벌리거나 해서 모음이 구별된다. 자음은 인두, 구강, 비강 내에 숨이 부딪쳐 나오는 소리이다. 모음과 자음의 조합으로 말이 된다.
자음
모음
목소리의 높낮이
목소리의 높이는 성대의 진동수로 결정된다. 진동수가 많을수록 소리가 높아진다.
후두근
이완
저
긴장
고
목소리의 크기
목소리는 음파이기 때문에 진동수뿐만 아니라 진폭에 의해서도 달라진다. 진폭은 목소리의 크기를 변화시킨다. 큰 소리를 낼 때는 성문이 닫혀 진폭이 커지고 속삭일 때는 성문이 조금 열려 진폭을 작게 한다.
속삭이는 소리
성문이 조금 열린다
큰 소리
성문이 닫힌다

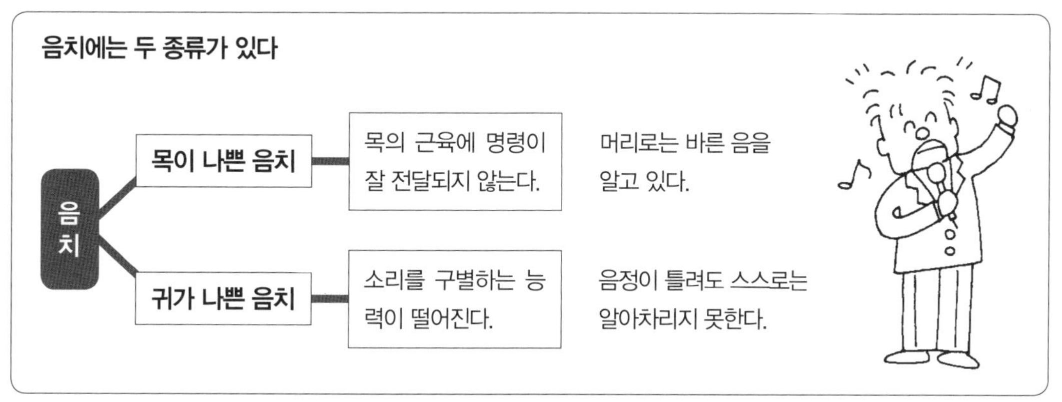
음치에는 두 종류가 있다
음치
목이 나쁜 음치
목의 근육에 명령이 잘 전달되지 않는다.
머리로는 바른 음을 알고 있다.
귀가 나쁜 음치
소리를 구별하는 능력이 떨어진다.
음정이 틀려도 스스로는 알아차리지 못한다.

··· 변성기의 구조 ···

성대도 성장해서 어른의 목이 되는 시기가 변성기

사춘기가 되면 남자아이는 목의 연골이 발육해 앞뒤로 튀어 나와 커진다. 이것이 결후이다. 또한 성대도 연골에 붙어 있기 때문에 연골을 따라 길어진다. 성대는 길어지면 낮은 음을 내기 때문에 그 전의 목소리와는 달라진다. 이것이 변성으로 아이의 목소리에서 어른의 목소리로 되는 목의 전환이다.

여자아이는 목의 연골이 상하로 발육하기 때문에 성대의 길이는 그다지 변하지 않는다. 그래서 결후도 튀어나오지 않고 목소리도 변하지 않는다.

어린아이

성대도 어린아이일 때는 남녀의 차이가 거의 없다. 사춘기가 되면 후두가 급격히 발달하기 시작한다. 변성은 몸이 발육하기 때문에 일어나는 생리적인 현상이다.

변성은 제2차 성징의 하나이다.

어린아이는 아직 연골이 발달하지 않았기 때문에 남녀의 차이는 거의 없다.

성대는 이 갑상연골에 붙어 있는 근육

변성기에 무리하면 이상한 목소리가 되어 평생 고칠 수 없게 되는 경우도 있다.

발육 도중인 변성기의 성대는 아직 완전히 길어지지 않았기 때문에 잘 진동하지 않아 목소리가 잘 나오지 않고 쉰 목소리가 되어 버린다. 어른의 성대가 되면 한 옥타브 이상이나 낮아진다.

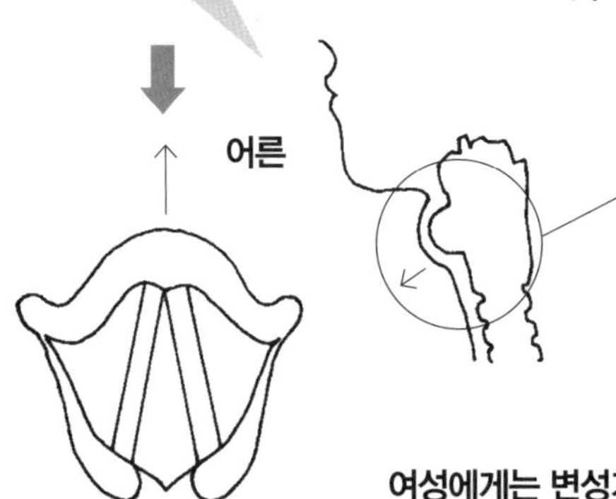

사춘기가 되면 갑상연골이 앞뒤로 발육해 튀어 나온다. 이 부분이 '결후'로 연골의 성장과 함께 성대도 잡아당겨져 앞뒤로 길어진다.

여자아이라도 알토가 되는 것은 상당한 변성

앞뒤로 잡아당겨진다.

여성에게는 변성기가 없나?

변성은 몸의 발육에 따라 일어나는 것으로 여자에게도 당연히 있다. 그러나 남자와 같이 급격하게 후두가 발달하는 일은 없고, 1~2음 낮아지는 정도. 여자는 오히려 인두, 구강, 비강에 의한 음질의 변화가 두드러진다.

… 왜 코를 고는 걸까? …

목 근육의 긴장이 풀리면 호흡할 때 근육이 떨린다

코를 고는 것은 잠을 잘 때나 의식이 없어졌을 때 연구개(위턱 안쪽의 부드러운 부분) 근육의 긴장이 풀려서 호흡할 때 연구개가 진동해 나는 소리이다. 정도의 차이는 있지만 누구나 코를 곤다.

또한 목의 안쪽에 늘어져 있는 목젖도 피곤한 상태에서 잠들면 느슨해져서 목 안쪽으로 떨어져 버린다. 그래서 공기의 통로가 좁아져 진동하게 되어 코를 고는 경우도 있다. 따라서 입을 벌리고 자게 되면 좁은 통로에 많은 공기가 흘러들어와 진동도 심해지고 코도 크게 골게 된다.

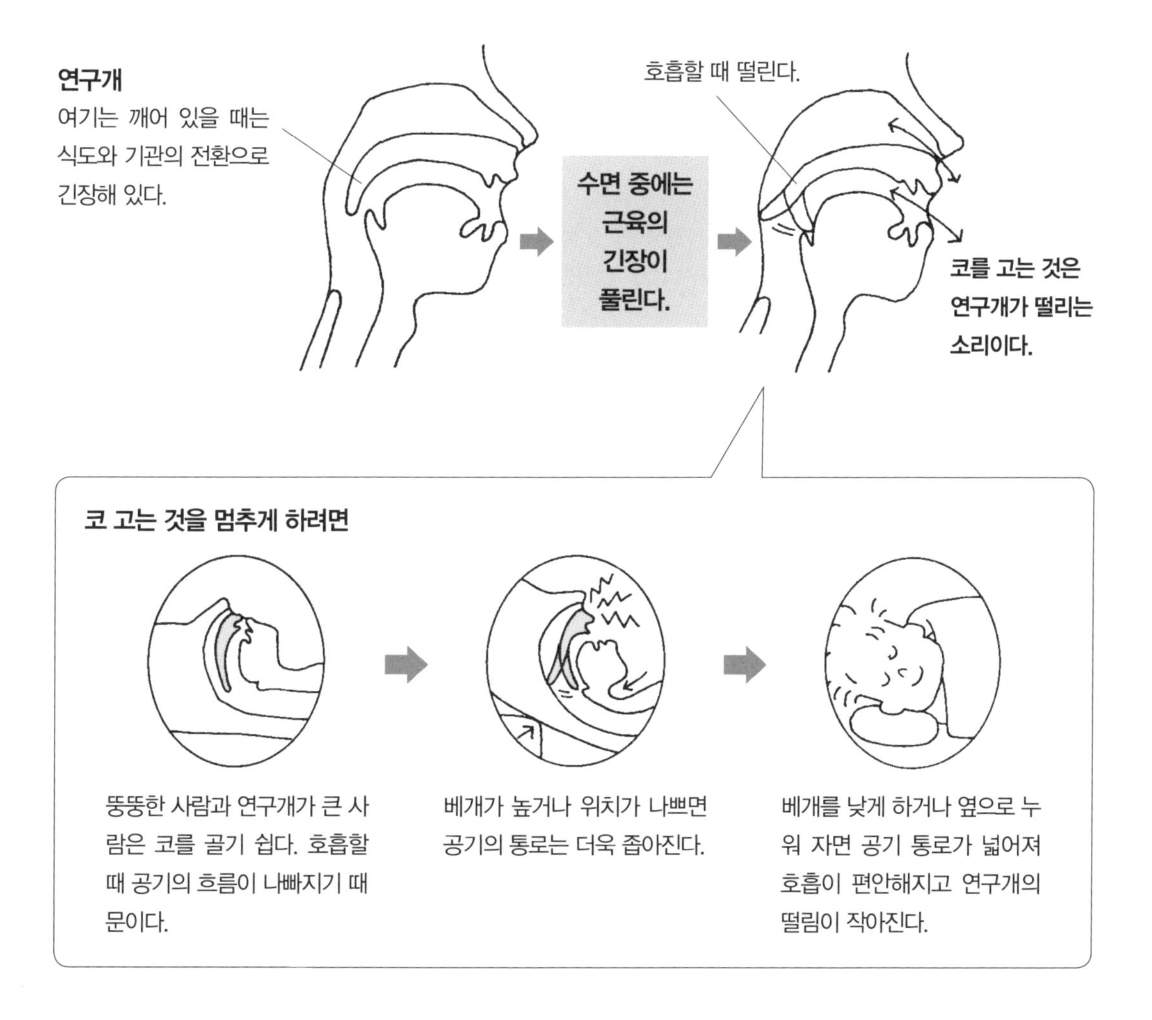

피부의 구조

항상 새롭게 태어난다

몸을 덮고 있는 것뿐만 아니라 여러 가지 기능을 하는 피부

인간의 몸에서 피부는 신체의 표면을 전부 덮고 있는 가장 큰 기관이다. 어느 기관보다도 성장이 빠르고 평생 동안 항상 새롭게 바뀌고 있다. 피부를 크게 나누면 표피와 그 안쪽의 진피, 그리고 피부의 역할을 도와주는 피하조직으로 되어 있다. 손톱과 체모도 피부의 일부이다.

피부는 외부의 물리적 자극을 막는 일과 체온 조절이 중요한 역할이지만, 피부조직은 많은 세포의 집합체이기도 해 세포군이 생명을 유지하는 중요한 역할도 분담하고 있다.

피부의 구조

1 표피
2 진피
3 피하조직

피부는 표피, 진피, 피하조직으로 구성되어 있다. 표피에는 신경이나 혈관이 통하지 않는다. 화상 등으로 피부의 1/3 이상을 잃으면 생명이 위험하다.

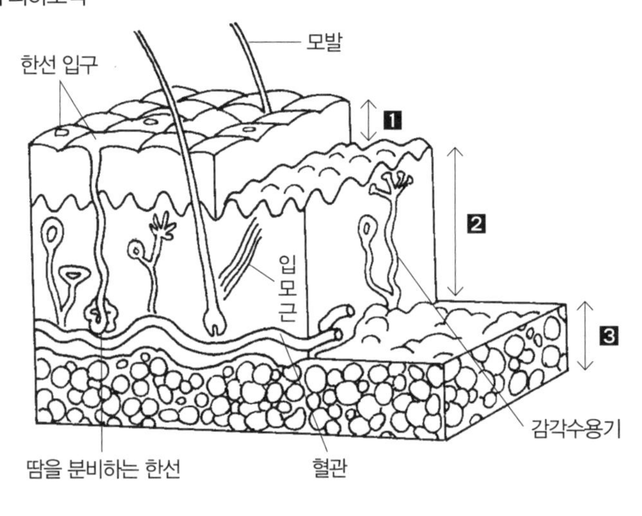

피부의 면적 약 1.62m², 중량 약 3kg

피부의 두께는 부위에 따라 다른데 이마가 0.1mm로 가장 얇고, 눈꺼풀이 약 0.4mm, 손바닥이 1mm, 발바닥은 2mm나 된다. 역할에 따라 구조도 다르다.

유해물질에서 몸을 보호

피부는 외부의 유해물질에 대해 몸의 내부를 지키는 역할을 한다. 열과 빛을 차단하거나, 부딪쳤을 때 충격을 완화하거나, 세균의 번식과 감염을 막는 것이 중요한 역할이다.

지문

지문은 평생 변하지 않는 것으로 어머니 뱃속의 태아에게도 있다. 손가락끝의 감각을 민감하게 하고 무언가를 잡을 때 미끄러지는 것을 막는다고도 한다. 상처가 나도 원래 모양으로 돌아오고, 지울 수 없다.

개인을 특정짓는 방법으로 범죄수사에도 사용된다.

손톱

손톱도 모발과 마찬가지로 피부의 각질이 변화한 것이다. 뿌리 부분에 있는 세포에서 끊임없이 새롭게 만들어져 앞으로 밀려 나간다. 손톱은 손가락끝을 보호하는 역할을 한다.

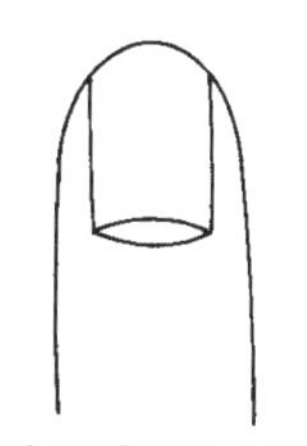

약 3개월이면 손가락끝까지 자란다.

감각을 받아들이는 수용기

피부에는 통각과 촉각, 온도각 등 외부의 자극을 감지하는 감각수용기가 있어 여러 가지 자극을 수용하고 있다.

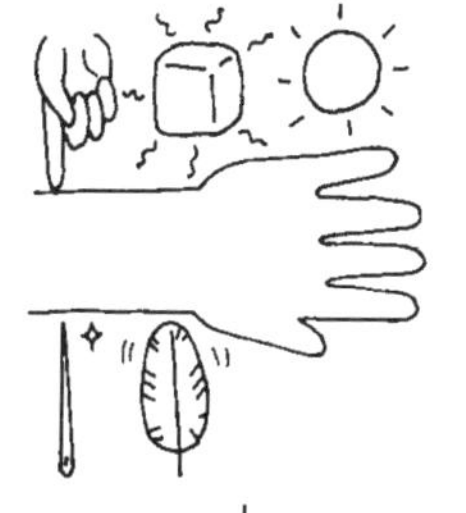

체온 조절

더위로 체온이 상승하면 열을 발산하고 추울 때는 열이 달아나지 않도록 해서 혈액과 함께 체온을 일정하게 유지한다.

충격을 완화하는 피하지방 조직

진피 아래는 포도 모양의 황색 과립이 모여 있는 피하지방에 덮여 있다. 여기는 물체에 부딪쳤을 때 충격을 완화하는 쿠션 역할을 하거나, 단열효과가 있고, 에너지 비축을 한다.

지방이 너무 많이 쌓이면 내장을 압박해 건강을 해친다.

모발

모발은 몸을 보호하고 체온 조절과 촉각기의 역할도 한다. 몸의 부위에 따라 다르지만 머리와 같이 보호가 필요한 곳일수록 밀집해 있다. 털이 나는 구멍을 모공이라 하는데, 여기에서 피지가 분비되어 피부를 촉촉하게 하고 건조해지지 않도록 한다.

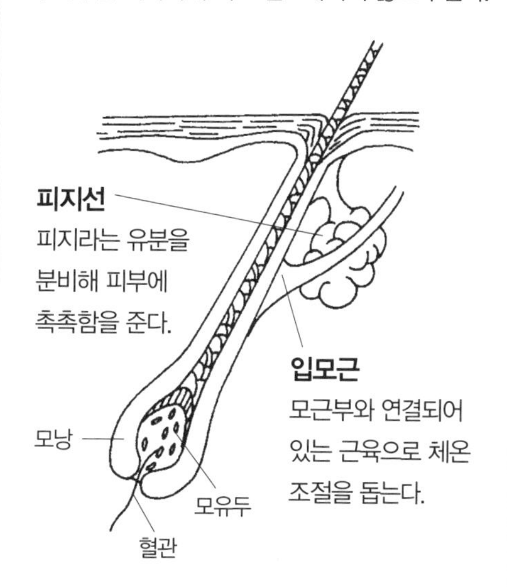

모발은 피부의 각질(죽은 세포로 때가 되어 벗겨져 떨어지는 부분)이 변화한 것이다. 뿌리 부분에서는 매일 조금씩 성장해 일정한 길이가 되면 성장이 멈추고 빠진다. 모발을 잘라도 아프지 않은 것은 세포가 죽어버린 부분이기 때문이다.

··· 땀이 나는 구조 ···

땀을 흘려서 열을 발산하는 중요한 체온 조절

주위의 온도가 높아지거나 운동을 해서 몸 안의 열이 점점 쌓이면 체온이 상승한다. 이때 몸밖으로 열을 내보내기 위해 나는 것이 땀이다. 이것에 의해 체온은 언제나 일정하게 유지된다. 땀은 진피 내에 존재하는 표피가 변화해 생긴 에크린샘이라는 한선에서 만들어진 수분이다.

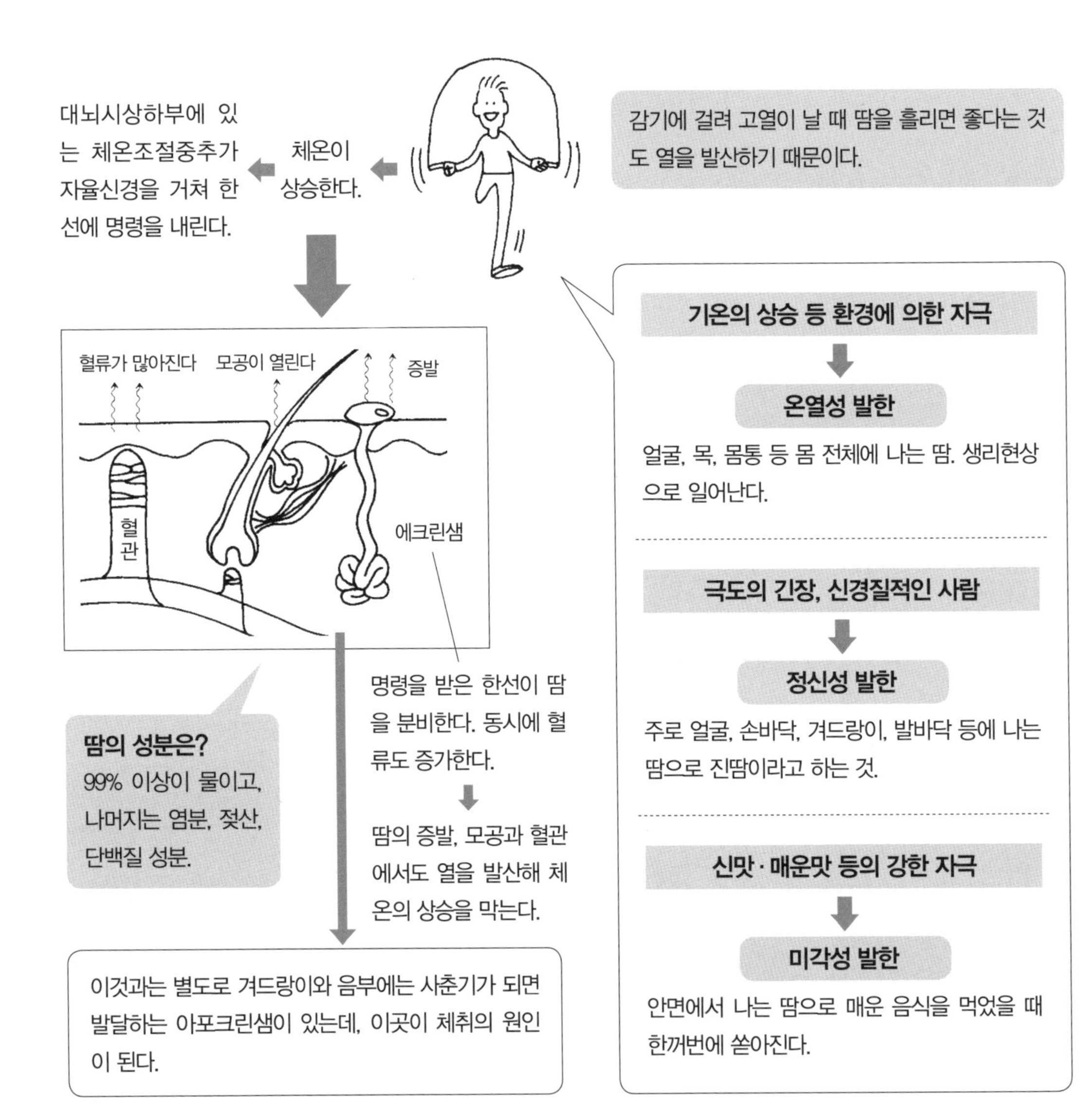

··· 피부감각의 구조 ···

피부에는 5가지의 감각을 감지하는 각각의 수용기가 있다

피부에는 촉각·압각·통각·냉각·온각의 5가지 감각을 감지하는 수용기가 있다. 각각의 특징을 살펴보면 촉각은 모근 주변에 분포하고 가장 민감하다. 압각은 가벼운 압력과 강한 압력을 감지하는 각각 다른 수용기가 있고, 통각은 통증을 느낄 뿐만 아니라 강한 자극에 대해서는 반사적으로 피하는 방어반응도 한다. 그리고 냉각은 피부온도의 하강을, 온각은 상승을 감지한다.

자극을 받은 수용기는 감각신경을 거쳐 대뇌피질에 정보를 전달해 여기에서 '아프다, 차갑다'와 같은 감각이 생긴다.

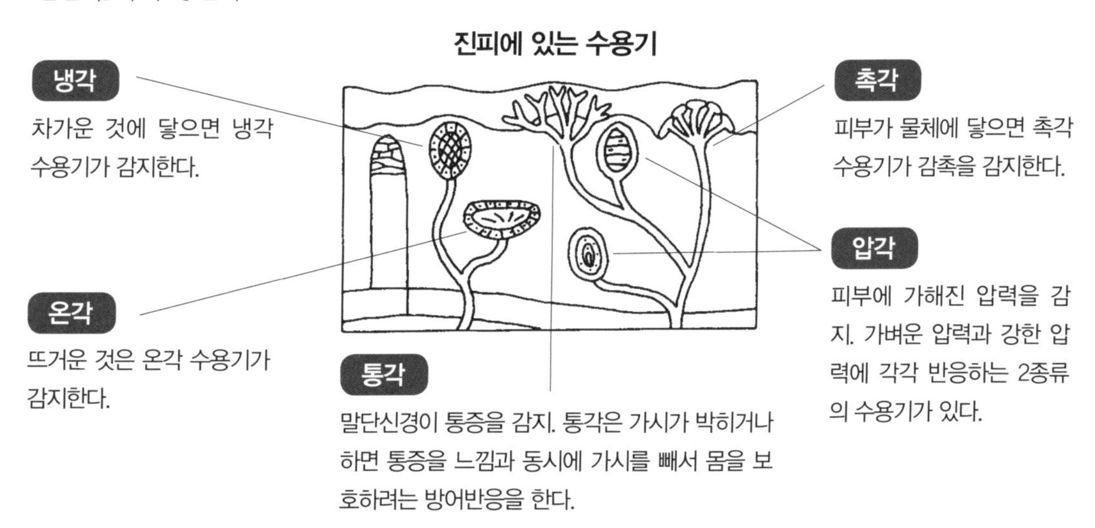

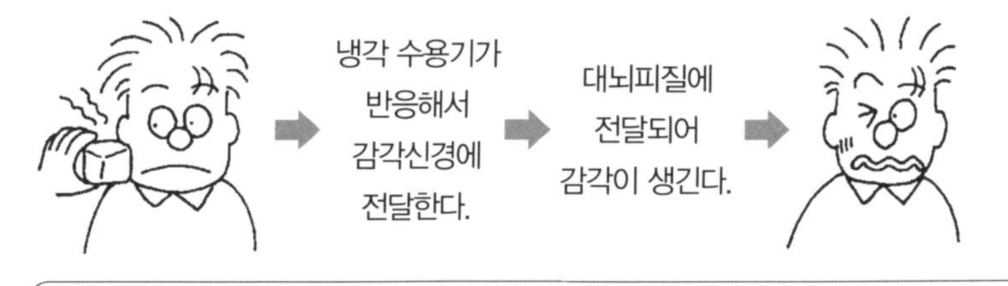

대뇌가 냉각이라고 판단해서 처음으로 '차갑다'라는 감각이 생긴다. 냉각 수용기는 너무 차가우면 감지하지 못하게 되는데, 대체로 16℃ 정도부터 작용한다.

왜 뜨거운 탕에 들어가면 아프다고 느낄까?

뜨거운 욕탕에 들어가면 뜨거워야 할 텐데 아프다고 느낀다. 이것은 냉각과 온각이 16~40℃ 정도에서 잘 작용하고, 15℃ 이하나 40℃ 이상이 되면 통각이 작용하기 때문이다. 이것도 하나의 방어반응으로 너무 뜨거운 탕과 같이 위험한 경우에는 이 방어반응이 몸을 보호한다.

··· 때는 왜 생기는 것일까? ···

때의 정체는 죽어서 벗겨 떨어지는 세포다

표피의 표면은 피지선에서 분비된 피지로 덮여 있다. 피부가 매끄럽고 윤기있는 것도 피지 덕분으로 피지가 없어지면 피부는 거칠어져 상처입기 쉬워진다. 표피는 몇 개의 세포층으로 이루어져 있는데, 가장 아래의 기저층에서 항상 새로운 세포를 만들어 이것이 성숙하면서 위로 이동한다. 그리고 죽은 세포는 각질이 되어 벗겨 떨어진다. 이렇게 떨어지는 각질이 때이다. 표피에서는 끊임없이 신진대사가 반복되어 세포가 생기는데 때가 될 때까지는 약 1개월 정도 걸린다.

표피의 구조

1 이 층에는 멜라닌이라는 색소를 만드는 세포가 있다.

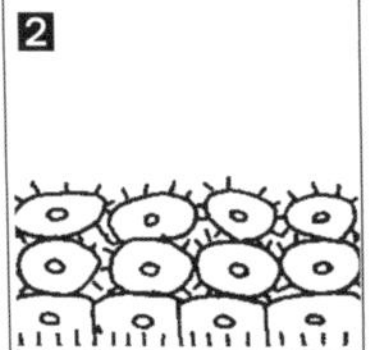
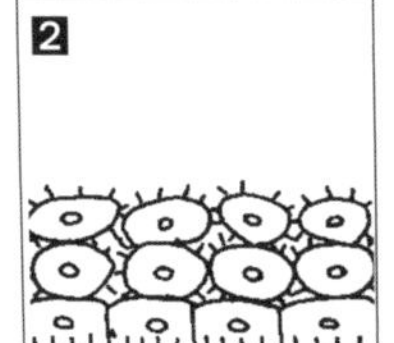

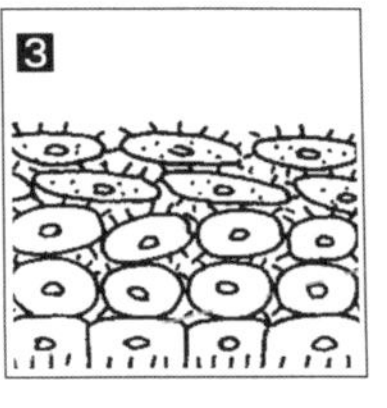

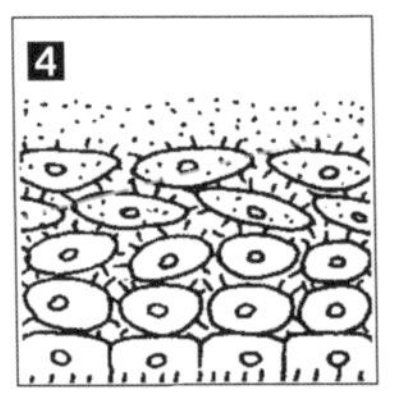

세포분열은 기저세포에서만 일어난다.

기저층

1 끊임없는 세포 분열을 통해 표피의 세포를 만들어 위로 이동.

유극층

2 세포가 분열해 가시를 가진 세포가 된다.

과립층

3 세포가 생긴 지 2주 정도 되면 딸기처럼 오톨도톨해진다.

담명층(투명층)

4 세포핵을 잃은 세포는 죽어서 투명한 층이 된다.

각질층과 수분

물에 손담그는 일을 하거나 탕에 오래 들어가 있으면 피부가 물에 불어버린다. 각질층이 수분을 흡수하는 힘이 강해서이다. 피부는 평소에 외부와 내부에서 수분을 보급해 균형을 유지한다. 본래 피부는 부드럽지만 이 균형이 무너지면 건조해져 딱딱해진다. 그래서 수분의 증발을 막기 위해 유성크림을 발라 수분량을 유지하면 피부는 촉촉하고 부드러워진다.

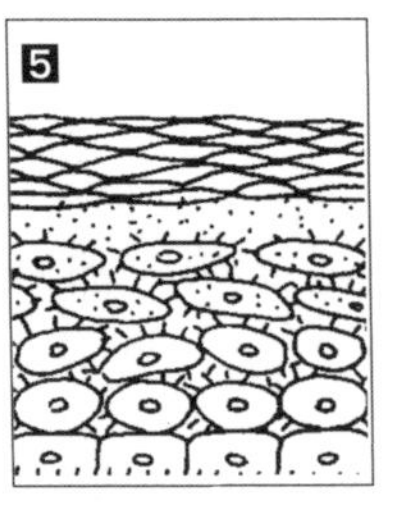

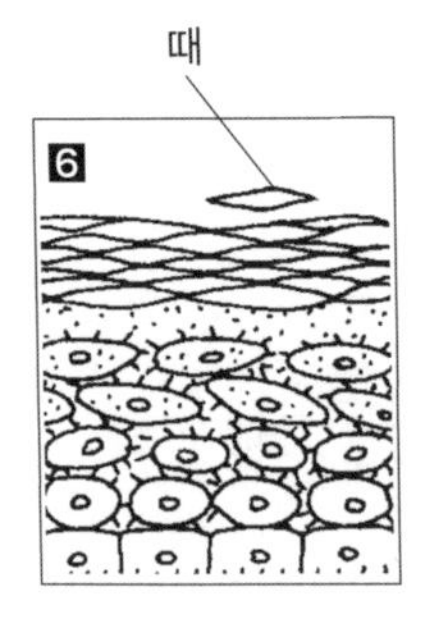

각질층

5 투명한 층은 딱딱하고 얇은 판 모양이 되어 겹쳐 쌓인다.

6 세포는 생긴 지 4주 정도 지나면 때가 되어 벗겨 떨어진다. 표피에서는 이처럼 신진대사가 반복된다.

··· 여드름이 생기는 구조 ···

청춘의 상징은 더러워진 피지

사춘기가 되면 피지를 분비하는 피지선의 활동이 활발해져 피지가 과도하게 분비된다. 이 피지가 모공 부분에서 표피의 오염 등과 함께 굳은 것이 여드름이다. 여드름이 모공을 막으면 피지는 표피 속에 불룩하게 쌓여 표피 조직을 파괴한다. 이곳이 세균에 감염되면 화농해서 흔적이 남게 된다. 귤껍질 같은 피부란 화농 자국이 울퉁불퉁하게 남은 것을 말한다. 피지선은 남성호르몬의 작용으로 분비되기 때문에 여드름은 남성에게 많이 나타난다.

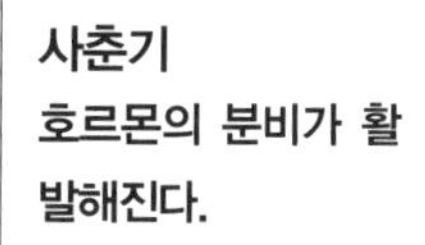

사춘기
호르몬의 분비가 활발해진다.

남성호르몬의 분비가 활발해지면 피지선도 자극을 받는다.

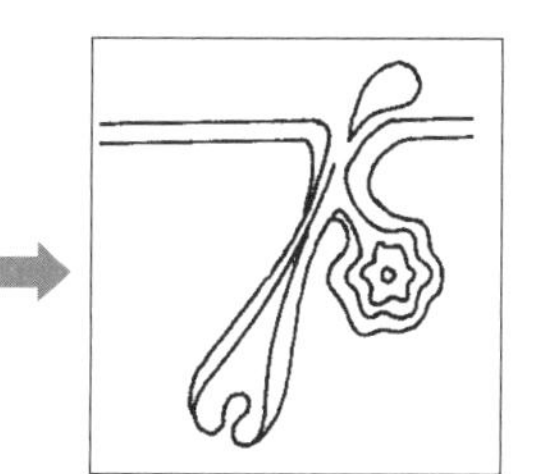

1 피지선에서 피지라는 지방분이 왕성하게 분비되어 피부는 기름기가 많아진다.

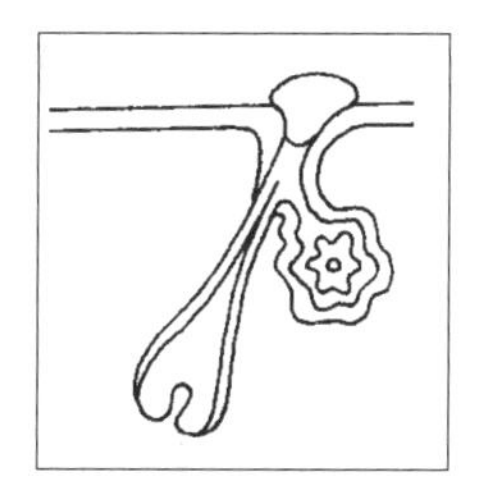

2 표피의 오염 등이 피지와 함께 까맣게 굳어 모공을 막는다.

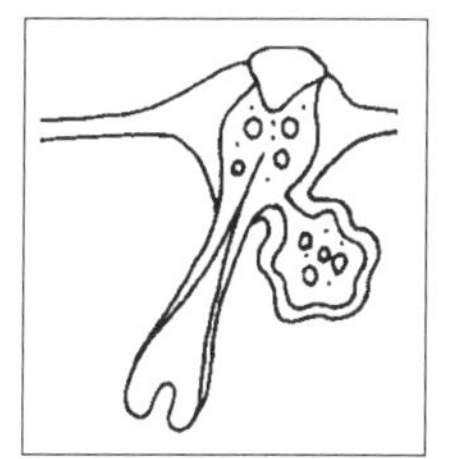

3 출구를 잃어버린 피지는 표피 속에 불룩하게 쌓인다. 이것이 여드름이다.

4 표피 속에 피지가 점점 더 쌓여 표피 조직을 파괴하고, 이곳이 세균에 감염되면 화농하는 경우가 있다.

5 화농은 여드름의 뿌리가 염증을 일으킨 경우가 많고, 뿌리가 깊다. 이렇게 되면 여드름이 나아도 화농 자국이 구멍이 되어 남고 피부가 울퉁불퉁해져버린다. 모공이 막히지 않도록 피부의 청결을 유지해야 한다.

여드름 예방법

제일 좋은 예방법은 세안이다. 스팀타월 등을 얼굴에 대서 모공을 열어주고 나서 미지근한 물에 비누칠해서 씻는다. 이미 여드름이 생겼다면 화농하지 않도록 피부를 청결하게 한다. 그리고 지방분을 피하면서 식사하도록 한다.

··· 상처는 어떻게 낫나? ···

피부는 자기 스스로 치유하는 힘을 갖고 있다

상처를 입어 세포가 파괴되면 새로운 세포가 만들어져 상처를 낫게 한다. 피부에는 이와 같이 재생능력이 있다. 상처를 입어 피가 나면 우선 혈액이 상처 부위를 덮고 기저층에서 세포분열을 시작한다. 따라서 딱지가 있는 동안은 그 아래에서 재생이 일어난다. 딱지가 낡은 세포와 함께 자연스럽게 떨어지면 상처가 완전히 나은 것이다. 딱지를 무리하게 떼면 재생을 방해하게 되어 상처가 낫는 것도 늦어진다.

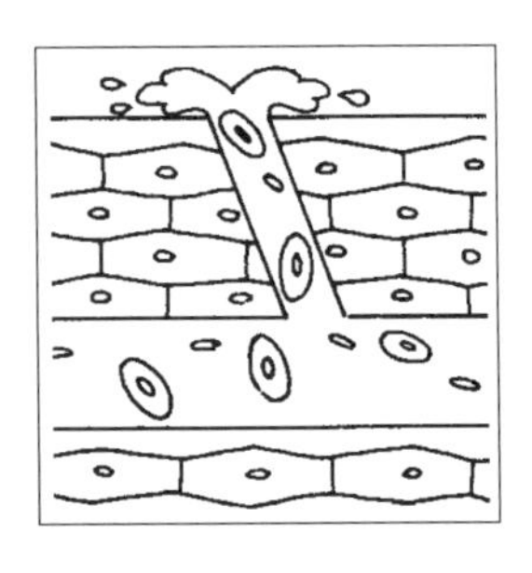

상처를 입어 피가 나는 것은 표피 아래의 진피까지 상처가 난 경우이다. 진피에는 혈관이 흐르고 있다.

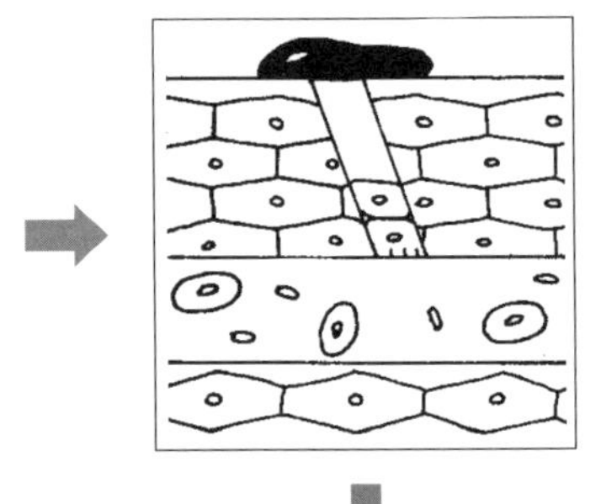

혈소판이 모여 지혈을 해 피부 표면에 딱지를 만들어 상처를 덮는다. 세포군이 활동을 시작한다.

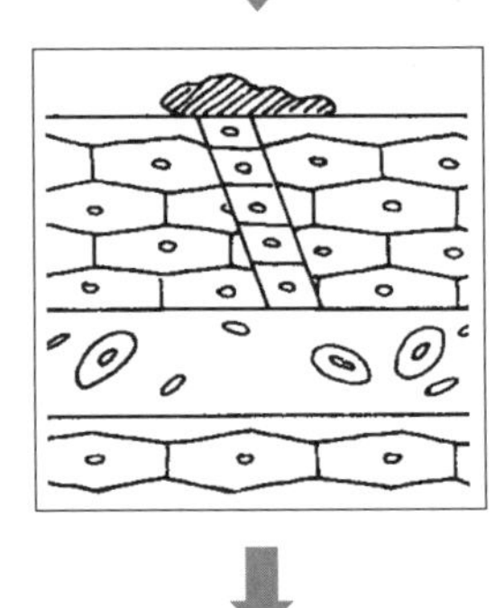

표피의 기저층에서 세포가 분열해 새로운 세포를 차례차례 표면으로 밀어 올린다. 딱지가 있는 동안은 상처를 치료하는 중이다.

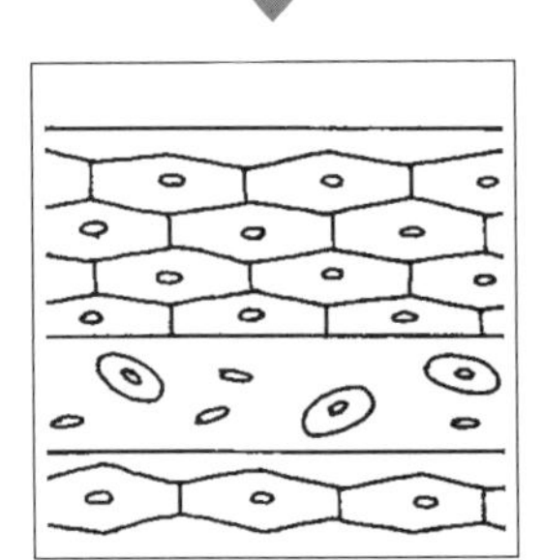

표면으로 밀어 올려진 세포는 세포핵을 잃고 각질이 되고, 딱지는 때와 함께 벗겨 떨어진다.

살갗은 왜 트나?

손등, 손바닥, 발바닥 등 피부가 두꺼운 곳은 잘 튼다. 균열이 생기고 이것이 깊어져 출혈할 정도로 트기도 한다.

이것은 표피의 수분 저하에 의해 피부가 건조해져 저항력이 떨어졌기 때문에 생긴다. 설거지나 빨래 등의 물일이나 자극이 강한 세제를 사용한 뒤에는 유성크림으로 수분을 보충해줘야 한다.

나이들면 피지의 분비도 적어져서 건조해지기 쉽다.

··· 왜 소름이 돋을까? ···

추위로부터 몸을 지키는 방어수단이 소름이다

털의 뿌리 부분에 있는 입모근이라는 근육은 추위나 공포를 느끼면 자율신경의 작용으로 수축하게 된다. 소름이 돋는 것은 이 입모근이 수축해서 털이 곤두서기 때문이다. 소름은 피부의 면적을 작게 해서 체열이 밖으로 달아나는 것을 막는 체온조절 과정이다. 입모근이 수축하면 체표 가까이에 있는 모세혈관도 수축해서 혈류를 감소시키고 한선도 활동을 쉬어 체온이 떨어지지 않도록 한다. 피부는 이처럼 더위와 추위로부터 몸을 보호하는 정교한 자동온도조절기이기도 하다.

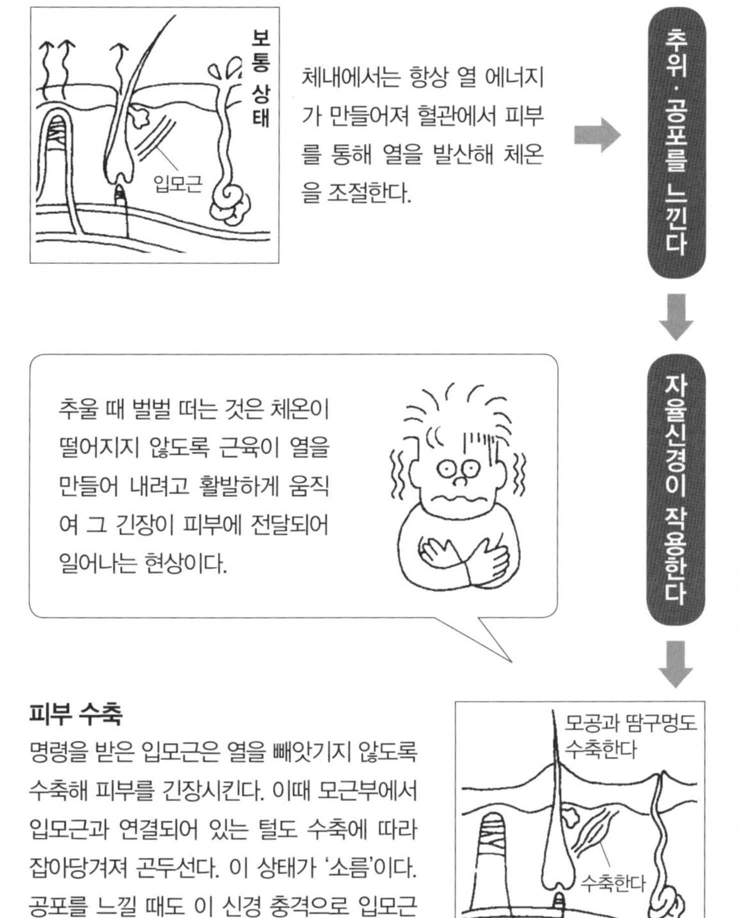

체내에서는 항상 열 에너지가 만들어져 혈관에서 피부를 통해 열을 발산해 체온을 조절한다.

추위·공포를 느낀다

추위나 공포를 느끼면 자율신경이 입모근이라는 근육에 명령을 내린다.

자율신경이 작용한다

추울 때 벌벌 떠는 것은 체온이 떨어지지 않도록 근육이 열을 만들어 내려고 활발하게 움직여 그 긴장이 피부에 전달되어 일어나는 현상이다.

피부 수축

명령을 받은 입모근은 열을 빼앗기지 않도록 수축해 피부를 긴장시킨다. 이때 모근부에서 입모근과 연결되어 있는 털도 수축에 따라 잡아당겨져 곤두선다. 이 상태가 '소름'이다. 공포를 느낄 때도 이 신경 충격으로 입모근이 수축한다.

거친 살갗이란?

피부가 건조해서 거슬거슬해진 거친 살갗은 심상성 어린선이라는 피부병이다. 겨울에 가장 나타나기 쉬운데 물고기 비늘처럼 되어 가려움을 동반한다. 이것은 선천적인 체질이라고 한다.

··· 피부가 햇볕에 타는 구조 ···

피부색은 멜라닌의 양에 따라 다르지만, 갖고 있는 세포수는 모두 같다

표피의 가장 아래에는 멜라닌이라는 흑갈색의 색소를 만드는 기저세포가 점점이 흩어져 있다. 여기에서 만들어지는 멜라닌의 양으로 흑색, 황색, 백색과 같은 피부색이 결정된다.

태양광선에는 피부에 유해한 자외선이 포함되어 있는데, 멜라닌은 이 광선을 차단해 피부를 보호하는 역할을 한다. 강한 햇볕을 받으면 피부를 보호하기 위한 멜라닌이 많이 만들어져 피부색이 검어진다. 이것이 이른바 '선탠'이다. 인종에 따라 피부색이 다른 것은 이 멜라닌이 만들어지는 양이 유전적으로 다르기 때문이다.

사람마다 피부색이 다른 이유는?
색소를 만드는 세포의 수는 성별이나 인종에 의한 차이는 없다. 피부색이 다른 것은 유전적으로 결정된 멜라닌 색소의 양에 의한 것으로, 멜라닌 색소가 많을수록 흑색이 된다.

표피의 구조

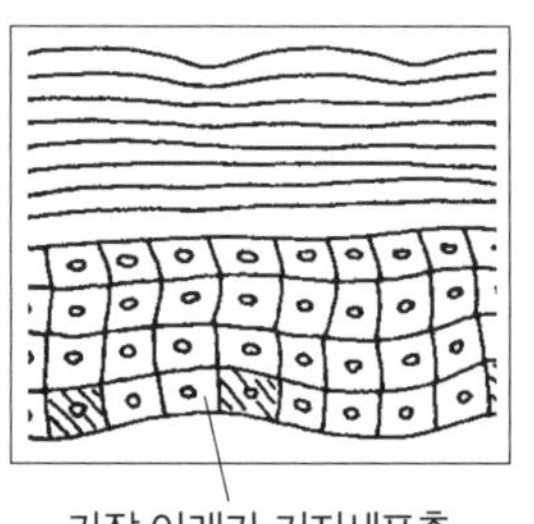

가장 아래가 기저세포층

표피의 기저세포층에는 멜라닌이라는 흑갈색의 색소를 만드는 세포가 점점이 흩어져 있어 피부 내부를 보호하기 위해 태양광선을 흡수한다.

자외선 차단 크림은 멜라닌이 증가하지 않도록 자외선이 기저층에 도달하기 전에 차단한다.

기저세포층에서는

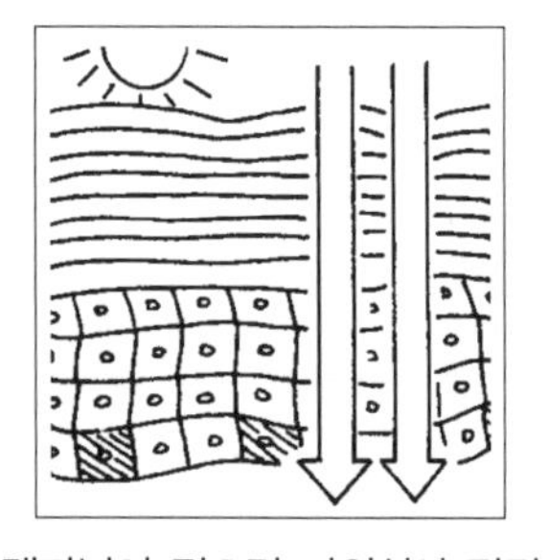

멜라닌이 적으면 자외선이 점점 내부로 뚫고 들어와 피부를 손상시킨다. 그래서 기저세포층에서는 태양광선을 더 흡수하기 위해 보다 많은 멜라닌을 만든다.

멜라닌이 방파제 역할을 해서 자외선을 차단한다. 피부색은 멜라닌의 양으로 결정되고, 태양광선을 받으면 받을수록 멜라닌이 증가해 피부가 다갈색으로 된다.

표피는 항상 새롭게 태어난 세포로 바뀌기 때문에 멜라닌도 결국 때와 함께 벗겨 떨어져 원래의 피부색으로 돌아간다. 기미, 주근깨는 이 색소가 침착한 부분이다.

··· 사마귀와 굳은살은 왜 생기나? ···

강한 압력으로부터 피부를 지키기 위한 방어 반응

피부에서 가장 두꺼운 곳은 손바닥과 발바닥이다. 여기는 강한 압력을 받기 때문에 그것을 견디도록 두껍게 되어 있다. 운동 등으로 한곳에 계속 압력이 가해지면 피부를 압력으로부터 보호하기 위해 표피가 가장 위에 있는 각질층을 두껍게 한다. 그래서 압력을 받는 부분이 부풀어오르는데 이 부분을 굳은살이라고 한다.

사마귀는 피부가 노화해서 딱딱해진 노인성과 바이러스 감염에 의한 바이러스성 2가지 종류가 있다. 사마귀가 생기는 원인은 명확히 밝혀지지 않아 옛날부터 전해 내려오는 민간요법이 여러 가지 남아 있다.

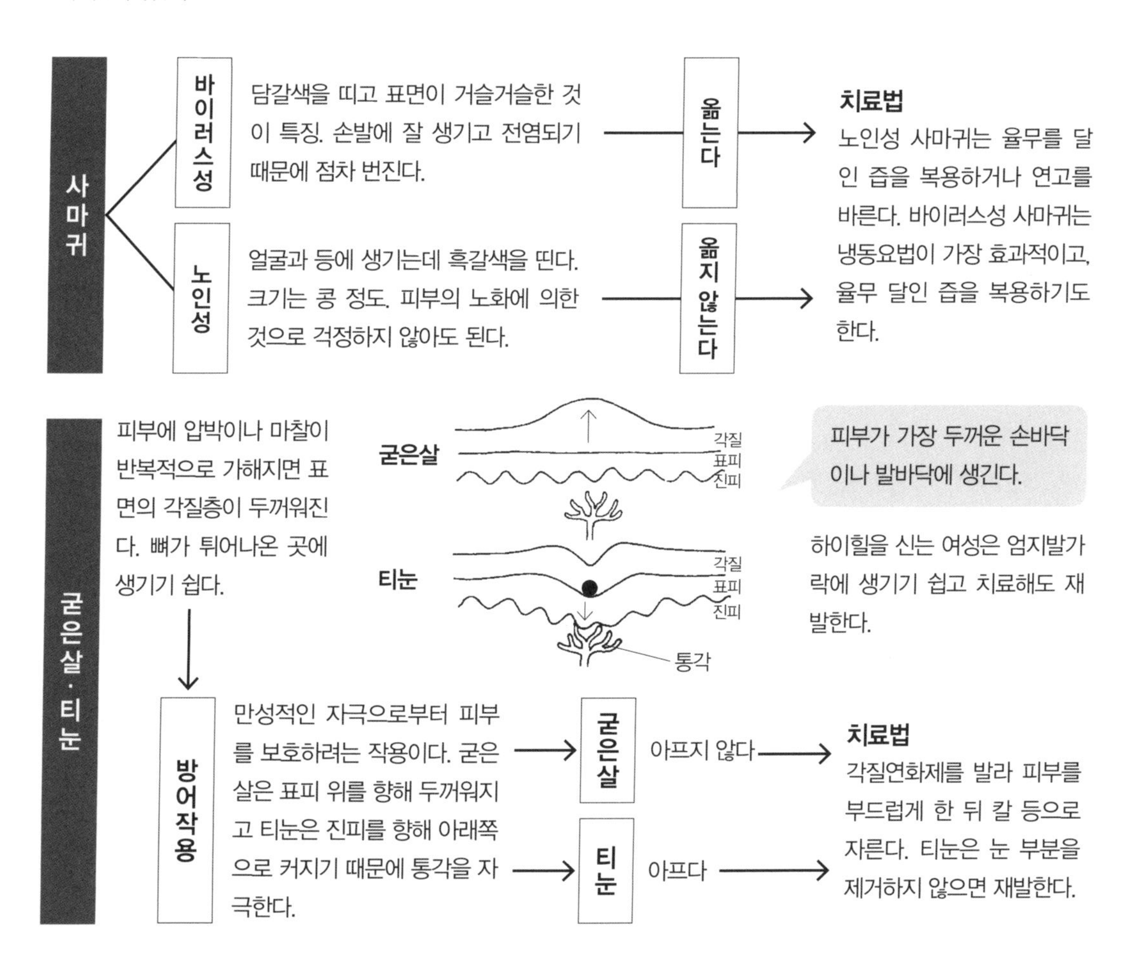

··· 손톱의 구조 ···

손톱을 잘라도 아프지 않은 것은 이미 죽은 세포이기 때문

평소 별로 의식하지 않는 손톱이지만 이것이 없으면 손끝에 힘이 들어가지 않아 물건을 잘 잡을 수 없게 된다. 또한 가려운 곳을 긁을 수도 없다. 손톱을 뼈라고 생각하는 사람이 많은데, 손톱은 피부의 일부이다. 죽은 세포층인 각질층이 변한 것이어서 잘라도 아프지 않다. 손톱은 뿌리 쪽에 있는 조모라는 보이지 않는 부분에서 끊임없이 만들어지고 자란다.

손톱이 분홍색으로 보이는 것은 피부를 지나는 혈관이 비쳐 보이기 때문이다. 손톱색이 건강의 척도로 여겨지는 것도 혈류의 상태에 따라 미묘하게 색이 변하기 때문이다.

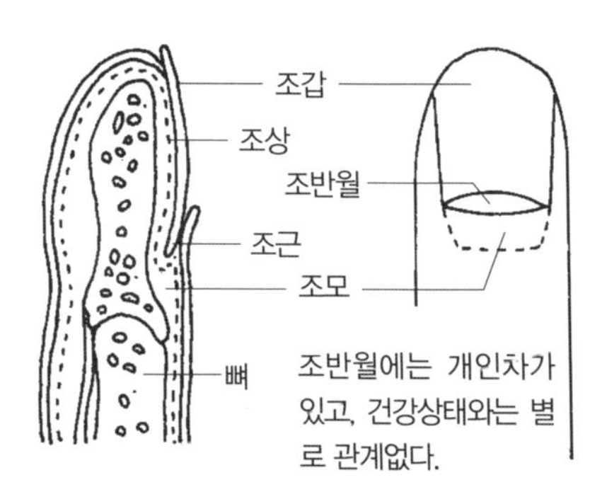

눈에 보이는 부분을 조갑, 보이지 않는 부분을 조근이라고 한다. 조갑 아래 부분에 접하는 부분이 조상이고, 이것의 뿌리 부분이 조모이다. 조모에서 손톱을 끊임없이 새롭게 만들어낸다. 하루에 0.1mm 정도, 3개월이면 조모에서 손톱 끝까지 자란다. 조모가 정상이면 상처 등으로 조갑이 손상되어도 재생된다.

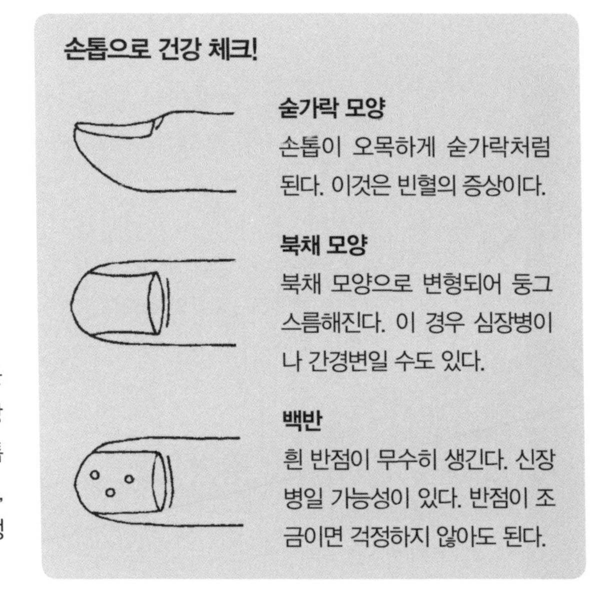

손톱으로 건강 체크!

숟가락 모양
손톱이 오목하게 숟가락처럼 된다. 이것은 빈혈의 증상이다.

북채 모양
북채 모양으로 변형되어 둥그스름해진다. 이 경우 심장병이나 간경변일 수도 있다.

백반
흰 반점이 무수히 생긴다. 신장병일 가능성이 있다. 반점이 조금이면 걱정하지 않아도 된다.

손톱의 주름

세로 주름
세로로 솟아오른 선이 생기거나 홈이 있는 것은 노화현상의 하나이다.

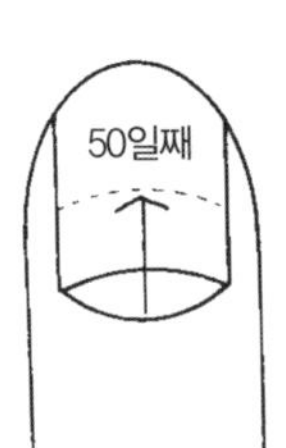

가로 주름
병 등으로 일시적으로 손톱의 성장이 억제되었다가 건강해져서 다시 성장을 시작한 것을 나타내는 선.

예를 들면 뿌리 부분에서 5mm 정도 되는 곳에 가로 선이 있으면 하루에 0.1mm 정도 자라기 때문에 약 50일 전에 병을 앓았다는 것이 된다.

··· 모발이 나는 구조 ···

모발에는 각각 성장주기가 있기 때문에 길이가 다르다

모발은 매일 자라서 길어지고 성장이 멈춰 죽으면 빠진다. 빠진 곳에서는 새로운 모발이 자란다. 머리카락을 자르면 빨리 자란다고 하지만 성장은 진피 내에서 일어나기 때문에 도중에 잘라도 성장속도에는 아무런 영향을 끼치지 않는다.

모발의 성장주기는 몸의 부위에 따라 다르다. 속눈썹은 3~4개월이면 빠지지만, 머리카락은 한 달에 1cm 정도 자라고 수명은 3~4년 정도이다. 그러나 혈행이 나빠지면 모근이 약해져 머리카락이 새로 나지 않아 대머리의 원인이 된다.

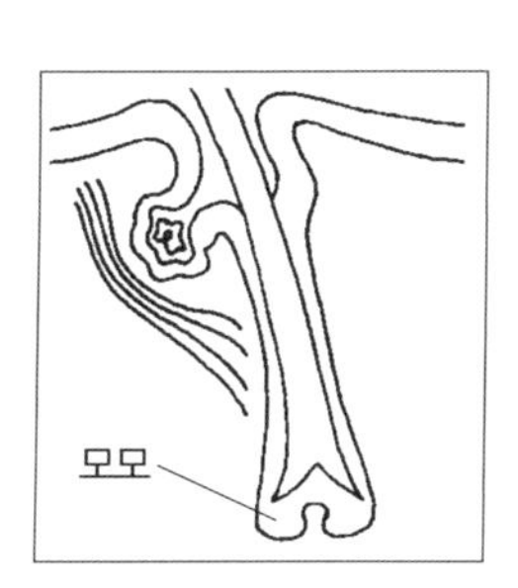

활동기

모근의 최하단에 모모(毛母)라는 조직이 있다. 여기에서 세포분열을 반복해 성장을 계속한다.

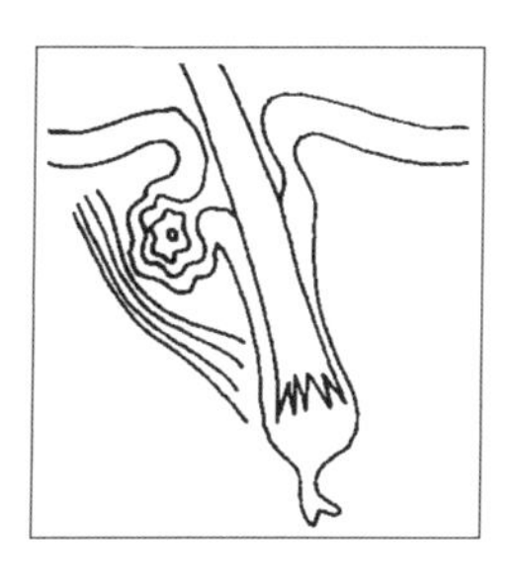

퇴행기

털의 성장이 멈추면 오래된 모근의 세포가 사멸한다(모근이 약해지면 세포분열이 일어나지 않아 대머리가 된다).

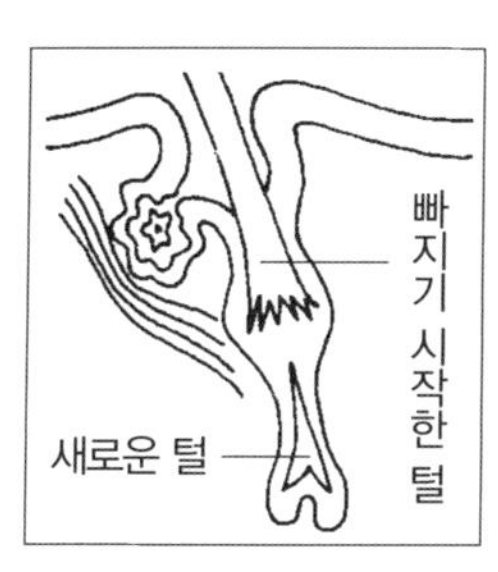

휴지기

세포가 사멸하면 털은 빠지기 시작하고 모모(毛母)에서는 다시 세포분열을 시작해 새로운 털을 만든다.

대머리는 남성다움의 상징?

남성호르몬의 분비가 많은 사람일수록 머리카락 숱이 적어진다.

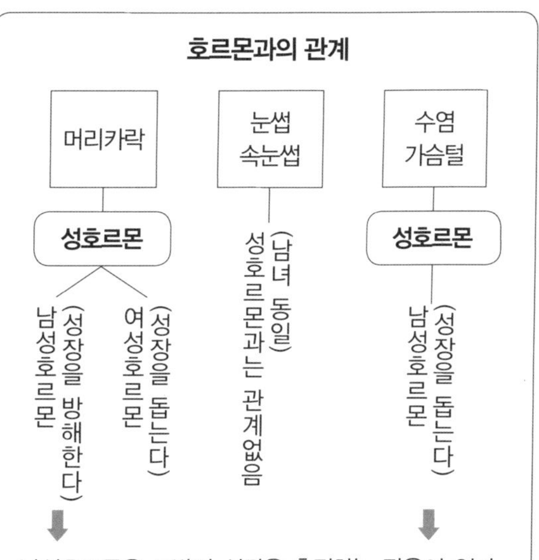

남성호르몬은 모발의 성장을 촉진하는 작용이 있다. 그러나 머리카락의 경우는 다른 털과 달리 탈모를 일으키는 작용을 한다. 이 때문에 남성호르몬이 많은 사람은 수염이나 가슴털은 많지만 머리카락은 적은 경향이 있다.

··· 왜 백발이 되나? ···

멜라닌 수가 줄어들면 백발이 된다

머리카락의 색은 머리카락에 포함되어 있는 멜라닌 색소의 양에 의해 결정된다. 멜라닌이 많으면 흑발, 적어질수록 갈색이 된다. 나이들수록 신진대사가 둔해져 멜라닌을 만드는 능력도 저하되기 때문에 백발이 된다. 멜라닌이 있었던 곳에는 틈이 생겨 공기가 들어간다. 백발이 반짝반짝 빛나는 것은 틈으로 들어간 공기가 빛을 반사하기 때문이다. 젊은이라도 멜라닌이 적게 만들어지면 백발이 된다. 이 경우 스트레스 등이 원인인데, 심리적인 요인을 제거하면 원래 색으로 돌아간다.

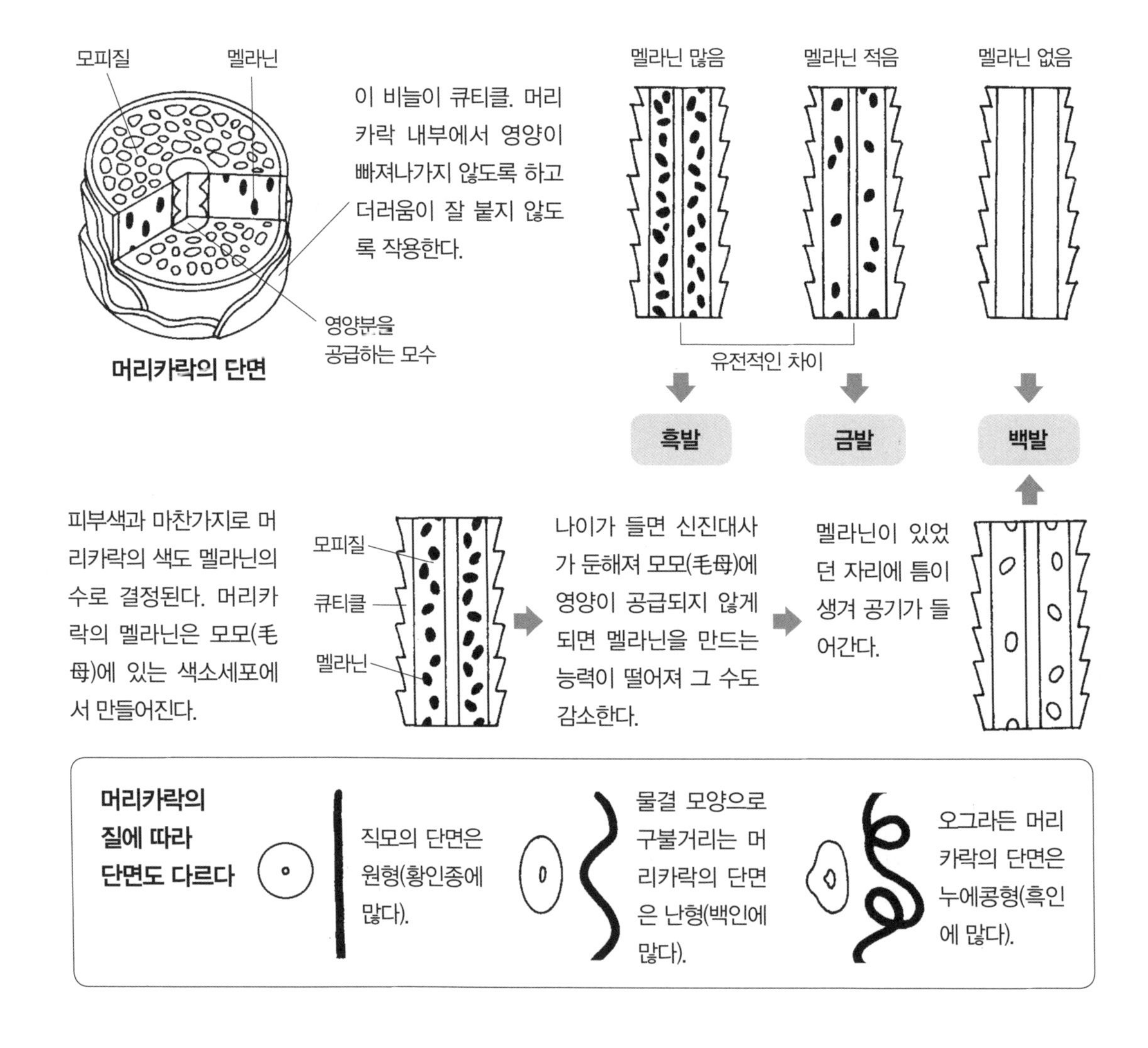

4장

산소를 집어넣는 무의식의 리듬

호흡기

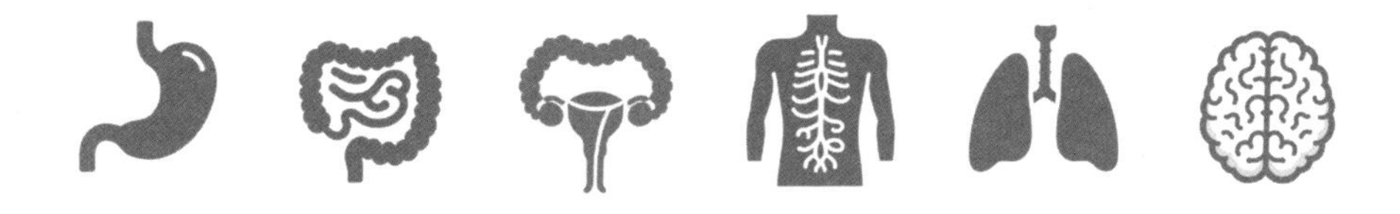

기관 · 기관지의 구조

내뱉고 들이쉬고 내뱉고

폐 안에서 가늘게 갈라진 기관지

우리는 평소에 의식하지 않고 숨을 쉬고 있다. 코나 입으로 들이마셔진 공기는 몸 안에서 어떤 길을 거치고 있을까? 입구가 코든 입이든 공기는 하나의 통로로 모인다. 인두를 통과(코에서 목까지를 상기도라 한다)한 후 길은 두 갈래로 나뉜다. 하나는 음식물이 통과하는 식도이고, 또 하나는 기관, 좌우 2개의 기관지를 거쳐 폐로 들어가 세기관지에 도달한다(이곳이 하기도). 호흡을 담당하는 이들 장기를 총칭해서 호흡기라 한다. 폐에 깨끗한 공기를 보내기 위해 기도는 먼지 등을 제거하는 기능도 갖추고 있다.

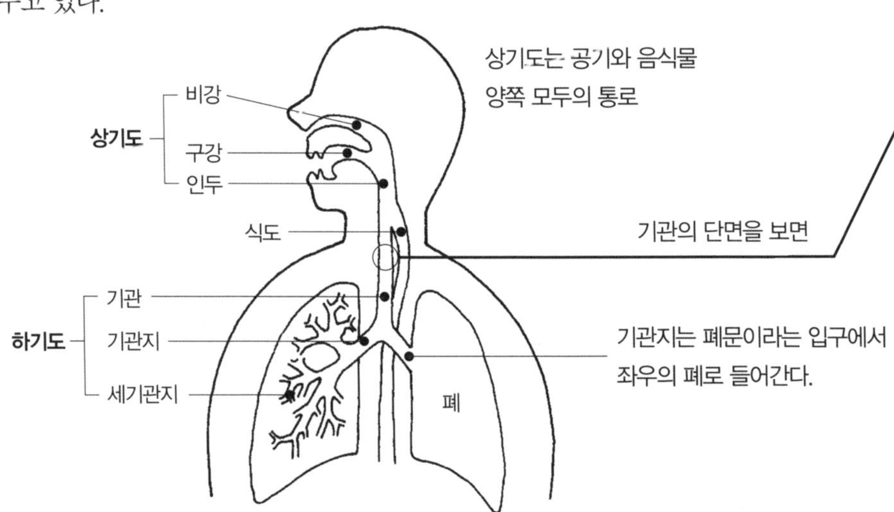

인두를 지나면 공기는 목 앞쪽의 길로, 음식물은 목 뒤쪽의 식도로 들어간다. 식도의 입구는 평소에는 앞뒤로 막혀 있지만 음식물이 목에 들어오면 자연히 열리도록 되어 있다. 음식물의 작은 조각이 잘못해서 기관에 들어가면 기침을 심하게 하게 된다. 이것은 호흡기를 보호하려는 방어반응이다.

기관지의 구조

기관이 2개로 나뉘어 기관지가 되고 폐문에서 좌우의 폐로 들어간다. 둘로 나누어지는 것을 계속해 15~16번째의 가지에서 종말세기관지가 된다.

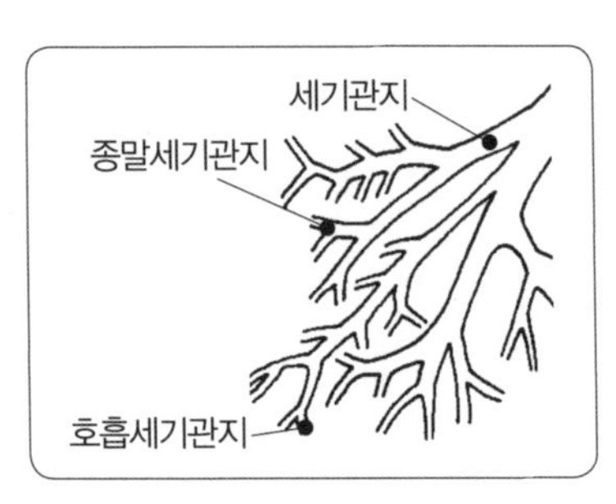

기관의 구조 1

후두와의 접속부에서 기관지의 분기점까지 기관의 길이는 약 10~11cm, 직경 약 15mm의 관으로 되어 있다.

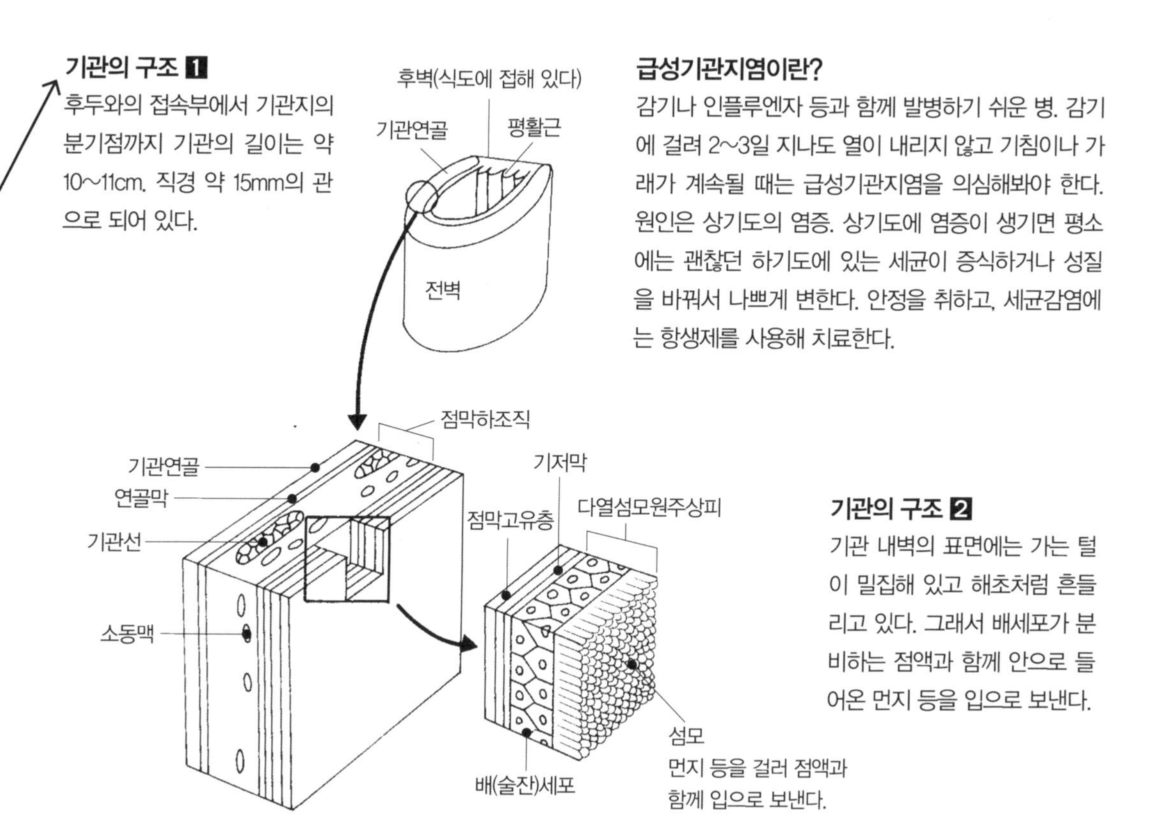

급성기관지염이란?

감기나 인플루엔자 등과 함께 발병하기 쉬운 병. 감기에 걸려 2~3일 지나도 열이 내리지 않고 기침이나 가래가 계속될 때는 급성기관지염을 의심해봐야 한다. 원인은 상기도의 염증. 상기도에 염증이 생기면 평소에는 괜찮던 하기도에 있는 세균이 증식하거나 성질을 바꿔서 나쁘게 변한다. 안정을 취하고, 세균감염에는 항생제를 사용해 치료한다.

기관의 구조 2

기관 내벽의 표면에는 가는 털이 밀집해 있고 해초처럼 흔들리고 있다. 그래서 배세포가 분비하는 점액과 함께 안으로 들어온 먼지 등을 입으로 보낸다.

기침, 재채기, 가래를 내보내는 구조

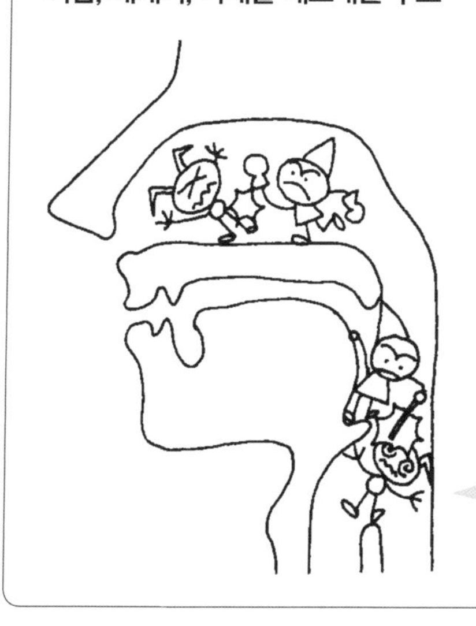

공기 중에는 먼지, 감기 바이러스, 꽃가루 등 알레르기 물질과 세균, 티 등이 부유하고 있다. 이것이 코 안쪽 비강의 점막에 붙으면 신경을 자극하게 되고 그것을 내보내려고 재채기를 하게 된다. 비강을 거쳐서 기관이나 기관지 내의 표면에 붙었을 때도 이곳을 자극해 경련을 일으킨다. 이것이 기침이다. 이때 먼지나 세균은 섬모의 운동으로 목까지 운반되어 보통은 식도에서 위로 들어가 소화된다. 하지만 양이 많은 경우에는 점액으로 둘러싸여 기관지에서 기관으로 보내져 가래가 되어 입을 통해 내보내진다.

재채기는 코, 기침은 목이나 기관 점막이 자극되어 일어난다.

폐의 구조
혈액을 깨끗하게 하는 가스 교환

혈액에 산소를 공급하고 불필요한 탄산가스를 방출한다

폐는 흉곽(척추, 늑골, 흉골로 구성되어 있는 부분의 총칭)에 둘러싸여 보호되고 있다. 폐의 큰 역할은 들이마신 공기 중의 산소와 몸 안을 돈 혈액의 이산화탄소를 교환해서 신선한 혈액을 만드는 것이다. 폐의 내부는 기관지와 그것을 따라 있는 동맥과 정맥으로 이루어져 있다. 기관지의 말단에는 폐포라는 작은 주머니가 무수히 달려 있고 이곳에서 가스 교환(산소와 이산화탄소의 교환)이 이루어진다. 이산화탄소를 받아들인 공기는 왔던 길을 거슬러 올라가 몸밖으로 배출된다.

좌폐는 우폐보다 작다

심장이 몸의 왼쪽으로 치우쳐 있다는 것은 잘 알려져 있는 사실이다. 이 때문에 좌폐는 우폐보다 작고 모양도 다르다. 우폐는 3엽으로 나뉘어 있지만, 좌폐는 2엽밖에 없다.

폐의 평균 무게

남성 약 1,060g(오른쪽 약 570g, 왼쪽 약 490g)
여성 약 930g(오른쪽 약 500g, 왼쪽 약 430g)

폐엽의 구조

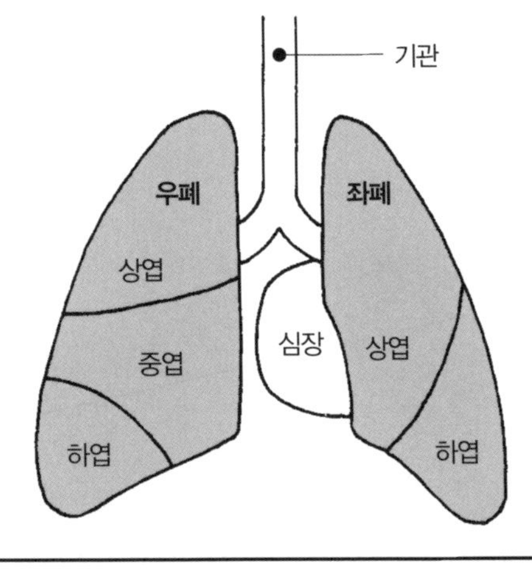

폐 속의 혈액 흐름

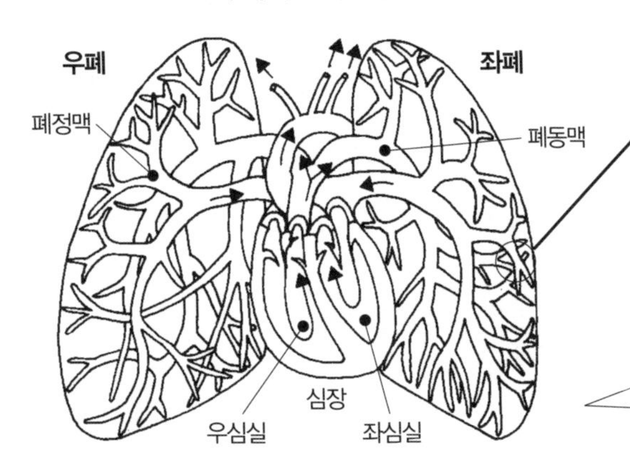

심장의 우심실에서 나와 있는 폐동맥이 이산화탄소가 많이 들어 있는 혈액을 폐로 보낸다. 폐 속에서 가스 교환이 이루어져 산소가 많은 혈액이 폐정맥을 통해 심장으로 돌아온다.

폐에서의 가스 교환으로 정맥혈이 동맥혈이 되어 다시 심장으로 돌아간다.

폐활량으로 폐기능 점검

폐활량이란 숨을 충분히 들이쉬고 이것을 마음껏 내쉬었을 때의 공기량이다. 폐활량계로 측정할 수 있다. 하지만 숨을 내쉰 후에도 아직 폐에는 공기가 남아 있다. 이것을 잔기량이라고 한다. 폐활량과 잔기량을 합친 것을 전폐활량이라고 한다. 건강검진에서는 1초 동안 자신의 폐활량의 몇 %를 내뱉을 수 있는지를 알아보는 1초율 검사를 함께하는 경우도 많다. 이들 검사로 흉곽의 크기와 호흡근의 세기, 폐와 횡격막의 탄성, 폐의 이상 등을 알 수 있다.

흡연자에게 많은 폐암

담배 연기도 기관지를 거쳐 직접 폐로 간다. 흡연자는 담배를 피우지 않는 사람의 5배나 폐암에 걸리기 쉽다는 데이터가 있다.

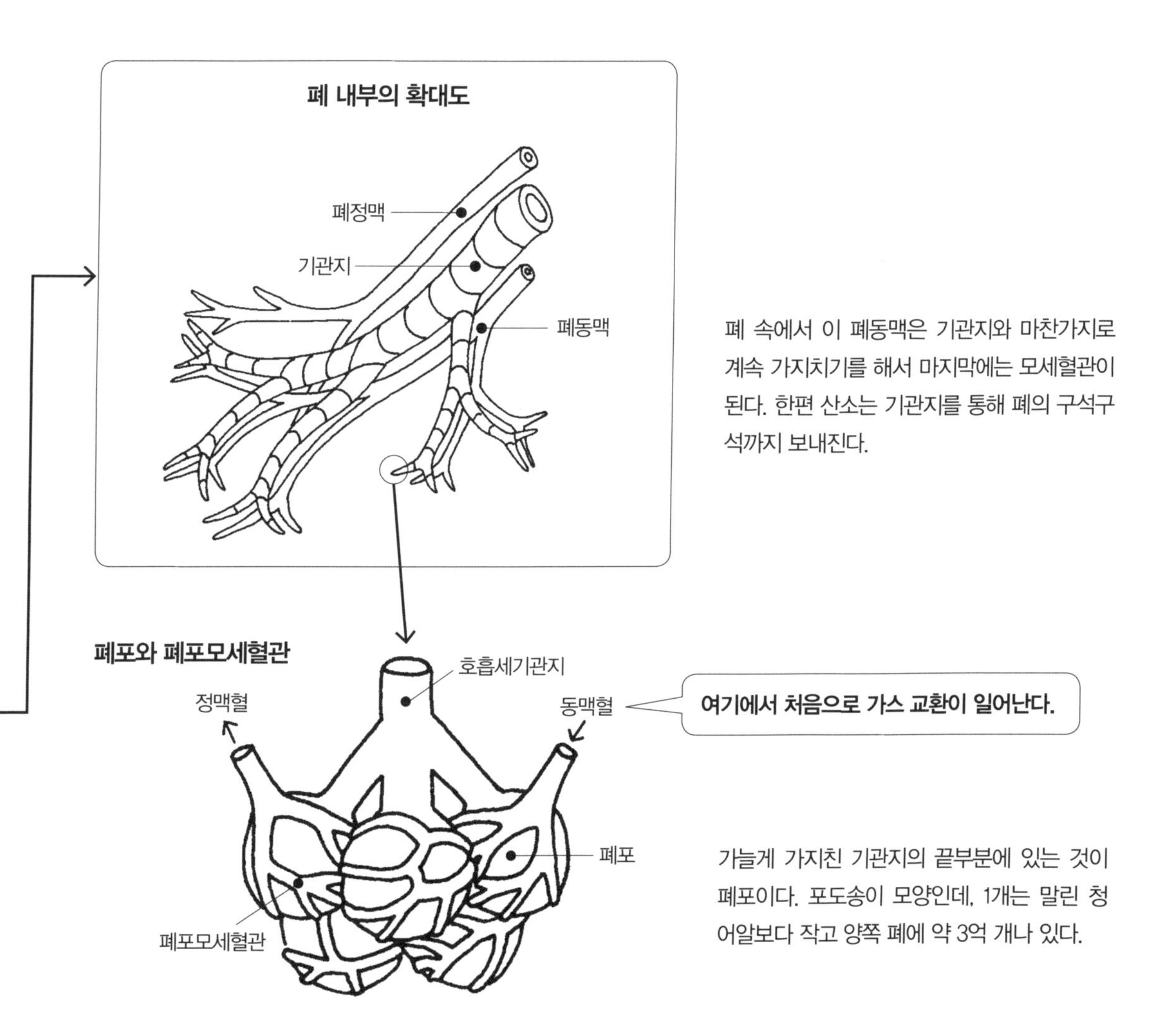

폐 속에서 이 폐동맥은 기관지와 마찬가지로 계속 가지치기를 해서 마지막에는 모세혈관이 된다. 한편 산소는 기관지를 통해 폐의 구석구석까지 보내진다.

가늘게 가지친 기관지의 끝부분에 있는 것이 폐포이다. 포도송이 모양인데, 1개는 말린 청어알보다 작고 양쪽 폐에 약 3억 개나 있다.

··· 호흡의 구조 ···

호흡은 횡경막과 늑간근의 작용으로 일어난다

우리 몸 안에서는 끊임없이 산소를 받아들여서 신진대사를 반복하고 이것에 의해 발생한 이산화탄소를 배출하고 있다. 이 과정을 '호흡'이라고 한다. 호흡에는 몸의 조직세포가 혈액에서 산소를 받아들이는 '내호흡 또는 조직호흡'과 숨을 들이마셔 산소와 혈액 속의 이산화탄소를 교환하는 '외호흡 또는 폐호흡'이 있다. 일반적으로 말하는 호흡은 외호흡이다.

폐는 스스로 부풀지 못하고 '늑간근'이라는 가슴의 근육과 '횡경막'이라는 흉강과 복강을 가로막은 근육의 막 등의 작용으로 확장, 수축한다.

하루에 들이마시는 공기의 양

안정하고 있을 때 성인은 1분에 15~20회 정도의 리듬으로 호흡한다. 1회의 호흡으로 마시는 공기의 양은 약 400~500mL(2컵 분량). 1분에 약 8L, 하루면 약 12kL의 공기를 마신다.

폐 스스로 수축, 확장을 반복해 공기를 받아들이는 것은 아니다.

마시는 공기 중
산소 21%

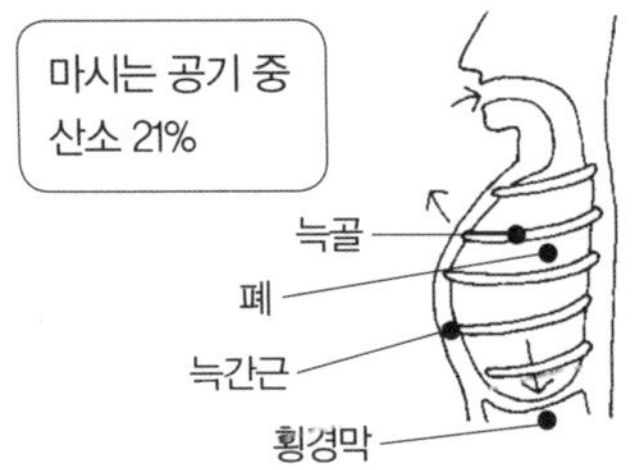

마시다

늑간근이 수축해 늑골을 위쪽으로 잡아당겨 올리고, 횡경막이 아래쪽으로 내려가서 흉곽이 확장된다. 그 결과 늑골 내의 공간이 부풀어 폐에 공기가 빨려 들어간다.

뱉는 공기 중
산소 17%

마실 때 산소와의 차이 4%를 체내에서 흡수한 것이다.

뱉다

늑간근이 이완되어 늑골이 내려가고, 횡경막이 올라가기 때문에 흉곽이 수축해 폐 속의 공기가 밀려 나간다.

늑골의 움직임으로 공기를 들이마시거나 내뱉거나 하는 것을 흉식호흡이라 하고, 횡경막의 움직임으로 일어나는 호흡을 복식호흡이라 하지만 실제 호흡은 양쪽의 복합에 의해 일어난다.

호흡곤란이란?

스스로도 공기가 부족하다고 느끼거나, 숨쉬기가 괴로워지거나, 호흡이 빨라져서 '하아하아'하고 헐떡이는 것을 호흡곤란이라고 한다. 원인은 심장이나 호흡기의 병 때문이라 생각된다. 단, 건강한 사람이 격렬한 운동 후 호흡이 빨라지는 것은 체내에서 소비해 부족해진 산소를 조달하기 위해 자율신경이 작용해 공기를 들이마시고 있기 때문이다.

호흡운동은 자율신경에 지배된다

무의식 중에도 호흡이 정확하게 이루어지는 것은 호흡기가 자율신경의 지배를 받아서 움직이기 때문이다. 단, 늑간근이나 횡경막은 의식적으로 수축시키거나 이완시킬 수도 있다. 성악가가 횡경막을 조절해 비브라토를 들려주거나, 스스로 숨을 멈출 수 있는 것도 이 때문.

··· 가스 교환의 구조 ···

적혈구 안 헤모글로빈의 작용으로 일어난다

폐에서의 가스 교환은 기관지의 맨 끝 폐포에서 일어난다. 그렇다면 어떻게 산소와 이산화탄소가 바뀌는 것일까? 가스 교환의 주역은 혈액 속의 적혈구에 포함된 헤모글로빈이라는 물질이다. 헤모글로빈에는 산소나 이산화탄소와 결합하거나 그것을 배출하는 성질이 있다. 이 성질이 가스 교환에 이용되는 것이다. 그래서 산소와 이산화탄소의 기체분자는 폐포의 얇은 벽을 통해 교환된다.

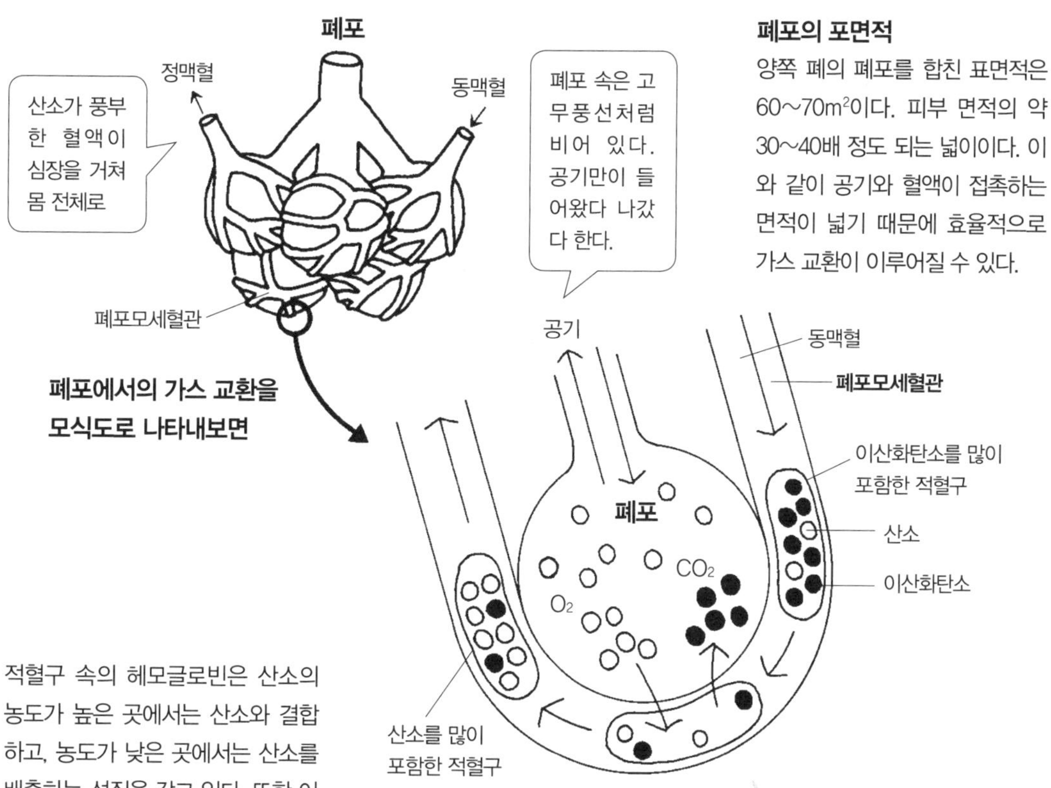

폐포의 포면적

양쪽 폐의 폐포를 합친 표면적은 60~70m^2이다. 피부 면적의 약 30~40배 정도 되는 넓이이다. 이와 같이 공기와 혈액이 접촉하는 면적이 넓기 때문에 효율적으로 가스 교환이 이루어질 수 있다.

적혈구 속의 헤모글로빈은 산소의 농도가 높은 곳에서는 산소와 결합하고, 농도가 낮은 곳에서는 산소를 배출하는 성질을 갖고 있다. 또한 이산화탄소에 대해서도 같은 성질을 갖고 있다. 심장에서 보내진 이산화탄소를 많이 포함한 혈액은 폐포 속의 풍부한 산소와 결합하고 동시에 이산화탄소를 배출한다.

폐포 속에는 산소가 충분히 들어 있다. 적혈구 속의 헤모글로빈이 이 산소를 끌어당겨 이산화탄소와 교환한다.

··· 딸꾹질은 왜 하나? ···

횡경막에 일어나는 모든 자극으로 딸꾹질은 발생한다

딸꾹질은 횡경막과 호흡에 관계하는 근육이 실룩실룩 경련을 일으켜 일어난다. 경련은 왜 일어날까? 그 메커니즘은 아직 충분히 밝혀지지 않았지만, 위의 팽만이나 확장에 의한 횡경막 자극, 혈액변화에 의한 호흡중추 자극 등이 원인으로 여겨진다.

전염병, 중독, 위장병, 호흡기 질환 등이 원인인 경우도 있지만, 우리가 일상생활에서 보통 하는 딸꾹질은 병과는 무관하고 무해한 것이다.

무언가가 원인이 되어 횡경막이 자극을 받거나, 횡경막의 운동을 지배하는 횡경신경이 자극을 받으면 횡경막이 경련을 일으켜 딸꾹질을 하게 된다. 경련은 10여 초 간격으로 일어난다.

횡경막은 판자처럼 생긴 근육으로 가슴과 배를 나눈다.

부푼 위가 아래에서 횡경막을 자극해서

감정이 격앙되었을 때도

아기는 어른보다 딸꾹질을 하기 쉽지만

보통 몇 분 지나면 자연히 멎는다. 병과는 관계없다. 그러나 오래도록 계속하면 원인을 확실히 해서 그에 따른 치료를 해야 한다.

딸꾹질의 원인은 횡경막의 경련

딸꾹질의 '딸꾹'이라는 소리는 성대가 긴장해서 좁아져 있는 곳에 숨을 급하게 들이마셔서 나오는 소리.

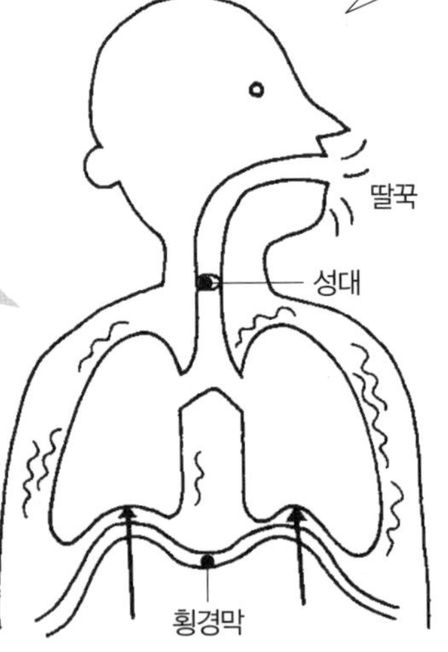

딸꾹질 멎게 하는 법

- 심호흡을 반복한다.
- 숨을 깊게 들이마신 채로, 혹은 힘껏 숨을 내뱉은 채로 참을 수 있는 만큼 숨을 쉬지 않는다. 이때 코를 막는 것도 효과적.
- 찬물을 몇 차례로 나눠 단숨에 마신다.
- 놀래킨다.
- 등을 두드린다.
- 목과 목덜미를 얼음으로 차게 한다.

5장

영양분의 고속도로
순환기

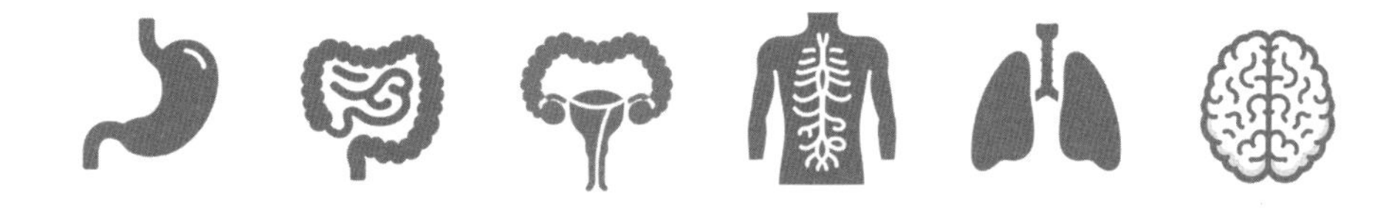

심장의 구조
자지도 않고 쉬지도 않는 정교한 펌프

심장은 펌프 역할, 혈액을 몸 전체에 순환시킨다

장기에서 가장 중요한 것 중 하나로 여겨지는 것이 심장인데, 역할은 의외로 단순하다. 한마디로 말하면 심장은 압출 펌프이다. 보내진 혈액을 받아 들여서 몸 전체의 동맥으로 내보내는 '혈액의 흐름을 만드는' 역할을 한다. 늑골에 둘러싸인 흉곽 속의 앞쪽 왼편에 위치하고 있으며, 크기는 주먹보다 조금 큰 정도이다. 1분간 박동 횟수는 성인이 약 60회. 1일에 86,000회, 1년이면 3천만 회, 10년에는…. 여성은 남성보다 박동수가 약간 많다. 심장은 실로 중노동을 하고 있는 것이다.

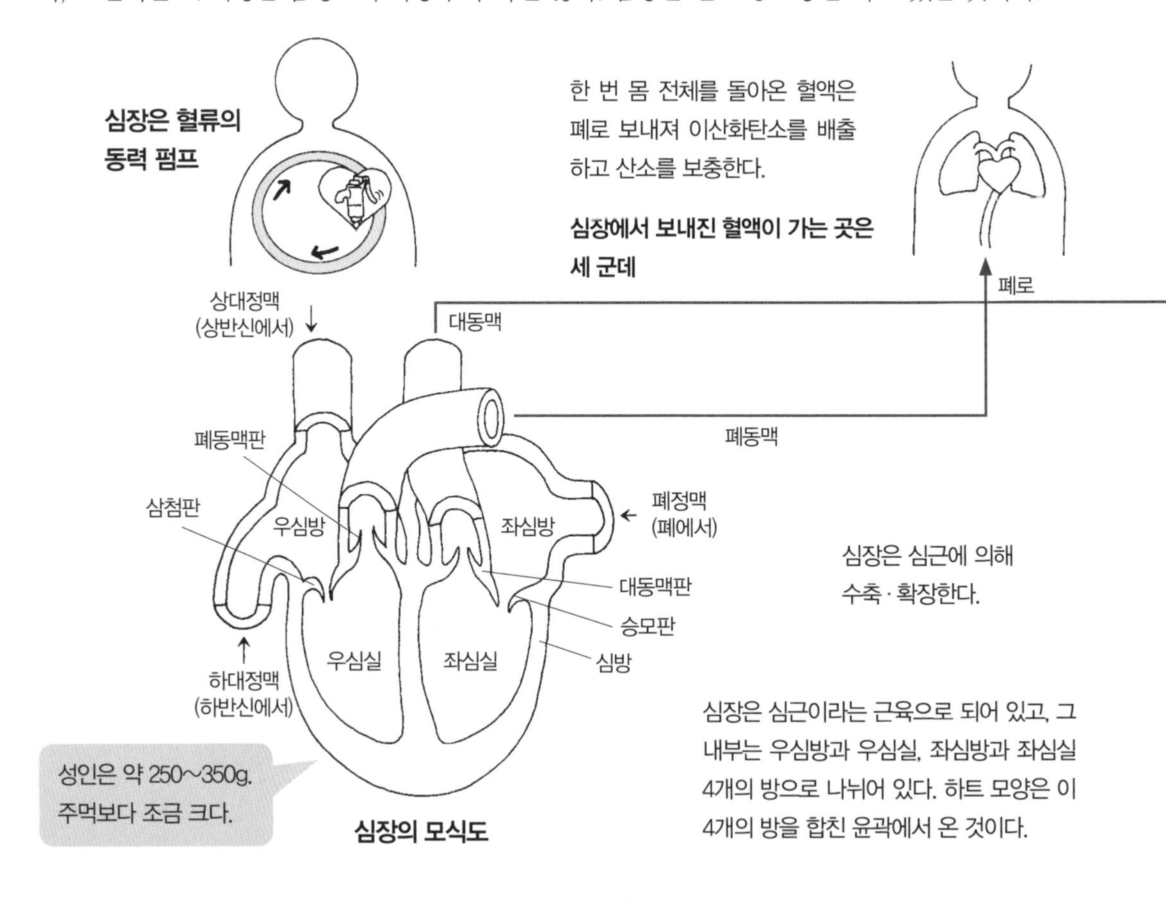

심장의 모식도

심장은 심근이라는 근육으로 되어 있고, 그 내부는 우심방과 우심실, 좌심방과 좌심실 4개의 방으로 나뉘어 있다. 하트 모양은 이 4개의 방을 합친 윤곽에서 온 것이다.

폐에서 돌아온 산소가 풍부한 혈액은 대동맥을 거쳐 몸 전체로 보내진다. 이 혈액은 동맥계를 통해 몸의 구석구석까지 도달한다.

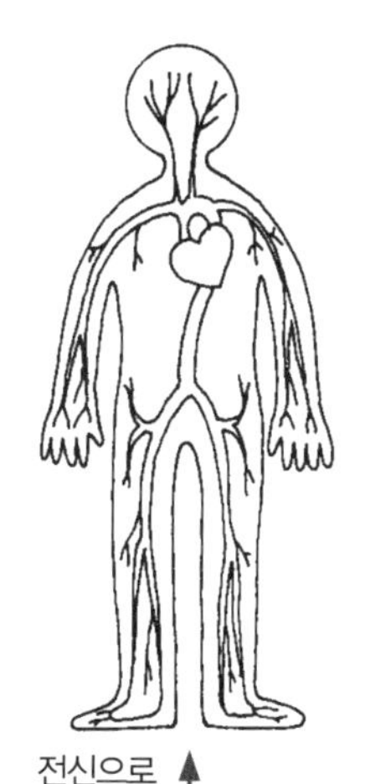

전신으로

내장으로

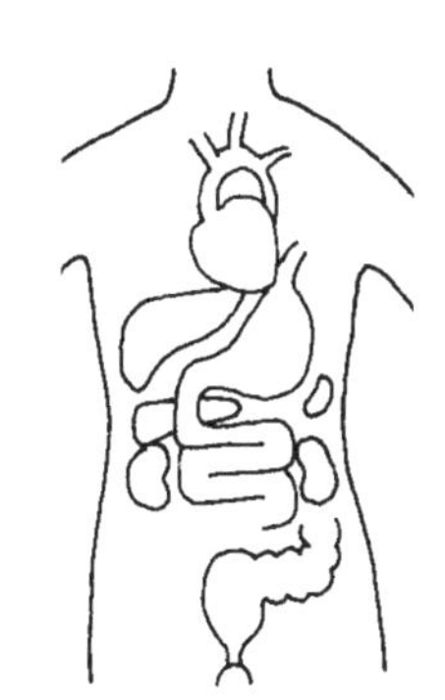

대동맥에 보내진 신선한 혈액이 가는 또 다른 한 곳은 위, 간장, 췌장, 신장, 소장, 대장 등 폐 이외의 내장이다.

심장은 무슨 힘으로 움직이나?

몸밖으로 꺼내져도 한동안 규칙적으로 계속 움직이는 것은 심장 그 자체에 동력원이 있다는 증거이다.

박동의 근원을 찾아가보면 우심방의 동결절이라는 곳에 도달한다. 이 근세포가 혼자서 움직이고 여기에서 생긴 자극(전기신호)이 심근에 전달되어 심장이 박동(수축과 확장)하는 것이다.

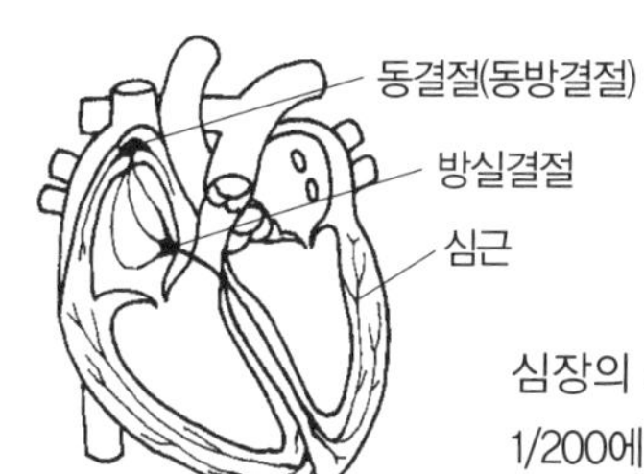

심장의 무게는 체중의 약 1/200에 지나지 않지만, 관상동맥을 흐르는 혈액의 양은 몸 전체의 약 1/20로 비율이 높다. 계속 움직이는 심장에는 그만큼 충분한 산소와 영양이 보급되고 있는 것이다. 관상동맥의 이상으로 심근에 산소가 부족하면 '협심증'이 되어 흉통을 느끼거나, 이 혈관이 막혀서 심근의 일부가 죽는 '심근경색'이 된다.

심근은 심장의 표면을 덮는 관상동맥의 혈액에서 에너지를 보충.

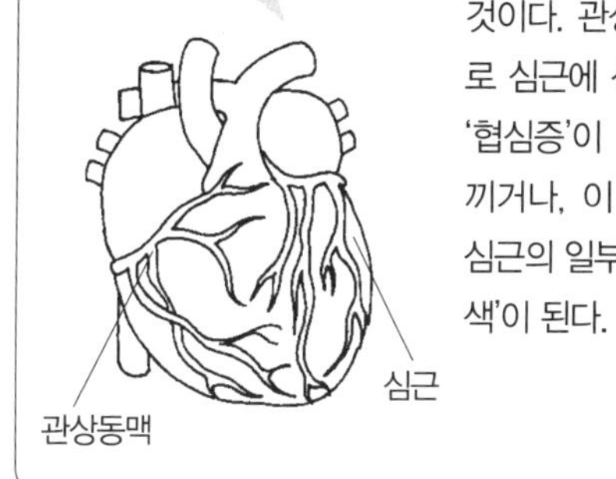

판막이 혈액의 역류를 막는다

좌우 심실 혈액의 입구와 출구에 4개의 판막이 있다. 삼첨판과 승모판은 혈액이 심실에서 심방으로 역류하는 것을 막는다. 폐동맥판과 대동맥판은 심장에서 밀어낸 혈액이 심실로 역류하는 것을 막는다. 이들 판막이 오므라들어 좁아지거나 닫히지 않게 되는 병을 심장판막증이라고 한다.

심전도로 무엇을 알 수 있나?

심근이 수축과 확장할 때마다 발생하는 아주 약한 전기적 현상을 증폭시켜 기록한 것이 심전도. 이 검사는 자극전달계에 일어난 이상으로 맥이 흐트러지는 '부정맥'과 '심근경색' 등의 진단에 이용된다.

혈액을 내보내는 구조

심방과 심실의 운동으로 혈액의 흐름이 생긴다

심장에서는 우선 심방이 수축하고 그것이 최고에 달할 무렵에 심실이 수축을 시작하도록 되어 있다. 이렇게 시간차를 두고 수축함으로써 심장 안 혈액에 흐름이 생기고 몸 전체와 폐에 혈액이 보내진다. 이 시간차는 전기신호의 전달 순서에 의해 생긴다.

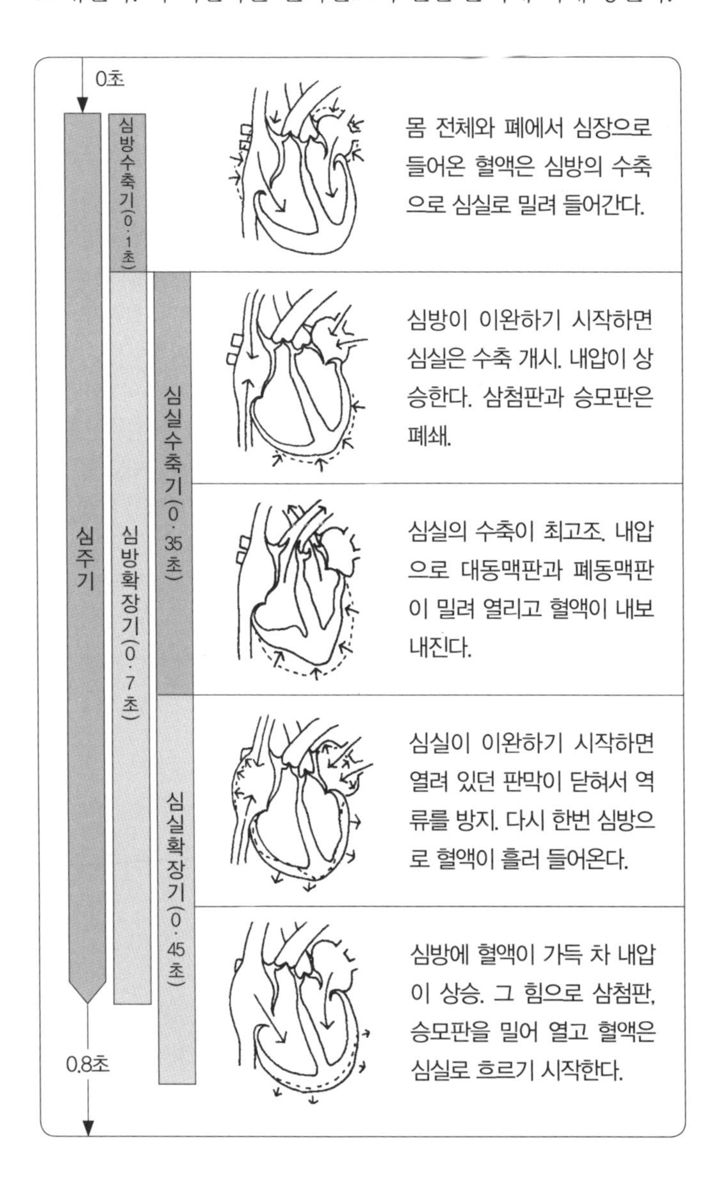

펌프 원리 그 자체

심실의 내압을 높이면 혈액은 출구를 찾아 힘차게 흘러 나간다.

'두근두근'하는 것은 심장이 혈액을 내보내는 순간의 소리. 보통 1분에 약 5L의 혈액을 밀어내고 있다.

··· 혈액 순환의 구조 ···

혈액의 순환 경로는 장거리와 단거리 2개

심장의 수축에 의해 내보내진 혈액은 2개의 혈관 경로를 거쳐 다시 심장으로 돌아온다. 하나는 심장의 좌심실에서 나와 여러 기관으로 산소와 영양소를 운반하며 돌아 다시 심장으로 돌아오는 경로이다. 이것을 체순환 혹은 대순환이라고 한다. 다른 하나는 우심실에서 폐로 보내져 산소 공급을 받아서 좌심방으로 돌아오는 경로이다. 폐순환 또는 소순환이라고 한다.

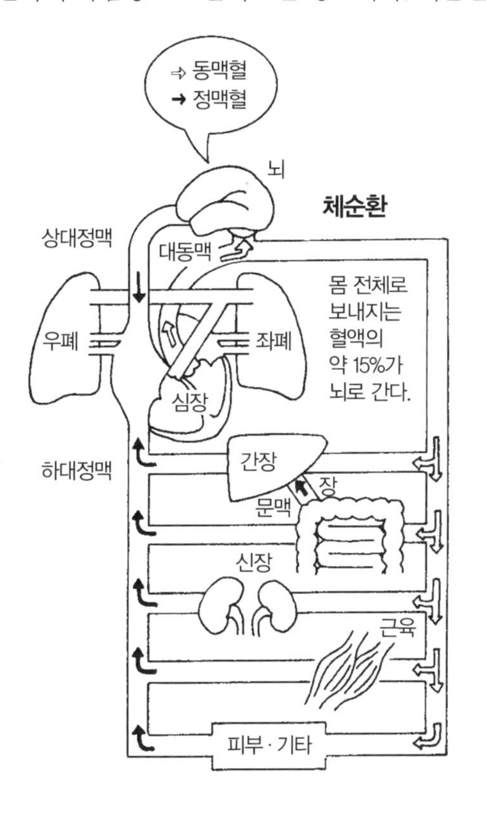

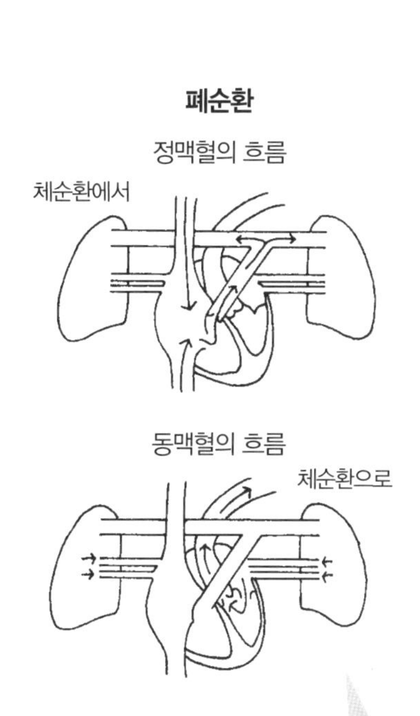

더러워진 혈액도 폐에서의 가스 교환으로 산소가 가득한 혈액으로 바뀐다.

체순환

대동맥, 동맥, 소동맥, 모세혈관으로 흐르고, 몸 전체에 산소와 영양소를 운반한다. 가스 교환시 탄산가스와 노폐물을 받아 소정맥, 정맥과 같이 점점 굵은 혈관으로 모여 대정맥을 통해 심장으로 돌아온다. 한 번 도는 데 걸리는 최단시간은 약 20초.

폐순환

체순환에서 돌아온 산소가 적은 혈액이 폐에서의 가스 교환에 의해 산소가 풍부한 혈액이 되어 다시 심장으로 돌아가는 경로를 말한다. 한 번 도는 데 불과 3~4초 정도로 빠르다. 이후 체순환 경로를 따라 좌심실에서 몸 전체로 흐른다.

··· 맥박이 빨라지는 구조 ···

자율신경과 호르몬이 심장의 박동을 조절한다

평소 맥박에 신경을 쓰며 생활하는 사람은 없다. 하지만 가끔 격렬한 운동을 하거나 긴장했을 때 '두근두근'하며 맥박이 빨라지는 것을 느낀 경험이 있을 것이다. 이처럼 맥박이 빨라지는 데에는 자율신경과 호르몬이 관계하는 것으로 보인다.

자율신경은 운동 등으로 산소를 소비한 몸에 산소가 가득한 혈액을 보내려고 한다. 또한 긴장이나 스트레스가 아드레날린의 분비를 증가시켜 심장 박동을 증가시키기도 한다.

맥박은 심장이 수축하는 리듬과 일치한다. 손목이나 목 근육 등의 동맥에 손을 대어보면 그 수축기간을 잘 알 수 있다. 안정시 성인의 맥박수는 매분 70~80회. 일반적으로 여성이 남성보다 조금 많다.

교감신경과 부교감신경

교감신경은 심장의 박동수를 증가시키고 수축력을 강하게 하는 작용을 하고, 부교감신경은 반대로 심박수를 감소시킨다.

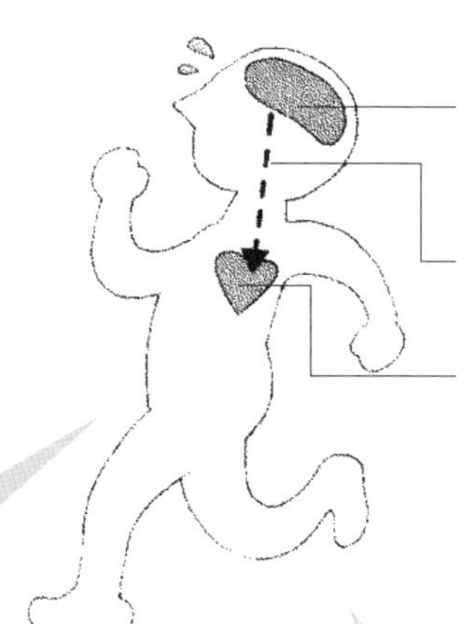

심박출량이란?

심장의 좌심실에서 1분간 내보내는 혈액의 양을 심박출량이라고 한다. 다시 말해 1분간 몸 안을 흐르는 혈액의 양을 말한다. 건강한 성인의 양은 안정상태에서 매분 약 5L. 어떤 요인으로 인해 심장의 수축력이 강해지면 당연히 심박출량도 증가한다. 또한 심장의 1회 수축으로 내보내지는 혈액량을 1회 박출량이라고 한다.

동계(심장이 두근거리는 것)가 생길 때

동계란 맥이 빨라지거나 흐트러졌을 때 심장의 박동을 강하게 의식하면 일어나는 증상이다. 일상적으로 운동을 했을 때, 긴장이나 흥분했을 때, 심장의 움직임에 예민해졌을 때 심장이 두근거리는 것(동계)을 느끼는 때도 있지만 병과는 무관하다. 단, 열을 동반해 맥이 빨라질 때는 병일 가능성이 있다.

··· 혈압이 올라가는 구조 ···

심장에서 내보내는 혈액량의 증가나 혈관이 가늘어지는 것이 원인

혈압이란 심장의 수축으로 내보내진 혈액이 동맥벽에 가하는 압력이다. 1회의 수축으로 내보내는 혈액량이 많을 때나 어떤 이유에 의해 세동맥의 근육이 수축해서 혈액이 부드럽게 흐르기 어려워졌을 때는 혈압이 높아진다.

계단을 오르내리거나, 식사, 흡연, 스트레스 등도 혈압을 상승시키는 요인이다. 하지만 이들 요인을 제거하거나 밤이 되면 부교감신경이 작용해 혈압이 내려간다.

심장이 수축해 혈액이 힘차게 밀려 내보내진 순간의 혈압을 '수축기 혈압', 심장 확장기의 혈압을 '이완기 혈압'이라고 한다.

이유 1

심장에서 내보내는 혈액량이 증가했을 때

스트레스나 감정의 동요 등으로 교감신경의 작용이 활발해지면 부신에서 아드레날린, 신경말단에서 노르아드레날린이라는 호르몬이 분비되어 심박출량을 증가시킴과 동시에 혈압을 높인다.

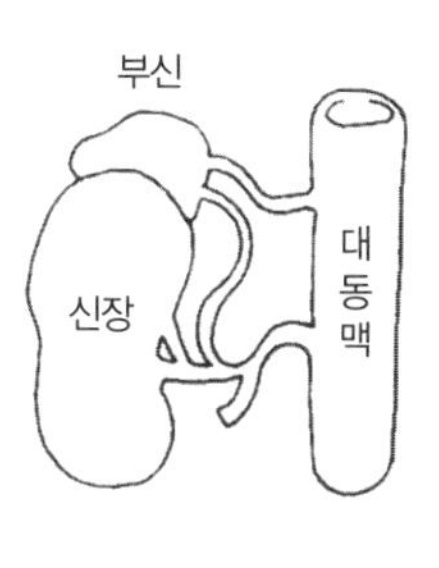

이유 2

말초 혈관에 저항이 생겨 혈액이 흐르기 어려워졌을 때

정상 혈관

혈관에 저항이 있는 경우

호스의 입구를 압박하면 물이 나오기 어려워져 호스에 미치는 수압이 높아지는 것과 마찬가지 원리이다. 동맥경화도 이것의 한 예이다. 동맥벽에 콜레스테롤이나 칼슘이 쌓여서 내강이 좁아지기 때문에 혈압이 올라간다. 또한 스트레스 등으로 교감신경의 움직임이 활발해지면 혈관을 수축시켜 혈압을 높인다.

이유 3

신장에 병이 있을 때

신장은 혈액 중의 불필요한 물질을 소변으로 배출하고 혈액을 깨끗하게 하는 역할을 하는데, 신염 등 신장병이 생기면 이곳에 흘러들어오는 혈액이 감소한다. 이 때문에 신장은 혈압을 높이고 흘러들어오는 혈액량을 증가시키려고 한다.

고혈압, 저혈압이란?

WHO(세계보건기구)에서 정한 세계 공통 기준은 다음과 같다.
(상 = 최고혈압, 하 = 최저혈압)

저혈압	상 100 이하	하 60 이하
정상혈압	상 139 이하	하 89 이하
경계고혈압	상 140~159	하 90~94
고혈압	상 160 이상	하 95 이상

고혈압은 동맥경화 등의 유발요인이 된다.

혈관의 구조

전신에 빈틈없이 9만 km

동맥, 모세혈관, 정맥 모두 역할에 적합한 구조로 되어 있다

성인의 전체 혈관 무게는 체중의 약 3%이고, 전체 길이는 무려 약 9만 km나 된다. 심장에서 대동맥을 통해 내보내진 혈액은 동맥, 모세혈관, 정맥 순으로 흘러가 대정맥을 통해 다시 심장으로 돌아온다. 높은 압력을 받게 되는 동맥의 혈관벽은 두껍고, 중력에 역행해 돌아오는 정맥에는 역류를 방지하는 판막이 있는 등 역할에 적합한 구조로 되어 있다.

심장에서 내보내지는 것이 동맥, 돌아오는 것이 정맥이다.

성인의 경우 혈관 속에 체중의 약 1/13의 혈액이 흐르고 있다. 예를 들어 체중이 65kg인 사람의 혈액은 약 5kg이다.

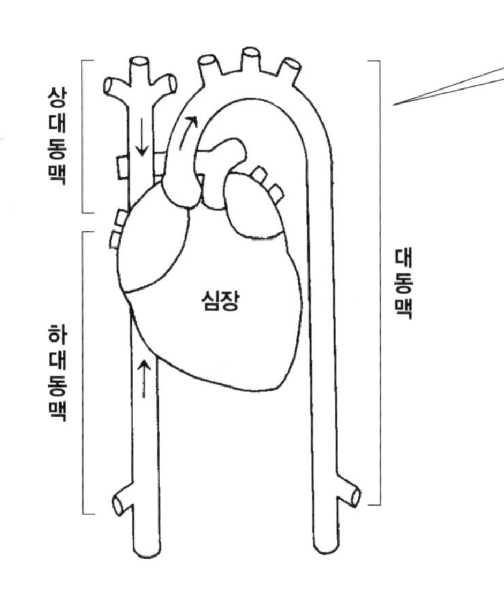

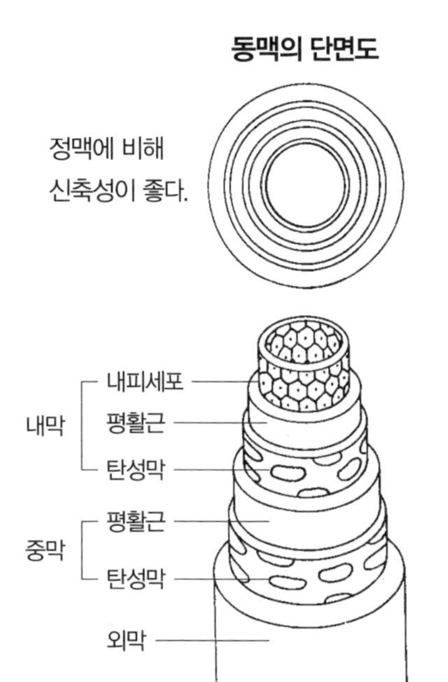

동맥의 구조

심장에서 나와 있는 대동맥은 가지와 같이 중동맥에서 소동맥, 세동맥으로 작게 갈라져 모세혈관까지 신선한 혈액을 전달한다. 심장에 가장 가까운 대동맥은 혈관 중에서도 가장 혈압이 높은 곳이다. 여기에 연결된 동맥도 혈액이 심장으로 돌아가는 통로인 정맥보다 혈관벽이 두껍고 탄력이 있는 것이 특징이다. 단면의 형태는 둥글다.

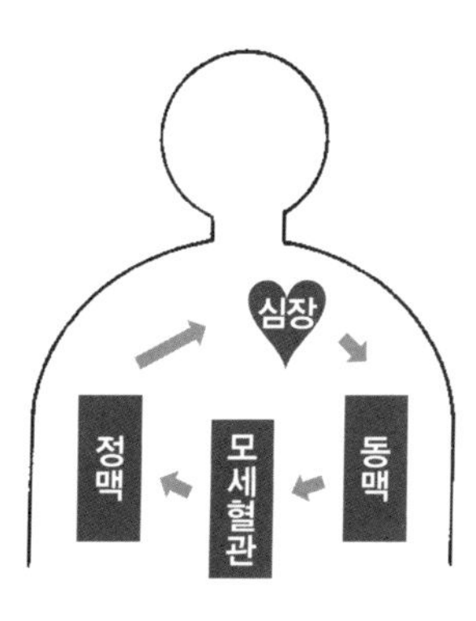

정맥의 구조

세포조직에서 이산화탄소와 노폐물 등 불필요한 것을 받은 혈액은 모세혈관에서 소정맥, 정맥, 대정맥과 같이 점점 굵은 줄기로 모여든다. 정맥벽은 얇고 탄성은 별로 없다. 단면의 형태는 원으로 내강에는 쌍으로 된 판막이 붙어 있다. 이 판막은 팔다리 정맥에는 반드시 있지만 두부나 몸통의 정맥에는 없다.

정맥의 단면도

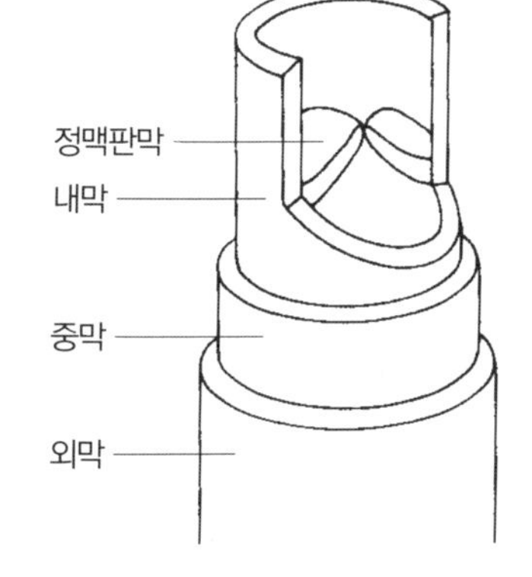

혈관은 줄기에서 가지쳐 나가는 나무에 비유할 수 있다. 심장에서 내보내진 혈액이 최초로 통과하는 줄기에 해당하는 혈관이 대동맥이다. 심장에서 위로 나와 U자 모양으로 굽어져 복부까지 늘어져 있는 가장 굵고 둥근 혈관이다. 그리고 가지 끝까지 돌아온 혈액은 상하 2개의 대정맥에 합류해 심장으로 돌아온다.

동맥과 정맥은 단지 혈액이 통과하기만 하는 통로. 혈액과 몸 조직 사이의 물질 교환은 모세혈관에서 처음으로 이루어진다.

모세혈관

모세혈관은 직경이 1mm의 1/100 정도로 아주 가는 혈관이다. 몸 전체에 분포해 있고, 단단한 뼛속에까지 있다. 모세혈관이 없는 곳은 연골조직과 눈의 결막과 수정체 정도이다.

동맥이나 정맥과 달리 모세혈관은 한 층의 내피와 얇은 막으로 되어 있는 것이 특징. 그물 모양으로 각 조직 내를 지나는데 여기에서 처음으로 조직세포에 산소와 영양분을 공급하고, 대신 이산화탄소와 노폐물을 모아간다.

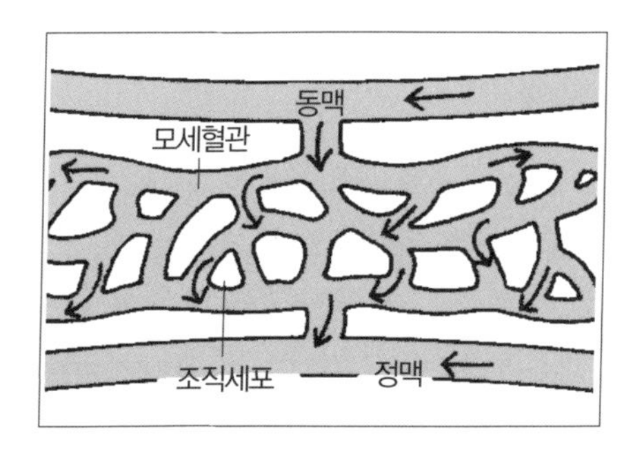

··· 혈액이 혈관을 흐르는 구조 ···

자력으로 혈액을 운반하는 동맥과 다른 힘을 빌리는 정맥

심장의 펌프 작용으로 밀어낸 혈액은 도대체 어떻게 해서 혈관 속을 흘러가는 것일까? 여기에서도 동맥과 정맥은 전혀 다른 구조로 되어 있다.

동맥은 벽의 탄성에 의해 자력으로 혈액을 운반하지만 정맥은 스스로 운반할 수 있는 힘이 거의 없다. 인력과 근육의 펌프 작용이 혈액의 흐름을 만든다.

정맥의 동력원은 근육의 펌프 작용. 운동 부족은 혈액 순환에도 좋지 않다.

동맥

정맥에 비해 혈관벽이 두껍고 탄력이 있는 동맥은 이 탄성에 의해 혈액을 보낸다. 우선 심장에서 혈액이 내보내지면 대동맥이 부풀어 받아들이고 다음 순간 오므라들어 앞으로 보낸다. 이것이 빠르게 반복되어 혈액은 계속 앞으로 운반된다. 중동맥 앞의 동맥에서는 대동맥만큼은 부풀지 않지만, 구조는 똑같다.

정맥

심장은 혈액을 밀어내기는 하지만 빨아들이는 힘은 가지고 있지 않다. 그러면 어떻게 해서 모세혈관에서 모인 혈액이 심장에 돌아올까? 심장보다 위에 있는 머리나 목의 혈액은 인력으로 자연히 돌아온다. 심장보다 아래에 있는 혈액을 밀어올리는 작용을 하는 것이 근육 펌프. 예를 들면 발목을 위아래로 움직이면 장딴지가 수축, 이완한다. 이 근육에 눌린 형태로 혈액의 흐름이 생긴다. 정맥에 판막이 붙어 있는 것은 혈액이 아래쪽으로 역류하는 것을 막기 위해서이다.

동맥의 혈액이 흐르는 구조

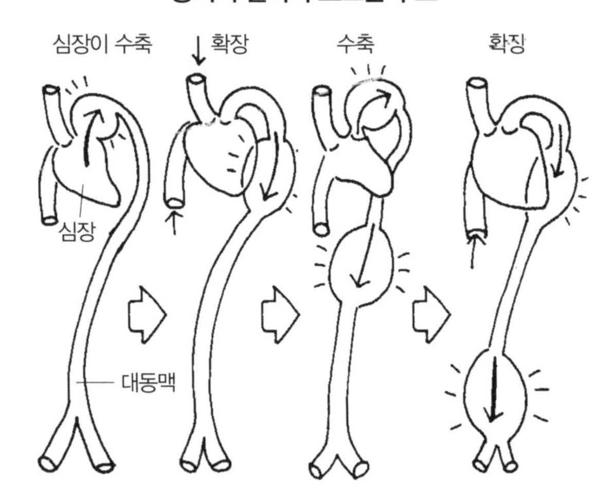

정맥의 혈액이 흐르는 구조

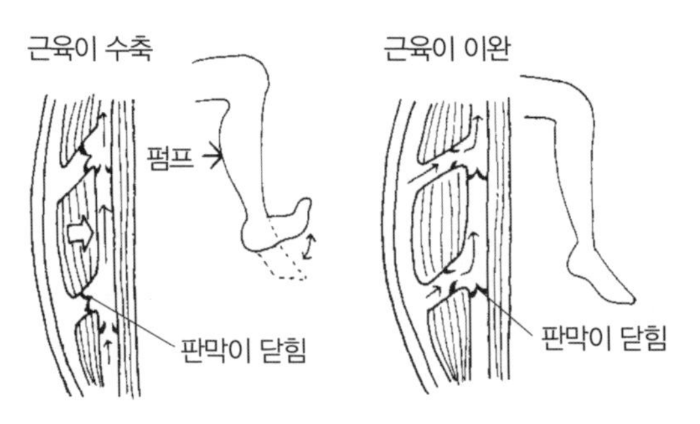

··· 혈행이 좋다, 나쁘다는 것은 ···

부교감신경이 혈관을 넓히고 혈행을 좋게 한다

겨울에 손가락끝이 차가워지는 것은 피부의 혈관이 오그라들어 혈행이 나빠져 피부로 전달되는 혈액이 적어지기 때문이다. 이런 혈관의 수축을 조정하는 것이 자율신경이다.

추울 때는 피부로부터 체온을 빼앗기지 않도록 교감신경이 작용해 혈관이 수축하고, 욕탕에 들어가 몸이 따뜻해지면 부교감신경이 작용해 피부에서 열을 발산하기 쉽도록 혈관을 넓히는 구조로 되어 있다.

초겨울 찬바람

↓

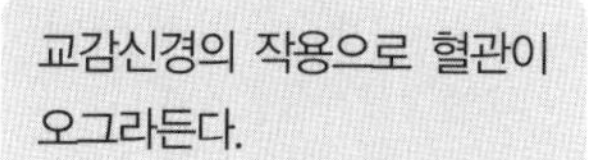

교감신경의 작용으로 혈관이 오그라든다.

↓

혈관이 수축하면 혈액에 대한 저항이 커져 혈행을 방해한다. 또한 혈관과 그것을 둘러싼 근육도 딱딱해져 유연성이 없어지므로 혈류가 나빠진다.

입욕

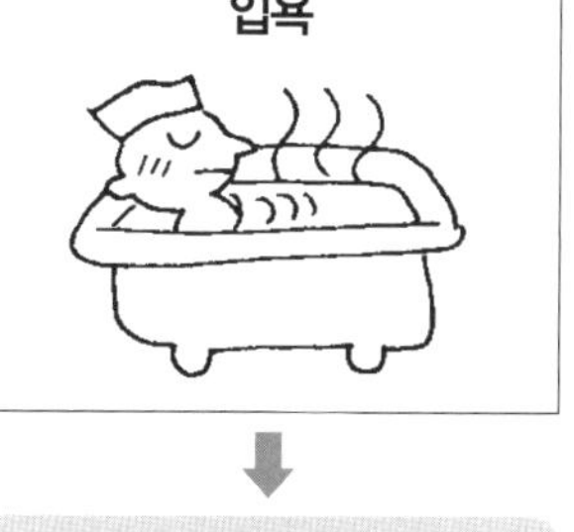

↓

부교감신경의 작용으로 혈관이 넓어진다.

↓

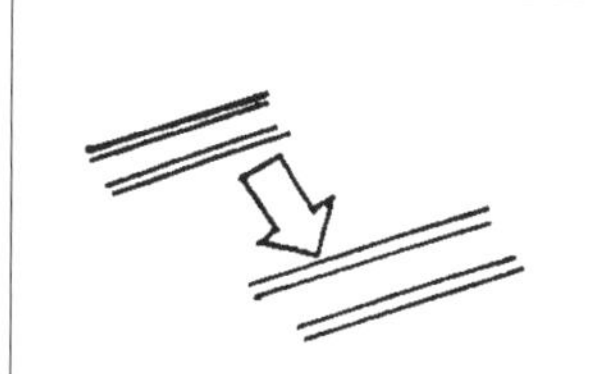

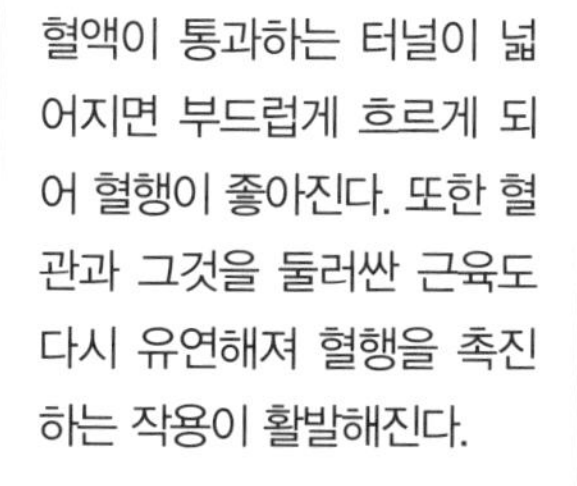

혈액이 통과하는 터널이 넓어지면 부드럽게 흐르게 되어 혈행이 좋아진다. 또한 혈관과 그것을 둘러싼 근육도 다시 유연해져 혈행을 촉진하는 작용이 활발해진다.

운동 부족은 혈행을 나쁘게 한다

장시간 같은 자세를 취하고 있으면 근육도 굳고, 피의 순환도 저하된다. 가볍게 손발을 움직이는 등 혈행을 좋게 할 궁리를 해야 한다. 운동 부족으로 혈행이 나빠지면 손발에 부종이 생기거나 나른해지고 병에 걸리기 쉬워진다. 또한 체질이 냉한 사람도 입욕이나 가벼운 운동 등으로 혈행을 촉진시키도록 해야 한다.

춥다고 느끼기 쉬운 부위

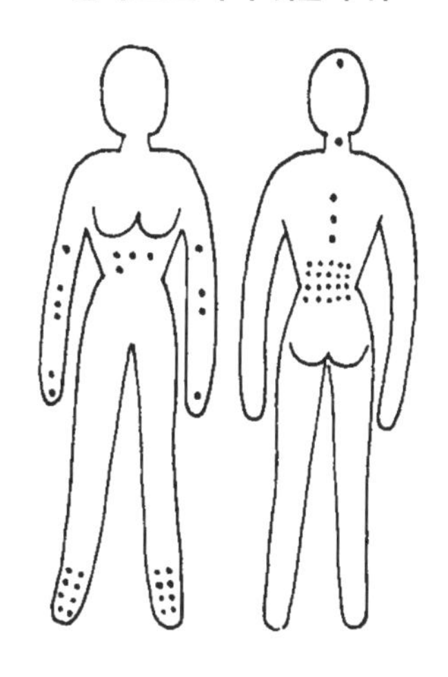

혈액의 구조

피의 순환이 중요

유형성분과 액체성분으로 이루어진 혈액

혈액은 혈구라는 작은 과립의 유형성분, 그리고 영양분과 전해질을 포함한 혈장이라는 액체성분으로 이루어져 있다. 용적 비율은 혈구가 약 40%, 나머지 60%는 혈장이다. 혈액의 역할은 세포조직에 산소와 영양분을 운반하고 그 대신 받은 이산화탄소와 노폐물을 운반하는 것을 비롯해 세균으로부터 몸을 지키고, 출혈을 멈추고, 체온을 조절하는 등 여러 가지이다.

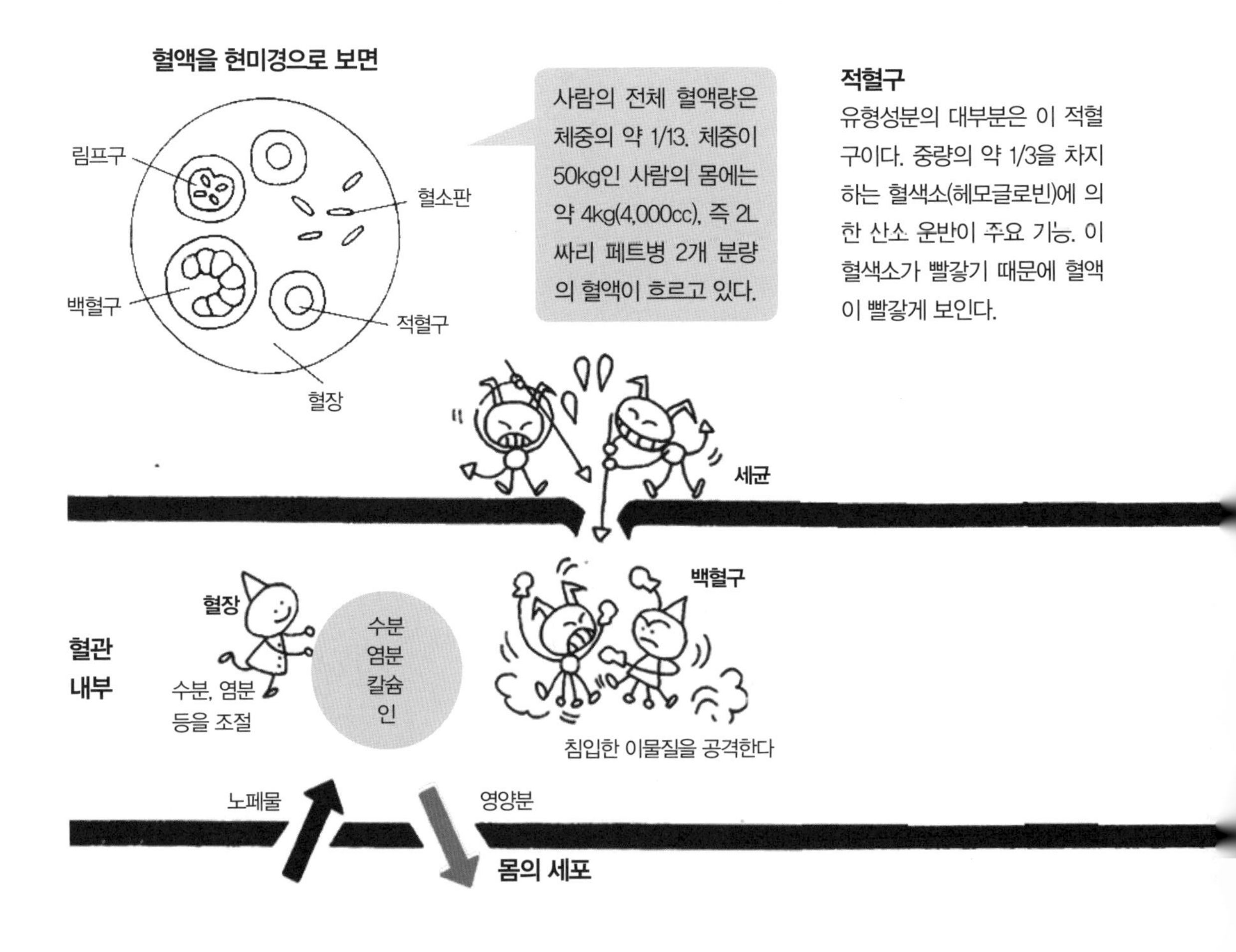

백혈구
적혈구보다 크고 무색이다. 백혈구에는 호중구와 단구, 림프구 등 여러 종류가 있고, 외부에서 침입한 병원미생물과 이물질을 죽이는 역할을 한다.

림프구
백혈구의 일종. 원형의 핵을 갖고 있다. 면역과 관계가 깊고 체내에 들어온 물질이 태어났을 때부터 체내에 갖고 있던 것인지 그렇지 않은지를 식별한다.

혈소판
적혈구보다도 훨씬 작은 혈구로 혈액 1mm² 중에 15만~35만 개 정도 들어 있다. 혈관이 찢어지거나 터진 부분을 막아 출혈을 멈추는 작용을 한다.

혈장
적혈구, 백혈구, 혈소판을 침전시킨 후 남는 담황색의 액체. 약 90%는 수분이다. 액체성분인 혈장은 수분과 영양소, 노폐물 등을 운반하는 중요한 역할을 한다.

혈액은 어디에서 만들어지는가?

뼈의 내부에 있는 골수강에는 골수가 차 있는데 이 조직에서 혈구가 만들어진다. 이 때문에 골수는 조절기라고도 한다. 신생아 때는 전신의 골격에서 혈액이 만들어지지만, 성인은 추골, 흉골, 늑골로 한정된다. 만들어진 혈액은 뼛속의 모세혈관을 통해 뼈 밖의 혈관으로 보내진다. 골수에서는 적혈구와 림프구 이외의 백혈구, 혈소판이 만들어지고, 림프구는 주로 림프샘이나 비장(췌장의 끝쪽에 접해 있다)에서 만들어진다.

뼈의 구조

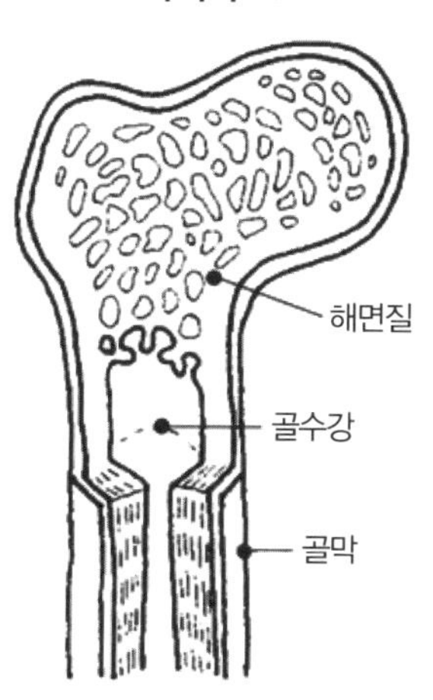

혈액의 수명
적혈구의 수명은 100~120일 정도. 오래된 것은 간장과 비장에서 파괴된다. 백혈구의 수명은 종류에 따라 다르지만 약 2주 정도. 콧물이나 고름은 백혈구의 잔해. 혈소판의 수명은 수일, 림프구는 몇 시간 정도이다.

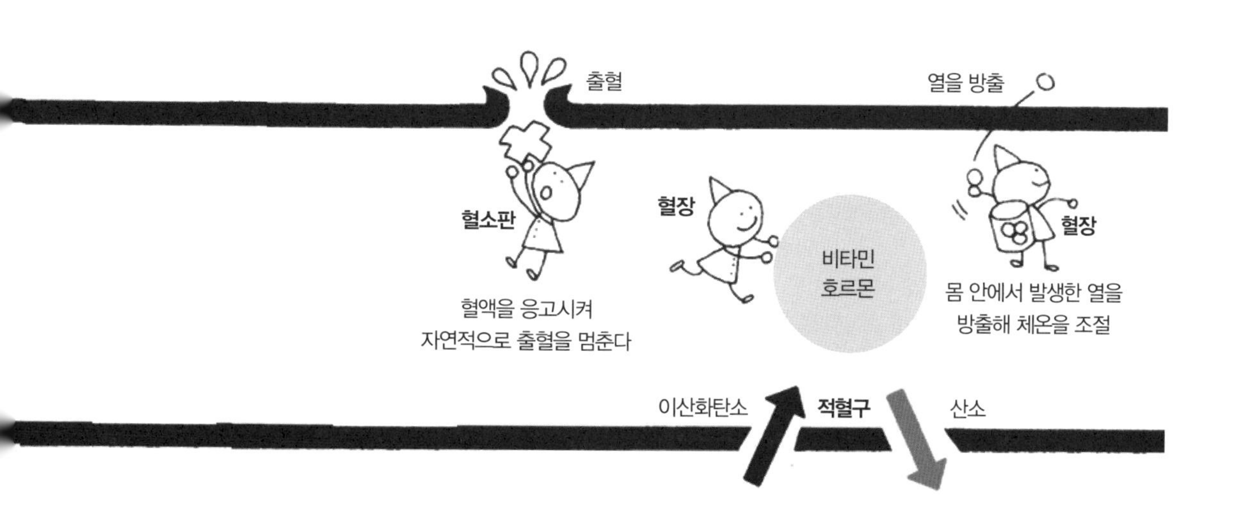

··· 혈액이 산소를 운반하는 구조 ···

적혈구 속의 헤모글로빈이 산소 운반역으로 활약

혈액의 중요한 역할 중 하나인 '산소와 이산화탄소의 운반'을 담당하는 것이 적혈구이다. 정확히 말하면 이것은 적혈구 속에 포함된 헤모글로빈(혈색소)이라는 물질의 작용이다.

헤모글로빈은 산소농도가 높은 곳에서는 산소와 결합하고, 농도가 낮은 곳에서는 산소를 방출하는 특징을 갖고 있다. 이 때문에 적혈구는 폐에서 산소와 결합해 모세혈관까지 운반하고, 모세혈관에서 산소를 방출한다. 이산화탄소에 대해서도 같은 기능을 갖고 있어 모세혈관의 이산화탄소를 폐까지 운반하는 역할도 한다.

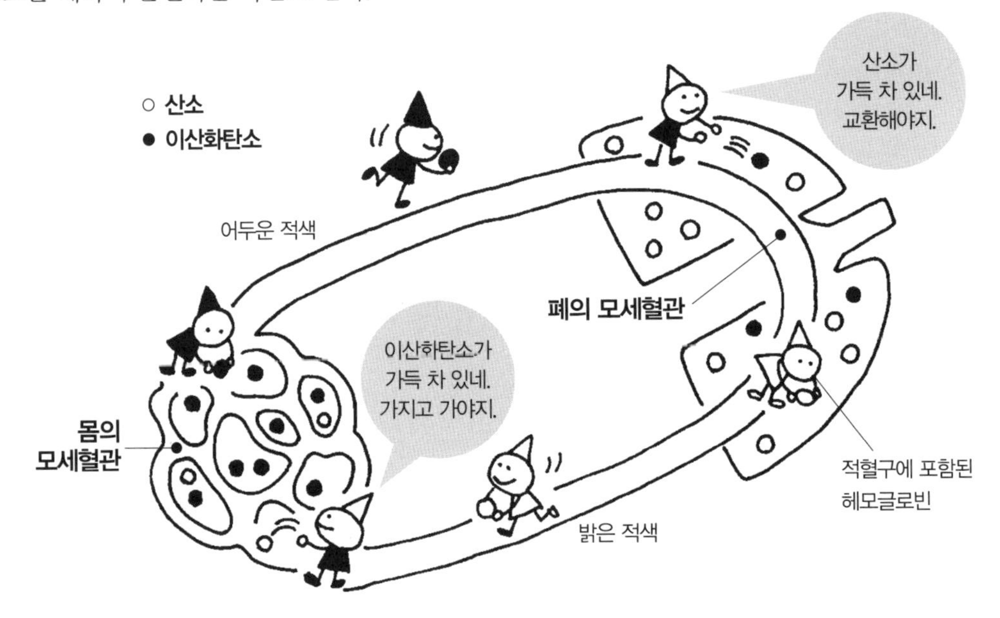

적혈구는 왜 붉을까?

적혈구 속의 헤모글로빈은 원래 적색이지만, 산소와 결합하면 보다 밝은 적색이 되고, 산소를 방출하면 어두운 적색이 되는 특징을 갖고 있다. 비교적 몸 속 깊숙이 흐르고 있는 동맥은 피부를 통해 보이지 않지만, 밝은 적색을 띠고 있다. 한편 정맥은 피부를 통해 파랗게 보인다. 이것은 산소를 방출해 어두운 적색이 된 혈액이 피부를 통해 파랗게 보이는 것이다.

··· 혈액이 유해물질을 없애는 구조 ···

유해물질을 삼켜서 죽여버리는 백혈구

인간의 몸에는 유해물질의 침입으로부터 몸을 보호하는 다양한 방어 시스템이 갖춰져 있는데, 백혈구의 탐식작용도 그중 하나이다. 외부에서 나쁜 미생물이 침입해서 독소를 내면, 먼저 백혈구 중에서 림프구가 혈액과 체액에 항체를 내서 포위한다. 이것을 신호로 호중구가 미생물을 끌어들여 삼켜서 독성을 봉해 버린다. 하지만 이 과정에서 백혈구도 죽어 고름이나 콧물이 된다.

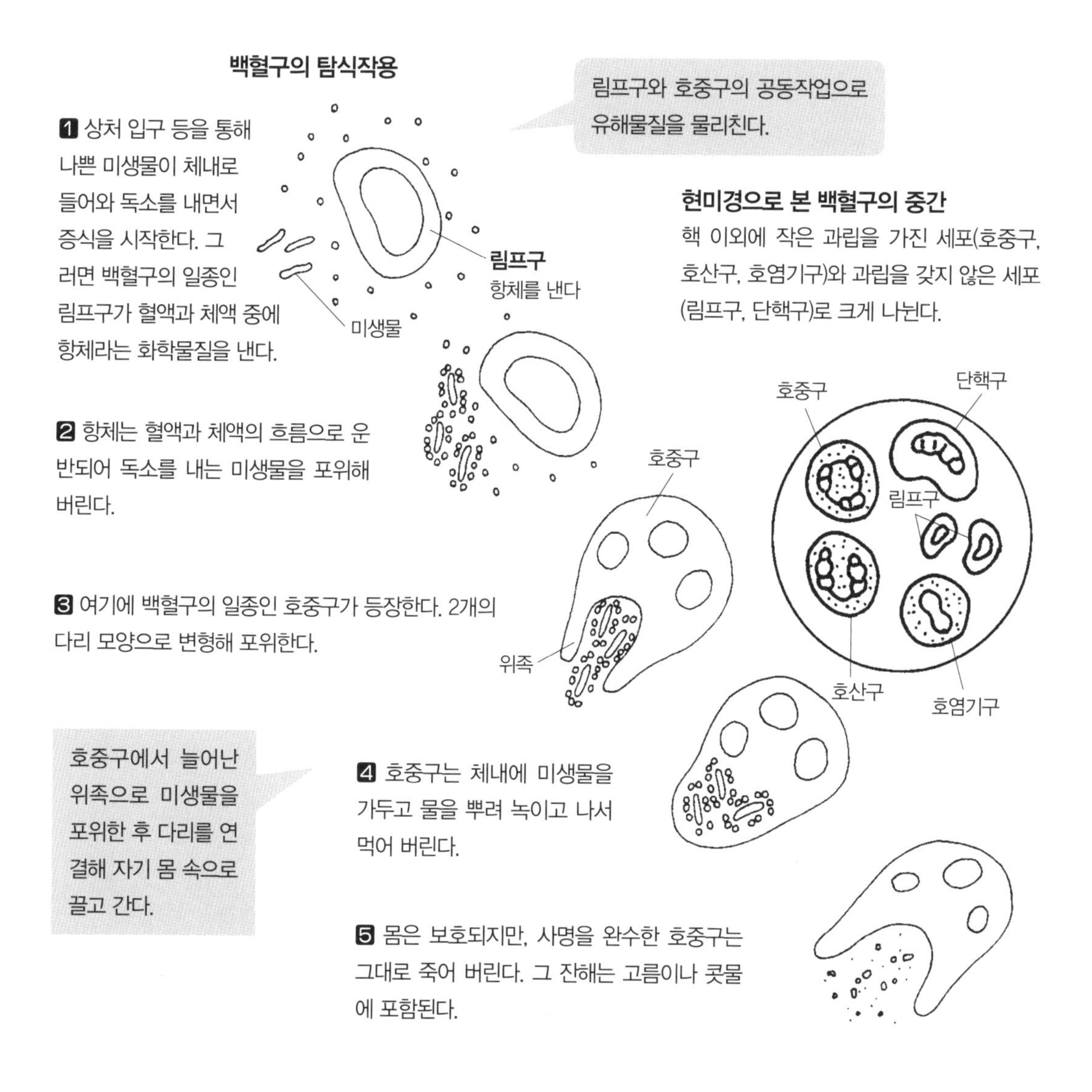

··· 상처의 피가 굳는 구조 ···

혈소판과 혈액응고인자의 작용으로 출혈이 멈춤

인간의 몸은 약간의 출혈은 자연적으로 멎도록 되어 있는데, 이 지혈작용에 큰 역할을 하는 것이 혈소판이다. 현미경으로 보면 세포의 작은 조각같이 보이는 작은 혈구가 혈소판이다.

혈관이 손상되면 우선 혈관벽을 수축하고 동시에 이 혈소판이 모여서 혈관 내부에 혈전을 만들어 출혈을 멎게 한다. 거기에 혈장 속의 혈액응고인자가 혈전을 강화시켜 지혈하는 구조로 되어 있다. 이 혈전을 혈소판혈전이라고 한다. 상처가 났을 때 상처 부위에 생기는 딱지도 이것의 일종이다. 혈소판과 혈액응고인자가 결핍되면 출혈이 멎지 않게 된다.

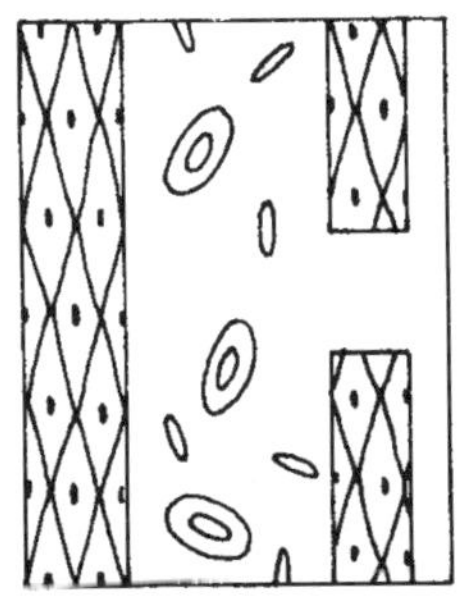

❶ 혈관이 찢어지거나 터져서 상처가 생기면 출혈이 시작된다.

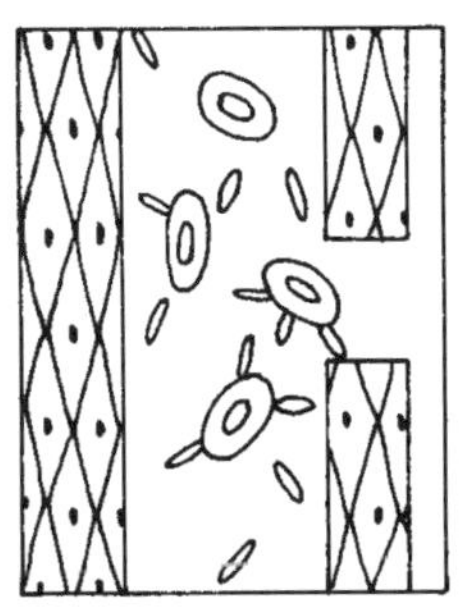

❷ 반사적으로 혈관이 수축하고, 거기에 혈소판이 모인다.

❸ 혈소판이 서로 점착해서 피가 굳는다(혈전).

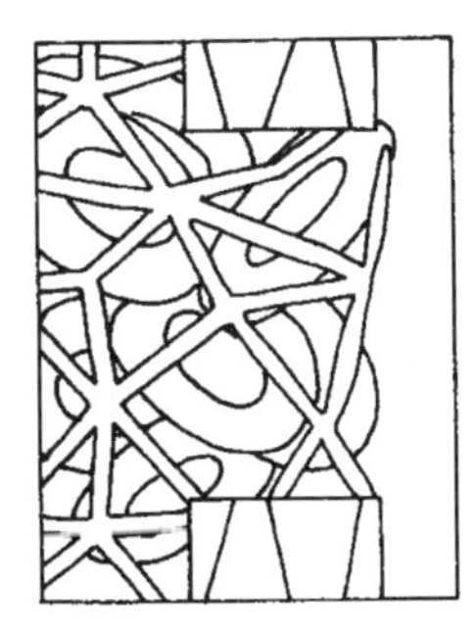

❹ 혈소판이 혈장 속의 혈액응고인자에 작용해 피를 멎게 한다.

혈액응고인자란?

혈장 속에는 혈액을 굳게 하는 12종류의 응고인자가 포함되어 있다. 혈관이 찢어지거나 터지면 이 혈액응고인자가 혈소판과 협력해 혈액을 굳게 해서 지혈한다.

내출혈이란?

몸을 부딪쳤을 때 보라색의 멍이 생기는 경우가 있다. 이것은 피하출혈(내출혈)한 혈관을 막으려고 피가 굳어서 생기는 것이다. 시간이 지나면 혈전을 녹이는 효소의 작용으로 자연히 멍이 없어진다.

대량출혈로 전체 혈액량의 약 1/3을 잃으면 생명이 위독

··· 혈액형의 구조 ···

혈액형 분류방법의 중심은 ABO식과 Rh식

인간의 몸에는 체내로 침입한 이물질 등의 '항원'에 대해 '항체'를 만들어내 방어하는 힘이 있는데, 다른 사람의 혈액끼리 섞였을 때도 같은 작용이 일어난다. 혈액 속에는 다른 사람의 혈액과 섞이면 응고하는 항원이 몇 종류 있다. 혈액형이란 이 항원에 따라 분류한 것이다. 이런 혈액형 분류는 유전학이나 법의학에도 이용되는데 수혈에 필요한 것은 'ABO식'과 'Rh식' 2가지이다.

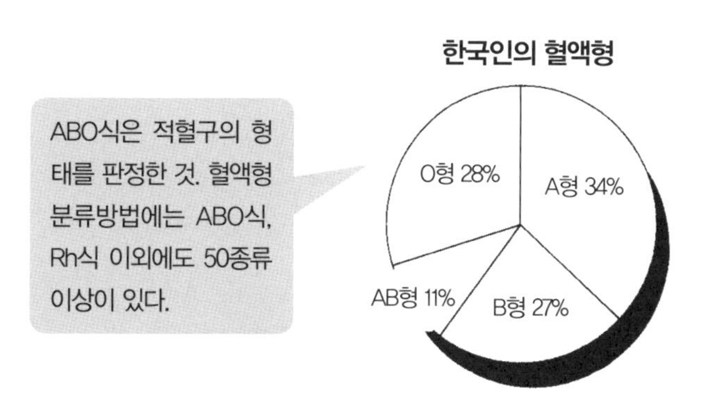

'Rh–'란?

'Rh식'이라 불리는 혈액형은 붉은털원숭이(Rhesus Monkey)를 사용한 실험 중에 발견한 것으로 그 머리글자를 딴 것이다. 수혈에 작용하기 쉬운 D인자를 갖고 있는 사람은 Rh+, 가지고 있지 않은 사람은 Rh–이다. 한국인에는 Rh–인 사람이 적어 전체 인구의 0.1% 정도밖에 없다. 수혈에는 ABO식, Rh식 모두 그 사람과 같은 형의 혈액을 사용한다.

혈액형의 유전 구조

부모 \ 아이		태어난 아이의 혈액형 O	A	B	AB
O	O	●			
O	A	●	●		
O	B	●		●	
O	AB		●	●	
A	A	●	●		
A	B	●	●	●	●
A	AB		●	●	●
B	B	●		●	
B	AB		●	●	●
AB	AB		●	●	●

ABO식 혈액형은 멘델의 법칙에 따라 유전된다. A형의 유전자형에는 AA와 AO가 있고, B형에는 BB와 BO가 있지만, O형은 OO, AB형은 AB밖에 없다. 이 때문에 부모가 모두 A형이어도 AA와 AA라면 아이도 A형뿐이지만, AO와 AO라면 아이는 A형과 O형일 가능성이 있다.

헌혈은 자신을 위한 것이기도 하다

우리나라에서 시행되고 있는 헌혈의 종류는 크게 전혈헌혈과 성분헌혈로 대별되는데, 전혈헌혈에는 320mL 전혈헌혈과 400mL 전혈헌혈이 있고, 성분헌혈에는 혈장성분헌혈과 혈소판성분헌혈이 있다. 헌혈은 원한다고 누구나 할 수 있는 것은 아니다. 일단 나이는 만 17세 이상 65세 미만이어야 한다(320mL 전혈헌혈은 만 16세 이상 65세 미만). 나이 기준을 통과해도 헌혈 전 검사를 통과해야만 한다. 헌혈 전 검사에서는 빈혈 유무를 알 수 있는 혈액비중검사와 혈압, 체온 등을 측정한다. 이 과정에서 자신의 건강상태도 점검해 볼 수 있다.

림프계의 구조

세균을 격퇴하는 기지

전신에 퍼져 있는 림프관은 합류해서 정맥으로 흘러들어간다

림프계는 림프관과 림프샘으로 이루어져 있다. 잘 알려져 있지 않지만 인간의 몸에는 혈관 외에 림프관이라는 관이 둘러 뻗어 있다. 가늘고 투명한 그 관 속에는 림프액이라는 액체가 끊임없이 흐르고 있다. 림프관이 합류해서 덩어리처럼 되어 있는 것이 림프샘이다. 침입한 미생물은 여기에서 저지되어 림프구의 공격을 받는다. 림프관은 차례로 합류해 하나로 되고, 목 아래에 있는 쇄골하정맥에서 혈관으로 흘러들어간다.

전신의 림프계

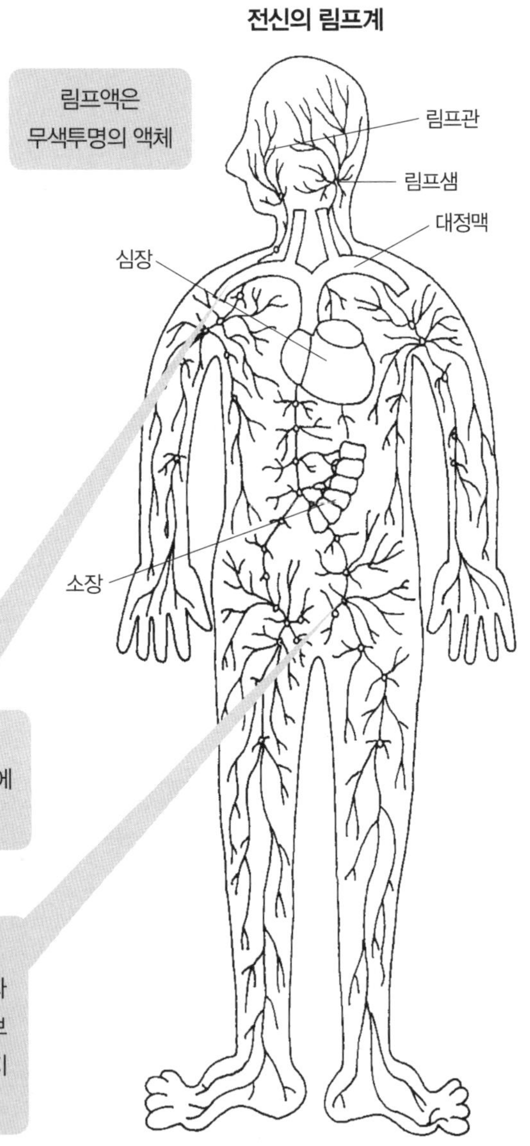

쇄골하정맥
몸 전체에 둘러 뻗어 있는 림프관은 이곳에 연결되어 정맥으로 흘러들어간다.

림프샘
몸 전체에 있는데 특히 목, 겨드랑이, 사타구니, 하복부 등에 많다. 육안으로는 잘 보이지 않는 것에서부터 콩알보다 큰 것까지 다양하다.

현미경으로 본 몸의 조직

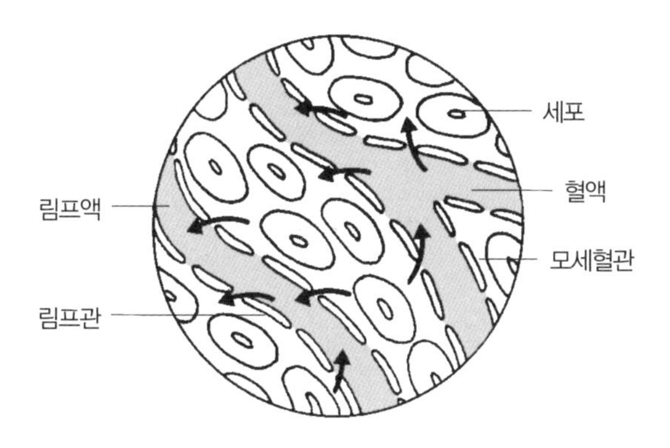

림프액은 무슨 일을 하는 액체일까?

림프액은 모세혈관에서 세포조직으로 새어 나온 혈장이 림프관으로 들어간 것이다. 세포 사이에 버려진 노폐물과 세포 등을 운반해 치우는 역할을 한다. 또한 림프액에는 모세혈관에서 림프구도 흘러들어와 있어 병원체 등의 감염으로부터 몸을 보호한다.

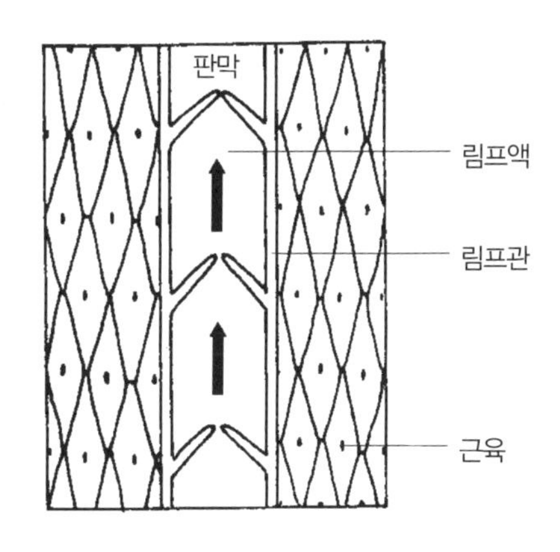

림프액이 체내를 흐르는 구조

몸 전체의 림프관은 차례로 합류해 마지막에는 하나의 관으로 되어 쇄골하정맥으로 흘러들어간다. 이때 림프액이 흐르는 동력원이 되는 것이 근육이다. 몸을 움직일 때마다 수축하는 근육에 눌려서 림프관도 수축하고, 림프액이 위쪽으로 밀려올라가는 것이다. 이때 림프액이 역류하지 않도록 림프관에는 판막이 붙어 있다.

림프샘

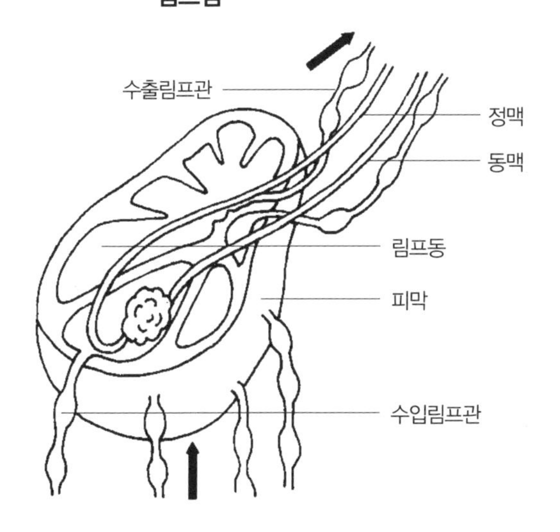

림프구도 이곳에서 만들어진다.

림프샘은 무엇을 하는 곳인가?

몸 전체에 약 800개가 있는 림프샘에서는 림프액을 여과하고, 병원체나 독소, 이물질을 제거해 감염이 몸 전체로 퍼지지 않도록 저지하는 역할을 한다. 이 때문에 이곳이 세균에 감염되어 염증을 일으키고 붓는 경우도 많다.

··· 림프샘이 붓는 이유는? ···

림프샘이 붓는 것은 방어전을 하고 있다는 증거

림프선이라고도 하는 림프샘은 세균과 바이러스의 침입을 저지하기 위한 최후의 보루이다. 상처 부위 등으로 침입해 림프구나 호중구와의 싸움에서 이긴 세균은 계속 싸우면서 림프관 안쪽 깊은 곳까지 침입해 온다. 그래서 기어코 림프샘으로 돌입! 팔과 다리 등의 림프관이 붉은 힘줄로 보이거나 림프샘이 아픈 것은 이곳까지 도달한 세균과 림프구가 필사적으로 싸우고 있는 증거이다. 이 전투에서 림프구가 지면 세균은 몸 전체로 퍼져 나간다.

림프샘은 유해물질의 침입을 막는 전진기지

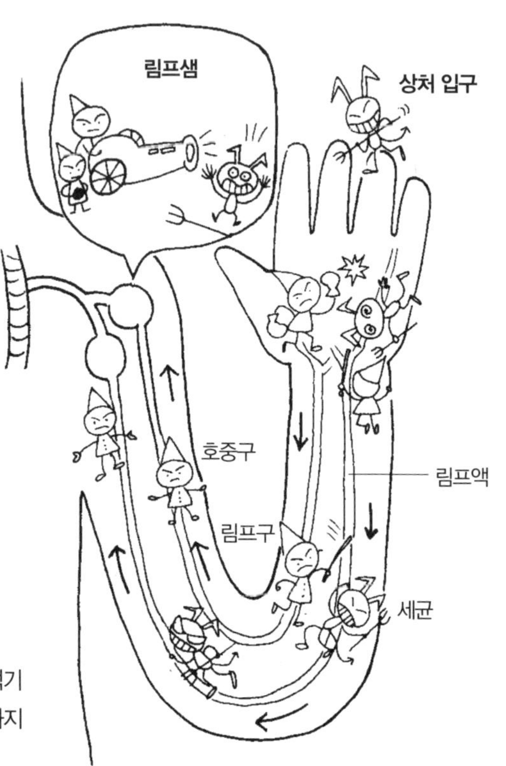

특히 어린아이는 면역의 변형이 적기 때문에 병원체나 독소가 림프샘까지 침입하는 경우가 많아 잘 붓는다.

바이러스의 재침입에는 재빠르게 대응

체내에 침입한 유해물질을 림프구와 호중구가 퇴치하면, 림프구는 그 뒤에도 침입했던 바이러스가 냈던 독소를 계속 기억한다. 또 바이러스의 증식이 빨라서 약의 힘을 빌렸을 때도 마찬가지로 기억한다. 그리고 이 독소에 대한 기억은 새로 생겨난 림프구에도 전달된다. 이 때문에 같은 유해물질이 다시 침입했을 때는 재빠르게 발견해, 그것이 증식하기 전에 퇴치하기 때문에 발병을 피할 수 있다. 이것을 면역이라고 한다. 한 번 홍역에 걸리면 다시 걸리지 않는 것도 이 때문.

6장

에너지 저장고 · 비축기지
소화기

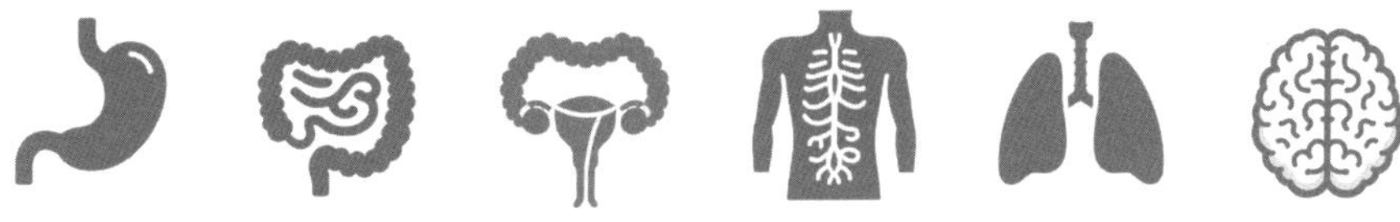
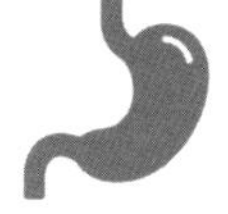

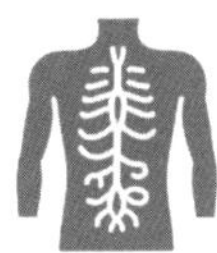
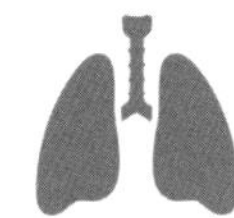
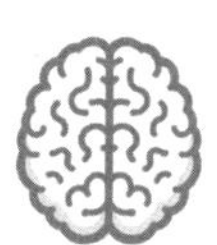

식도의 구조
수축의 흐름이 음식물을 위에 운반

식도는 입과 위를 연결하는 터널

식도는 글자 그대로 음식물의 통로이다. 입에서 씹어 부숴 삼킨 음식물을 위로 보내는 역할을 한다. 보통 식도의 관은 앞뒤로 눌려 닫혀 있지만 음식물이 통과할 때는 수축과 확장으로 위에서 아래로 움직이는 연동운동을 해 음식물을 아래로 내려 보낸다. 식도의 내벽은 매끄럽고, 점액이 약간 분비되어 음식물이 통과하기 쉽게 한다. 이 점액에는 음식물을 소화하는 역할은 없다.

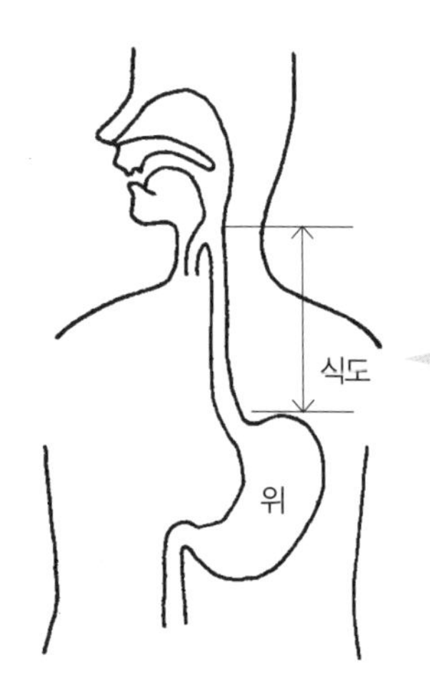

식도는 약 25cm의 관 모양의 장기로, 단면은 좌우 약 2cm, 전후 약 1cm의 타원형이다. 평소에는 앞뒤로 닫혀 있지만 음식물이 통과할 때는 크게 벌어지는 구조로 되어 있다.

음식물이 식도를 통과하는 소요시간

액체	0.5~1.5초
고형물	6~7초

식도의 단면도

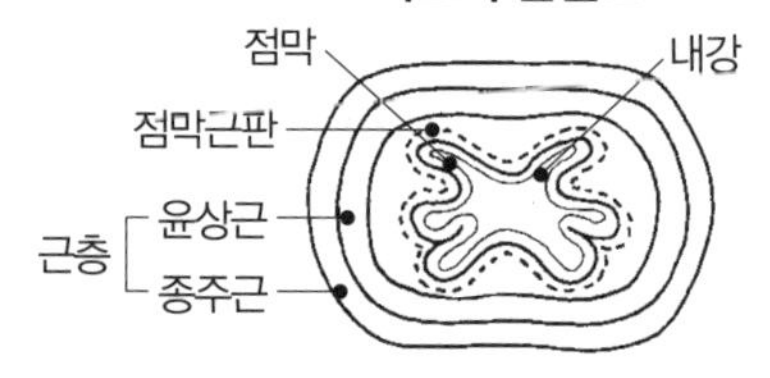

식도의 입구에 음식물이 들어가면 식도의 윤상근이 연동운동을 시작해 위까지 내용물을 보낸다. 내벽은 점액이 분비되어 통과하기 쉽게 되어 있긴 하지만, 음식물은 생각보다 가는 관을 통과해 가는 것이다.

음식물이 입에서 식도로 보내지는 구조

음식물을 삼키려고 하면 혀가 위로 올라가고, 올라간 혀에 밀려 음식물이 인두(목의 위쪽)로 보내진다.

연구개가 위로 올라가 코의 입구를 막아 음식물이 코로 역류하는 것을 막는다. 음식물은 목을 거쳐 후두개 위에 놓인 모양이 된다.

후두개가 후두(기관의 입구)를 막는 칸막이 역할을 해 음식물은 식도로 들어간다. '목구멍을 넘기면 뜨거운 것도 잊는다'라는 말처럼 실제로 인두와 후두개에서는 뜨거움을 느끼지만 식도에 들어가면 느끼지 못하게 된다.

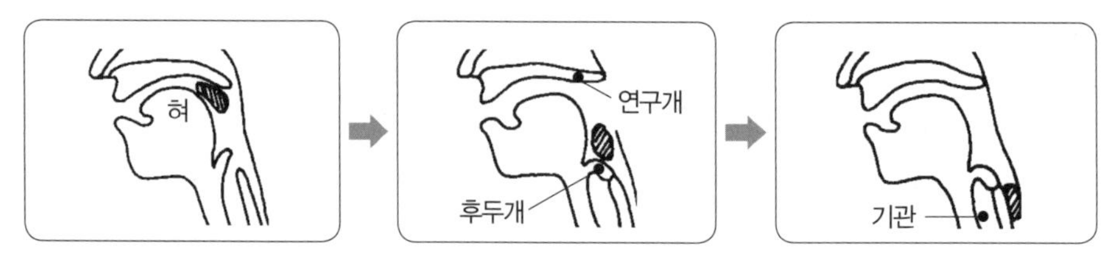

식도 속으로 음식물이 보내지는 구조

식도를 통과해 위로 음식물이 운반되는 것은 인력으로 낙하하는 것이 아니라 식도가 무의식적으로 연동운동을 하기 때문이다. 연동이란 수축해 잘록해진 부분이 위에서 아래로 이동하는 작용으로 치약 튜브를 누르면 치약이 자동으로 나오는 것과 마찬가지이다. 옆으로 누워 있어도 음식물이 식도를 통과하는 것은 이 때문이다.

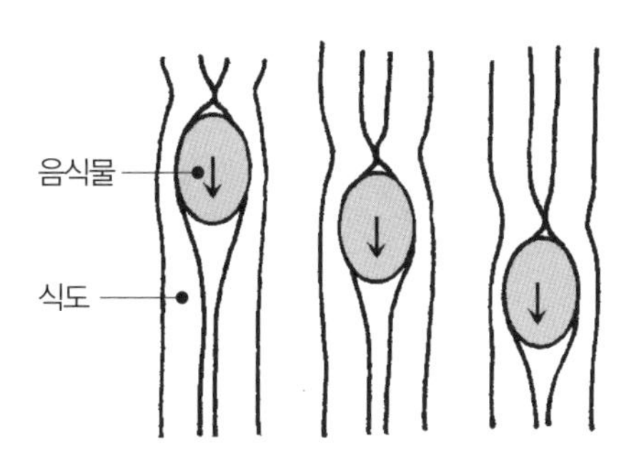

식도에서 위로 들어가는 구조

식도에서 위로 들어가는 입구(분문)에는 괄약근이 있다. 보통은 이 근육이 수축해 분문을 닫고 있다. 그러나 음식물이 식도를 지나 연동운동으로 식도벽의 끝까지 도달하면 반사에 의해 분문이 열리고 음식물은 위로 들어간다. 식도의 연동운동과 분문괄약근의 작용으로 음식물은 위에서 역류하지 않는다.

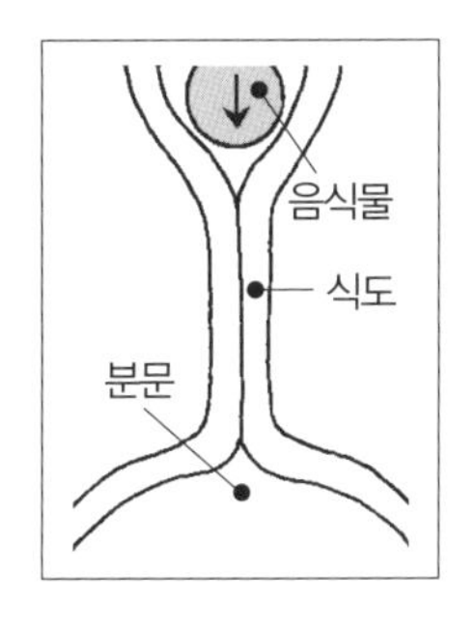

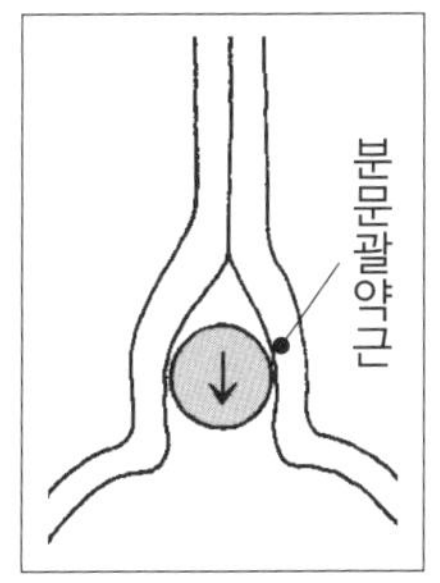

음식물이 막히기 쉬운 곳

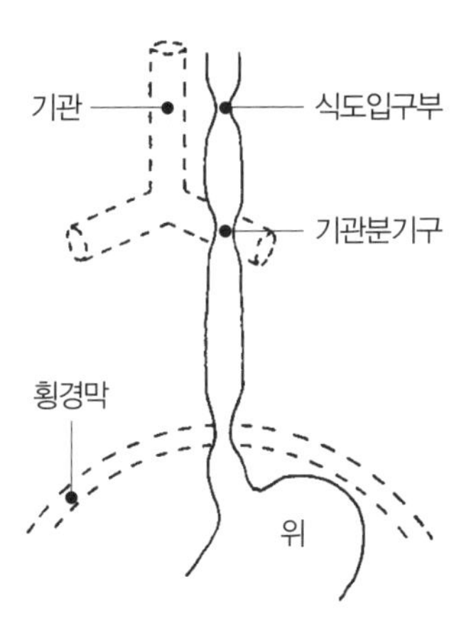

식사 중에 식도가 막히는 증상을 호소하는 사람이 많은데, 이것은 병이 아니라 일종의 노이로제이다. 위 그림과 같이 식도에는 좁은 곳이 3곳 있는데, 이곳에 식도암이 생기기 쉽다. 음식물이 잘 넘어가지 않고, 항상 같은 곳에서 음식물이 얹히면 주의해야 한다. 식도암 초기일 수도 있다.

명치 언저리가 아픈 것은?

가슴 안쪽으로부터 상복부로 일어나는 미열과 비슷한 불쾌감이다. 단 것이나 기름진 것을 많이 먹거나, 폭음, 폭식을 했을 때 일시적으로 위가 소화불량을 일으켜 분문괄약근의 개폐가 잘 이루어지지 않아 위의 내용물이 식도로 역류하는 경우가 있다. 이때 위의 내용물에는 위산이 많이 포함되어 있어 쓰라린 불쾌감을 느낄 때가 많다.

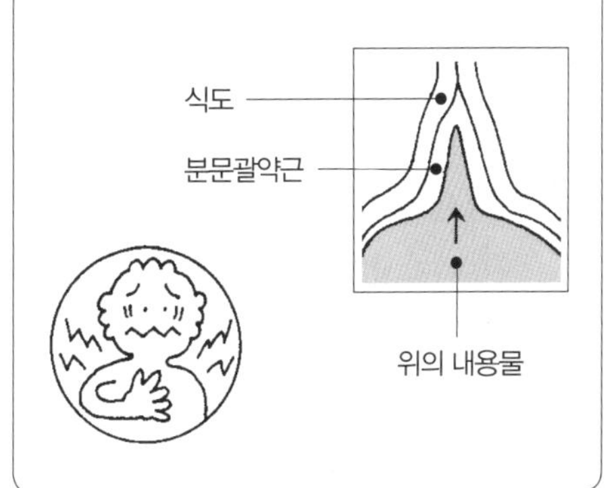

위의 구조

음식물은 이곳에서 우선 섞인다

본격적인 소화·흡수에 대비한 준비가 이루어진다

위는 위주머니라고도 하는 것처럼 명치 왼쪽에 있는 주머니 모양의 소화기이다. 어느 정도 소화도 하지만 십이지장에서 이루어지는 본격적인 소화에 대비하는 것이 주요한 역할이다. 즉, 위액의 분비와 연동운동으로 음식물을 잘게 부수어 본격적인 소화의 준비를 해서 십이지장으로 조금씩 보낸다.

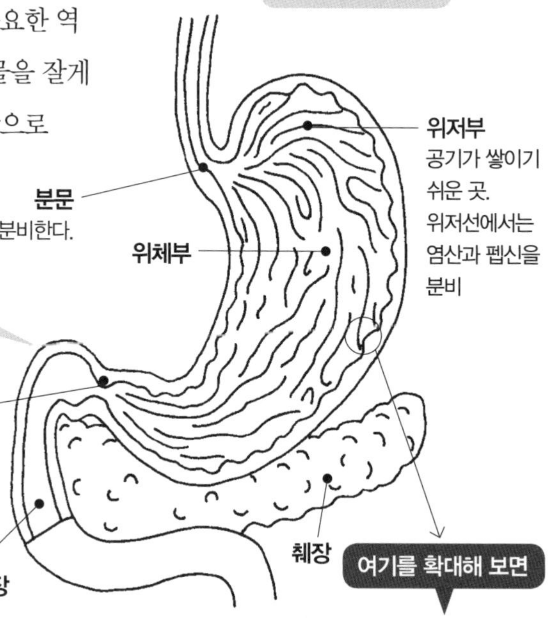

먹은 음식물은
식도를 거쳐 위로

위저부
공기가 쌓이기
쉬운 곳.
위저선에서는
염산과 펩신을
분비

분문
위의 입구. 분문선에서는 점액을 분비한다.

위체부

위의 용량 맥주병 2병 분량

유문
위의 출구. 유문선에서는
위선에 작용해 위액을
분비시키는 가스트린이 나온다.

췌장

십이지장

여기를 확대해 보면

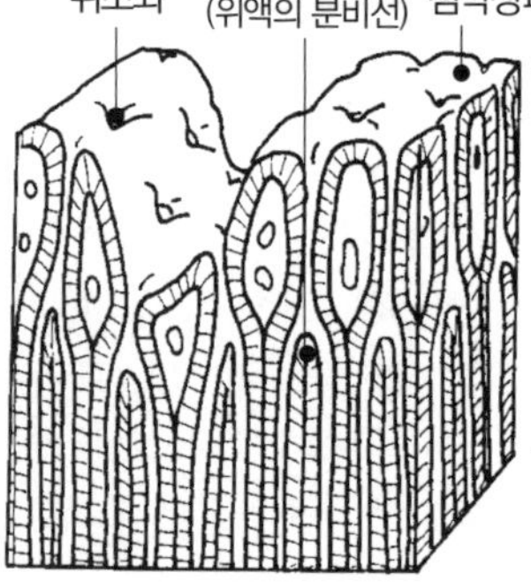

위소와

위선
(위액의 분비선)

점막상피

점
막

위점막의 확대도

위의 안쪽을 보면 점액에 덮인 무수한 주름이, 많은 작은 산맥처럼 연결되어 있다. 위 속이 음식물로 가득 차면 이 주름이 평평하게 늘어나서 1L 이상의 음식물을 받아들일 수 있다. 또한 위점막 표면에는 무수히 많은 작은 구멍이 있는데, 여기에서 염산, 펩신, 점액, 알칼리성 점액 등의 위액이 분비된다.

위의 작용

- 위액과 음식물을 섞는다 – 다음에 보내지는 소장에서의 본격적인 소화·흡수에 대비해 음식물을 위액과 잘 섞어 유동적인 죽 상태로 만든다. 잘 섞어 두면 소화가 쉬워진다.
- 음식물을 저장해 적정량을 소장 입구·십이지장으로 보낸다 – 십이지장에서 본격적인 소화·흡수가 효율적으로 이루어지려면 위에서 한 번에 많은 내용물이 보내져서는 안 된다. 그래서 위는 식도에서 운반된 음식물을 일시적으로 저장해 두었다가 십이지장의 소화 진행 정도에 맞춰 조금씩 십이지장으로 보낸다.
- 음식물을 살균한다 – 적절한 온도를 유지하는 인체는 부패나 발효에 좋은 환경을 제공한다. 그러나 소화·흡수하기 위한 음식물이 부패해서는 곤란하다. 그래서 위액에 포함된 염산이 강한 산성으로 음식물을 살균하고 음식물의 부패와 발효를 막는다.
- 단백질과 지방의 소화 – 단백질과 지방의 본격적인 소화·흡수는 십이지장에서 이루어지지만 위에서는 그 준비 단계로 단백질 분해효소에 의해 커다란 단백질 분자를 작은 분자로 분해한다. 또한 십이지장에서의 소화에 대비해 지방도 어느 정도 분해한다.
- 알코올 흡수 – 술을 마셨을 때 알코올의 일부는 위 점막에서 흡수된다. 병맥주 큰 것의 반 정도를 마시면 30분 이내에 그 1/4 정도의 알코올이 위에서 흡수된다.

위의 운동

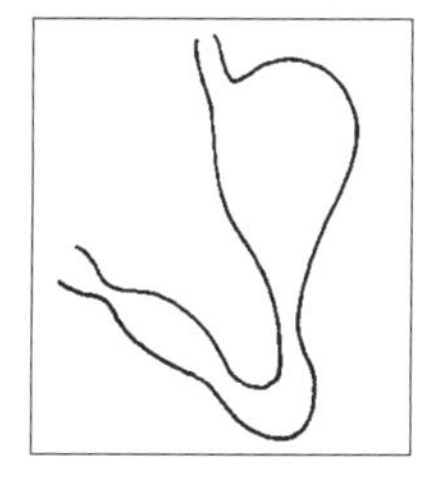

텅 비어 있을 때 위는 세로로 가늘게 되어 있다(위쪽에는 공기가 조금 쌓여 있다). 음식물이 들어오면 위의 주름이 늘어나 점점 넓어진다.

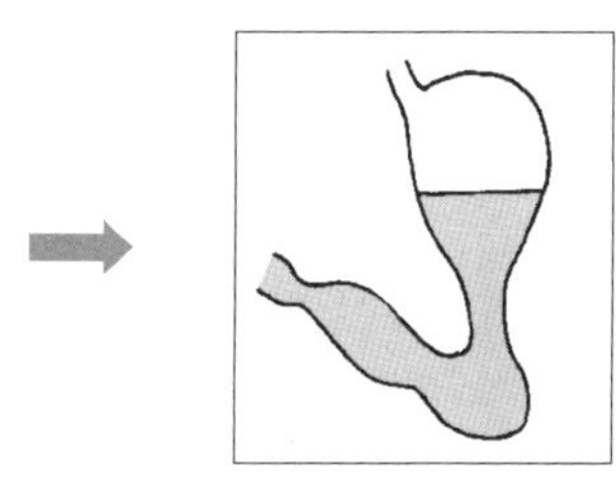

위에 내용물이 어느 정도 쌓인 상태. 이때 음식물과 위액이 섞여 음식물은 걸쭉한 죽 상태가 된다.

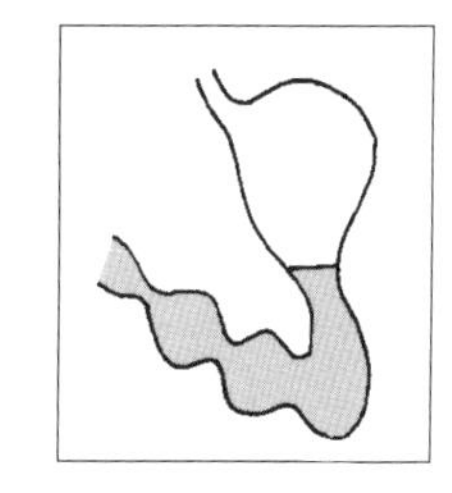

위의 유문 쪽이 파도치듯 수축하는 연동운동에 의해 위의 내용물이 십이지장으로 보내진다. 이 수축은 15~20초 간격으로 일어난다.

음식물의 통과 시간

액체
몇 분

고체
1~2시간

지방분
3~4시간

음식물이 위를 통과하는 시간은 종류에 따라 다르다. 일반적으로 차가운 것과 부드러운 것은 빠르고, 따뜻한 것, 딱딱한 것, 기름진 것은 느리다. 물과 차 등의 액체는 몇 분 정도, 보통의 음식물은 1~2시간이면 통과하지만, 기름진 것은 3~4시간 이상 걸려야 통과한다. 위가 더부룩하다는 것은 과식해서 위의 내용물이 오랫동안 정체해 있을 때의 증상이다. 음식물뿐만 아니라 정신적 요인으로 위의 기능이 저하되어 위가 더부룩해질 때도 있다.

··· 위액이 분비되는 구조 ···

미주신경을 자극하면 위액의 분비가 활발해진다

위에 음식물이 들어가면 위 점막 표면에는 한꺼번에 이슬 같은 작은 액체 방울이 스며나와 위벽을 따라 떨어진다. 이것이 음식물의 소화를 돕는 '위액'이다. 위액의 분비는 무엇에 의해 조절될까? 이것에는 자율신경(교감신경과 부교감신경)이 관계한다. 음식물을 보거나 위에 음식물이 들어갔을 때 그 정보가 부교감신경에 전달되어 위액을 분비하는 작용을 한다. 초조해하고 있을 때는 교감신경이 위액의 분비를 방해하기도 한다.

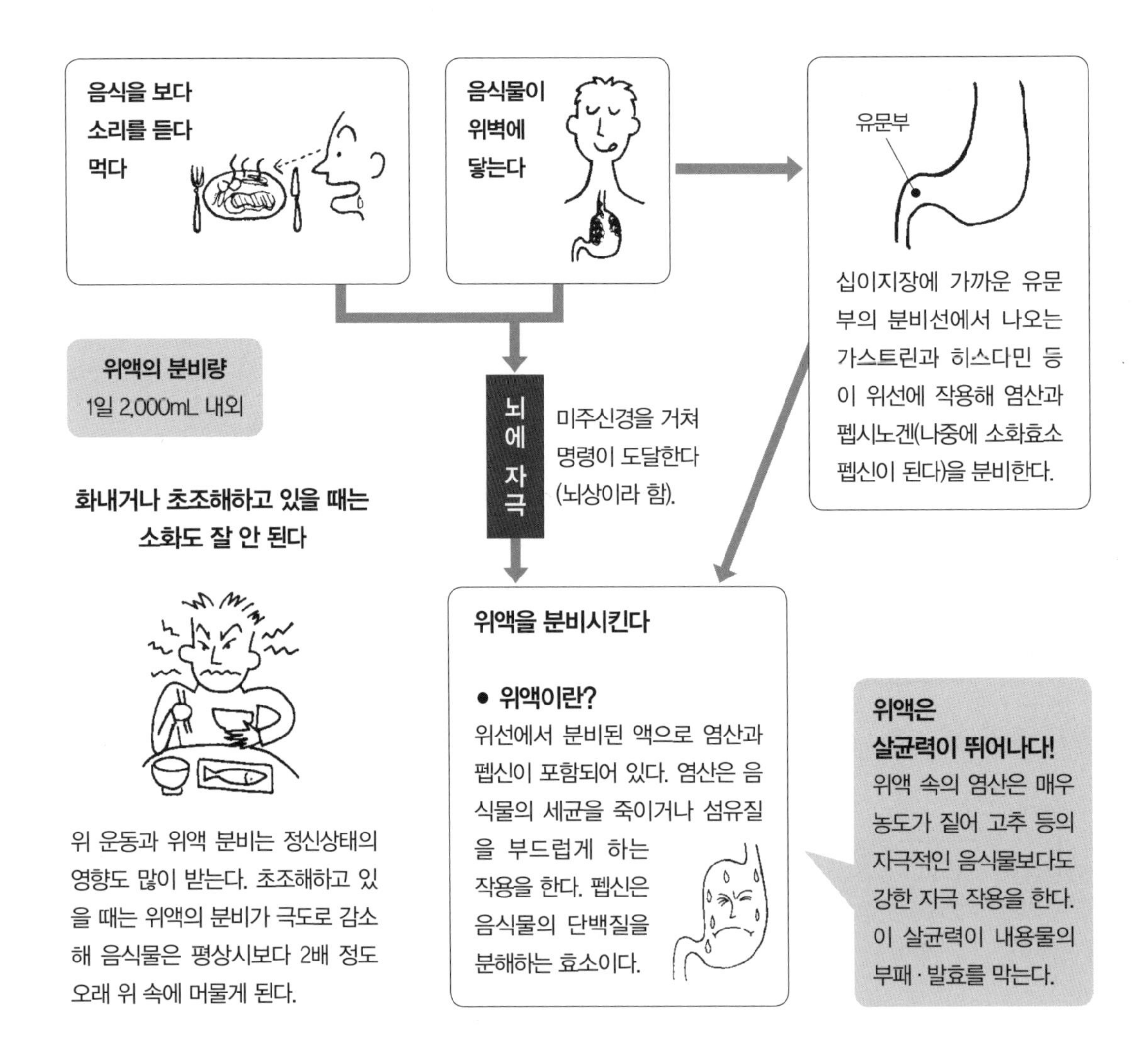

··· 위 자체가 소화되지 않는 구조 ···

위점막 방어인자가 위액으로부터 위를 지킨다

위액에 포함된 염산은 pH 1.5~2.0의 매우 강한 산성으로 피부를 짓무르게 할 정도의 힘을 갖고 있다. 또한 위액에 포함된 펩신에는 단백질을 분해하는 힘이 있다. 위액에 의해 위 자체가 소화되지 않을까 걱정할 수도 있지만 그런 일은 일어나지 않는다. 위는 강력한 방어 시스템으로 엄중하게 보호되고 있기 때문이다.

위의 근육은 점액에 의해 보호되고 있다.

위 점막 표면을 덮고 있는 상피세포에서는 특수한 점액 상태의 물질이 분비된다. 보통의 점액과는 달라서 염산에 녹지 않는 이 액은 위 점막 표면에 벽을 만들어 위를 보호한다.

위 내부는 그물처럼 혈관이 분포해 풍부한 혈액을 공급받고 있다. 즉, 위벽은 혈관의 덩어리라고 할 수 있다. 어떤 원인에 의해 위 점막이 조금 손상되어도 혈액에서 영양을 보급해 새로운 세포가 금방 만들어져 점막 상태를 회복한다.

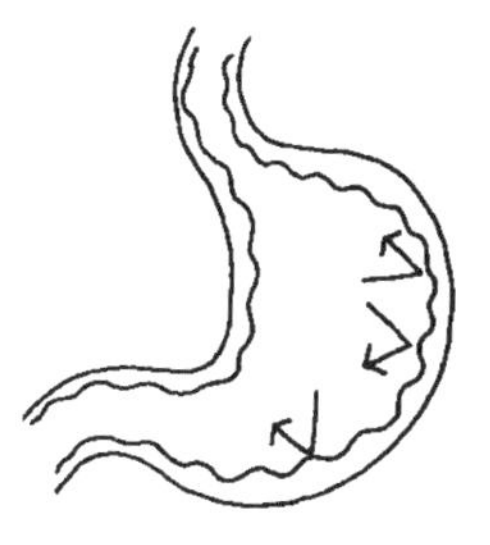

위의 점막이 확실하게 보호

고농도의 염산을 포함하며, 음식물을 부드럽게 하거나, 단백질을 분해하는 위액이 위 자체를 소화하지는 않을까?

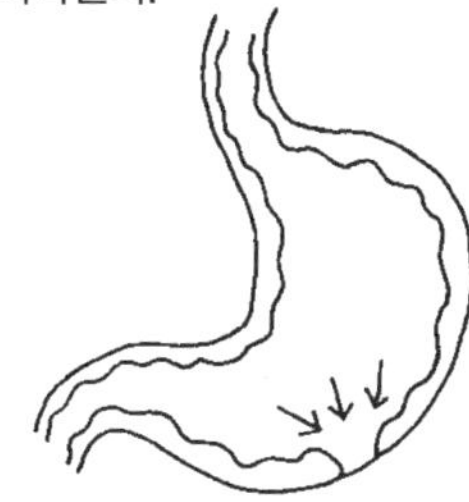

상처가 생겨도 혈액의 영양 보급으로 재빨리 회복

탄산수소나트륨은 약알칼리성의 흰 가루로, 의약적으로는 내복하는 제산제로 사용되는 경우가 있다. 이 탄산수소나트륨 성분이 분비되어 염산을 중화시켜 위점막을 보호한다.

위궤양이란?

고민이나 긴장으로 위통이나 식욕부진을 경험한 적이 있을 것이다. 위장은 자율신경의 영향을 받기 쉬운 장기인데 자율신경은 정신적인 스트레스에 영향을 받기 쉽다. 자율신경의 균형이 깨지면 위 점막을 덮는 특수한 점액의 방어벽이 무너져 거기에 위액이 작용한다. 이 때문에 상피가 소화되어 상처가 생긴다. 이것이 위궤양이다.

··· 구토의 구조 ···

몸을 지키기 위해 유해물질을 제거하려는 작용

유해물질이 위에 들어오면 그것을 장으로 보내지 않기 위한 방어반응이 구토로 위의 내용물을 입으로 토해내는 현상을 말한다. 대부분의 경우 구역질, 즉 '메슥거리는 불쾌감'을 동반한다.

대뇌 바로 아래 연수의 구토중추라는 특수한 세포군이 있는데 이곳에 지각신경을 통해 자극이 전달되면, 자율신경이 위에 작용한다. 위와 장의 경계 부분이 닫히면, 위 본체는 비틀리고 호흡근, 횡경막, 복근 등의 수축으로 내용물이 위로 배출된다. 인두 자극의 반사로도 구토는 일어난다.

유해물질과 독소 등이 위에 들어왔을 때, 소화기 상태가 좋지 않을 때는 그 자극이 위에서 지각신경을 거쳐 대뇌 아래 연수에 있는 구토중추에 전달된다.

자극

대뇌반구

연수

구토중추로부터의 명령이 위에 전달되어 구역질과 구토가 일어난다.

명령

구토

분문

유문

위나 식도의 불쾌감과 함께 타액의 양과 하품이 많아지면 주의해야 한다. 구토의 조짐이다.

평소 위의 분문(입구)은 닫혀 있어 음식물의 역류를 막지만, 구토중추에서 명령이 내려지면 위의 출구인 유문이 닫힘과 동시에 분문이 열려 음식물이 식도로 돌아간다. 그리고 식도도 평소와는 반대방향으로 수축운동을 해서 구토가 일어난다.

어떤 이유의 구토라도 토한 것은 거의 위의 내용물이다.

기본적으로는 독소나 부패물을 몸에서 배출하려는 작용이지만, 위장병, 뇌신경의 병, 멀미, 임신 등으로 구역질을 하거나 구토를 하는 경우도 있다.

··· 트림은 왜 하는 걸까? ···

트림은 위의 가스를 빼는 것으로 위산과는 무관

위의 위쪽에는 '위저'라는 부분이 있는데, 이곳은 가스가 차기 쉽다. 예를 들어 맥주나 탄산음료를 마시면 탄산이 위저에 쌓인다. 또 평소에 식사를 하거나, 말을 하거나, 침을 삼키거나 해서 공기를 마시게 된다. 이렇게 해서 위저에 쌓인 가스가 일정량이 되면 분문(위의 입구)이 열려 가스는 식도를 거슬러 입으로 나온다. 이것이 트림으로 위에서 가스를 빼내는 것이다.

위가 소화불량을 일으키면 분문이 잘 닫히지 않아 트림, 구취, 명치 언저리의 쓰라림 등의 원인이 되기 쉽다.

목 안쪽에는 식도와 기도 2개의 통로가 있는데, 후두개의 작용으로 음식물은 식도로 들어가고 기도에는 들어가지 않는 구조로 되어 있다. 그러나 우리는 음식물과 침, 음료수와 함께 어느 정도의 공기도 식도를 통해 위에 넣고 있다. 이것이 트림의 원인이 된다.

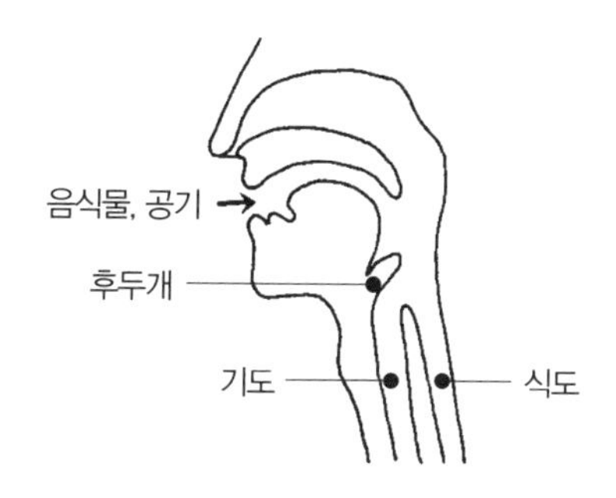

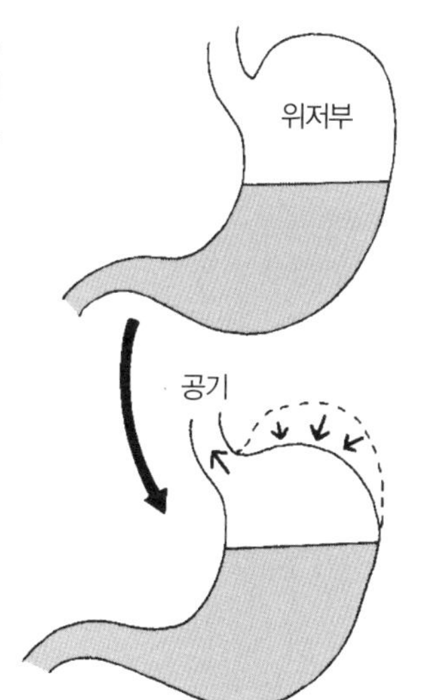

식도에서 위로 삼켜진 공기가 위저부(위쪽의 둥근 곳)에 쌓인 상태

위저부에 쌓인 공기가 일정량을 넘으면 일부가 식도 쪽으로 밀려 돌아가 트림이 나온다.

예전에는 트림의 원인이 위산과다로 여겨졌지만, 위산과는 무관하다는 사실이 밝혀졌다. 식후에 트림이 나오는 정도라면 걱정할 필요 없다.

서양에서는 식후에 트림을 하는 것은 예의가 아니라고 하지만, 중국에서는 식사에 대한 칭찬이라고 한다.

소장·대장·항문의 구조

탐욕스러운 영양흡수장치

음식물의 영양과 수분의 약 80%는 소장에서 흡수된다

위에서 보내진 음식물은 소장, 대장에서 소화·흡수되고, 찌꺼기는 항문을 통해 변으로 배출된다. 음식물에 포함된 영양의 대부분을 흡수하는 것이 소장이다. 입으로 섭취한 음식물의 영양분이 이곳에서 몸에 흡수되는 것이다. 또 음료수나 요리에 포함된 수분의 약 80%도 여기에서 흡수된다. 다음에 보내지는 대장에서는 나머지 수분을 흡수해 영양과 수분을 짜낸 찌꺼기를 고형화하는 작용을 한다. 이것은 변이 되어 대장과 직결된 항문을 통해 배출된다.

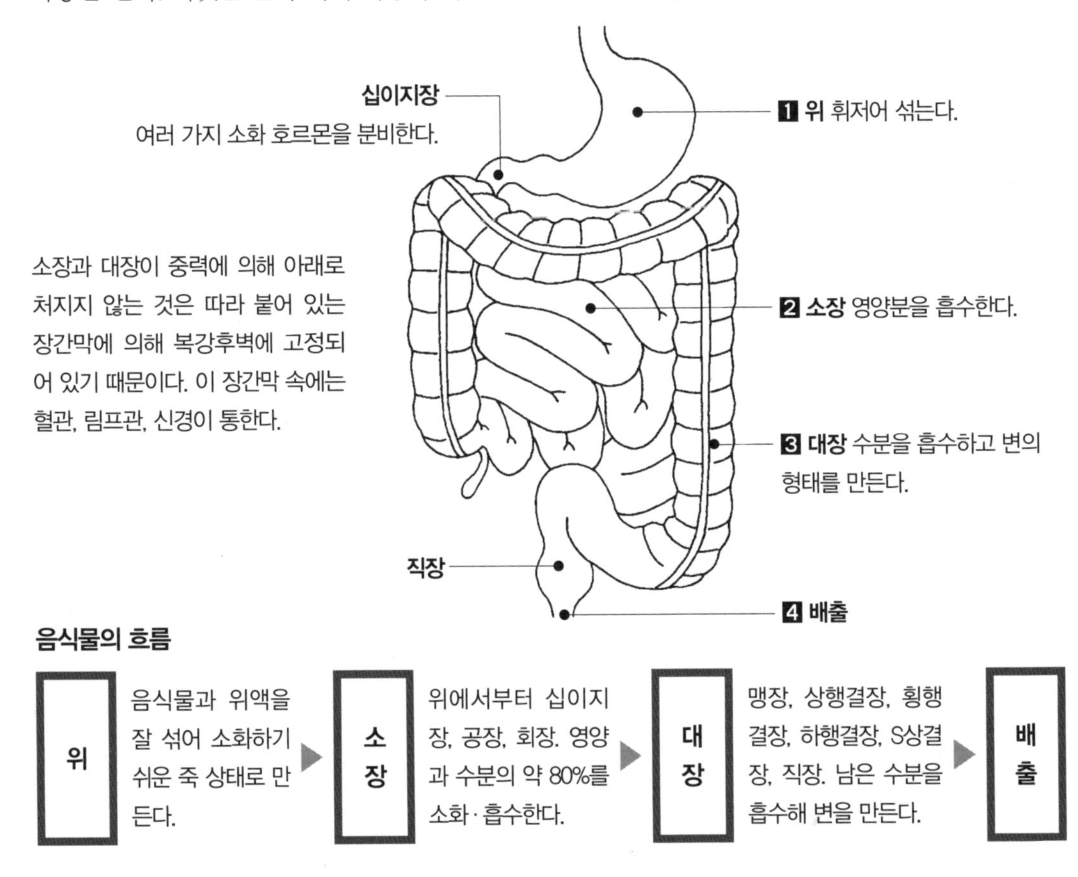

소장의 구조와 기능

소장은 몸에서 가장 긴 장기로 살아 있는 몸에서는 길이 약 3m. 관 모양의 직경은 약 4cm. 주름이 많을 뿐만 아니라 내부 표면은 융모라는 무수한 소돌기에 덮여 있다. 융모의 표면을 합치면 소장의 표면적은 약 200m²(약 60평)로 인간의 체표 면적의 100배 이상이나 된다. 영양분과 수분을 흡수하기 쉽게 되어 있다. 융모의 길이는 약 1mm. 그 속에는 발달한 모세혈관망과 1개의 림프관이 지나고 있어 이곳에서 영양을 흡수해 운반한다.

음식물이 통과하는 데 3~4시간 걸린다.

위에서 죽 상태로 된 음식물은 긴 소장을 통과하면서 영양분이 흡수되어 대장으로 보내진다.

소장(공장)벽을 확대해 보면

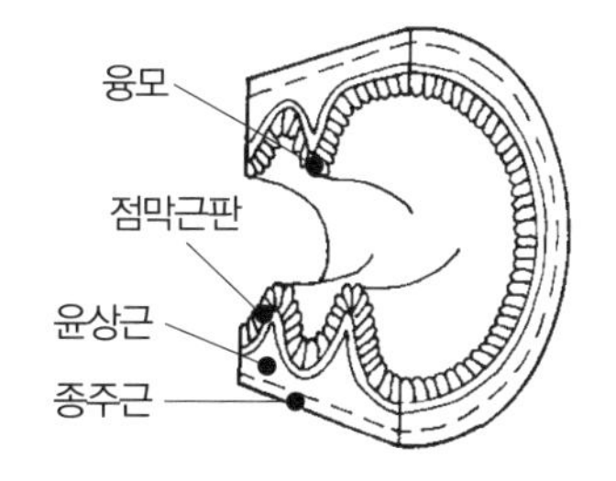

가장 안쪽이 점막, 그리고 윤상근, 종주근 2개의 근육층으로 되어 있다.

하루에 8L나 되는 수분을 흡수한다.

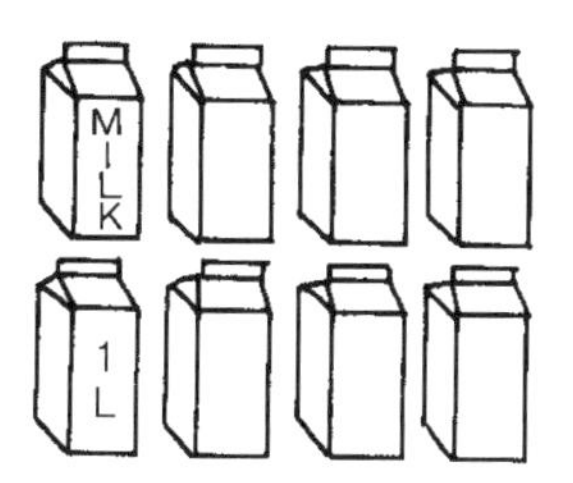

입으로 섭취하는 수분은 하루에 1.5L 정도이지만 침, 위액, 장액 등이 분비되기 때문에 소화관 내의 수분은 10L나 된다. 그중 80%는 소장에서 흡수된다.

대장의 구조와 기능

대장에서는 영양분의 흡수는 거의 이루어지지 않는다. 유동성 내용물에서 수분을 흡수하고 고형화해서 변을 만드는 기능을 한다. 대장에서 흡수되는 수분은 0.4L 정도. 0.1L 정도는 대변과 함께 배출된다.

변의 형태가 만들어지기까지

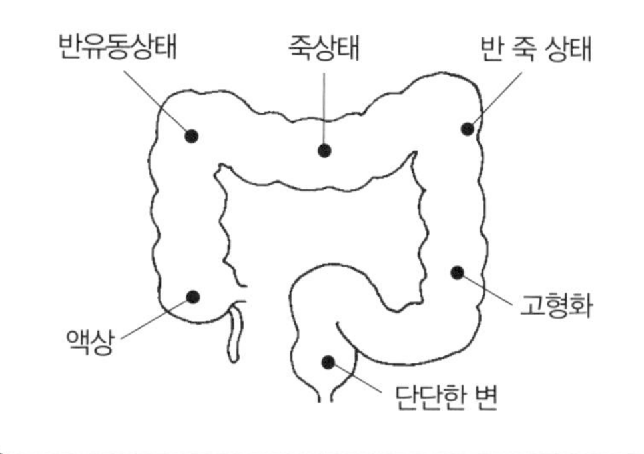

항문의 구조와 기능

소화관의 마지막 지점이 항문이다. 여기에는 무의식적으로 작용하는 내항문괄약근과 의식적으로 열고 닫는 외항문괄약근이 있다. 직장으로 변이 보내지면 무의식적으로 내항문괄약근이 느슨해진다. 동시에 변의를 불러일으켜 외항문괄약근을 느슨하게 해서 배변하는 것이다.

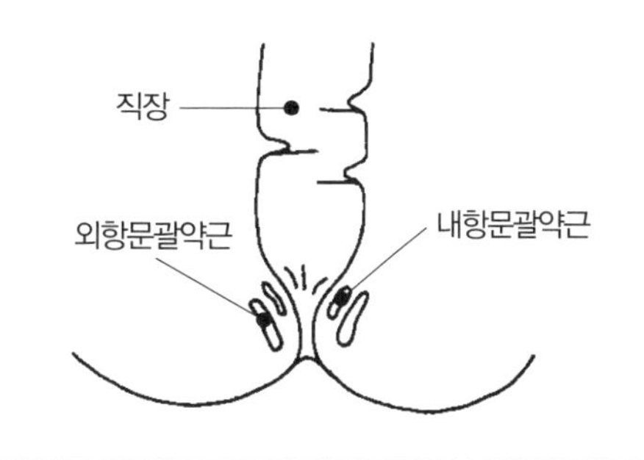

··· 소화·흡수의 구조 ···

음식물은 소화·흡수되면서 몸 안을 이동한다

섭취한 음식물은 길이 약 10m의 거리를 24시간 걸려 여행한다. 이때 통과하는 장기를 하나의 관으로 생각해 소화관이라 한다. 이 소화 여행을 부드럽게 하는 비결은 우선 입에서 잘 씹는 것이다. 잘 씹어 침과 충분히 섞어 두면 위의 일(소장에서의 소화·흡수를 위한 준비)도 쉬워지고, 도중에 소화불량도 잘 일어나지 않는다.

이 여행의 출발점(입)과 종착점(항문)을 제외한 모든 부분이 의지와는 전혀 관계없이 움직이고 내용물을 이동시켜 가는 것이 놀랍다.

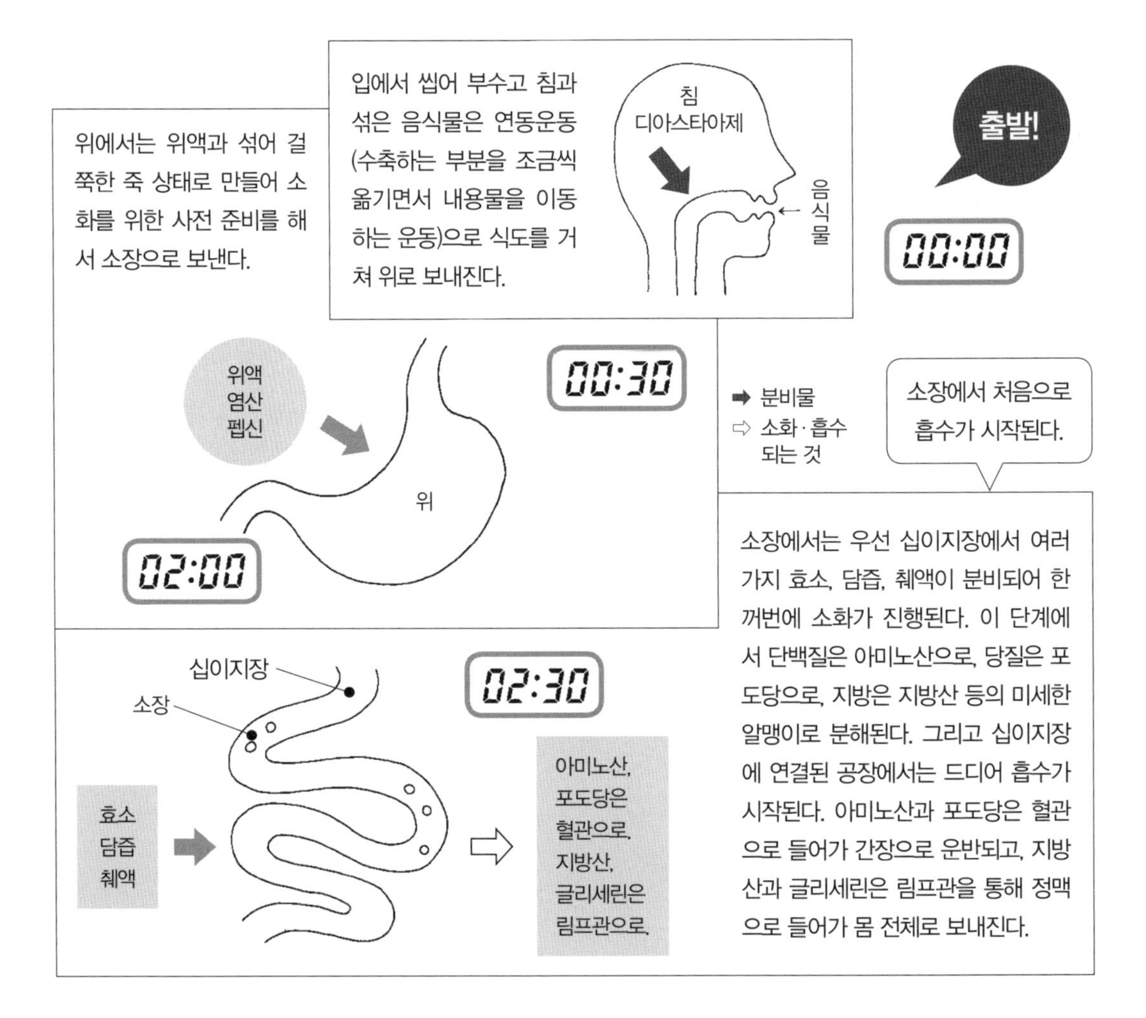

충수란?

맹장의 아래쪽에 붙어 있는 5~7cm의 작은 관. 전에는 충수는 필요없다고 여겼기 때문에, 충수염에 걸리면 수술로 제거하는 경우가 많았다. 그러나 최근에는 면역기능 등과 관계있는 것으로 밝혀져 될 수 있는 한 충수를 남겨두는 치료가 이루어진다.

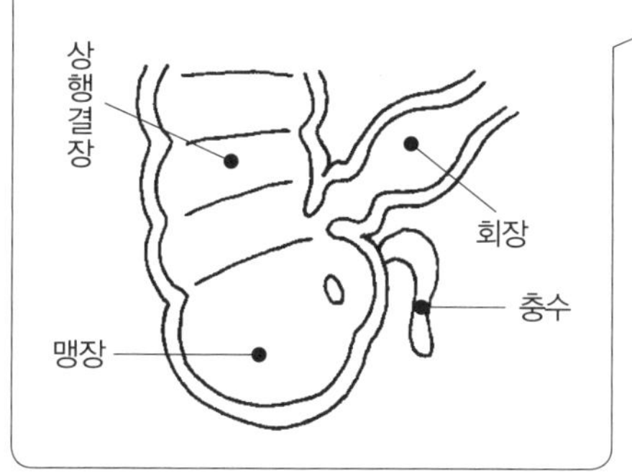

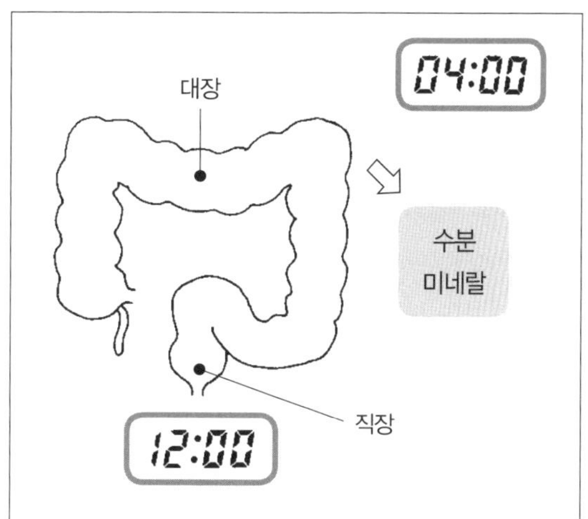

소장에서 대부분의 영양분과 수분의 일부가 흡수된 음식물의 나머지 찌꺼기는 대장으로. 여기에서 수분과 미네랄이 흡수되어 점점 굳고, 직장에 도착했을 때는 딱딱한 변이 된다. 소장, 대장 모두 연동운동으로 내용물을 이동시킨다.

섭취한 음식물은 24~72시간 걸려 몸 안에서 소화·흡수된다. 모든 소화관에는 점액을 분비하는 선이 있고, 이 점액이 음식물의 흐름을 도와준다.

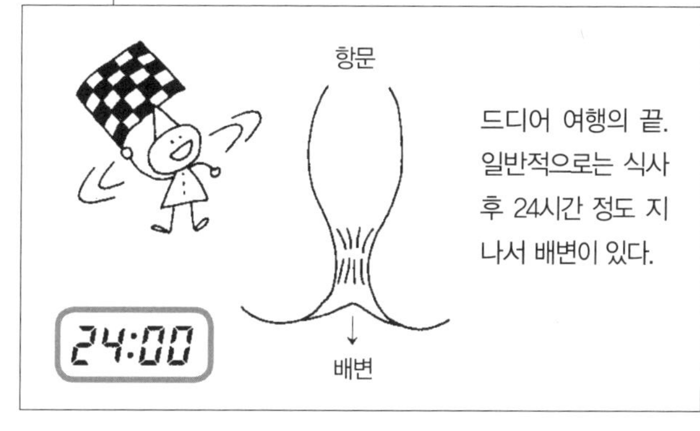

드디어 여행의 끝. 일반적으로는 식사 후 24시간 정도 지나서 배변이 있다.

장내 세균

인간의 장 속에는 무려 100종류, 100조 개의 세균이 있다. 이른바 좋은 균(비피더스균 등)과 나쁜 균(웰치균과 대장균 등)이 있는데, 건강할 때는 좋은 균의 힘이 세서 나쁜 균의 번식을 억제한다. 그러나 항생물질과 스테로이드 호르몬, 면역 억제제의 사용, 방사선 치료, 수술, 노화 등에 의해 장내 세균의 균형이 깨지는 경우가 있다. 그러면 변비나 설사 등을 일으킬 뿐만 아니라 간장병, 동맥경화, 고혈압, 염증성 질환, 암 등을 유발하기도 한다.

··· 왜 '꼬르륵' 소리가 나는 걸까? ···

조건반사로 위가 움직여서 공기가 장으로 가면 배에서 소리가 난다

배에서 '꼬르륵' 소리가 날 때가 있다. 공복일 때 맛있어 보이는 음식을 보거나, 냄새를 맡거나, 상상하거나 하면 실제로 음식물이 위로 들어가지 않아도 조건반사로 위가 마음대로 움직여 활동을 시작해버리는 경우가 있다. 그래서 빈 위 속에 쌓여 있던 공기(가스)가 장으로 보내진다. 이때 '꼬르륵' 소리가 나는 것이다. 따라서 '꼬르륵' 소리가 나는 것은 위장이 건강한 증거라고 생각해도 좋다.

공복일 때

공복일 때 맛있어 보이는 음식을 보거나, 냄새를 맡거나, 상상하거나 한다.

음식물의 정보가 대뇌에 도달한다.

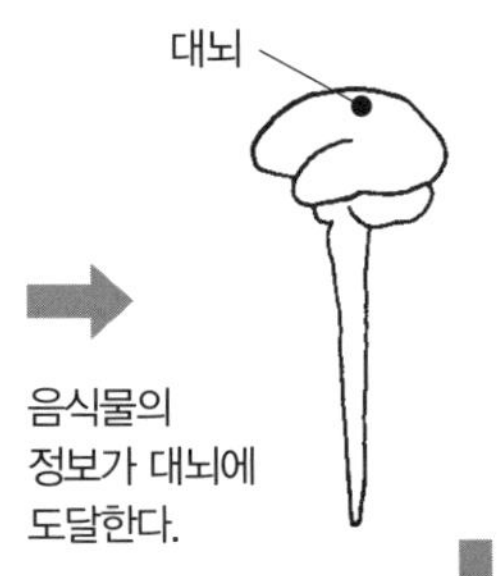

음식물이 실제로 위 속으로 들어가지 않아도 시각과 후각 등의 자극을 받으면 대뇌는 위를 운동시키라는 명령을 내린다.

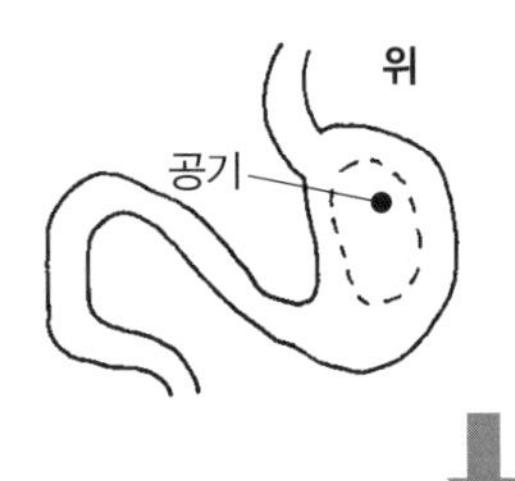

그러나 위저부에 공기가 쌓여 있을 뿐이고 위 속에 음식물은 없다.

그래서 활동을 시작한 위는 쌓여 있던 공기를 소장으로 보낸다. 이때 '꼬르륵' 소리가 난다.

장과 달리 위에서 소리가 나는 것은 건강하다는 증거

장 속에 다량의 공기가 쌓여 있어 괴로워질 때가 있다. 이것은 고창(장내에 가스가 차서 배가 부른 증세)이라고 한다.

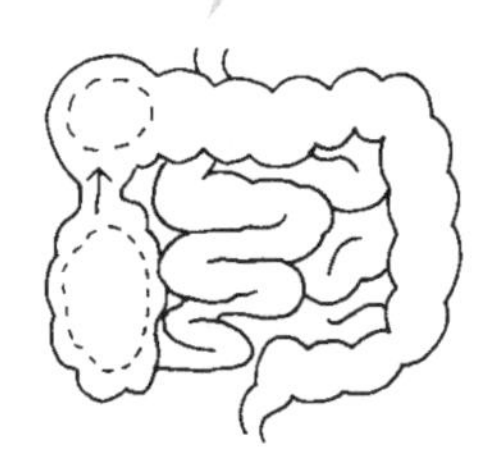

장이 약해졌을 때도 '꾸르륵' 소리가 나기 쉽다.

장이 '꾸르륵' 소리를 낼 때도 있다. 이것은 복명(배가 꾸르륵거리는 소리)이라고 한다. 대장 속을 지나는 내용물에도 공기(가스)가 섞여 있는 경우가 있어 연동운동으로 내용물이 장 속을 지날 때 이 가스가 소리를 내는 것이다.

··· 방귀는 왜 뀌나? ···

방귀의 정체는 공기와 음식물에서 발생한 가스

장내 세균이 장의 내용물을 분해할 때 여러 가지 종류의 가스가 발생한다. 또한 삼킨 공기도 장을 지나간다. 발생한 가스와 공기는 장관에서 흡수되지만, 다량으로 발생하면 다 흡수되지 못하고, 방귀로 몸 밖으로 나오게 된다. 즉, 방귀의 정체는 음식물을 분해해서 발생한 가스와 공기(주로 질소)인 것이다.

가스와 공기 중 가스가 많을 때는 냄새가 독하고, 공기가 많으면 냄새가 약하다.

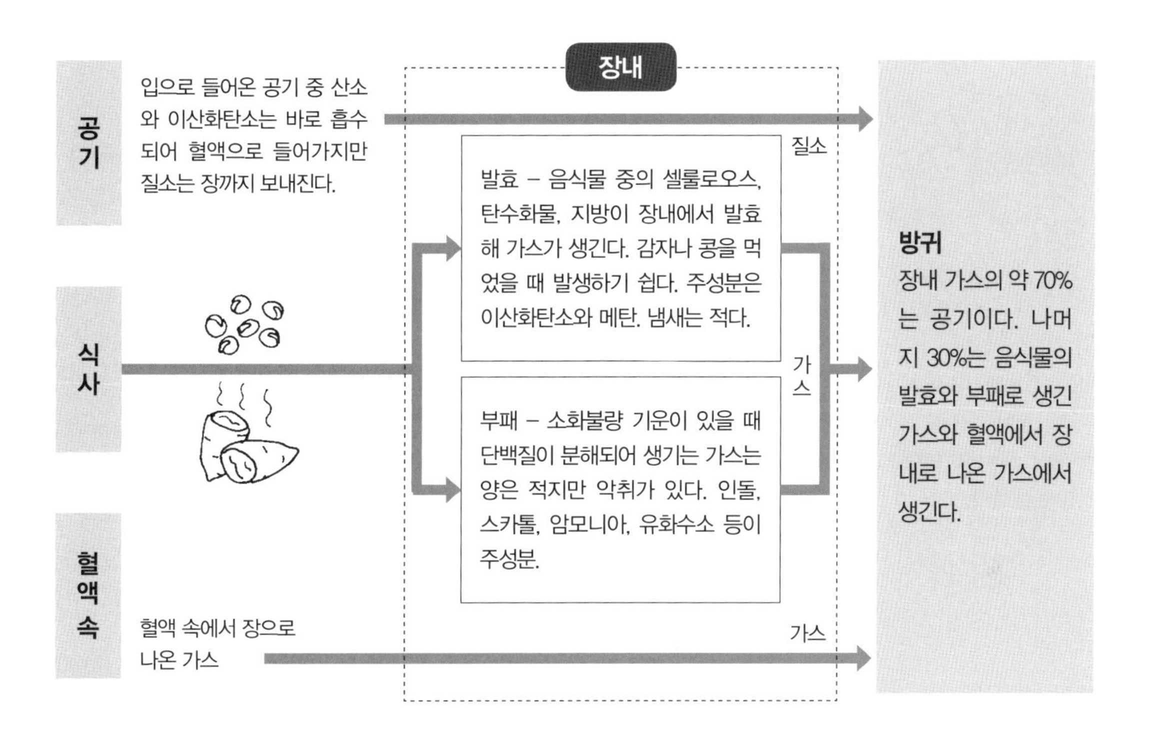

방귀는 장의 연동운동에 의해 나온다. 위장 수술 후의 방귀는 장의 기능이 회복됐다는 것을 나타낸다.

'뿡'과 '뿌–'의 차이

방귀 소리는 파이프 오르간에 비유된다. 대장이 파이프 역할로 가스가 많으면 파이프는 길어지고, 적으면 짧아진다. 긴 파이프는 저음으로 큰 음을, 짧은 파이프는 고음 혹은 무음으로 소리가 작다.

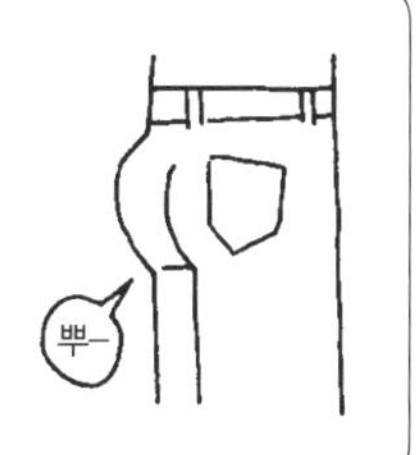

··· 변이 만들어지기까지 ···

변 특유의 모양이 되는 것은 마지막의 S상결장 근처

변의 약 70%는 수분이다. 나머지 30%는 음식물의 찌꺼기, 즉 섬유질과 위장의 분비물인데 이것이 변을 만든다.

대장의 시작 부분에서는 아직 질퍽한 상태로 대장을 지나면서 차츰 수분이 흡수되고, 직장 바로 앞에서는 수분 약 70%의 정상적인 변이 된다.

섭취한 수분과 섬유질의 양에 따라 변의 굳기는 다르다. 균형이 무너져서 변 속의 수분량이 80% 이상이 되면 설사, 더욱 증가하면 물 같은 변을 보게 된다.

최후에는 150~200g으로!
그 결과 항문을 나올 때는 약 100cc의 수분을 함유한 150~200g의 고형변이 된다.

위
먹은 것은 위 속에서 위액과 섞여 분해되고 걸쭉한 죽처럼 되어 소장으로 보내진다.

소장
십이지장에서 소화효소, 췌액, 담즙과 섞여, 소화관 내의 수분은 하루에 10L나 된다. 내용물이 소장을 이동하는 중에 영양분과 수분의 80%가 흡수된다.

대장
대장에 들어왔을 때는 아직 질퍽거리는 액체 상태. 하지만 대장을 지나면서 수분이 흡수된다.

1회의 변에는 반 컵 정도의 수분이 포함되어 있다.

변의 성분은?

변은 남은 찌꺼기라는 이미지가 있다. 그러나 변은 음식물의 소화·흡수되지 못한 남은 찌꺼기만으로 되어 있는 것은 아니다. 장관 속에서 왕성하게 번식하고 있는 세균, 위장의 분비물, 백혈구, 장벽에서 떨어진 세포 등을 다량 함유하고 있다. 변 전체의 고형성분(건조성분)의 약 9%를 세균이 차지한다.

한국인의 배변량이 많다!?

미국인의 식사에 비해 한국인은 단백질과 지방의 섭취가 적은 대신, 섬유질을 많이 섭취한다. 그래서 미국인의 배변량(1일 평균)은 150g 정도이지만, 한국인은 150~200g이라고 한다. 하지만 음식의 서구화로 변도 곧 서구화하지는 않을지 모를 일이다.

··· 배변의 구조 ···

이중으로 지켜지는 교묘한 배변장치

항문은 의사와 무관하게 움직이는 내항문괄약근과 의사로 움직이는 외항문괄약근이라는 근육에 의해 이중으로 보호되어, 함부로 변이 새지 않도록 되어 있다. 더구나 외항문괄약근에는 항상 대뇌에서 폐쇄명령이 내려져 자고 있을 때도 배변하지 않게 되어 있다.

직장에 변이 쌓여 내압이 일정 수준 이상이 되면 대뇌에 자극이 전달되고, 배변반사로 변의가 생긴다. 이 반사로 내항문괄약근은 열리지만, 화장실에 가기 전까지는 외항문괄약근의 힘으로 참게 된다. 변의를 너무 참으면 반사가 약해지기도 한다.

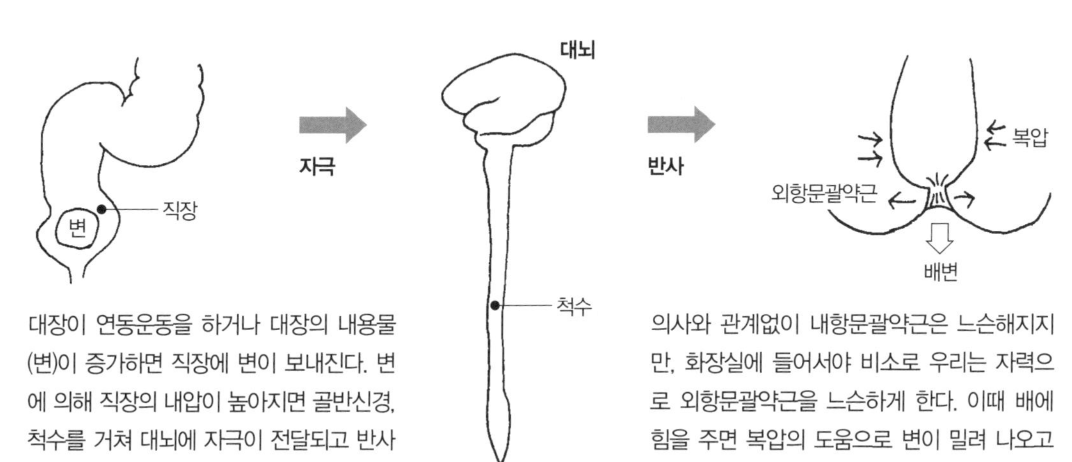

대장이 연동운동을 하거나 대장의 내용물(변)이 증가하면 직장에 변이 보내진다. 변에 의해 직장의 내압이 높아지면 골반신경, 척수를 거쳐 대뇌에 자극이 전달되고 반사로 변의가 생긴다.

의사와 관계없이 내항문괄약근은 느슨해지지만, 화장실에 들어서야 비소로 우리는 자력으로 외항문괄약근을 느슨하게 한다. 이때 배에 힘을 주면 복압의 도움으로 변이 밀려 나오고 항문을 열어 배변하게 된다.

변의 형태	
	물 모양 – 이른바 설사. 장의 운동, 병 등이 원인
	진흙 모양 – 과민성대장증후군(신경성 설사)으로 생각된다.
	반 반죽 상태 – 이상적인 건강한 변
	바나나 모양 – 건강한 변. 수분이 부족하면 변비가 된다.
	토끼 똥 모양 – 신경질적인 성격으로 변비 기운이 있는 사람에게 많은 변

배변을 참을 때

변의가 생겨도 배변할 수 없는 상황이면 참는 경우가 있다. 이것은 의사로 조절할 수 있는 외항문괄약근 덕분이다.

내항문괄약근
외항문괄약근

간장의 구조

아주 중요한 결합

인체에서 가장 크고, 가장 무겁고, 가장 온도가 높은 장기

간장이 심장과 함께 인체를 유지하는 데 있어 매우 중요한 역할을 하고 있다는 것은 옛날부터 잘 알려진 사실이다. 간장은 오른쪽 가슴의 늑골궁(늑골의 아래쪽)의 뒤에 있고, 다량의 혈액을 포함하고 있기 때문에 암자색을 띠고 있다. 몸에서 가장 무겁고, 가장 크고, 가장 고온인 장기이다.

1개의 간장에는 약 2,500억 개의 간세포가 있어 섭취한 음식물 속의 영양소를 화학적으로 처리해 그 사람의 몸에 맞는 형태로 다시 만들어 내보낸다.

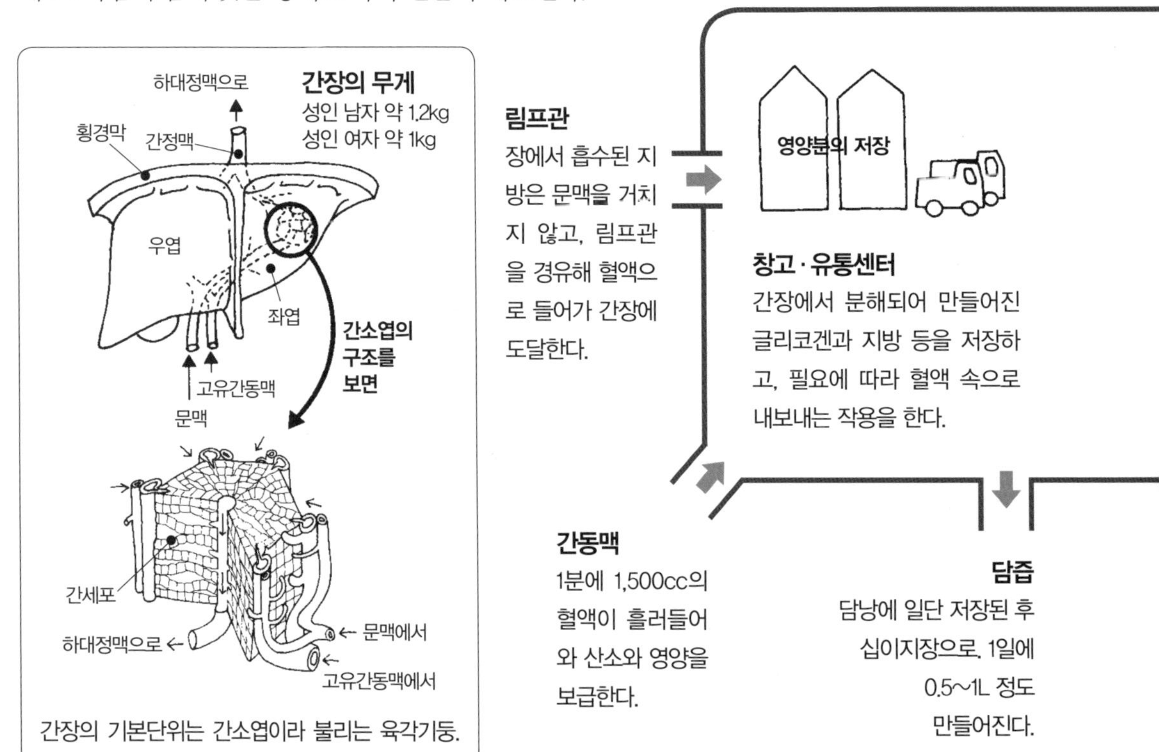

간장의 기본단위는 간소엽이라 불리는 육각기둥. 약 50만 개의 간세포로 되어 있다. 간동맥혈과 문맥혈의 영양분은 이 속을 흐르는 사이에 처리된다.

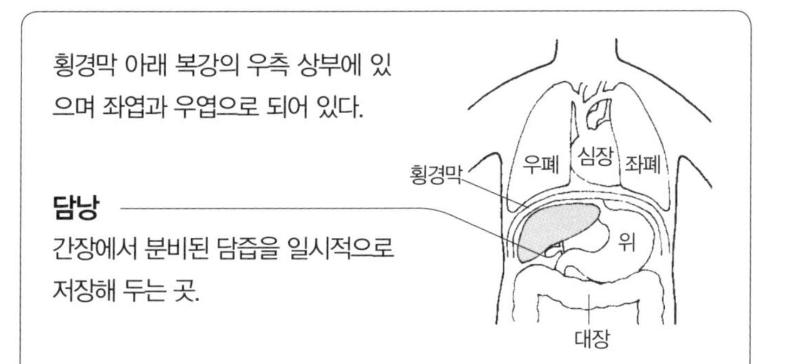

횡경막 아래 복강의 우측 상부에 있으며 좌엽과 우엽으로 되어 있다.

담낭
간장에서 분비된 담즙을 일시적으로 저장해 두는 곳.

간정맥
몸에 적합한 성분으로 분해·합성된 영양소를 싣고 전신으로. 피와 살과 에너지가 된다.

문맥
위장에서 소화된 영양소를 혈액에 실어 1분에 1L 정도씩 간장으로 운반한다.

림프

간장

담즙도 간장에서 만들어진다.

재생공장
간장의 조직이 유해물질에 의해 파괴되면 간세포는 증식을 시작해 스스로 복구한다.

화학공장
영양소를 체내에서 사용하는 형태로 분해·합성하여 다시 만든다(대사). 탄수화물, 단백질, 지방, 비타민과 호르몬의 대사를 한다.

담즙생산공장
장내의 소화·흡수를 도와주는 담즙을 만든다. 해독작용 중에 생긴 노폐물도 함께 장으로 보낸다.

오수처리장
알코올과 니코틴, 약물, 소화 도중에 생성되는 암모니아 등 체내외에서 만들어지는 유해물질을 분해하는 해독작용을 한다.

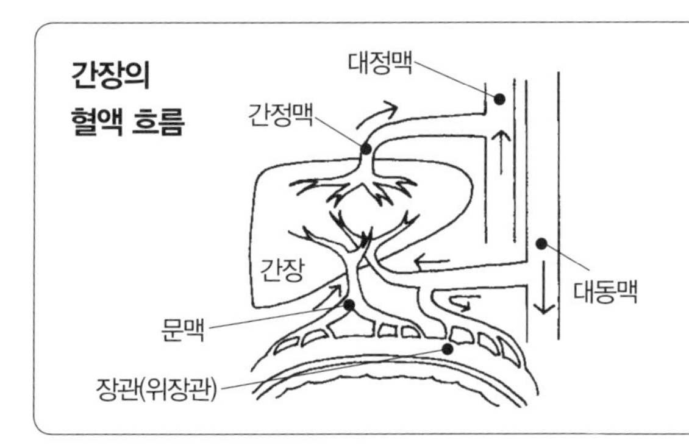

위와 장에서 흡수된 알코올과 음식물 중의 영양소는 그대로 피와 살이 되지 않는다. 문맥의 혈액과 섞여 일단 간장으로 들어가 화학적으로 분해·합성되어 몸에 필요한 형태로 바뀐 후 몸 전체로 보내진다. 게다가 영양분을 저장했다가 조금씩 내보내서 체내의 혈액 성분을 일정하게 유지하는 작용도 한다.

··· 영양소를 다시 만드는 구조 ···

흡수한 영양소를 활용할 수 있는 형태로 다시 만든다

주로 소장에서 흡수된 영양소는 혈액과 림프액으로 들어가 문맥과 림프관을 통해 간장으로 운반된다. 그리고 이곳에서 화학적으로 처리되어 비로소 몸 안으로 흡수되는 유효한 영양이 된다. 즉, 간장이 정상적으로 기능하지 못하면, 섭취한 음식물도 도움이 되지 않는다.

화학반응의 기본은 A와 B에서 C를 만드는 '합성'과 D를 E와 F로 나누는 '분해'이다. 간장에서는 수천 종류나 되는 화학반응이 놀랄 정도의 빠른 속도와 정밀함으로 이루어진다.

또 새롭게 만들어진 영양을 저장해 필요에 따라 방출하는 등, 혈액성분을 일정하게 유지하는 기능도 한다.

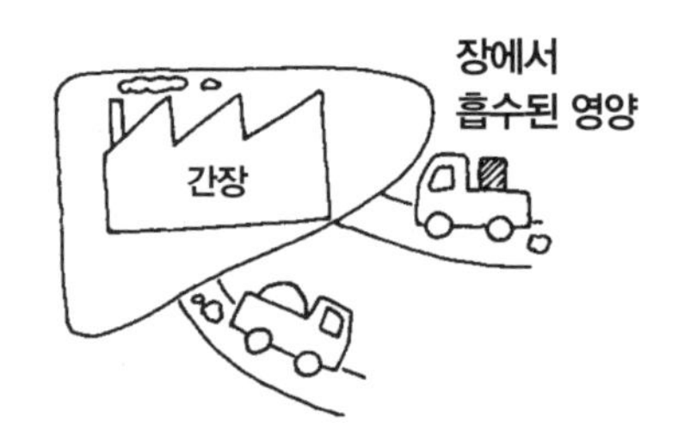

몸에 적합하고 도움이 되는 형태로 변환된 500종류 이상의 물질을 체내로.

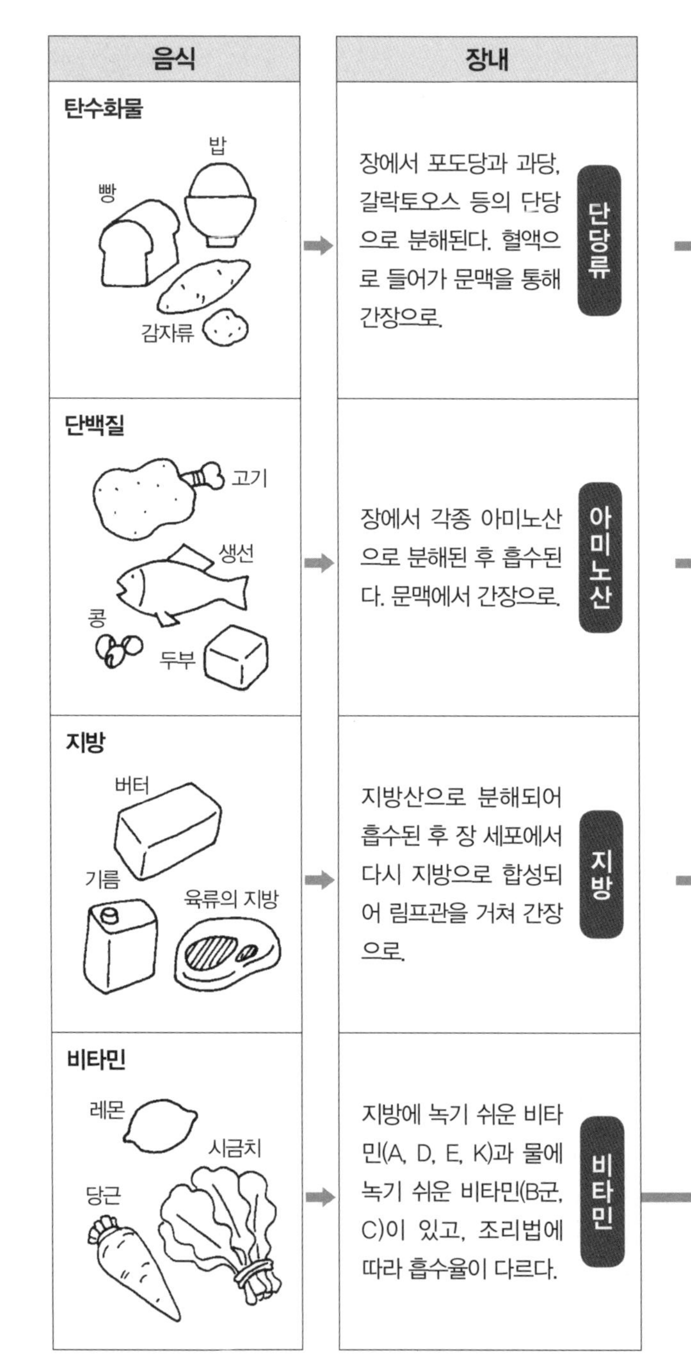

간장		간정맥
간장에서 모두 포도당으로 되어 필요에 따라 몸 전체로. 포도당은 몸 전체 60조 개의 세포에 특히 중요한 에너지원이다. ⓞ	**포도당** / **글리코겐** ↓↑ 저장 — 포도당은 저장에는 부적합하기 때문에 글리코겐이라는 단당류의 집합체 형태로 저장된다. 혈액 중의 당이 감소하면 포도당으로 돌아가 혈액 속으로.	**혈당** 산소에 의해 포도당이 연소될 때 발생하는 열이 인간의 에너지가 된다.
혈액 중 당의 증감에 의해 아미노산과 지방으로부터 포도당을 만들어 혈액으로 보낸다. 일부는 인체에 적합한 단백질로 변환된다.	**아미노산** / **단백질** ↓↑ 저장 — 간장에서 작용하는 약 2,000종의 효소와 혈장 중의 단백질 등이 만들어진다. 아미노산이 50개 이상 연결된 것이 단백질이다. 과다 섭취한 단백질은 체내에 저장.	**혈청단백질** 간장의 기능이 저하되면 혈액 중의 단백질, 특히 알부민의 양이 감소한다.
에너지의 원료, 간세포에서 콜레스테롤을 만드는 원료가 된다. 간세포에는 3~5%의 지방이 함유되어 있어서 항상 새롭게 교체된다.	**지방** — 콜레스테롤은 세포의 막이나 호르몬(스테로이드 호르몬)을 만드는 중요한 물질. 동맥경화의 원인이 되기도 하지만, 적절한 양이면 오히려 혈액의 흐름을 원활하게 해준다.	**혈중지방** 간장은 콜레스테롤을 만들고 사용된 것은 담즙산으로 만들어 처리한다. 하지만 동물성 지방 과다 섭취 등으로 체내로 보내지는 콜레스테롤의 양이 많아지면, 혈액 중에 콜레스테롤 찌꺼기가 쌓이게 된다.
	섭취한 비타민은 간장에 저장되어 체내에서 작용하는 형태로 변환된다. 예를 들면 비타민 B_1은 코카르복실라아제로. ⇄ 저장	우리 몸을 형성하고 유지하기 위한 에너지원이 되는 것은 위의 3대 영양소(당질, 단백질, 지질)이지만, 그 작용을 원활하게 하는 것은 비타민 및 미네랄이다.

··· 알코올을 분해하는 구조 ···

간장에서 분해되어 탄산가스와 물이 된다

마신 알코올은 위와 소장에서 흡수되어 간장에 모인다. 그리고 간장에서 효소의 힘으로 분해작업이 계속 진행되어, 무해한 탄산가스와 물로 변해 몸 밖으로 배출된다. 어느 정도의 술이라면 숙취가 없는 것도 이런 간장의 작용 덕분이다.

단, 효소의 양에는 개인차가 있기 때문에 술에 강한 성도는 사람마다 다르다. 아무리 술이 세다고 해도 한도를 넘은 양을 마시거나 속도가 빠르면 간장에 부담을 주게 된다. 과도한 음주는 간 장해의 원흉이므로 술은 적절히 마시는 것이 좋다.

알코올의 30%는 위의 모세혈관에서, 나머지는 소장에서 흡수되어 문맥을 통해 간장으로.

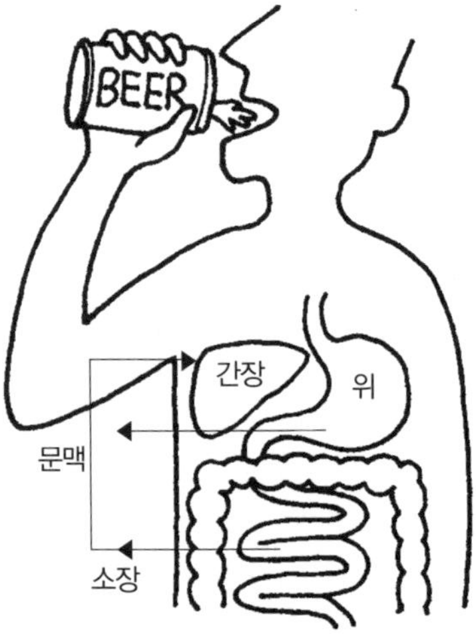

병맥주 큰 것 1병을 간장에서 분해하는 데는 약 3시간 걸린다

알코올이 분해되는 과정

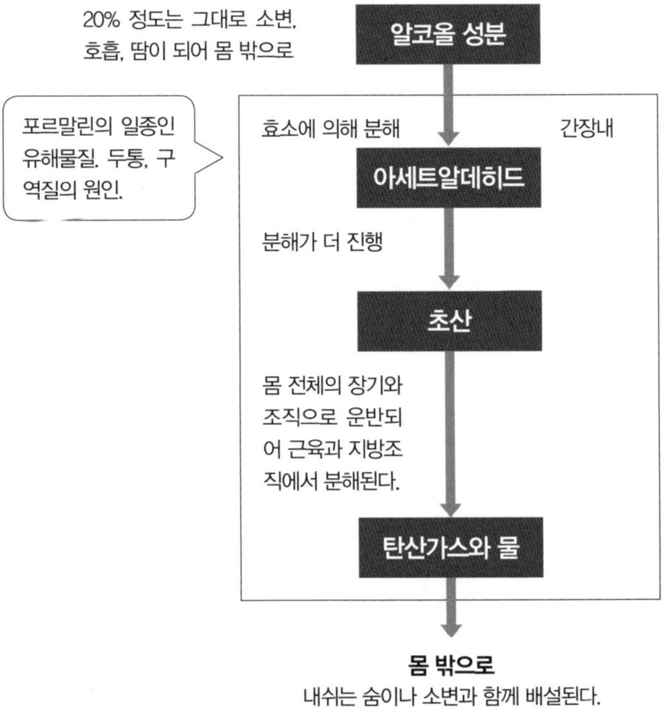

간장이 알코올을 분해하는 속도보다 빠른 속도로 마시면 급성 알코올 중독의 위험이 있다.

한국인은 서양인에 비해 알코올 분해 효소가 적어 과음하면 좋지 않다. 혈액 중의 알코올이 마취제 역할을 해 뇌신경을 마비시킨다.

구토하거나 숙취가 생기는 이유?

알코올이 최초로 분해될 때 생기는 아세트알데히드는 독성이 강한 물질로 두통과 구역질의 원인이다. 분해는 일정한 속도로 진행되기 때문에 음주량이 너무 많거나 마시는 속도가 빠르면 분해가 이를 따라가지 못해 아세트알데히드가 몸 전체를 돌아다니거나 알코올이 간장을 그대로 통과해 뇌에 도달하기도 한다. 이것이 구토중추를 자극해 두통이나 구역질, 숙취의 원인이 된다.

계속해서 더 마시면

평균적으로 24시간 걸려 처리되는 주량은 소주 약 1병, 위스키로 반병 정도. 다만 이것은 최대치이며 이 양을 5년간 매일 마시면 약 50%의 사람에게 간세포에 중성지방이 쌓이는 '지방간'이 생기고, 20%의 사람이 알코올성 간염에 걸린다. 이것은 알코올의 직접적인 작용으로 간세포가 장해를 입기 때문이다. 간세포는 강한 회복력이 있어서 상처 난 곳을 회복시키지만, 회복 속도보다 파괴 속도가 빠르면 섬유가 많은 조직이 증가해 간장의 기능이 손상된다.

알코올은 계속 마시면 강해질까?

간장에서는 3단계의 분해가 이루어지는데, 이때 활약하는 효소의 양에는 개인차가 있다. 분해효소를 많이 가진 사람은 술에 강하고 적게 가진 사람은 약하다. 그러나 계속해서 마시는 사이에 이 효소의 작용이 점점 활발해지기 때문에 술이 강해지는 경우도 있다.

간장에 부담을 덜 주는 음주법

① 소주는 하루에 3~4잔 이하로. 사람이 하루에 처리할 수 있는 주량의 절반 정도를 기준으로 한다.
② 단숨에 마시는 것은 피하고, 천천히 조금씩 마실 것.
③ 단백질이 풍부한 안주와 함께 마실 것.
④ 주 2일은 금주할 것.

그 외 해독작용

간장에서는 알코올 이외에도 약물, 식품첨가물 등의 유해물질, 소화·흡수 과정에서 생성된 독물 등을 효소에 의해 무해한 물질로 바꿔 배설하는 작용을 한다. 만약 간장이 나빠져 해독되지 않은 물질이 몸 전체로 퍼지면 이것이 병을 일으키는 원인이 된다. 그러나 이 해독작용에는 안 좋은 면도 있다. 같은 약을 오랫동안 계속 복용하게 되면 점점 약효가 떨어져 양을 증가시키지 않으면 안 되는 것도 약물에 대한 해독력이 강해지기 때문이다.

··· 간세포가 재생되는 구조 ···

보통 세포의 2~4배나 되는 염색체 재생능력의 비밀

병에 걸려도 특별한 증상이 나타나지 않을 때가 많아 '침묵의 장기'라 불리는 간장. 실제로 3/4을 잘라내도 생명을 유지할 수 있을 정도로, 조금 손상을 입어도 충분히 역할을 다할 수 있는 여력을 갖고 있다.

뇌와 심장의 세포는 한 번 죽으면 재생되지 않지만, 간장은 조직이 유해물질에 파괴되면 놀라운 재생능력을 발휘해 원래대로 회복된다. 더구나 이런 회복은 몇 번이라도 반복해 이루어진다. 이것의 비밀은 간세포의 염색체 수가 많기 때문이다.

수술로 간장의 3/4을 잘라내도 곧 간세포가 증식을 시작해 4개월이면 완전히 원래의 크기로 된다. 원래의 크기가 되면 재생을 멈춘다.

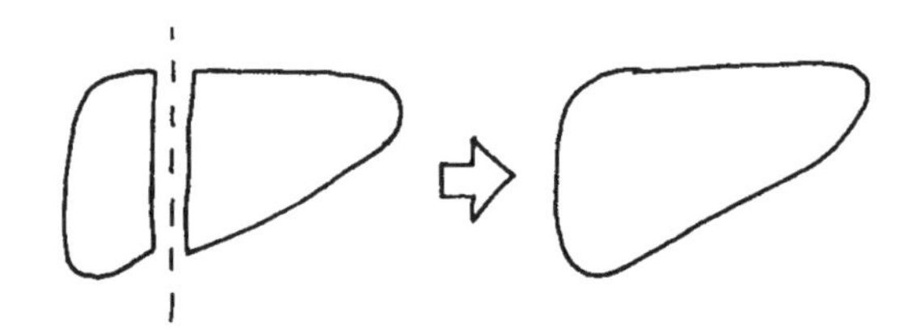

왜 재생되는 것일까?

간세포

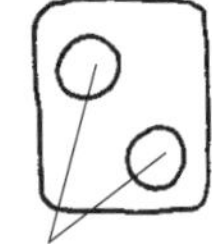

핵이 2개 있는 것이 많다.

도롱뇽

지렁이

게

그 메커니즘은 해명되지 않았지만, 간세포는 다른 세포와는 다른 특징을 갖고 있다. 핵이 2개인 세포가 많고, 보통 세포의 염색체는 46개인 데 비해 2배, 3배, 4배의 염색체를 가진 것이 많다. 이것은 다리가 잘려도 재생하는 능력을 가진 도롱뇽, 지렁이, 게와 같다. 재생의 비밀은 여기에 있다.

간세포의 자위능력이 간경변을 초래한다

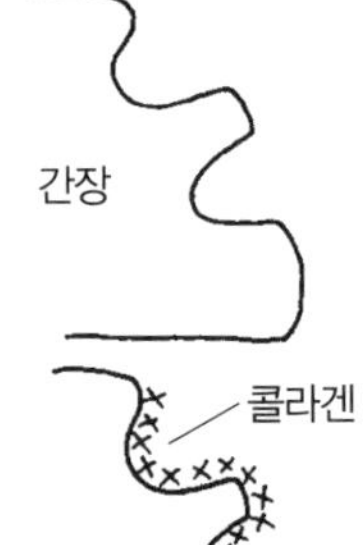

1. 바이러스나 알코올, 약물 등에 의해 간세포가 점차 손상된다.

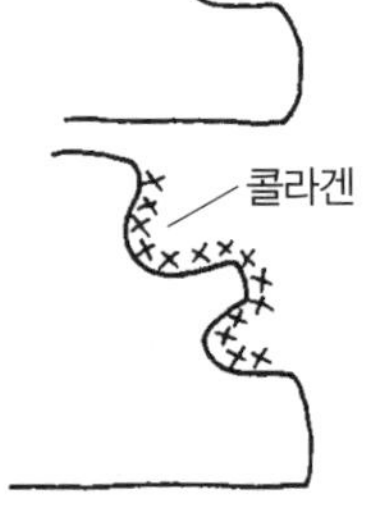

2. 간세포를 재생하려는 작용으로 구멍을 막기 위해 섬유(콜라겐)가 나온다.

3. 섬유 덩어리가 생겨 매끄럽던 간장이 울퉁불퉁하고 딱딱하게 변형되어 버린다. 이것이 간경변이다.

··· 담즙은 무엇으로 이루어져 있나? ···

수분 속에 색소와 담즙산, 콜레스테롤이 녹은 것

간장의 기능 중에서 잊어서는 안 되는 것이 담즙의 분비이다. 장 속에서의 소화·흡수를 돕는 이 소화액은 간세포에서 만들어져 혈액의 흐름과는 반대로 간장의 바깥쪽을 향해 흐른다. 그리고 대부분이 담낭에 모여 담관을 거쳐 십이지장으로 보내진다.

그 양은 하루에 700~1,000mL. 대부분은 수분이지만 오래되어 파괴된 적혈구의 색소에서 만들어지는 색소 '빌리루빈'과 콜레스테롤에서 만들어지는 '담즙산', '콜레스테롤'이 함께 녹아 있는 상태로 되어 있다.

소장에서 돌아온 담즙산의 양에 맞춰, 간세포는 새로운 담즙산의 생산량을 조절한다. 되돌아온 것이 많으면 생산을 줄이고, 적으면 많이 생산한다. 간장질환으로 담즙산의 생산이 제대로 되지 않으면 불필요해진 콜레스테롤이 혈액 속에 섞여 들어가 동맥경화의 원인이 된다.

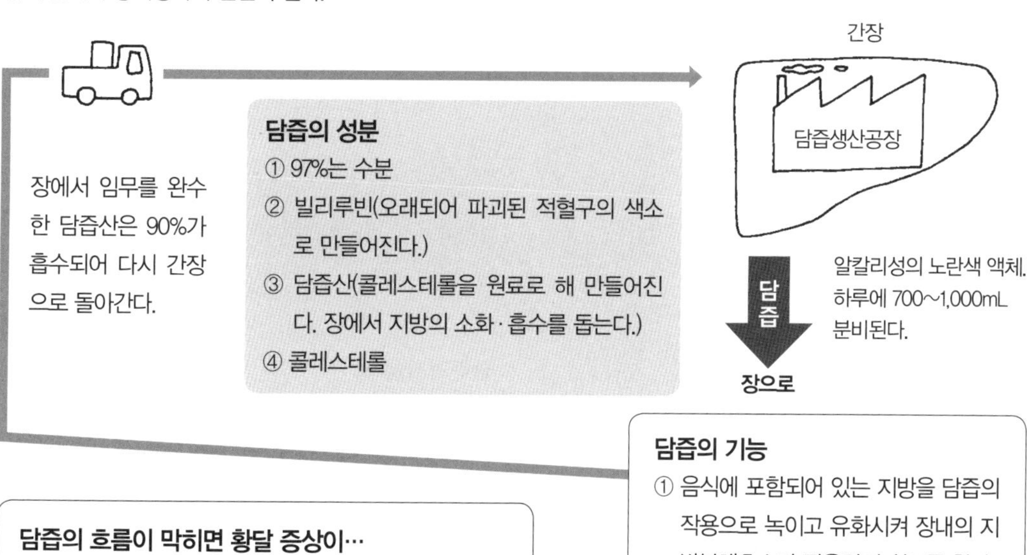

담즙의 기능

① 음식에 포함되어 있는 지방을 담즙의 작용으로 녹이고 유화시켜 장내의 지방분해효소가 작용하기 쉽도록 한다.

② 장의 운동을 촉진시켜 내용물의 흐름을 원활하게 한다.

③ 간장에서의 해독작용 중에 생긴 불필요한 물질을 장으로 보내 배출한다.

변과 소변에 섞여 배출된다.

담즙의 흐름이 막히면 황달 증상이…

피부와 안구결막(눈의 흰자위 부분)이 노랗게 되는 '황달'은 간장병 증상의 하나이다. 그 색의 원인은 담즙에 포함되어 있는 빌리루빈. 간염바이러스에 의해 간세포가 손상되거나 담석 등으로 담즙의 통로가 막히면 원래는 장으로 들어갈 담즙이 정체해 빌리루빈이 혈액으로 들어가 섞인다. 이것이 피부와 점막에 붙기 때문에 노랗게 된다.

담낭·담관의 구조

담즙의 농축 탱크

절묘한 타이밍으로 담낭에서 담즙이 분비된다

간장에서 만들어진 담즙(장 속의 소화·흡수를 돕는 역할을 한다)은 담관을 거쳐 일단 담낭으로 들어간다. 담관이란 간장에서 십이지장으로 향하는 관으로, 담낭은 그 중간 간장 바로 아래에 따라 붙어 있는 가지 형태의 주머니 모양 기관이다. 담관, 담낭을 합쳐서 담도라 한다.

담즙은 95% 이상이 수분으로 이루어져 있는데, 담낭에서는 그 수분이 짜내져 농축된다. 그리고 섭취한 음식물이 위에서 십이지장으로 들어오는 것을 신호로 담낭에서 분비되어, 췌장에서 오는 췌액과 합류하면서 십이지장으로 흘러 들어간다.

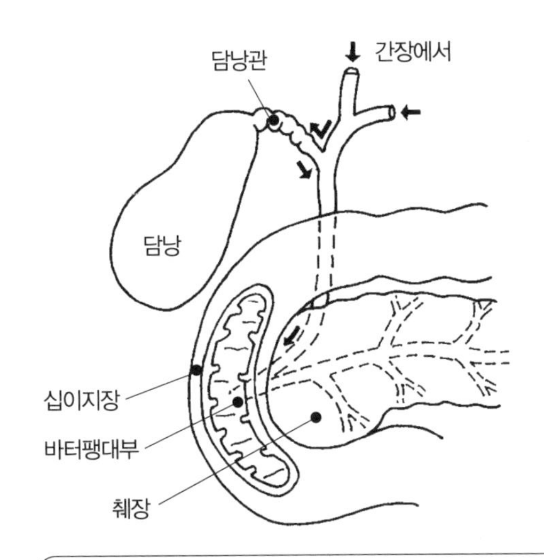

담낭은 길이 7~10cm, 폭 2.5~3.5cm의 가지 형태와 비슷한 주머니 모양의 장기. 용적은 40~70cc. 주머니 안쪽은 주름이 가득 잡힌 점막으로 덮여 있다.

담즙의 흐름 ⬅

담낭에 저장된 담즙은 식사 후 2~3시간 내에 분비된다.

담낭은 담즙의 농축 탱크!

담즙은 간장에서 만들어지는 것 중에서는 유일하게 특별한 통로를 통해 활용된다. 간세포 속을 혈액과 역행해 밖을 향하고 담관을 거쳐 담낭으로 흘러 들어간다. 여기에 저장되어 있는 동안 수분을 빼앗겨 10~20배로 농축된다. 비교적 새로운 담즙은 황색이지만 농축된 것은 거무스름한 색이 된다. 이렇게 준비된 담즙은 필요할 때 십이지장으로 흘러 들어가 소화·흡수를 돕는다.

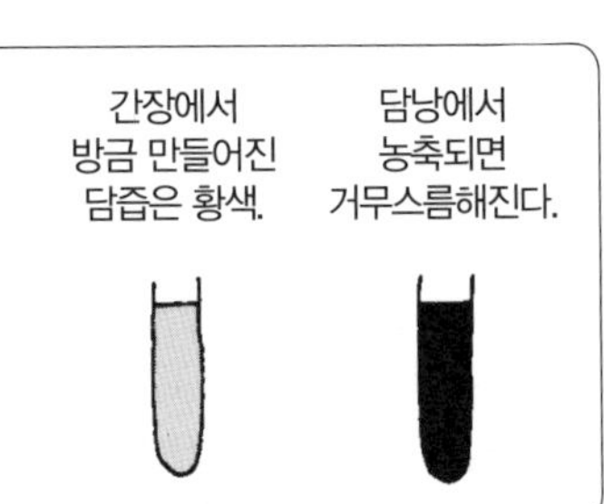

담즙과 췌액이 분비되는 시기

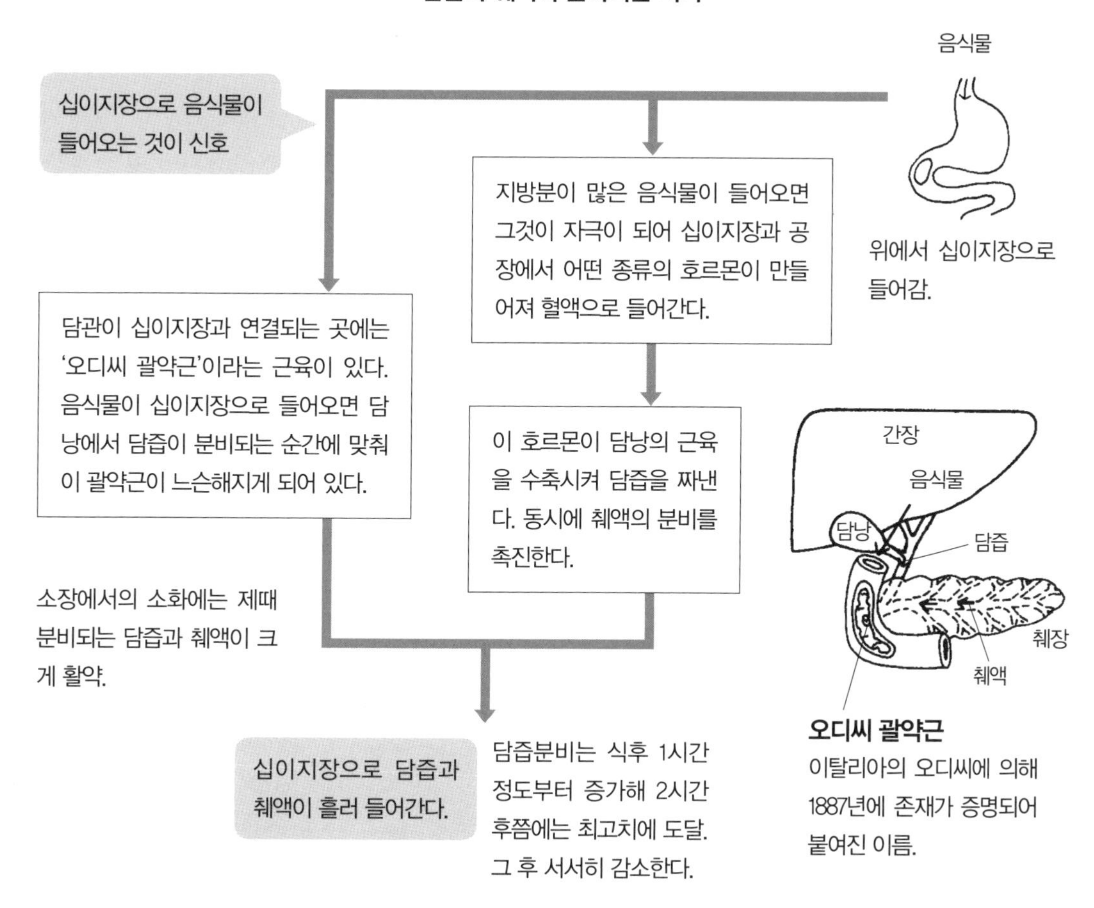

담석이란?

담낭에 많이 생기는 콜레스테롤 결석과 담관에 생기는 색소 결석이 있다. 최근 증가하고 있는 콜레스테롤 결석이란 고지방식과 비만, 스트레스 등으로 담즙의 콜레스테롤이 증가해 침전되기 쉬워져, 이것이 쌓인 것에 칼슘이 더해져 돌처럼 되는 것. 오른쪽 상복부에 극심한 복통이 일어나는 경우도 있지만, 자각증상이 없는 경우도 많다. 또한 자연히 없어지는 경우도 있다.

모래알 정도에서 호두알 정도까지 크기도 다양. 100개 이상이나 갖고 있는 경우도 있다.

담낭염이란?

담석이 생기거나 담낭의 기능이 나빠져 담즙 속에 세균이 증가하는 감염증. 급성담낭염에 걸리면 발열, 오한, 오른쪽 상복부의 극심한 통증 등의 증상이 나타난다. 보통 항생물질을 투여하는 등 내과적으로 치료한다.

··· 담즙이 지방의 소화를 돕는 구조 ···

담즙과 췌액의 합동 작용으로 지방의 소화도 부드럽게

담즙은 장 속의 소화·흡수를 돕는다고 하지만, 담즙 그 자체에 소화효소가 포함되어 있는 것은 아니다. 그러면 도대체 어떻게 소화·흡수를 돕는 것일까?

우선 첫 번째로, 함께 십이지장으로 보내지는 췌액 속의 소화효소를 활성화하는 일을 한다. 간접적으로 작용하는 것이다. 장 속에서는 이렇게 활성화한 소화효소가 음식물 속의 지방을 글리세린과 지방산으로 분해하는 데 이때 또다시 담즙이 기능한다. 분해해서 생긴 지방산에 작용해 흡수하기 쉬운 형태로 바꾸는 역할을 하는 것이다.

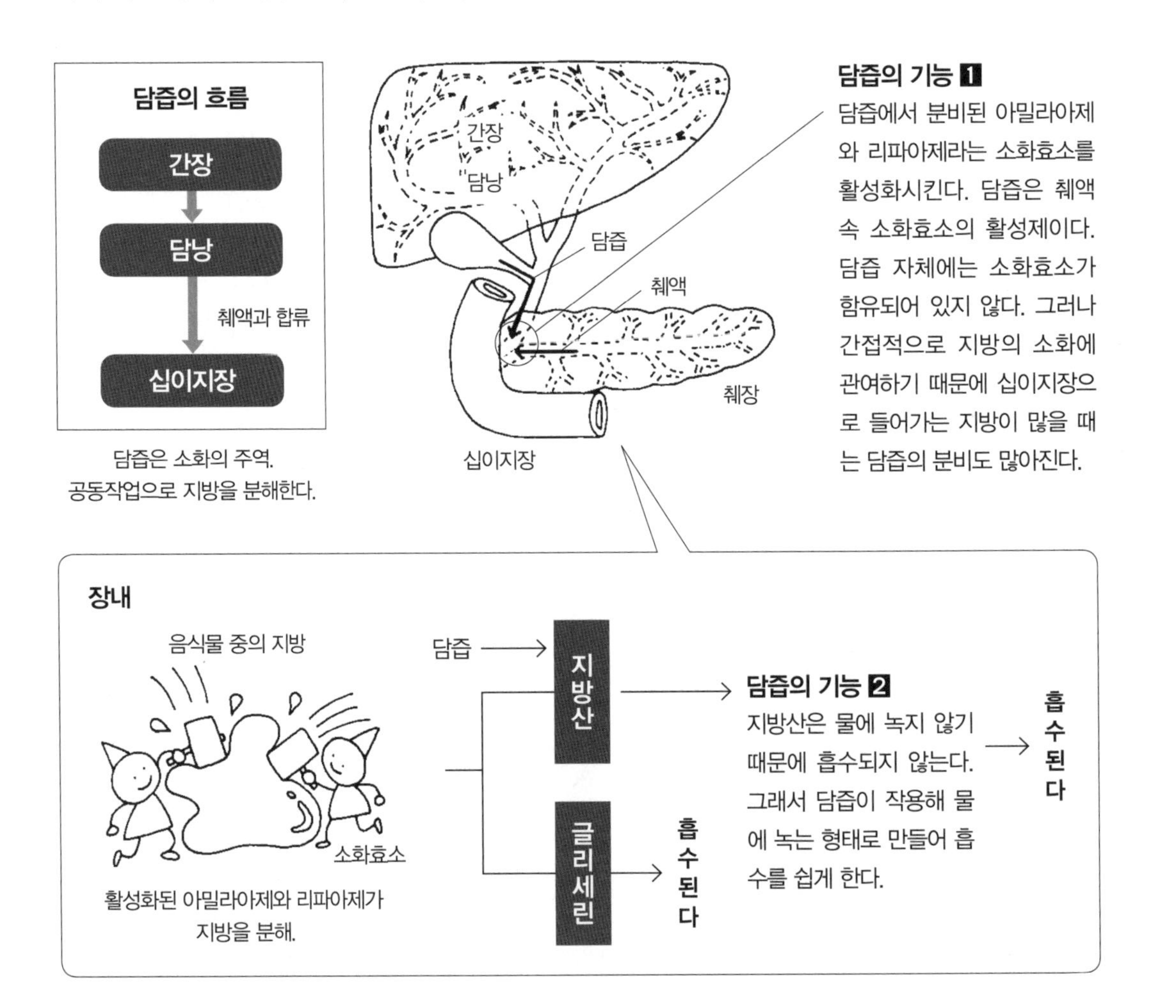

담즙은 소화의 주역.
공동작업으로 지방을 분해한다.

··· 대변이나 소변의 색은 왜 변하나? ···

간장 장해 등으로 대변이나 소변의 색이 변한다

간장에서 분비되는 담즙에는 오래되어 파괴된 적혈구의 색소, 빌리루빈이 포함되어 있다. 이것은 보통 장으로 들어가 변에 섞여 몸 밖으로 배출된다. 변이 갈색인 것은 이 빌리루빈의 색 때문이다.

그런데 간 기능이 저하되어 담석 등이 생기면, 빌리루빈이 담즙에 잘 들어가지 못하고 혈액 속에 섞이는 경우가 있다. 빌리루빈이 섞이지 않은 대변은 하얘지고, 대신 혈액에서 소변으로 섞이기 때문에 소변 색이 위스키처럼 짙어진다. 이와 같이 대변과 소변 색깔로 간장의 건강상태를 알 수 있다.

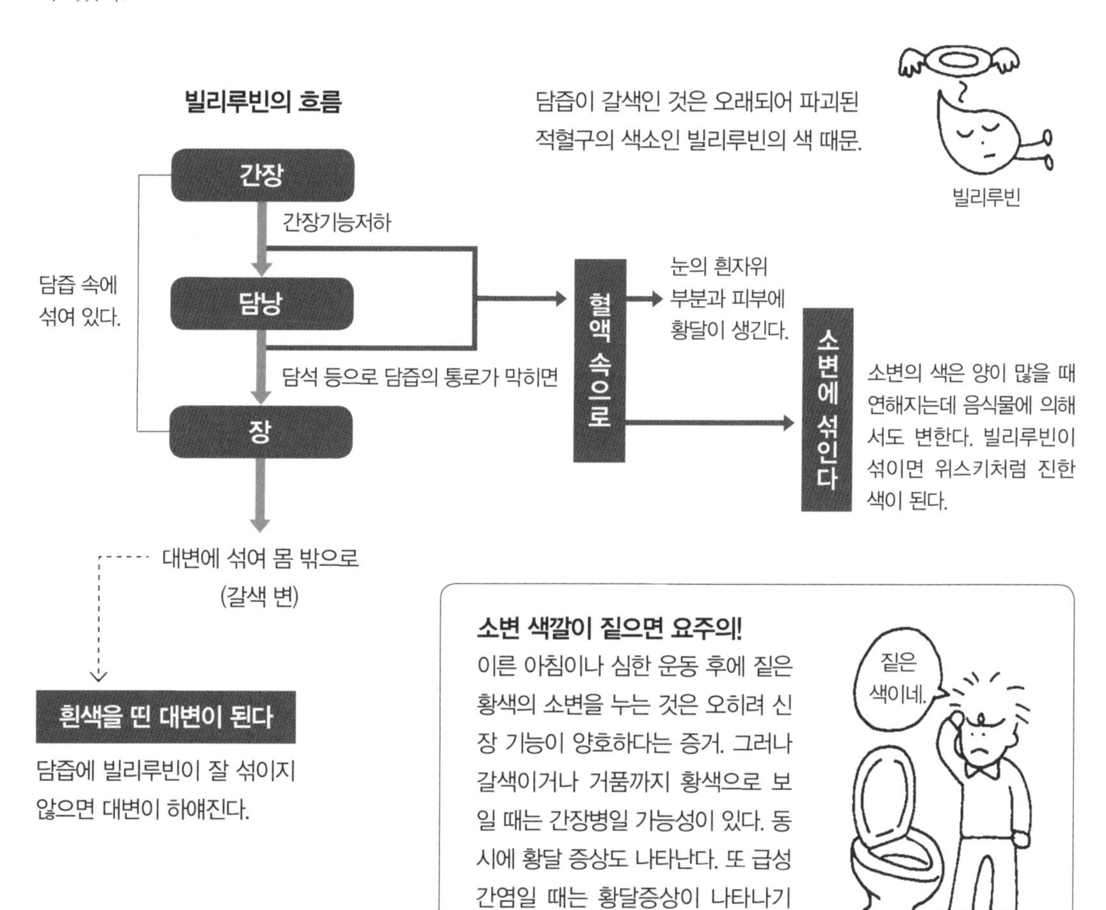

소변 색깔이 짙으면 요주의!

이른 아침이나 심한 운동 후에 짙은 황색의 소변을 누는 것은 오히려 신장 기능이 양호하다는 증거. 그러나 갈색이거나 거품까지 황색으로 보일 때는 간장병일 가능성이 있다. 동시에 황달 증상도 나타난다. 또 급성 간염일 때는 황달증상이 나타나기 며칠 전부터 소변 색이 진해진다.

췌장의 구조

소화액과 호르몬 2가지를 분비

췌액을 십이지장에, 인슐린을 혈액에 분비

췌장이란 몸 전체의 포도당 대사를 촉진시키는 호르몬인 '인슐린'을 분비하는 곳이다. 당뇨병과 밀접한 관계가 있는 만큼, 현대인들이 특별히 관심을 갖는 기관 중 하나이다. 그러나 췌장이 어디에 있는지는 의외로 잘 알지 못한다. 췌장은 위의 뒤쪽, 척추와의 사이에 있지만 몸 표면에서는 만져지지 않기 때문에 옛날에는 병도 발견하기 어려웠다. 기능은 장에서의 소화를 돕는 췌액의 '외분비'와 인슐린 등을 혈액 속으로 분비하는 '내분비'로 대별된다.

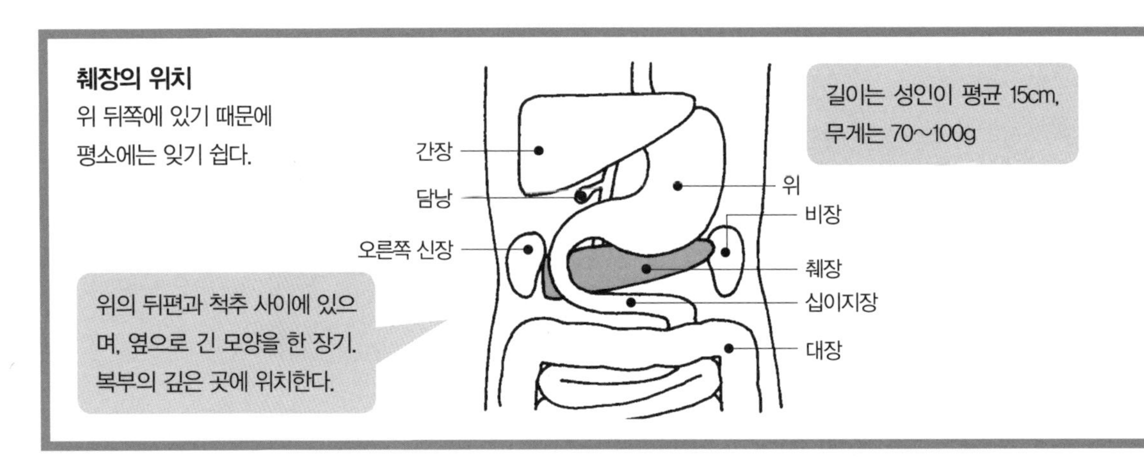

호르몬을 만드는 내분비 기능

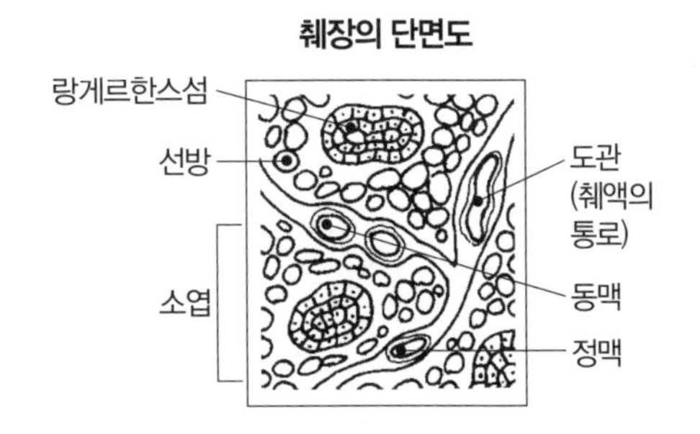

랑게르한스섬

특별한 세포가 작은 집단을 만들어 섬처럼 산재해 있다. 발견자인 독일의 병리학자 랑게르한스의 이름이 붙여졌다. 섬의 직경은 0.1~0.2mm, 췌장 전체에 20,000개 이상의 섬이 있다.

인슐린

인슐린이라는 호르몬을 만들어 섬을 둘러싼 모세혈관으로 내보낸다.

췌액을 분비하는 외분비기능

췌액의 선방세포에서는 췌액이라 불리는 소화액이 분비되어 췌관에서 십이지장으로 보내진다. 이 췌액에는 단백질을 분해하는 트립신과 전분을 분해하는 아밀라아제, 지방을 분해하는 리파아제 등 많은 효소가 포함되어 있어 장에서의 소화를 도와주는 역할을 한다. 하루 분비량은 800~1,500mL이다.

중요하게 여겨지지 않았던 췌장

장기 이름을 한자로 쓰면 왼쪽에 고기 육(月)변이 붙는데, 동양의학의 '오장육부'에 췌장은 포함되지 않는다. 고대 그리스에서는 췌장을 위의 완충 역할을 하는 살점 덩어리로 생각해 판크레아스(pancreas)라는 이름을 붙였다. 'pan = 모든, creas = 살점'이란 뜻이다.

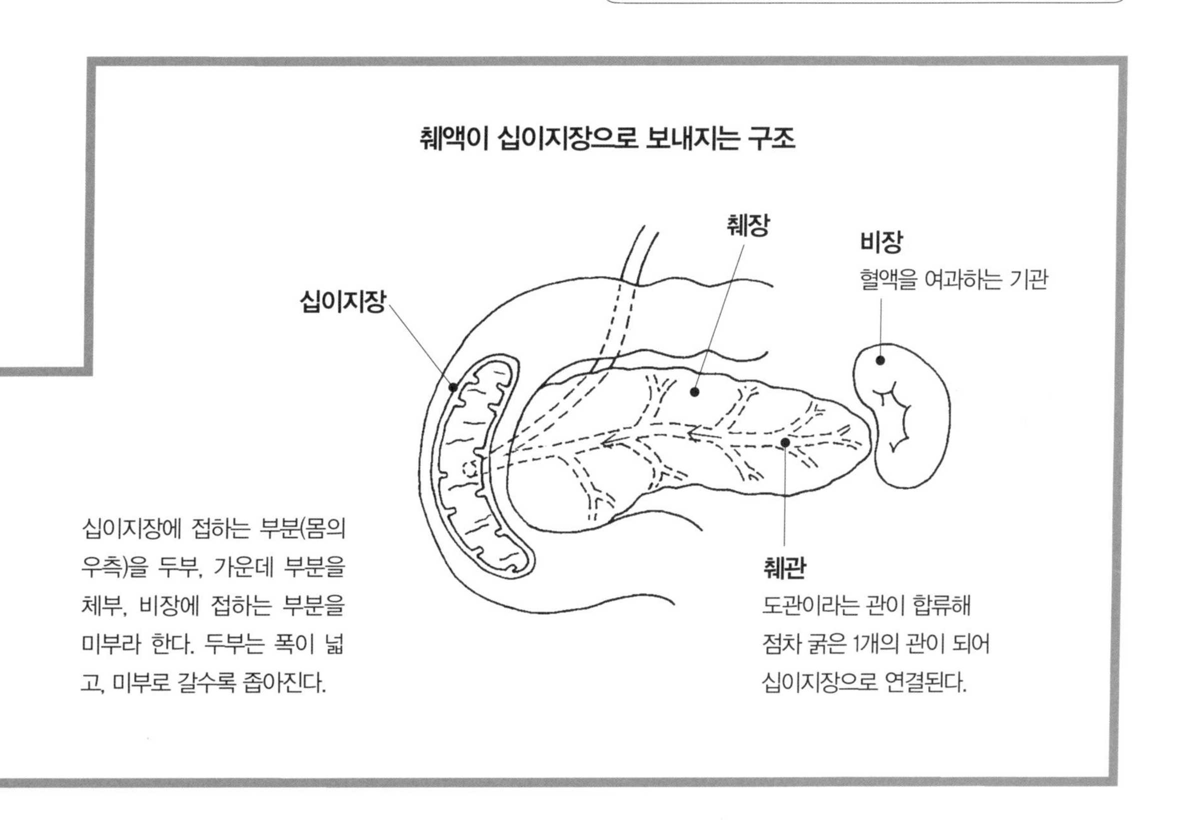

랑게르한스섬이라 불리는 세포군은 주로 당 대사에 관계하는 호르몬을 분비한다. α세포에서는 혈당치(혈액 속의 포도당 수치)를 높이는 글루카곤이, β세포에서는 혈당치를 낮추는 인슐린이 분비된다.

인슐린은 혈액 속의 포도당을 계속 세포 속으로 흡수시켜 혈당을 저하시킨다. 몸 전체의 조직은 이 포도당을 연소시켜 에너지를 만들어낸다. 또 몸의 각 조직에 작용해 영양소를 활용하게 하는 역할도 한다.

··· 췌액이 분비되는 구조 ···

십이지장에서 만들어지는 호르몬이 췌세포를 자극

음식물을 보거나, 냄새를 맡기만 해도 췌장에서 췌액이 분비되지만 기본적으로 췌액은 호르몬에 의해 조절된다. 섭취한 음식물이 위에서 십이지장으로 들어가면 십이지장의 점막에서는 호르몬이 만들어진다. 이것이 췌장과 담낭을 자극해 췌액과 담즙이 십이지장으로 흘러들어가는 구조로 되어 있다.

장에 들어온 음식물은 위산에 의해 산성으로 되지만, 췌액의 소화효소는 산성에서는 전혀 작용하지 않는다. 그래서 알칼리성인 췌액이 내용물을 중성 혹은 알칼리성으로 만들어 스스로 활약할 수 있는 환경을 만든다.

음식을 보거나 냄새를 맡으면 췌장은 췌액을 분비한다.

음식물이 십이지장의 점막에 닿으면 점막에서 세크레틴과 판크레오티민이라는 호르몬이 만들어진다. 이것이 혈액으로 들어가 췌장과 담낭을 자극한다.

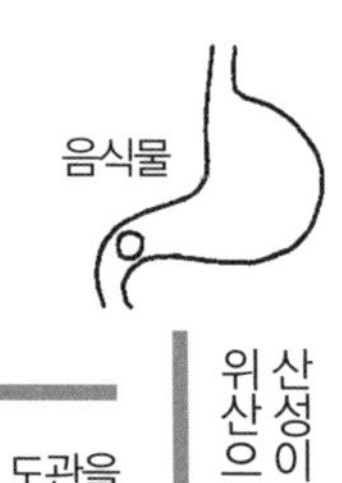

위산으로 내용물은 산성이 된다.

담낭	췌장
담즙	췌액

선방세포에서 만들어진 소화효소는 도관을 통하는 사이에 수분, 탄산수소나트륨과 섞여 약알칼리성의 액체로.

십이지장으로

담즙에는 소화효소가 포함되어 있지 않다. 췌액에는 수용성 효소가 있어 지방을 분해할 수 없기 때문에 담즙산이 지방의 표면장력을 낮춰 간접적으로 소화를 돕는다. 담즙은 하루에 700~1,000mL 분비된다.

많은 소화효소를 포함한 췌액이 십이지장으로 보내진다. 췌액은 무색투명한 액체로 하루에 800~1,500mL 정도 분비된다.

소장에서 췌액에 포함된 소화효소에 의한 본격적인 소화작업이 이루어진다.

드디어 소화·흡수 시작

췌액의 소화효소

- 단백질 분해 – 트립신, 키모트립신, 카르복시펩티다아제, 엘라스타아제 등
- 전분 분해 – 아밀라아제
- 지방 분해 – 리파아제, 에스테라아제 등
- 핵산 분해 – 리보뉴클레아제, 디옥시리보뉴클레아제

췌액은 위와 타액선이 고장 나더라도 그 기능을 충분히 보강할 정도로 강력한 소화력을 가진다.

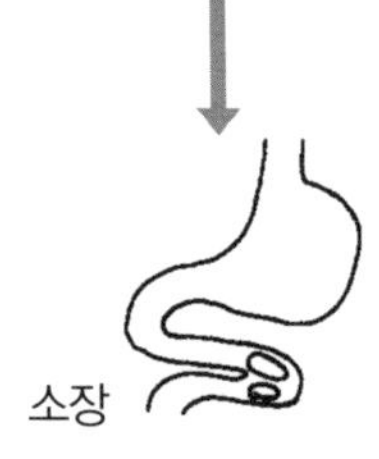

··· 혈당치를 조정하는 구조 ···

2개의 호르몬이 협동해서 움직이고 있다

간장의 글리코겐이 포도당으로 분해되어 혈액으로 들어가면, 몸 전체의 근육세포에서 이것을 태울 때의 에너지로 우리들은 활동한다. 이때 혈액에서 세포에 포도당을 넣는 역할을 하는 것이 인슐린이라는 호르몬이다. 이것의 분비가 저하되면 혈당치(혈액 속의 포도당)가 상승해 소변에 포도당이 나타난다(당뇨).

한편, 혈당치가 떨어졌을 때는 췌장에서 글루카곤이라는 호르몬이 분비되어 간장의 글리코겐 분해를 촉진한다. 이 상반된 2개의 호르몬이 혈당치를 조정하고 있다.

췌장의 랑게르한스섬에서 분비되는 2개의 호르몬이 혈당치를 조정한다. ➡ 혈당치가 높아지면 췌장은 인슐린 분비를 촉진한다.

인슐린이 혈액 속의 포도당을 계속해서 세포 속으로 넣어 혈당치를 떨어뜨리려고 한다. ➡ 혈당치가 떨어지면 췌장은 글루카곤의 분비를 촉진한다.

간장의 글리코겐 분해를 활발하게 해 혈당치를 높이려고 한다.

췌장

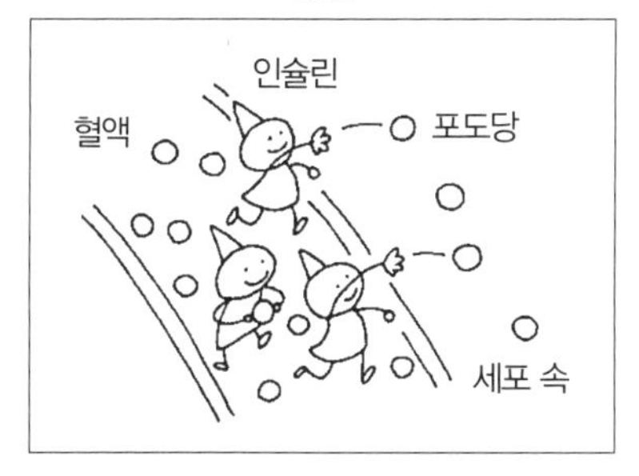

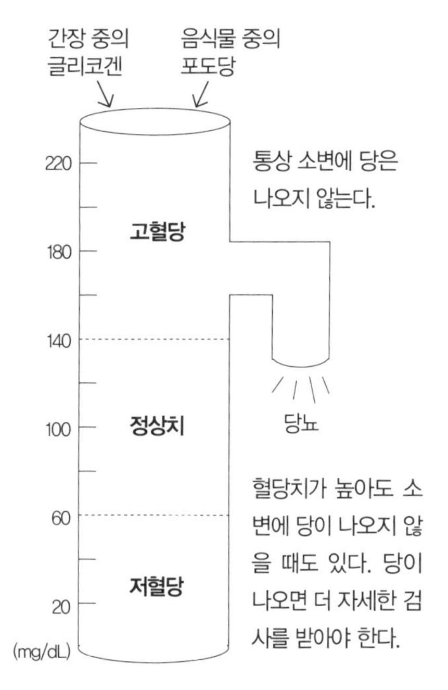

당뇨병이란?

몸 안에서 영양소가 잘 이용되지 못하고 혈액 속의 포도당치가 이상하게 높아지는 병. 포도당이 소변 속에 배출된다. 태어날 때부터 인슐린을 만드는 힘이 약해 당뇨병에 걸리기 쉬운 사람도 많다. 또한 과식, 비만 등도 조장하기 때문에 주의해야 한다. 자각증상으로는 쉽게 피로해지고 소변의 양이 극도로 증가하는 경우가 많다.

고혈당이 되면 신장을 통과해 포도당이 섞인 소변이 배설된다. 단, 당뇨 = 당뇨병은 아니다.

왜 췌액으로 췌장은 소화되지 않는가?

췌액은 췌장에 있을 때는 불활성 상태로 존재한다

췌액은 지방뿐만 아니라 탄수화물과 단백질도 소화하는 강력한 소화액이다. 췌장에서 하루에 800~1,500mL나 분비되지만 췌장 자체가 췌액으로 소화되는 일은 없다. 왜냐하면 아밀라아제와 리파아제 이외의 소화효소는 십이지장으로 나갈 때까지 불활성물질로 있기 때문이다. 예를 들면 트립신은 트립시노겐, 엘라스타아제는 프로에라스타아제의 형태로 존재한다. 이것이 장 점막의 작용 등에 의해 활성화되어 소화효소의 힘을 발휘한다. 이 때문에 췌장 자신의 조직을 파괴하는 일은 없다.

단백질을 분해하는 트립신의 경우

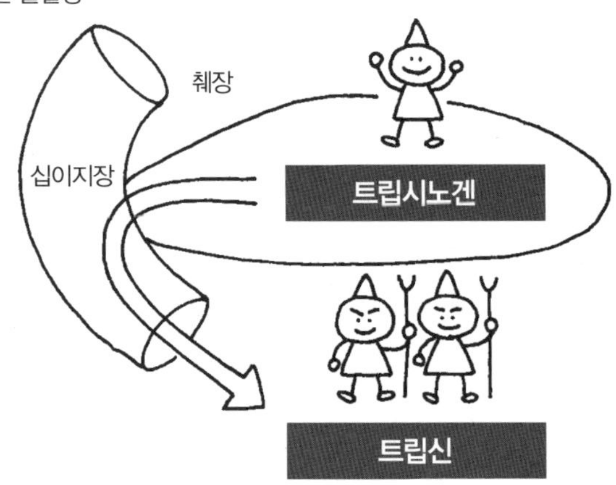

1. 췌장에서는 트립시노겐이라는 불활성물질 상태.
2. 장의 점막에서 분비되는 엔테로키나아제에 의해 활성화되어 트립신이 된다.
3. 장에서는 강력한 소화효소로서 활약.

췌염이란?

담 관계의 장해로 췌액과 담즙이 십이지장으로 들어가는 것을 방해받기 때문에 췌액이 역류하거나 감염이 생기는 병. 또 알코올을 너무 많이 마셔서 위장이 자극되어 췌액의 분비가 급증하기 때문에 생기는 경우도 있다. 급성췌염의 경우 맹렬한 복통을 일으키며 심할 때는 쇼크 상태가 된다.

사망하면 췌장은 자신이 가지고 있는 소화효소에 의해 비교적 금방 녹기 시작하지만, 살아 있는 동안은 췌장 자신을 소화하는 일은 없다.

7장

체액의 균형을 유지하는 정화기

비뇨기

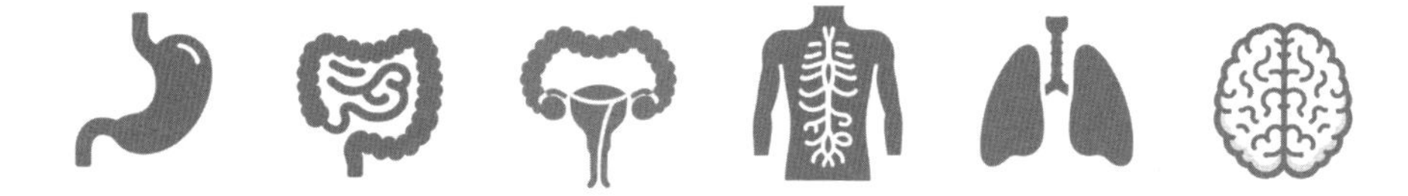

신장의 구조
몸의 배수처리장

혈액 중 여분의 성분을 여과해서 소변으로 배출한다

신장은 혈액의 정화에 빼놓을 수 없는 중요한 장기이다. 심장에서 보내진 혈액에 함유되어 있는 여분의 물과 노폐물은 이곳에서 걸러져 소변이 된다. 그리고 방광을 통해 몸 밖으로 배출된다. 이 작용 덕분에 우리의 혈액은 성분을 일정하게 유지할 수 있다.

또 신장에서는 체내를 약알칼리성으로 유지하기 위해 혈액 중의 산성물질과 알칼리성물질을 소변 속으로 버리거나, 혈압을 조절하는 효소와 조혈을 촉진하는 호르몬도 분비한다. 게다가 비타민 D를 만드는 역할도 한다.

신장의 한쪽 무게 약 130g

신장은 횡경막 아래 등뼈 양쪽에 하나씩 있다. 오른쪽 신장은 간장이 위에서 압박하고 있기 때문에 왼쪽보다 약간 낮은 위치에 있다. 크기는 자신의 주먹보다 약간 큰 정도. 암적색의 누에콩 모양을 한 비교적 작은 장기이다. 여기에서 하루에 1~1.5L의 소변을 만들어낸다.

양쪽의 신장에는 심장이 내보내는 전체 혈액 중 1/5이 끊이지 않고 흘러 들어온다. 신동맥에서 신장으로 혈액이 들어가면 정화작용이 일어나 불필요한 것은 소변으로서 버려지고, 깨끗해진 혈액은 신정맥, 대정맥을 거쳐 심장으로. 그곳에서 다시 몸 전체로 보내진다.

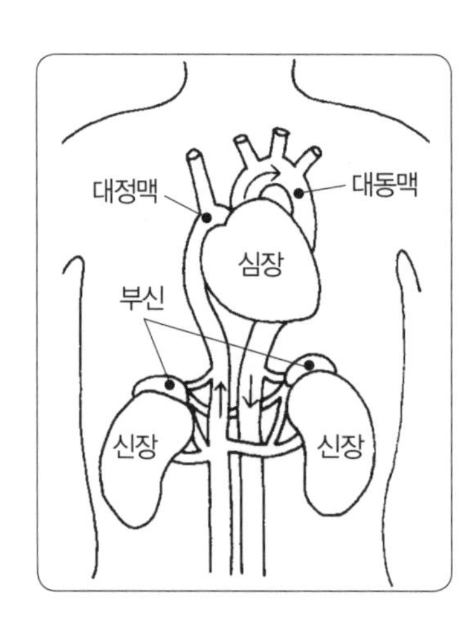

체액 성분을 일정하게 유지하는 작용

우리 체중의 60%는 체액(수분)으로 되어 있다. 체액에는 염분과 영양소 외에 신진대사 과정에서 생기는 노폐물 등이 녹아 있지만, 생명을 유지하기 위해서는 물과 염분의 비율이 항상 일정하게 유지되고, 노폐물이 너무 많아지지 않도록 해야 한다. 신장에서는

신장의 단면을 보면

신장은 피막이라는
얇은 막으로 싸여 있다.

신동맥
신장으로 들어오는 혈액은 하루에 1.5톤. 몸 전체의 혈액은 약 5분에 한 번꼴로 신장을 순환하고 있다.

신장은 혈액의 정화장치

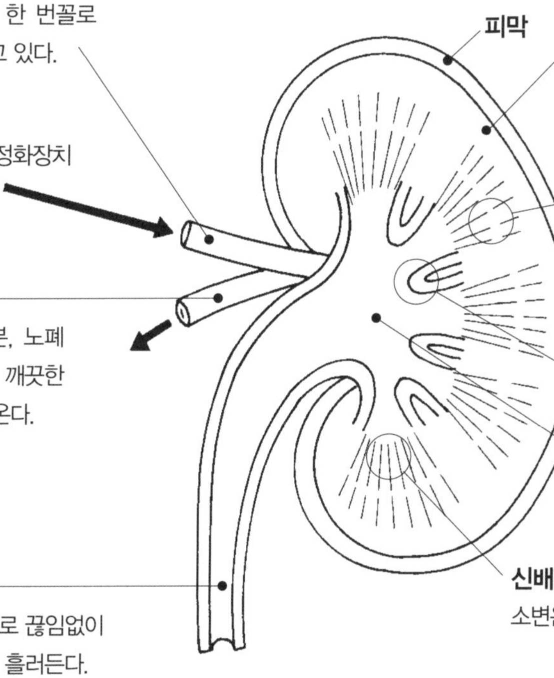

피막

피질
피막의 바로 안쪽에 있으며 폭은 약 1.5cm. 혈액을 여과하는 많은 수의 신소체가 있다.

수질
피질에서 여과된 성분 중에서 유용한 것을 재흡수하는 곳. 수십 개의 소용기(유두)로 되어 있다.

신정맥
여분의 물, 염분, 노폐물 등이 걸러져 깨끗한 혈액이 되어 나온다.

유두

신우
소변이 모이는 곳.

신배
소변은 여기에서 신우로.

요관
요관으로 끊임없이 소변이 흘러든다.

신장은 무엇을 하는 곳?

혈류로 보내진 체액 성분에서 여분의 성분을 제거하는 작용을 한다. 그래서 깨끗해진 혈액은 신정맥에서 대정맥을 거쳐 심장으로 돌아온다. 신장의 기능이 저하되면 유해물이 배설되지 않아 체액에 이상이 생긴다. 이 때문에 몸의 여러 장기가 병에 걸리는 증상을 요독증이라 한다.

체내를 약알칼리성으로 유지하는 작용
우리 몸은 pH(산과 알칼리의 농도를 나타내는 수치) 7.4 전후의 약알칼리성을 지킴으로써 유지할 수 있다. 이 조절 역할을 하는 것이 신장. 혈액 중에 산성물질과 알칼리성물질이 너무 늘어나면 이것을 소변과 함께 배설한다.

그 외 작용
신장은 조혈호르몬을 분비해 적혈구를 만드는 골수에 작용하고 있다. 또 신장에 보내지는 혈액이 줄어들었을 때는 혈압을 높이는 효소를 분비해 신장으로 흘러드는 혈액을 증가시키려고 한다. 그밖에 흡수된 비타민 E를 체내에서 활용할 수 있도록 활성화하는 작용도 한다.

··· 소변이 만들어지는 구조 ···

원뇨는 하루에 170L, 그 중 1% 정도가 배출된다

심장에서 신장으로 보내지는 혈액은 네프론의 신소체에서 우선 걸러져, 불필요한 물질과 노폐물이 가려진다. 이것이 소변의 근원인 원뇨이다.

신장에서는 하루에 170L나 되는 원뇨가 만들어지지만, 이것이 그대로 소변이 되는 것은 아니다. 세뇨관에서 영양소 등이 재흡수되어 다시 이용된다. 그리고 나머지 1%(약 1.5L)가 소변으로 배출되는 것이다. 너무 많이 섭취한 당과 염분도 소변을 통해 배출된다. 또 암모니아 등의 독성물질도 무해한 요소로 바뀌어 배출된다.

신장

표면에 가까운 '피질'에서 그 안쪽의 '수질'에 걸쳐 한쪽 신장에 약 100만 개의 네프론이 있다.

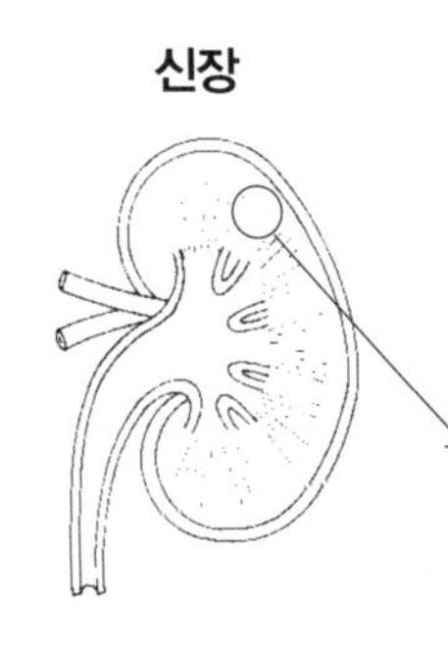

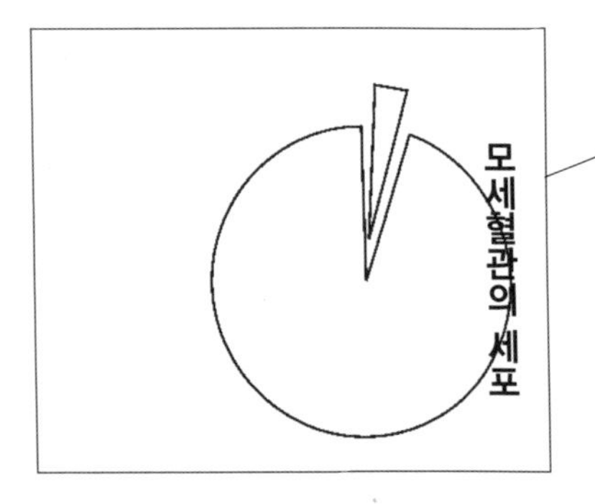

사구체의 직경은 약 0.1mm이다. 안쪽은 모세혈관이 실뭉치처럼 뭉쳐 있다. 심장에서 강한 압력에 의해 내보내진 혈액은 사구체의 혈관을 통과하는 동안 수분과 작은 입자 형태의 성분 등이 모세혈관의 세포 밖으로 걸러진다.

네프론

둥근 모양의 신소체와 세뇨관으로 되어 있다.

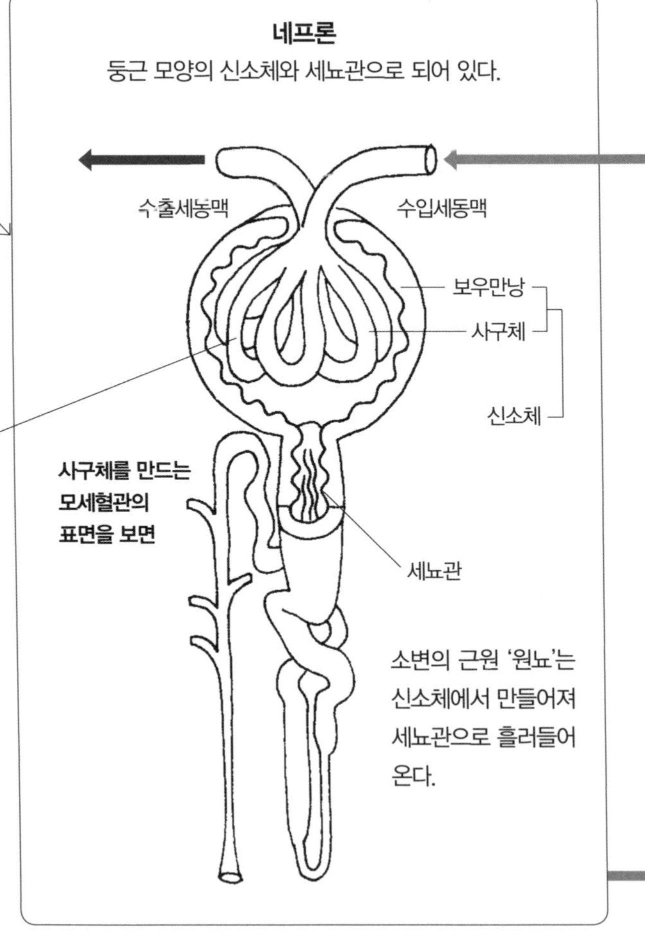

소변의 근원 '원뇨'는 신소체에서 만들어져 세뇨관으로 흘러들어 온다.

건강한 사람의 소변

수분의 섭취량에 따라 다소 다르지만, 성인의 1일 소변량은 약 1.5L, 색은 황색이나 황갈색이다. 성분의 약 95%는 수분이고, 고형성분도 포함되어 있다. 그중에서도 가장 많은 것이 요소. 이것은 단백질이 신진대사에 쓰이고 남은 찌꺼기이다. 이 외에 염분과 크레아티닌(근육을 움직이는 에너지원의 노폐물), 요산(세포의 신진대사로 생긴 노폐물) 등도 포함되어 있다.

소변의 성분은?

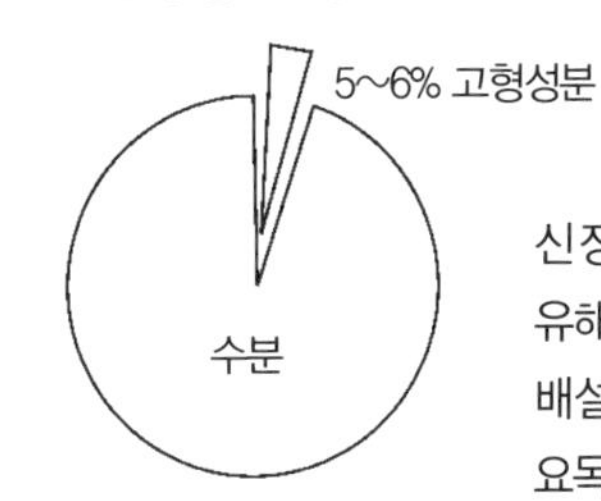

신장기능이 떨어져 유해물질을 무해화해 배설할 수 없게 되면 요독증이 생긴다.

생명유지에 빼 놓을 수 없는 장기인 만큼 여유있게 만들어져 있다.

네프론은 교대로 작용한다

좌우 합쳐 약 200만 개의 네프론 가운데 항상 움직이고 있는 것은 6~10% 정도이다. 여유있게 만들어져 교대로 작용하도록 되어 있다. 만약 신염 등으로 네프론의 일부가 기능을 상실했을 때에도 나머지가 그 기능을 대신할 수 있다. 그래서 한 쪽 신장을 잃어도 생명을 유지하는 데는 별다른 지장이 없는 것이다.

심장에서 내보내진 동맥혈이 사구체로 들어간다. 그 양은 하루에 1.5톤.

보우만낭 안으로 스며들어 온 것을 원뇨라 한다. 혈액 중의 단백질과 적혈구 등, 분자가 큰 것은 밖으로 밀려나지 않는다. 양쪽 신장을 합쳐 하루에 만들어지는 원뇨의 양은 약 170L로 한 드럼통 정도 된다.

원뇨 중에는 아직 이용할 수 있는 영양소가 포함되어 있다. 이것을 회수하는 것이 세뇨관의 역할이다. 수분뿐만 아니라 당, 식염, 칼슘, 비타민 등 원뇨의 99%가 재흡수되어 혈관으로 되돌아간다.

세뇨관에서 재흡수되지 않은 소변은 집합관으로 모여 신배, 신우를 거쳐 요관으로 흘러간다.

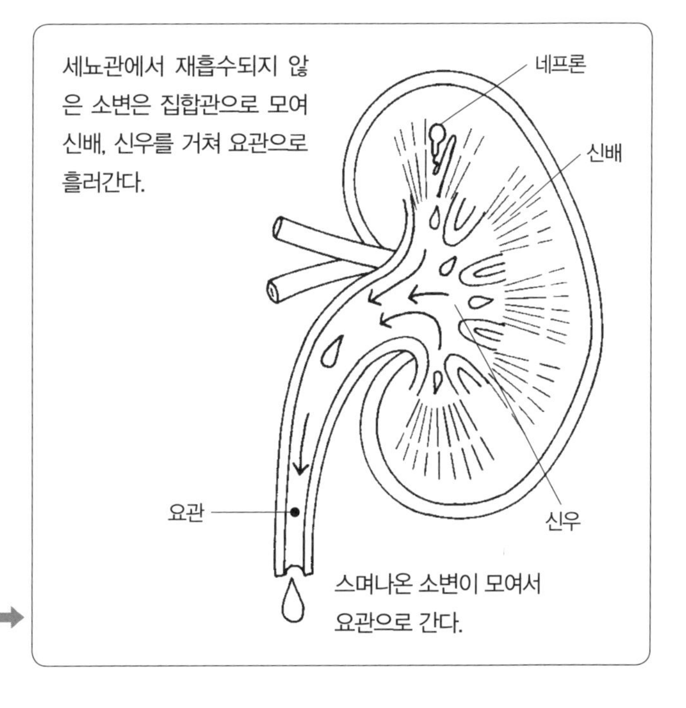

스며나온 소변이 모여서 요관으로 간다.

방광 · 요도의 구조

참는 데도 한계가 있다

방광의 소변이 250~300mL가 되면 요의를 느낀다

신장에서 만들어진 소변은 요관을 거쳐 방광으로 들어가, 거기에 어느 정도 차면 배출된다. 방광은 소변의 저수지인 것이다. 여기에 소변이 250~300mL 정도 차면 우리의 몸은 요의를 느끼고 배출하게 된다.

방광에서 몸 밖으로 나가는 출구(외요도구)를 연결하는 관을 요도라 하는데, 여성과 남성에는 큰 차이가 있다. 남성의 요도 길이는 20~23cm인데 비해, 여성은 약 4cm로 매우 짧다. 또 남성의 경우 전립샘에서 앞쪽은 사정 시의 정액 통로도 겸하고 있다.

방광의 구조

방광벽의 가장 안쪽은 점막이고, 그 바깥쪽은 압축하기 위한 평활근 층으로 되어 있다. 텅 비었을 때의 방광벽의 두께는 1cm 내외지만 안에 소변이 차면 늘어나 3mm 정도로 얇아진다.

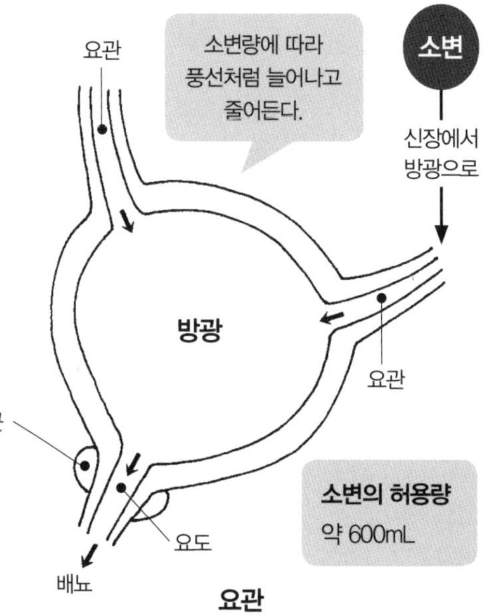

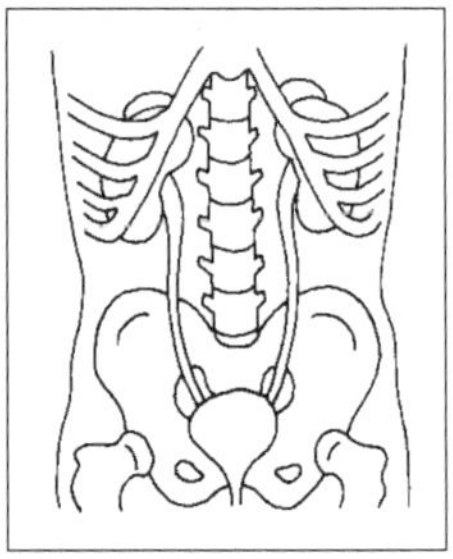

방광은 하복부 치골 바로 뒤쪽에 있는 주머니 모양의 기관이다. 소변이 차면 뒤쪽 위를 향해 부푼다.

요도

방광의 출구에는 무의식적으로 움직이는 내괄약근과 의식적으로 움직일 수 있는 외괄약근이 있어 수문 역할을 한다. 이 2개의 괄약근을 느슨하게 했을 때 소변이 요도로 흘러들어가 배설되는 것이다.

요관의 단면도

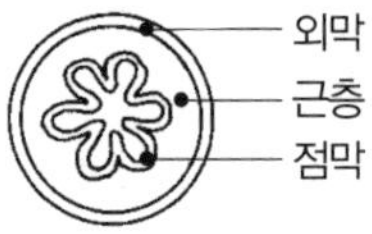

요관

신장에서 만들어진 소변은 방울이 되어 요관으로 뚝뚝 떨어지는데, 요관에서 방광으로 들어가는 것은 5초에 1회꼴. 요관은 방광의 등 쪽에서 비스듬히 벽을 관통하듯이 들어가 있다. 요관의 지름은 4~7mm로, 주름을 모은 것처럼 되어 있다.

요도의 구조

여성의 요도는 소변만 배출하는 통로

요도는 방광에 찬 소변을 몸 밖으로 배출하기 위한 통로이다. 역할은 단 하나뿐이다. 길이는 약 4cm로 짧고, 형태도 직선이다. 요도 입구로 세균이 침입하기 쉬워, 방광 등이 감염되기 쉽다.

요도의 입구 주변에 괄약근이 있다

여성의 경우 방광 출구에서 요도 사이에 걸쳐 내괄약근과 외괄약근 2개의 괄약근이 있다. 여기에서 배뇨를 조절한다.

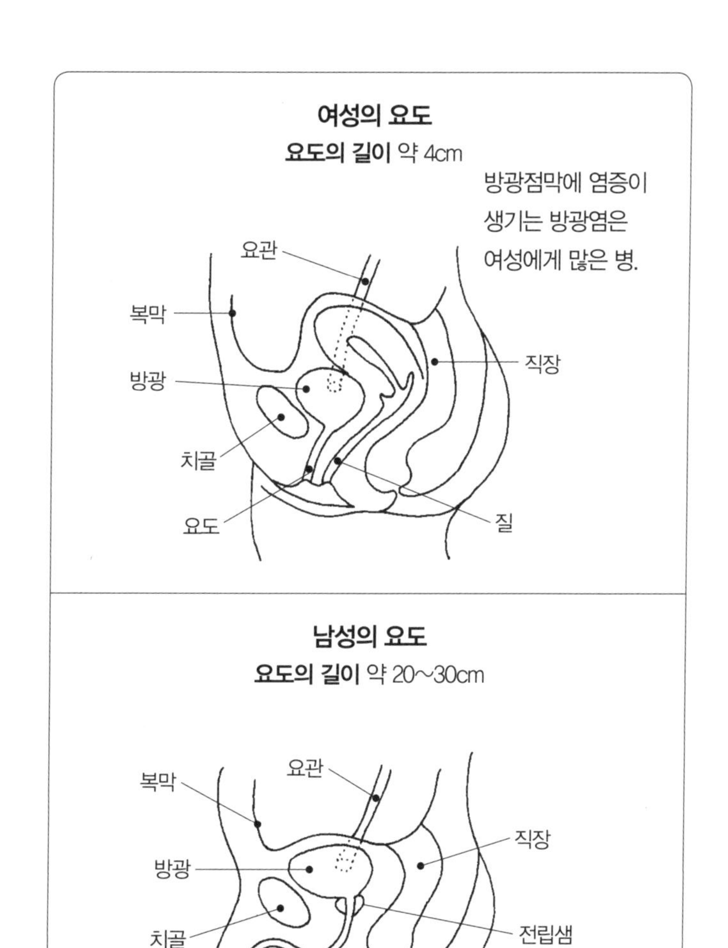

정자의 통로도 겸하는 남성의 요도

남성의 요도는 전립샘을 가지며 사정 시 정액 통로도 겸하는 것이 여성과 크게 다르다. 남성의 요도는 서로 다른 두 성분의 통로인 셈이다. 전립샘이란 밤알 정도 크기로 요도를 원형 모양으로 둘러싸고 있다. 고환에서 만들어진 정자는 정관을 통해 전립샘 안쪽에서 요도로 들어가 전립샘에서 분비된 전립샘액과 함께 사정된다.

여성에 비해 긴 요도

남성의 요도는 20~23cm로 매우 길다. 이 때문에 요도로 침입한 세균에 의한 감염도 적다.

전립샘 부분에 괄약근이 있다

배뇨를 위한 수문에 해당하는 2개의 괄약근은 남성의 경우 전립샘 부분 요도 주변에 있다. 요의를 느끼면 이 괄약근을 느슨하게 해 배뇨한다.

··· 배뇨를 참지 못하는 이유는? ···

의식적으로 움직이는 외괄약근이 방광의 출구를 확실히 막고 있다

요의를 느낄 때 화장실이 보이지 않아 배뇨를 참았던 괴로운 경험은 누구에게나 있을 것이다. 이럴 때 최후의 힘까지 짜내서 방광의 출구를 막고 있는 것이 의사로 조절 가능한 외괄약근이라는 근육이다.

보통 요의를 느끼면 방광이 수축하고 동시에 출구의 내괄약근이 느슨해진다. 그리고 자력으로 외괄약근을 이완시켜 비로소 배설하게 되는 것이다. 이때 완전히 배설해서 방광은 비게 된다. 방광에 소변이 차도 참을 수 있는 한계는 약 600mL. 너무 참으면 방광염 등을 유발할 수도 있다.

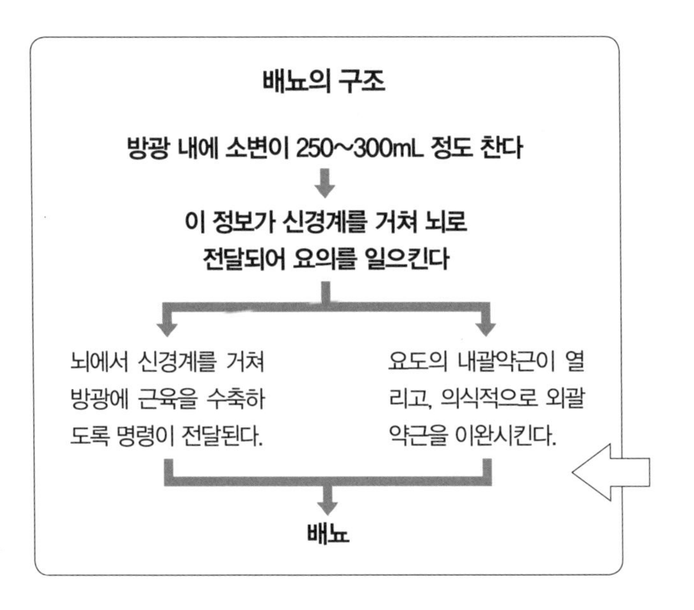

의식적으로 조절할 수 있는 외괄약근 덕분에 배뇨를 참을 수 있다. 이 외괄약근은 평상시에는 닫힌 상태로 되어 있다. 수면 중 배뇨하지 않는 것도 이 때문이다.

이럴 때도 요의를 느낄 수 있다

입학시험 등으로 긴장하면, 소변은 차지 않았는데도 화장실에 가고 싶어지는 경우가 있다. 이것은 긴장으로 인해 방광의 평활근이 수축하기 때문에 일어나는 요의이다.

취침 전까지는 요의를 느끼지 않았는데, 이불 속으로 들어가자마자 배뇨하고 싶어져 화장실에 간 적은 없는가? 이것은 눕게 되면 방광이 압력을 받아 소변이 나오기 쉬워지는 생리적인 현상이다.

8장

인체에 약동감을 가져오는 탄력있는 시스템

운동기

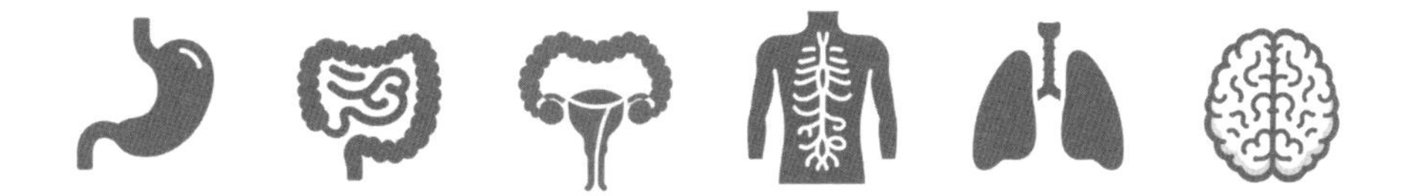

골격의 구조
206조각의 퍼즐

몸을 지탱하는 지주로 뇌와 내장도 보호한다

골격이란 '뼈대'를 말하는 것으로, 글자 그대로 뼈의 조합에 의해 몸의 구조를 지탱하는 지주의 역할을 한다. 즉, 빌딩의 철근이나 우산살과 같은 것이다.

뇌와 폐, 자궁 등의 장기를 외부로부터 보호하는 것도 골격의 중요한 역할이다. 만약 골격이 없었다면 육지에 올라온 문어나 해파리처럼 사람도 형태가 정해지지 않은 흐물흐물한 몸이 되었을지도 모른다.

몸 전체에는 두개골 23, 척추골 26, 흉골 1, 늑골 24(12쌍), 상지골 64(32쌍), 하지골 62(31쌍) 등 총 206개나 되는 뼈가 있다.

전신에 206개의 뼈

인간의 골격은 두 발로 보행하는 데 적합한 형태로 진화해, 지금과 같은 형태가 되었다.

두개

1개의 뼈로 생각하기 쉽지만, 실은 15종류, 23개의 뼈가 단단히 결합되어 있다. 이것은 중요한 뇌를 보호하기 위해 외부로부터의 충격을 분산시켜 완화하는 역할이 있다.

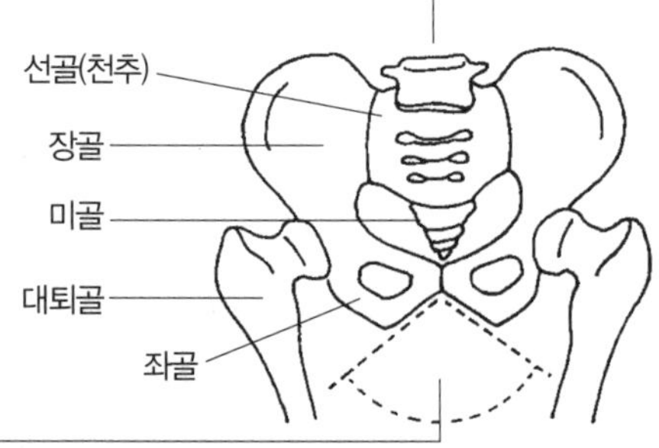

골반

골반의 '반'은 그릇이란 의미. 선골, 미골, 제5요추, 좌우의 관골(장골, 치골, 좌골)로 된 받침 모양의 뼈대로 장, 비뇨기, 생식기 등이 들어 있다. 장골, 치골, 좌골은 유아기에는 분리되어 있으나, 성인이 되면 하나의 큰 뼈로 된다. 골반은 임신한 여성의 자궁을 지탱하며 출산 시에는 골반을 통해 신생아가 태어난다.

여성은 골반이 벌어진 편이 순산

골반의 각도는 남녀 서로 다르다. 남성은 좁고, 여성은 출산을 위해 넓게 벌어져 있다. 출산에 관한 통계에 의하면 75° 미만이면 난산, 70° 미만이면 자연분만이 어렵고 제왕절개를 해야 한다고 한다.

흉곽

12쌍의 늑골이 관절로 연결되어 앞에 있는 흉골과 연골로 이어져 있다. 이 연골이 호흡할 때 흉곽의 수축과 확장을 돕는다. 흉곽으로 둘러싸인 공간에는 심장, 폐, 간장 등 중요한 장기가 들어 있다.

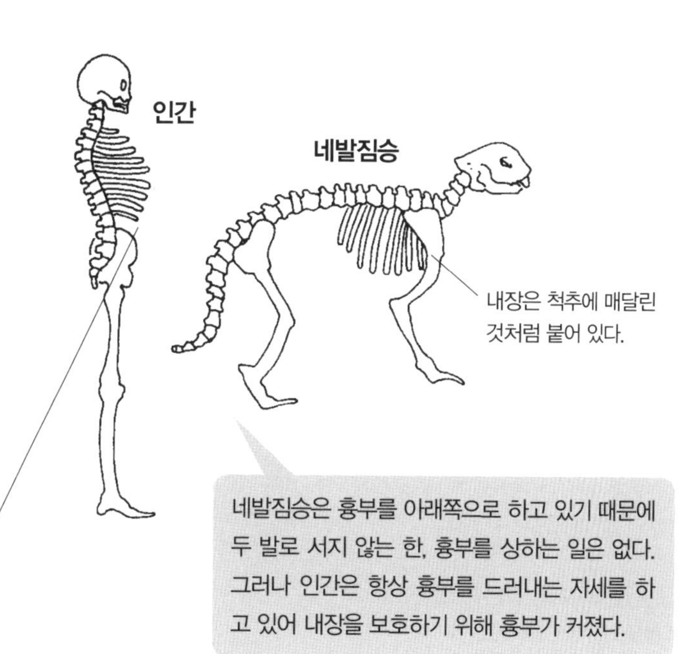

네발짐승은 흉부를 아래쪽으로 하고 있기 때문에 두 발로 서지 않는 한, 흉부를 상하는 일은 없다. 그러나 인간은 항상 흉부를 드러내는 자세를 하고 있어 내장을 보호하기 위해 흉부가 커졌다.

전신의 골격

척추와 선골 사이에는 한 곳이 심하게 굽어 있는 갑각이라는 뼈가 있다. 이 뼈는 네발짐승에게는 없는 것으로, 인간이 두 발로 보행을 할 때 균형을 취하도록 생긴 것이다.

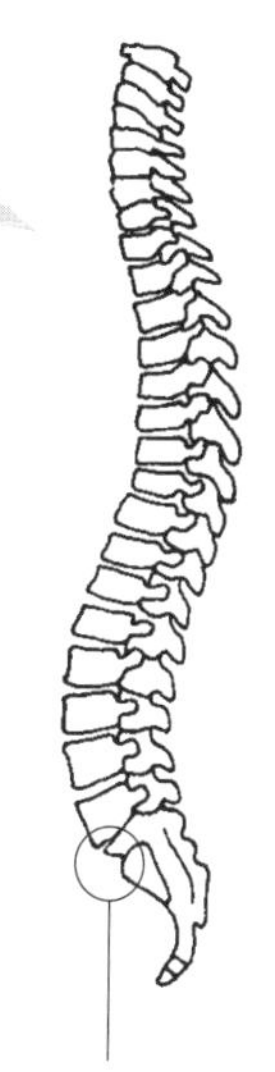

곶처럼
튀어나온 갑각

척추의 완만한 곡선은 유아가 보행할 무렵에 형성.

척추

24개의 척추는 각각의 사이에 추간판이라는 완충장치를 두고 쌓아 올려져 있고, 완만한 곡선을 그리고 있다. 그 아래에 선골과 미골이 붙어 있고, 합쳐서 26개의 뼈로 구성된 뼈의 기둥이다.

··· 뼈의 구조 ···

철근이나 우산살과는 달리 사람의 뼈는 살아 있다

빌딩의 철근이나 우산살과 사람 뼈의 가장 큰 차이는 사람의 뼈는 살아 있다는 것이다. 혈액으로부터 영양을 공급받고, 신경이 통하고, 필요 성분을 생성하고, 저장한다.

뼈는 그 형태에 따라 장골(사지 등의 긴 뼈), 단골(손등 등의 짧은 뼈), 편평골(두개골 등), 함기골(공동이 있는 상악골 등), 혼합골(편평골이고 또한 공동이 있는 전두골 등)의 5가지 종류로 분류된다. 그중에서 뼈의 형태로 일반적인 것이 장골이다.

장골은 무리 없이 몸을 지탱할 수 있는 이상적인 형상으로 되어 있다.

해면골(스펀지와 같은 구조)
치밀골 안쪽에 있다. 스펀지 같은 구조를 하고 있는 뼈이다(영어로는 '스펀지 본'이라고 한다). 이 뼈에는 무수히 많은 작은 틈이 있다.

치밀골(틈이 없는 뼈의 덩어리)
외골막의 안쪽은 치밀질의 뼈로 되어 있다. 이 조직은 이름 그대로 틈이 없고 단단한 뼈로 뭉쳐져 있다. 그 속에 골세포가 규칙적으로 배열된 층상골이 있고, 혈관과 신경이 종횡으로 지나고 있다.

골수강(골수로 차 있다)
대퇴골처럼 큰 뼈의 중심부는 비어 있으며 골수(혈액을 만드는 근원이 되는 액)가 차 있다. 성인의 골수에는 적색수와 황색수가 있는데, 적색수에서는 혈액의 재료가 만들어진다. 황색수는 지방조직인데, 혈액이 부족하면 혈액을 만들게 된다.

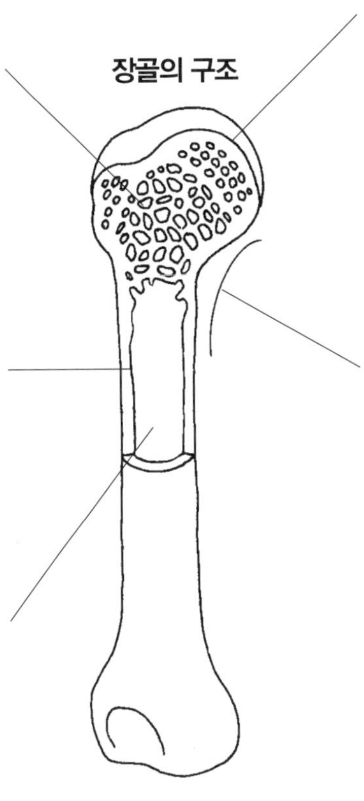

골막(뼈를 덮는 막)
뼈를 덮고 있는 막을 골막이라 한다. 뼈의 바깥쪽을 덮는 외골막과 안쪽(뼈의 내강)을 덮는 내골막이 있다. 골막에는 혈관과 신경이 지나고 있어 뼈에 영양을 주고 지각을 전하며 뼈가 부러졌을 때는 뼈의 복구를 조절한다.

뼈가 직선이 아니라 완만한 곡선을 그리고 있는 것은 뼈의 강도를 가장 강하게 하기 위한 것. 이 곡선의 원리는 철교 건설 등에도 활용된다.

왜 칼슘이 저장되도록 되어 있을까?
칼슘 등의 무기 이온이 몸에는 필요하다. 바닷속에서 생활하고 있는 생물은 바닷물에 포함된 풍부한 이온 덕분에 칼슘을 저장할 필요가 없지만, 육지로 올라온 생물은 칼슘을 체내에 저장하지 않으면 안 되게 되었다. 이것도 진화의 결과이다.

인체의 최소 뼈와 최대 뼈

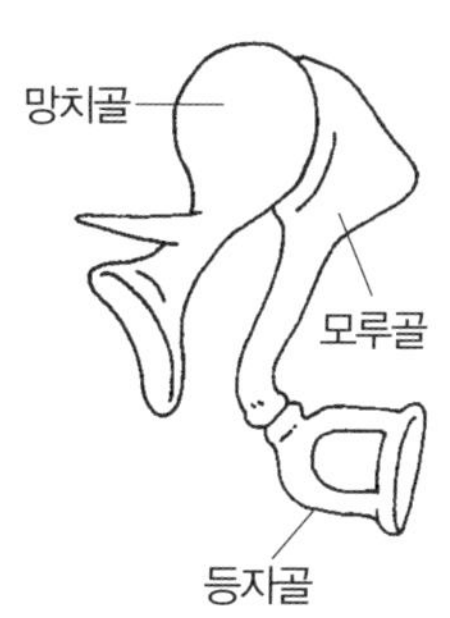

귓속에 있는 망치골, 모루골, 등자골 3개로 구성된 이소골이 인체에서 가장 작은 뼈이다. 망치골은 길이 약 9mm, 무게 약 24mg, 모루골은 약 7mm, 약 27mg, 등자골은 높이 약 3.3mm.

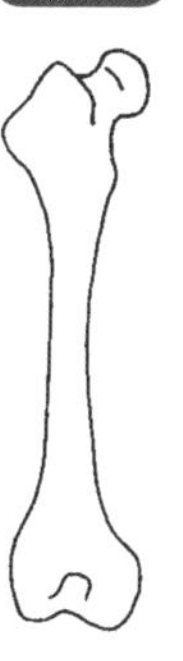

인체에서 가장 큰 뼈는 대퇴골. 길이는 남성이 약 41cm, 여성이 약 38cm이다. 중앙의 가는 곳의 직경은 남성이 약 2.62cm, 여성이 약 2.35cm.
70만 년 전에 생존한 오스트랄로피테쿠스는 이 대퇴골을 치켜들어 먹이를 잡았다고 한다.

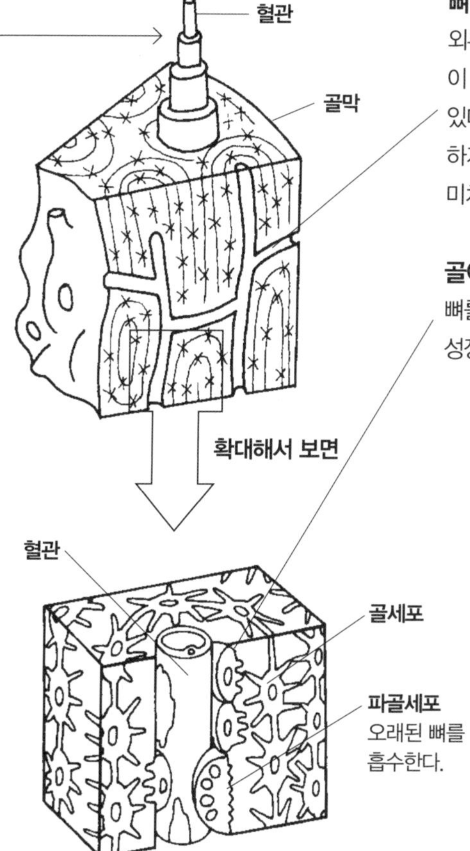

뼈에도 혈관이 통하고 있다

외부에서 힘을 가해도 뼈가 있는 부분에만 힘이 걸리지는 않는다. 이 부분에는 작은 구멍이 나 있어 그 속을 혈관과 신경이 통과하고 있다. 혈액으로 차 있는 골수강 외에도 골막에 혈관과 신경이 복잡하게 지나고 있어, 이들은 충격으로 손상되지 않도록 외부의 힘이 미치지 않는 곳에 있다.

골아세포

뼈를 만드는 작용을 하고 있기 때문에 조골세포라고도 한다. 차츰 성장해 골화가 진행되면 골세포가 된다.

칼슘 저장고로서의 뼈

칼슘과 인은 몸의 기능을 정상으로 유지하는 중요한 영양소이다. 뼛속에는 인체 칼슘의 99%, 인의 85%가 저장되어 있다. 몸에 칼슘이 부족해지면 뼈에서 보급받아 사용한다.

성장기에는 골아세포의 작용으로 뼈가 자라며, 뼈가 부러졌을 때에도 골아세포의 활약으로 뼈는 복구된다. 성인의 뼈도 골아세포와 파골세포의 공동작용으로 항상 새롭게 다시 만들어지고 있다. 또 혈액 중의 칼슘 농도를 일정하게 조정하고 있다.

··· 뼈 성장의 구조 ···

끊이지 않고 새롭게 다시 만들어지고 있다

살아있는 뼈는 몸의 발달에 따라 성장한다. 뼈의 성장에는 결합조직세포가 골아세포로 되어 주위에 석탄 염류 등이 부착되어 골세포로 되는 '결합조직성 골화'와 연골조직에서 발생한 것이 골조직으로 변하는 '연골성 골화'가 있다. 뼈의 성장에 있어서는 뼈 끝에 있는 골단연골이 뼈의 길이 방향 성장을 돕고, 골막이 뼈의 굵기 방향의 성장을 돕는다.

뼈에는 뼈를 만드는 골아세포 외에 뼈를 파괴하는 파골세포가 있어, 이 2종류의 세포에 의해 끊임없이 새롭게 다시 만들어진다.

▶ 1세 6개월 된 유아의 손. 대부분이 연골이며 이제부터 작은 뼈가 형성되어 간다.

▶ 15세 6개월 된 손. 작은 뼈가 유합해 하나로 된다.

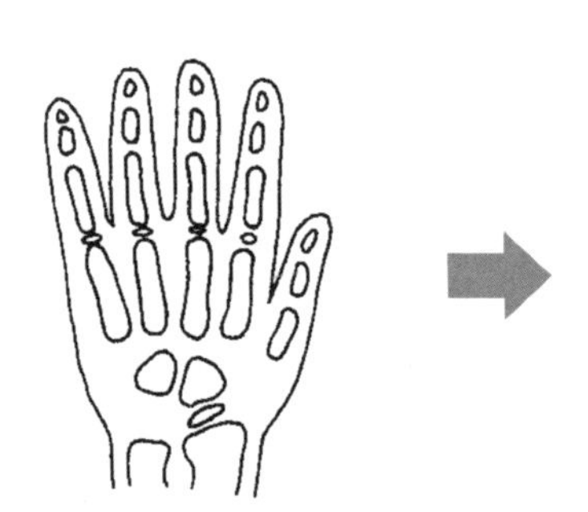

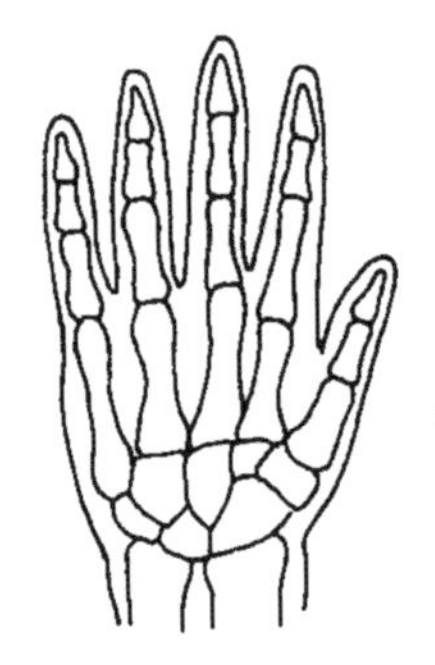

성장과 함께 연골이 골화한다. 예를 들면 골반처럼 뼈끼리 서로 붙어 하나의 큰 뼈로 된다.

이 수는 뼈의 유합 상태에 따라 개인차가 있고, 연령에 따라서도 달라 일정하지는 않다.

수정란이 모체에서 발육을 시작해 7주 정도 지나면 언젠가 뼈가 되는 연골이라는 세포가 생긴다. 이 세포가 성장을 계속하고, 태어났을 때도 아직 연골 상태이다. 신생아의 머리와 몸이 부드럽고 목을 가누지 못하는 것도 아직 연골 상태이기 때문이다.

신생아에는 성인보다도 많은 약 350개의 뼈가 있다.

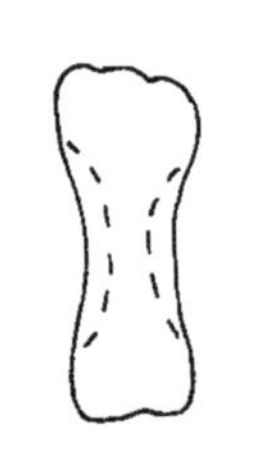

뼈가 작을 때는 아직 내강이 없다.

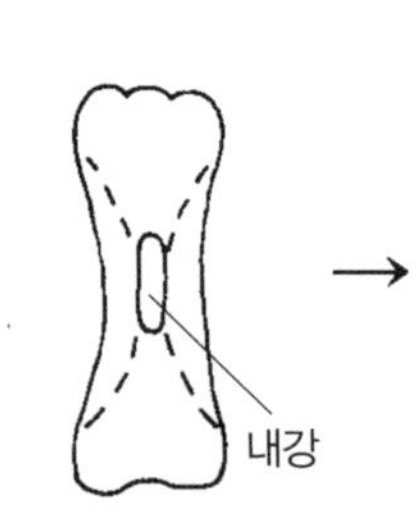

성장하면 파골세포가 작용하기 시작해 안쪽으로부터 뼈를 흡수해 간다.

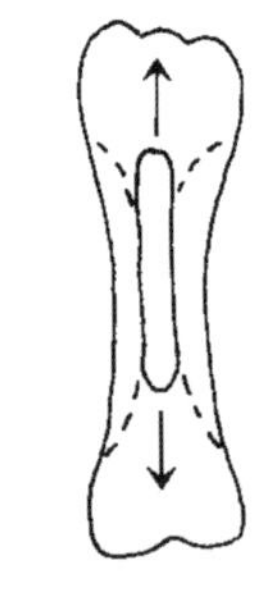

흡수와 함께 새로운 뼈를 만드는 골아세포도 활발하게 작용하기 시작한다.

뼈연령이란?

뼈의 성장은 연령과 함께 진행되기 때문에 그 진행 정도로 나이를 알 수 있다. 이것이 뼈연령이다. 몸 전체에서 어느 뼈든 조사 가능하지만 특히 성장 과정이 확실한 손을 X선으로 조사하는 경우가 많다. 법의학에서 자주 사용되는 것이 뼈연령이다.

젊어도 산후 여성이나 칼슘이 많이 함유된 음식을 싫어하는 사람은 칼슘 부족이 되기 쉽다.

노화

공동부분

남녀 모두 35세를 정점으로 뼈의 중량은 감소

→ 골아세포와 파골세포의 균형이 무너져 파골세포의 작용이 더 활발해진다.

뼈가 단단한 것은 칼슘류를 많이 함유하고 있기 때문이다.

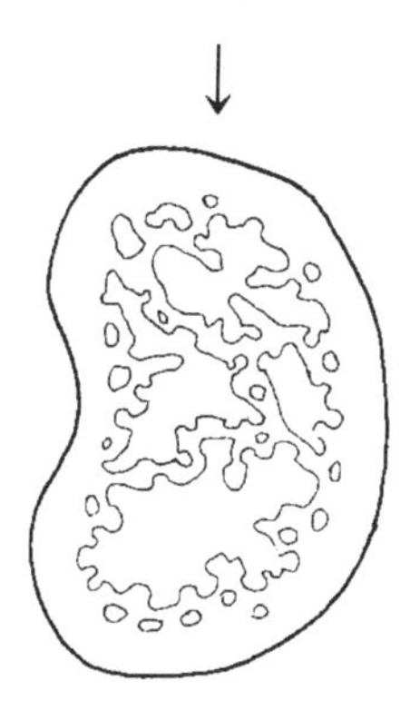

뼛속에 공동이 증가해 약해진다

이런 상태로 된 것이 골다공증이다. 허리나 등이 아프거나 골절되기 쉽다.

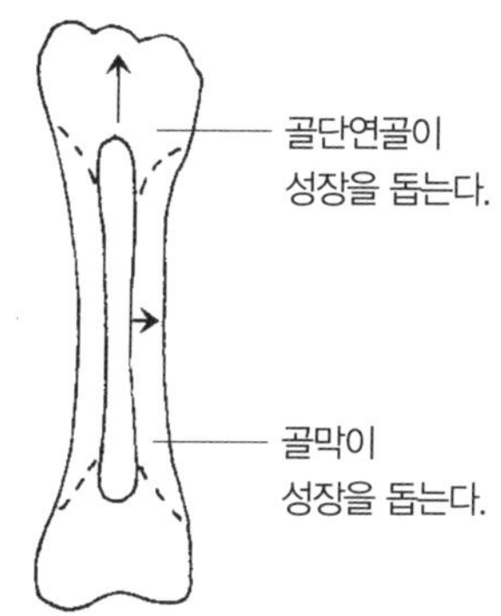

이 2종류 세포의 연합 작용에 의해 '만들면 흡수'를 반복해 뼈를 균형 있게 성장시킨다.

젊은 사람의 뼈는 밀도가 높다

칼슘은 철보다 습기에 강하고 잘 풍화하지 않는다. 뼈는 적당한 자극과 중력이 없으면 약해진다.

골다공증의 치료법

칼슘 부족이 주요한 원인이다. 골아세포는 비타민 D에 의해 활성화되기 때문에 비타민과 칼슘을 충분히 섭취하고 태양 아래에서 운동하는 것이 필요하다. 일광욕이나 운동은 체내에 칼슘을 축적시키는 데 도움이 된다.

··· 부러진 뼈는 왜 붙나? ···

뼈도 재생능력을 갖고 있다

젊은 사람의 뼈는 노인에 비해 탄력이 있고 잘 부러지지 않는다. 어린아이는 더욱 잘 부러지지 않는다. 그렇다고 해도 강한 힘이 작용하면 싱싱한 어린 나뭇가지가 꺾이듯이 끈적거리며 부러져 버린다. 부러진 가지에서 양분이 흘러나오는 것처럼 인간의 뼈에서도 혈액이 흘러나와 우선 골절부를 단단하게 메운다. 그리고 골막에서 분비된 뼈를 만드는 골아세포(조골세포)가 작용하기 시작해 뼈를 복구한다.

골절에는 크게 나눠 2종류가 있는데, 하나는 뼈 그 자체가 부러진 폐쇄성 골절, 다른 하나는 피부까지도 상처를 입어 뼈가 보이는 개방성 골절이다. 복잡골절을 뼈가 잘게 부서진 것으로 생각하기 쉽지만 정확하게는 개방성 골절이고, 뼈가 부서진 골절은 수쇄골절이라 한다.

골절부는 꼭 붙이지 않는 편이 좋다
뼈의 성질로, 골절부를 깁스로 고정할 때 부러진 뼈와 뼈 사이는 약간 틈을 두는 편이 치료가 빠르고 잘 붙는다. 틈에 적당한 압력이 가해져 골아세포가 활발히 작용해 뼈의 내부까지 확실히 붙이기 때문이다.

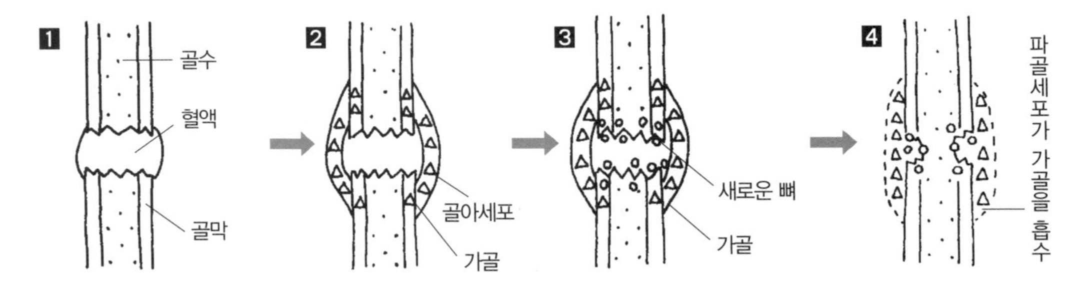

1 뼈가 부러지면 뼈의 혈관이 터지면서 내출혈이 일어나 피의 덩어리가 생긴다. 이것이 혈관을 막아 출혈을 멎게 하며 부러진 뼈 틈새를 메워 응급처치를 한다.

2 부러진 뼈 표면의 골막에서는 골아세포가 골절부에 많이 모여 분열을 시작한다.

3 골절부에 모인 골아세포는 혈관과 살의 조직을 새로 만들어 조금씩 회복을 시작한다. 새로운 골아세포의 양이 어느 정도 불어나면 석회가 침착해 뼈로 된다. 이 상태를 가골이라 한다.

4 가골이 더 많이 만들어지면 파골세포의 활동이 활발해져 불필요한 가골 부분을 흡수해 원래 형태로 정리한다. 이렇게 해서 골절부는 회복된다.

··· 등뼈의 구조 ···

뇌와 직결되어 있는 기관이 집중해 있다

등뼈에는 단단한 척추골과 완충 역할을 하는 추간연골이 교호해 26개나 연결되어 있다. 이만큼 세밀하게 붙어 있기 때문에 상체를 전후좌우로 굽히거나 비틀거나 하는 것을 자유롭게 할 수 있는 것이다. 동작뿐만 아니라 보행 시에도 충격을 흡수하는 스프링 역할을 한다. 예를 들면 점프했다가 착지할 때 중요한 뇌에 충격이 가지 않도록 등뼈와 발에서 충격을 흡수한다. 또 신경의 중추인 척수도 보호한다. 등뼈를 다치면 몸의 각 기관의 작용이 둔해지는 것도 이 때문이다.

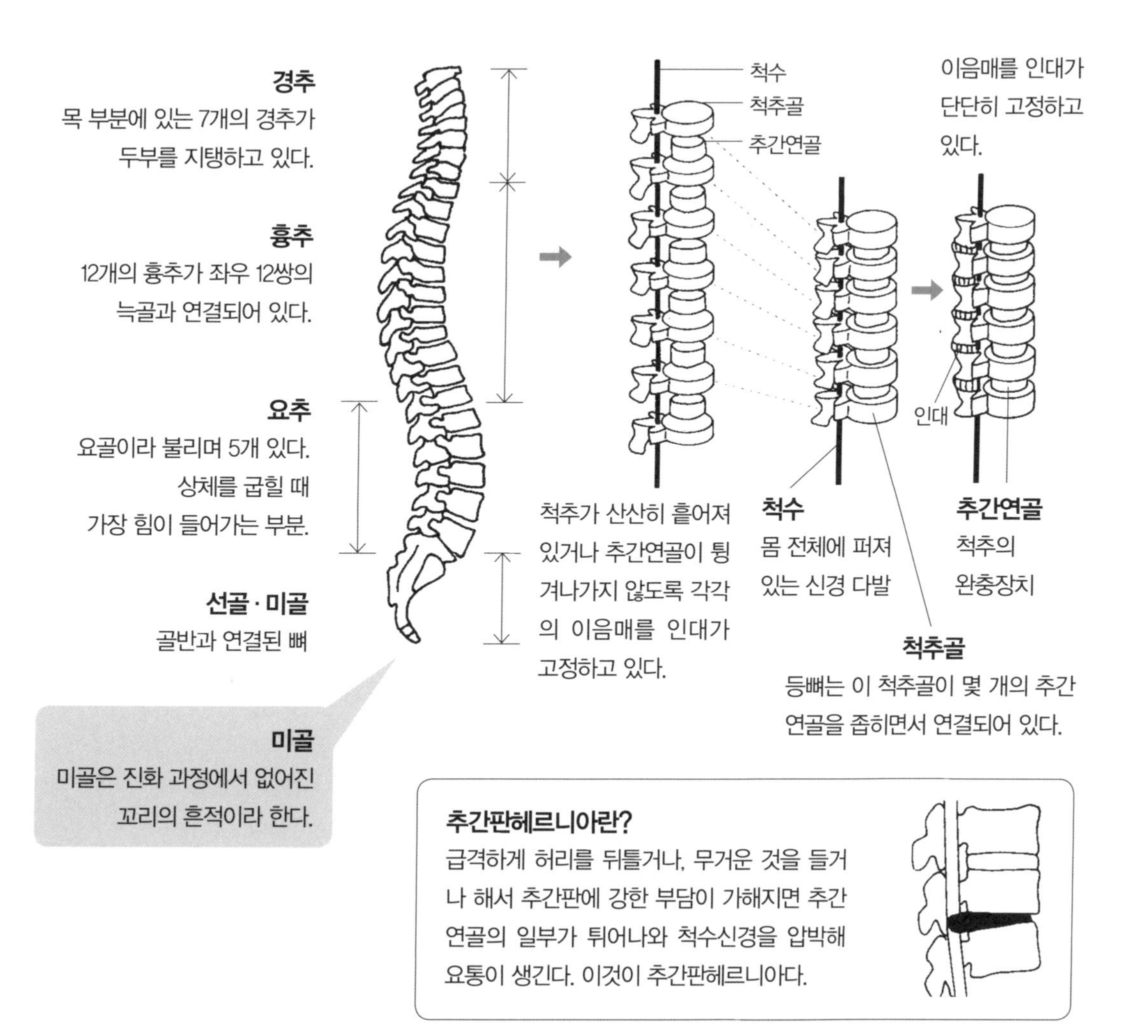

추간판헤르니아란?

급격하게 허리를 뒤틀거나, 무거운 것을 들거나 해서 추간판에 강한 부담이 가해지면 추간연골의 일부가 튀어나와 척수신경을 압박해 요통이 생긴다. 이것이 추간판헤르니아다.

관절의 구조

교묘한 접합

관절부위 뼈의 끝부분은 연골로 이루어져 있다

뼈와 뼈가 연결된 곳, 2개 혹은 그 이상의 뼈가 연결된 부분을 관절이라 한다. 관절은 그 회전축의 수나 관절면의 기하학적인 성상으로 분류된다. 관절의 형태를 만드는 뼈의 끝부분은 관절연골로 덮여 있다. 보통 뼈는 뼈의 안쪽을 통하는 혈관의 혈액에서 영양을 공급받지만, 관절연골에는 혈관이 없기 때문에 혈액으로부터 영양을 공급받을 수 없다. 그래서 관절액으로부터 영양을 공급받는다. 뼈가 마모하지 않는 것도 이 관절액과 연골이 보호하고 있기 때문이다.

관절의 구조(무릎)

인대

관절이 반대방향으로 굽거나 빠지지 않도록 바깥쪽을 단단히 고정하고 있는 섬유상의 띠.

무리하게 잡아당기거나 굽히거나 하면 인대가 늘어나 관절이 빠지는 원인이 된다.

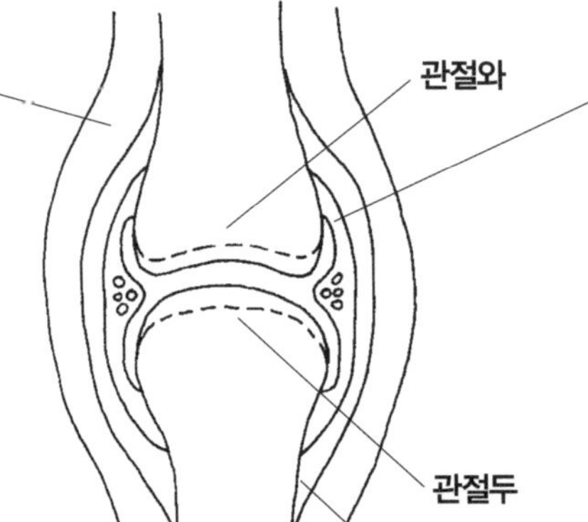

활막

관절면의 움직임을 부드럽게 하는 활액이라는 점액을 분비한다.

관절은 관절두와 이것을 넣는 관절와가 요철로 마주보고 있으며, 이 주위를 관절포라는 조직이 싸고 있다. 마주보는 면은 관절연골이 덮고 있다.

연골이란?

표면이 매끄럽고 부드러운 것과 완충장치 역할을 하는 2종류가 있다.

흉골

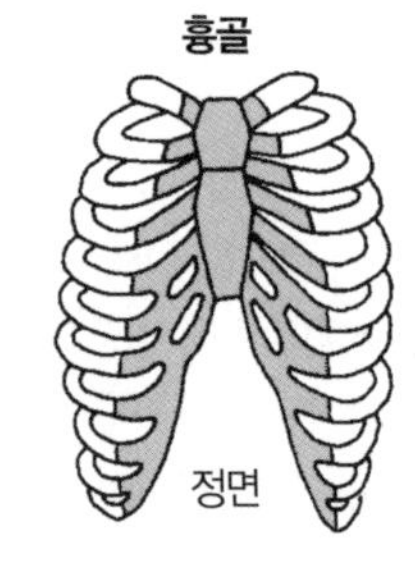

정면

쿠션 역할

늑골과 늑골을 연결하고 있는 연골로 호흡할 때 늑골이 부풀거나 수축하는 것을 돕는다.

매끄러운 연골

대부분 뼈의 끝은 연골로 되어 있다. 이것은 뼈의 이음매 조직이 상하지 않도록 하기 위해서이다.

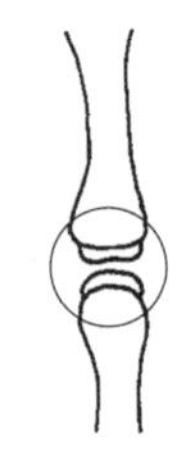

관절의 종류

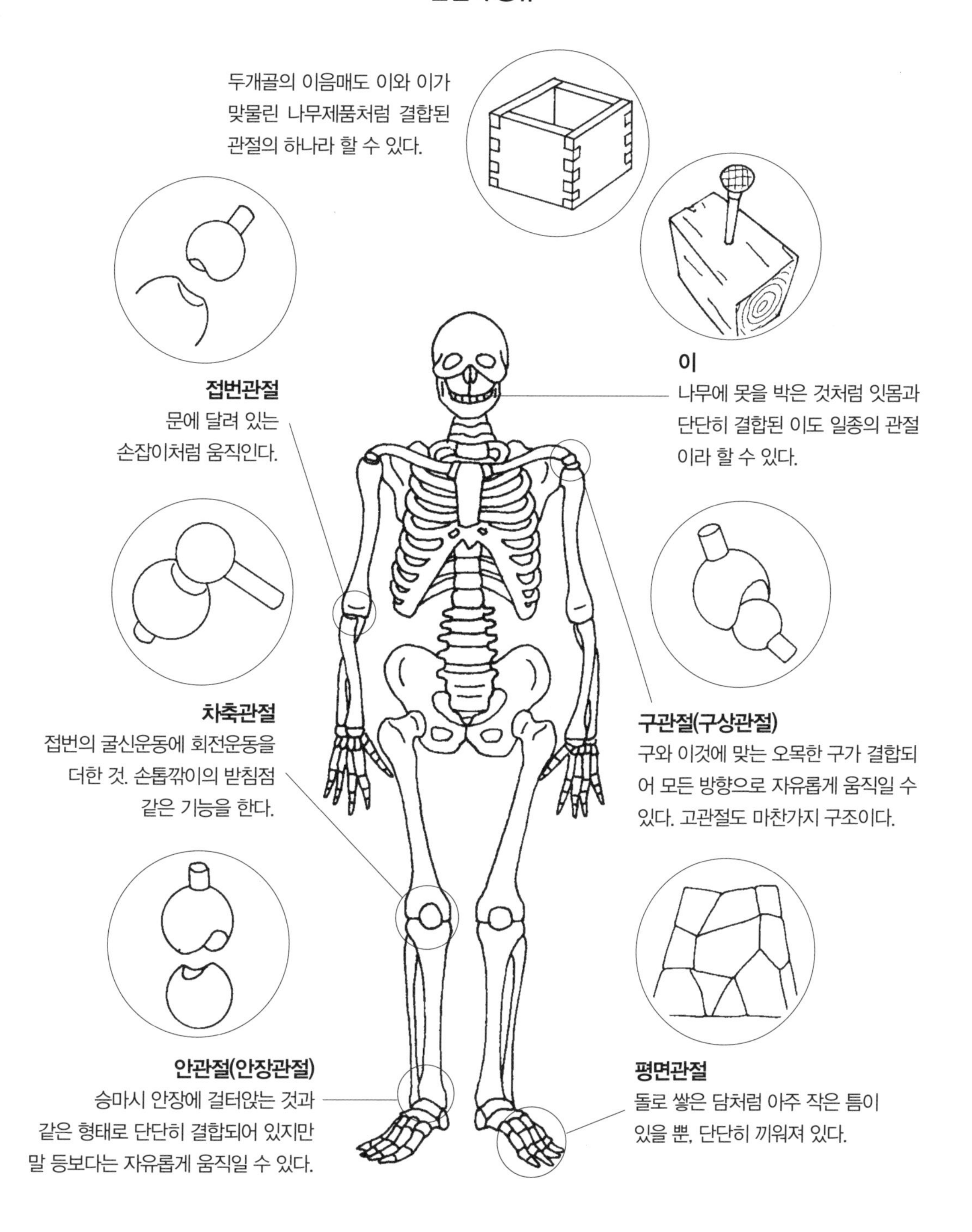
두개골의 이음매도 이와 이가
맞물린 나무제품처럼 결합된
관절의 하나라 할 수 있다.
이
나무에 못을 박은 것처럼 잇몸과
단단히 결합된 이도 일종의 관절
이라 할 수 있다.
접번관절
문에 달려 있는
손잡이처럼 움직인다.
차축관절
접번의 굴신운동에 회전운동을
더한 것. 손톱깎이의 받침점
같은 기능을 한다.
구관절(구상관절)
구와 이것에 맞는 오목한 구가 결합되
어 모든 방향으로 자유롭게 움직일 수
있다. 고관절도 마찬가지 구조이다.
안관절(안장관절)
승마시 안장에 걸터앉는 것과
같은 형태로 단단히 결합되어 있지만
말 등보다는 자유롭게 움직일 수 있다.
평면관절
돌로 쌓은 담처럼 아주 작은 틈이
있을 뿐, 단단히 끼워져 있다.

근육의 구조
몸을 움직이는 근본

중요한 내장에서도 근육이 큰 활약

근육은 수의근과 불수의근으로 나뉜다. 수의근이란 자신의 의사로 움직이는 것이 가능한 근육이고, 불수의근은 자율신경에 의해 조절되는 근육이다. 골격근, 평활근, 심근 3종류의 근육 중, 골격근은 골격에 부착해 있는 뼈를 움직이는 수의근이다. 체중의 약 50%는 골격근이 차지한다. 평활근은 내장 등의 벽을 만드는 불수의근으로 내장근이라고도 한다. 소화관의 내용물을 앞으로 보내는 연동운동은 평활근에 의해 이루어진다. 심근은 심장을 구성하고 있는 불수의근으로 항상 쉬지 않고 움직인다.

근육의 구조

근육의 종류에 따라 구조는 다르지만 글자 그대로 모두 가늘고 긴 근섬유로 되어 있다. 이 근은 수축하는 성질을 가진 세포로 하나 하나가 핵을 가지며 다발로 되어 있다. 이 다발도 하나가 아니라 더 많이 모여 큰 다발을 만들며 하나의 근육으로 모아진다.

가장 작은 근육 다발에는 2종류의 근이 있다. 하나는 굵은 근, 다른 하나는 가는 근으로 서로 번갈아 배열되어 있다.

이완된 상태

2종류의 근의 활주로, 근육은 수축한다.

힘줄이란?

알통을 만들어 그 앞쪽을 만져보면 가늘고 단단한 것이 느껴진다. 이것이 힘줄이다. 힘줄은 근육의 양 끝에 있으며 콜라겐이라는 결합조직에 의해 뼈에 붙어 있다. 근육의 수축에 의해 한쪽 뼈를 끌어당겨 운동을 하도록 돕는다.

수축에 필요한 시간은 골격근은 순간, 평활근은 느리고, 심근은 그 중간.

심장을 움직이는 심근(불수의근)

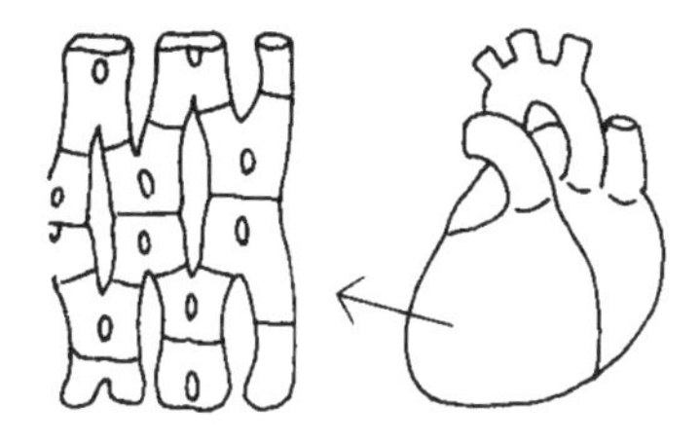

근세포의 다발이 옆으로 가지를 내어 서로 연결되며 자극에 대해 하나의 세포처럼 반응한다.
심근은 심장을 움직이는 근육. 의사와는 관계없이 움직이는 불수의근으로 자율신경에 의해 조절된다. 이 근육이 쉬지 않고 움직이는 덕분에 우리의 심장은 계속 뛸 수 있는 것이다.

내장을 만드는 평활근(불수의근)

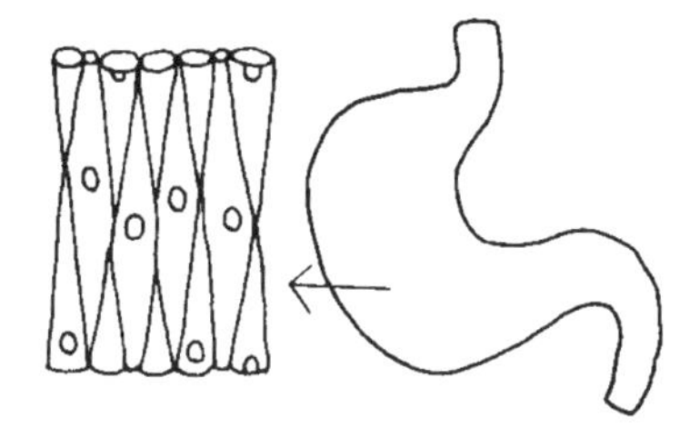

골격근에 비해 가늘고 짧다. 핵이 한가운데 있기 때문에 가로줄무늬는 없다. 혈관, 장, 기관, 요관과 같은 관상의 장기와 위, 장, 방광 등의 주머니 모양의 장기, 자궁벽 등을 만드는 근육이다. 내장을 만드는 근육이기 때문에 내장근이라고도 한다. 자율신경과 호르몬에 의해 조절된다.

운동을 지지하는 골격근(수의근)

근세포의 핵이 가장자리에 있어 가로줄무늬가 보이기 때문에 횡문근이라고도 한다. 골격근은 팔, 다리, 몸 등의 골격에 붙어서 골격을 움직이는 작용을 하는 근육이다. 자유의사로 움직일 수 있는 수의근이다.

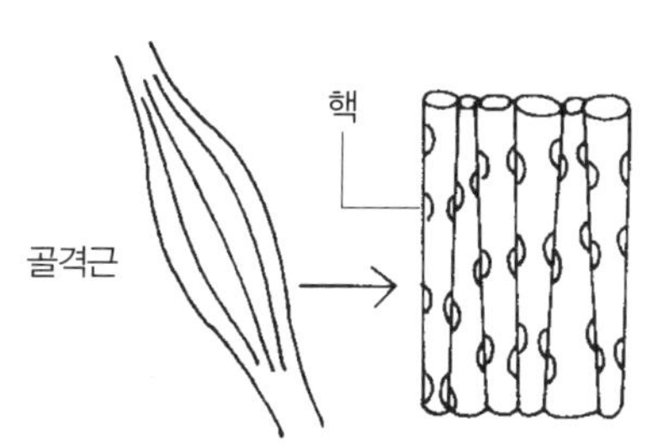

몸 전체의 근육을 전부 사용하면 22톤의 장력이 된다.

골격근은 수축하는 근육과 이완하는 근육이 쌍을 이루고 있고, 이것에 의해 운동할 수 있다.

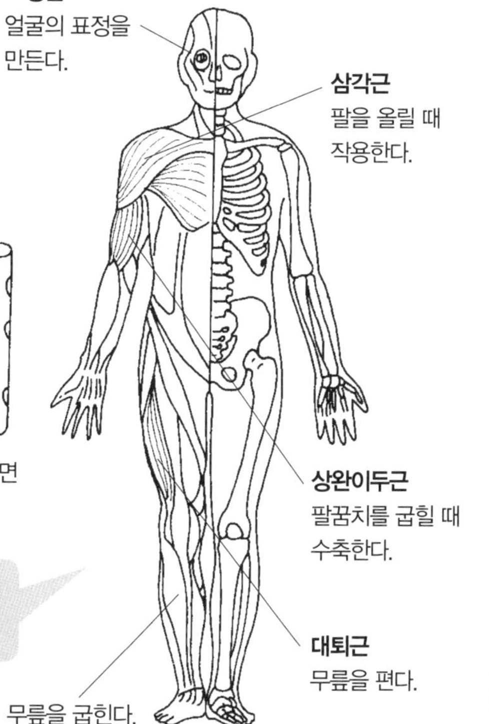

··· 근육이 수축하는 구조 ···

쌍을 이룬 근육이 서로 당겨 수축한다

골격근은 많은 근세포의 다발로 이루어져 있다. 이 세포의 하나하나가 굵은 근과 가는 근의 2종류로 되어 있어 힘을 주면 서로 끌어당겨(활주한다) 전체적으로 짧아진다. 그만큼 굵기는 증가하기 때문에 다발이 모이면 '알통'이 생기는 것이다. 힘을 빼면 근세포도 느슨해져 2종류의 근은 떨어진다. 이처럼 해서 근육을 수축시켜 우리는 모든 동작을 할 수 있다. 근육을 사용하는 기회가 많아지면 근세포 하나하나의 근이 굵어진다. 이것이 다발이 되어 보디빌더와 같은 근육이 생기는 것이다.

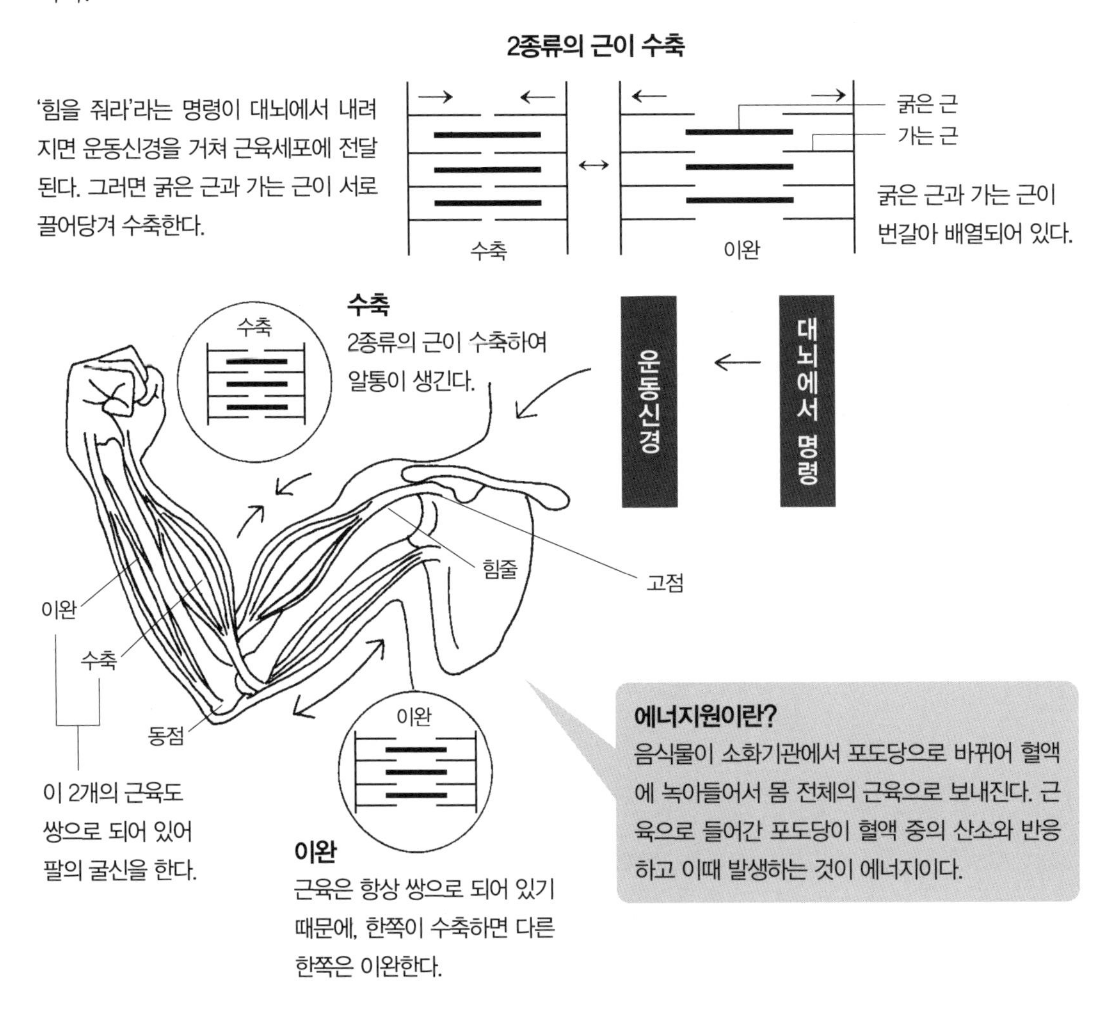

에너지원이란?
음식물이 소화기관에서 포도당으로 바뀌어 혈액에 녹아들어서 몸 전체의 근육으로 보내진다. 근육으로 들어간 포도당이 혈액 중의 산소와 반응하고 이때 발생하는 것이 에너지이다.

··· 쥐가 나는 이유 ···

아파서 괴로운 다리의 근육이 경련

장딴지에 있는 비복근에 경련이 일어나는 것(발이 당긴다)이 쥐가 난 상태이다. 장딴지뿐만 아니라 정강이 앞쪽 바깥쪽에 있는 전경골근이라는 근육이 경련할 때도 있다. 이것도 넓은 의미에서 쥐가 났다고 한다. 일반적인 요인은 근육의 피로나 차가움 등이고, 이 때문에 근육의 산소 공급과 피로물질(젖산 등)의 배출이 불충분해져 근육이 돌발적으로 이상 수축을 일으키는 것으로 여겨진다.

포도당은 근육의 에너지원이다. 운동을 계속하면 이 에너지는 당연히 소비된다. 포도당이 부족해지면 간장에 축적된 글리코겐을 포도당으로 바꾸어 보급하는데, 이때 젖산이라는 피로물질이 발생해 근육으로 운반된다. 이것이 피로한 상태이다.

계속 수축된 상태

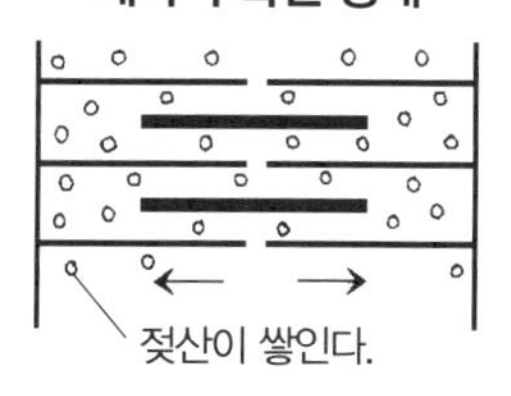

근육에 젖산이 쌓이면 2종류의 근이 서로 원활하게 잡아당기지 못하게 되어 때로는 계속 수축된 상태로 있게 된다. 이 상태가 '쥐가 난' 것이다.

비복근

장딴지에 있는 근육을 비복근이라 한다. 장거리를 걷거나 하면 다리에 피로를 느끼는 것은 우선 이 부분이다.

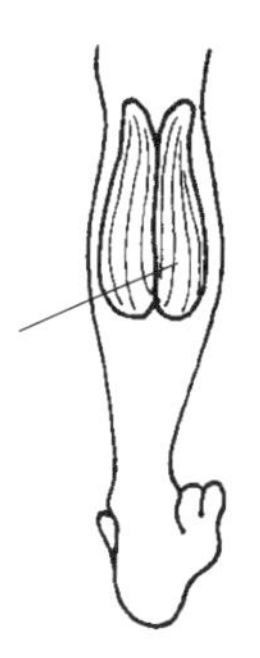

전경골근

무릎 아래 바깥쪽(엄지발가락의 제5지 쪽)에 있는 근육을 전경골근이라 한다. 여기도 피로해지기 쉽고 경련을 일으키기 쉽다.

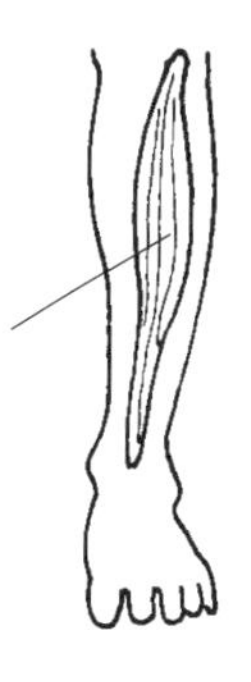

쥐가 났을 때는

장딴지의 근육이 당길 때는 발가락을 위로 잡아당기면 수축되려는 장딴지가 이완되기 때문에 통증이 완화된다.

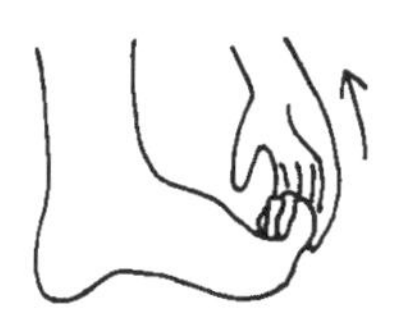

전경골근이 당길 때는 무릎 아래 경골 바깥쪽의 근육에 있는 압통점을 세게 계속 눌러준다.

··· 왜 어깨가 결리나? ···

피로가 쌓여 있다는 신호가 어깨 결림

어깨 결림은 하나의 증상이고 의학적인 병명은 아니다. 목에서 어깨에 걸쳐 근육이 땅기고 딱딱해진 상태를 말한다. 따라서 이렇게 근육이 긴장하는 자세를 계속하면 발생한다. 예를 들면 오랜 시간 책상 앞에 앉아 일하는 것은 어깨에서 목덜미의 근육이 계속 긴장하게 되어 피로해져 버린다. 근육은 피로하면 젖산이라는 피로물질을 발생시키기 때문에 쉬어서 피로를 풀어주지 않으면 안 된다. 만약 계속 무리하게 되면 만성적인 피로가 되고, 긴장을 풀지 못하게 되어 어깨가 결리게 된다.

인간 머리의 무게는 약 3kg. 이것을 가는 목만으로 지탱하고 있기 때문에 목과 어깨의 근육이 긴장하기 쉽다.

책상에서 같은 자세로 계속 일을 하면 목과 어깨의 근육이 피로해진다.

정신적 긴장과 스트레스가 혈관과 근육을 수축시킨다.

목, 어깨의 근육인 승모근과 극하근이 수축한다. 근육이 수축하면 그곳을 통과하는 혈관도 수축해 혈행이 나빠진다. 그러면 에너지 공급이 원활하게 일어나지 않는다.

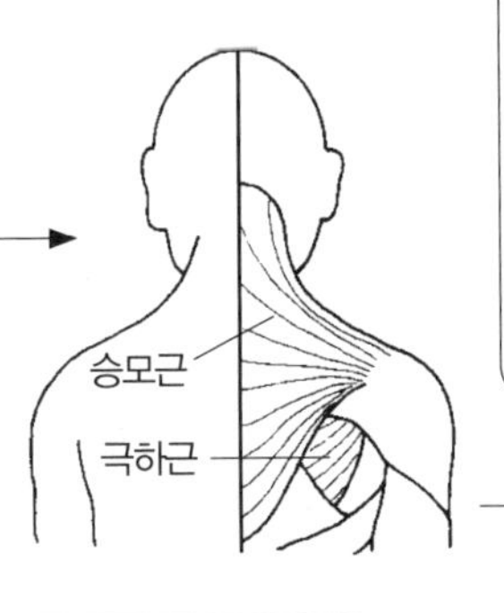

눈이 피로할 때도 어깨가 결린다

몸뿐만 아니라 눈도 혹사하면 피로해진다. 눈을 사용하는 일을 하거나 텔레비전이나 컴퓨터 등의 화면을 오랜 시간 보고 있으면 피로가 증가되어 어깨가 결린다. 또 안경의 도수가 맞지 않을 경우에도 눈에 부담을 준다. 어깨 결림의 원인이 눈에서 생기는 경우도 많다.

수축

근육의 수축과 울혈이 생기면 피로물질(젖산)이 제거되기 어려워져 어깨 결림이 오래 지속된다.

어깨 결림의 압통점

어깨 결림에도 몇 가지 유형이 있는데, 그림에서 점으로 표시된 부위가 결리는 사람이 많고, 여기에 압통(누르면 통증을 느낀다)이 생긴다. 이곳을 지압 등으로 적당히 자극하면 결림이 완화된다.

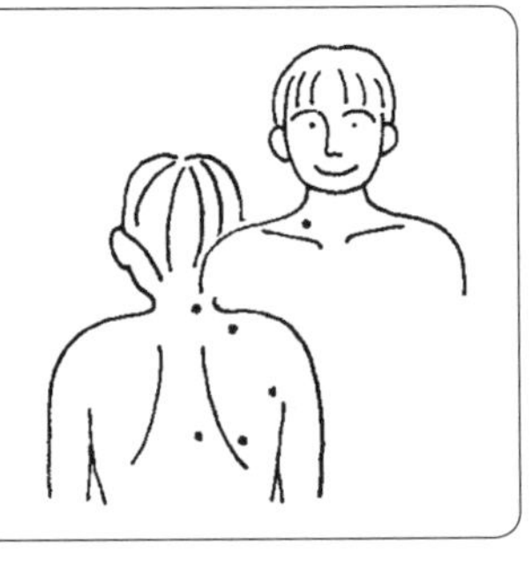

··· 얼굴의 표정을 만드는 구조 ···

귀여운 그녀의 웃는 얼굴도 피부 한 장 아래는···

표정이라는 말 그대로 얼굴은 사람의 다양한 감정을 표현한다. 매력적인 그녀의 웃는 얼굴, 혹은 고뇌하는 눈매, 상사의 기분이 안 좋은 듯한 얼굴 등의 표정도 실은 근육의 움직임으로 만들어지는 것이다. 표정을 만드는 얼굴의 근육을 표정근이라고 한다. 하지만 표정근의 원래 역할은 얼굴에서 감정을 나타내는 것이 아니라 얼굴에 있는 눈꺼풀, 코, 입 등을 움직이는 것이다.

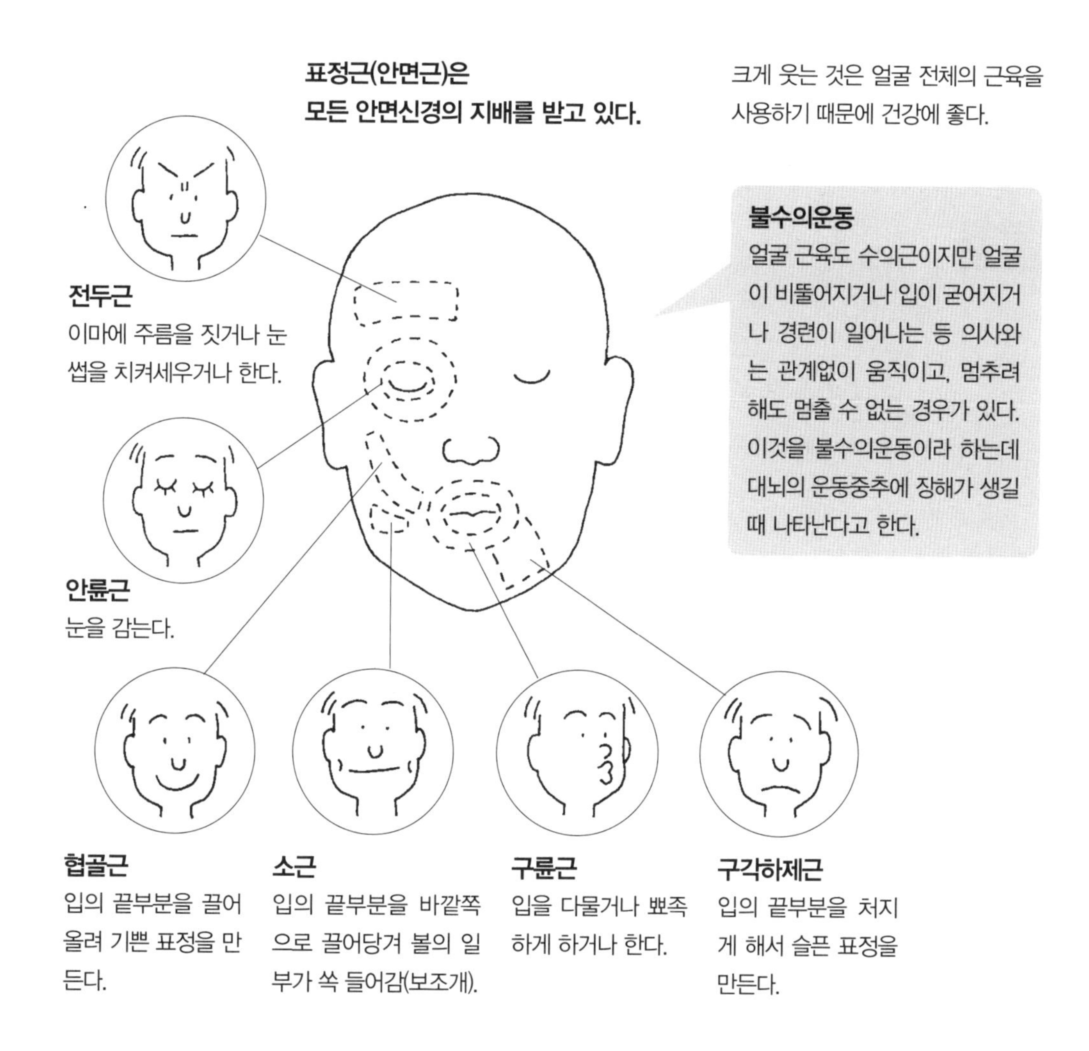

손과 발의 구조

충실한 일꾼

인간의 진화가 손발의 구조를 분담해 변화시켰다

네발짐승은 앞발과 뒷발에 다소의 차이는 있지만 기능은 거의 같다. 그러나 사람은 두 발로 보행하게 되면서 손과 발의 역할 분담이 명확해졌다. 손은 물건을 잡거나 복잡한 동작을 하거나 도구를 사용하는 것을 기억해 이것이 뇌의 발달을 촉진시켰다. 그리고 발은 몸을 지탱하고, 보행·주행 등을 할 때 충격을 완화하는 형태로 발달해 손보다 길어졌다. 발가락은 손에 비해 짧아 보이지만, 골격으로 보면 발도 손과 마찬가지로 발가락이 길다는 것을 알 수 있다.

손

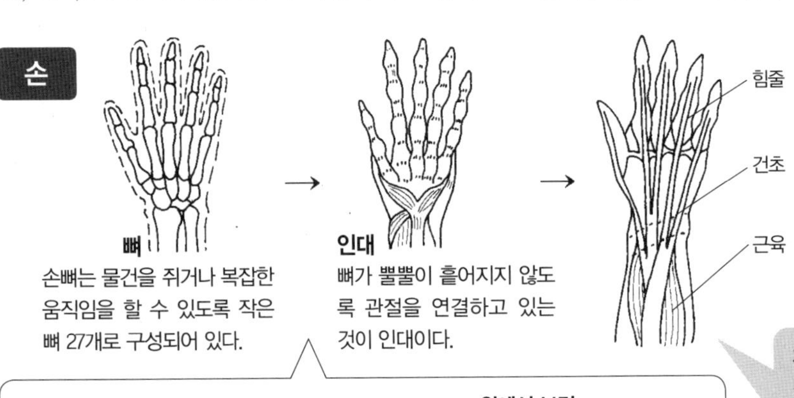

뼈
손뼈는 물건을 쥐거나 복잡한 움직임을 할 수 있도록 작은 뼈 27개로 구성되어 있다.

인대
뼈가 뿔뿔이 흩어지지 않도록 관절을 연결하고 있는 것이 인대이다.

건초
각각의 손가락 근육의 끝부분에는 힘줄이 붙어 있는데, 이것이 손목 부위에서 건초에 의해 묶여 있다.

손가락 관절의 구조

측부인대
뼈의 옆에 붙어 있는 인대로 동아줄 모양과 부채 모양의 2종류가 있고, 이것이 손가락의 복잡한 움직임을 돕는다.

삭상부
옆으로부터의 충격을 완화한다.

선상부
관절을 굽히고 펼 때 닫히거나 열린다.

장측판
연골판은 손가락을 굽히면 뼈와 함께 이동하며 막양부는 이완한다. 손가락을 펴면 막양부는 긴장한다.

위에서 보면

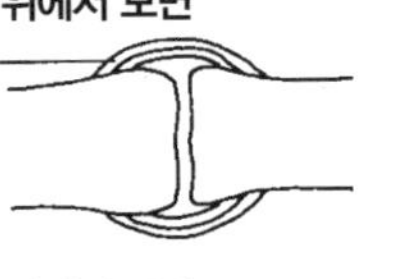

옆에서 보면

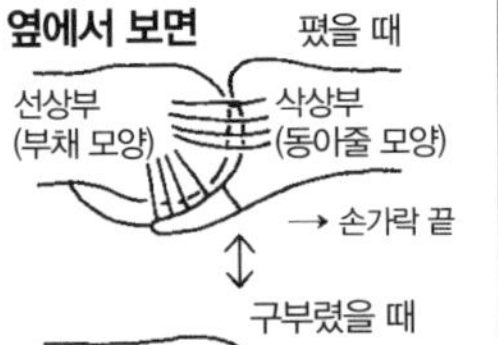

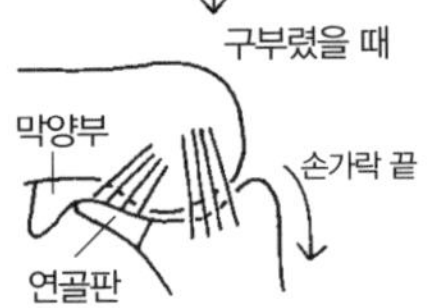

건초염이란?
건초는 글자 그대로 힘줄을 넣는 초(칼집)로 되어 있어 안에는 활액이 들어 있고, 손가락의 굴신 등을 원활하게 해준다. 이 속이 만성적인 피로와 세균감염으로 곪아서 염증을 일으키는 것이 건초염이다.

골격을 보면 손과 마찬가지로 되어 있지만 체중을 지탱하기 때문에 상당히 발가락이 짧게 되어 있다.

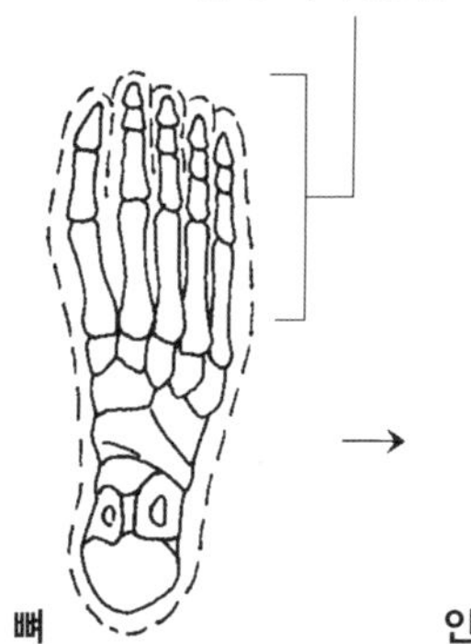

뼈
발은 26개의 작은 뼈로 구성되어 있다.

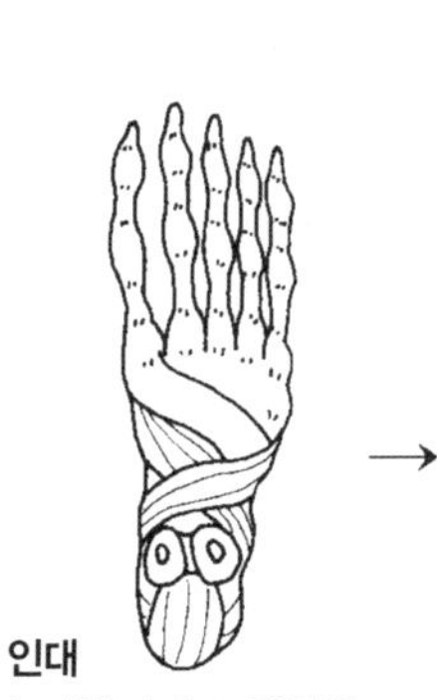

인대
손과 마찬가지로 관절을 연결하고 있지만 보행에 의해 근육과 인대가 단련되어 튼튼하게 되어 있다.

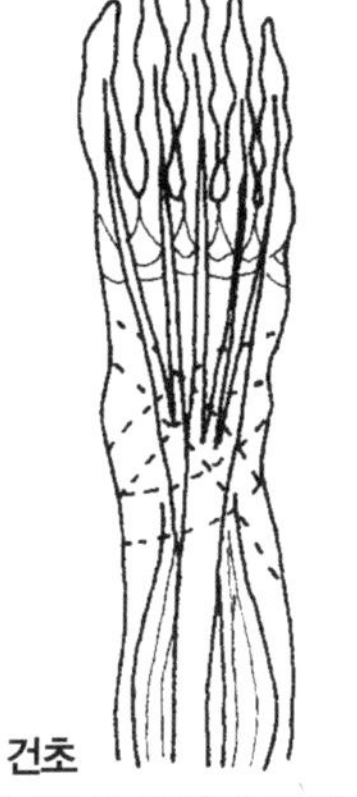

건초
발가락의 근육과 연결되어 있으며 각각의 힘줄이 발목 부위에서 건초에 의해 묶여 있다.

외반모지란?

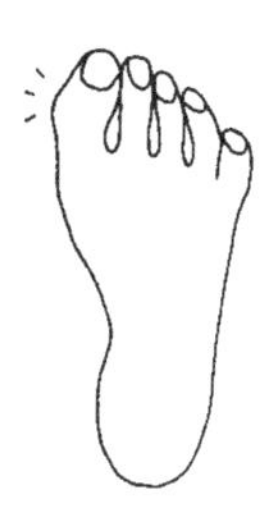

발끝이 좁은 구두 등을 오랫동안 신으면 엄지발가락이 새끼발가락 쪽을 향해 굽어버려, 엄지발가락 뼈가 바깥쪽으로 돌출해버리는 경우가 있다. 이 상태를 외반모지라 한다. 내버려두면 무릎과 고관절에도 장해가 생긴다.

체중을 지탱하는 구조

옆에서 보면

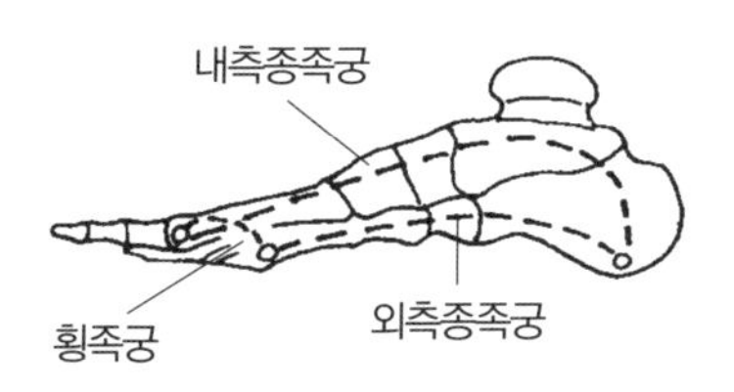

위에서 보면

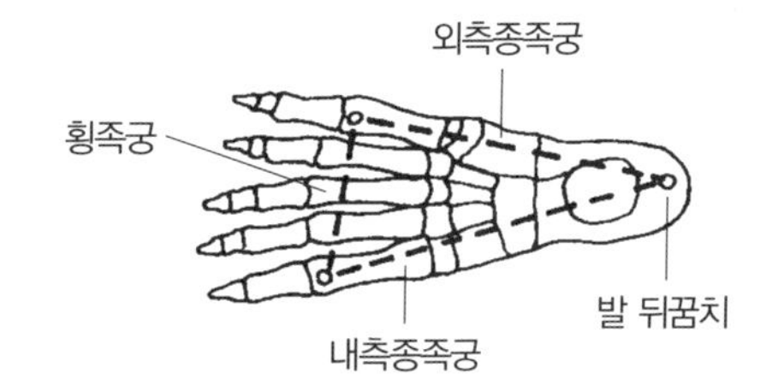

내측종족궁
운동시의 충격을 완화하는 스프링 역할을 한다.

외측종족궁
체중을 지지한다.

횡족궁
안쪽과 바깥쪽의 종족궁이 협력해 발바닥의 강한 스프링으로 완충력을 준다.

체중의 일부는 발뒤꿈치에, 다른 일부는 발뒤꿈치에서 2개의 종족궁으로 분산시킨다.

··· 물건을 잡는 구조 ···

물건 하나를 잡는 데도 의식적인 힘이 작용한다

물건을 '잡기' 위해서는 손과 손가락의 근육의 작용에 의사가 더해져야 한다. 손의 근육은 수의근이기 때문에 명령을 내리지 않으면 움직이지 않는다. 우선 집으려는 것의 위치와 크기를 눈이 확인하고, 눈으로부터의 정보를 바탕으로 해서 대뇌가 근육에 명령한다. 아무렇지 않게 잡는 것처럼 보이지만, 실은 눈에서 뇌, 뇌에서 손,… 과 같이 몇 단계의 정보 교환을 뇌가 순간적으로 행하는 것이다. 무거운 것을 들 때도 근육은 뇌에서 '무겁다'라는 명령을 받아 준비하지만 의외로 가벼우면 근육이 긴장해서 당기는 경우가 있다.

손의 움직임을 지지하는 뼈와 관절(오른쪽 손바닥)

중수골
중근골
유구골
주상골
③ ② ① 관절

이 뼈가 물건을 쥘 때 다른 뼈의 지점이 된다. 중수골은 수근골과 관절로 연결되어 있으며 새끼손가락과 약지는 유구골을 공유한다. 이렇게 작은 뼈 각각이 관절로 연결되어 있기 때문에 자유롭게 움직일 수 있다.

①과 ②의 관절을 합쳐 손관절이라 한다. 손관절은 굴곡과 신전이 85°까지 가능하고, 한쪽 관절이 50°일 때 다른 한쪽이 35°가 된다. 이때 가장 많이 움직이는 것이 주상골로, 회전하듯이 움직인다.

새끼손가락과 약지는 붙어 있나?

새끼손가락만을 굽히려고 하면 옆에 있는 약지까지 굽어지고 만다. 이것은 새끼손가락에 명령을 전하는 신경과 약지에 명령을 전하는 신경이 척수(신경다발)에서 붙어 있기 때문이다. 그래서 따로 잘 움직이지 못하고 두 손가락이 함께 명령을 받아 움직인다.

쥘 때 중수골의 움직임

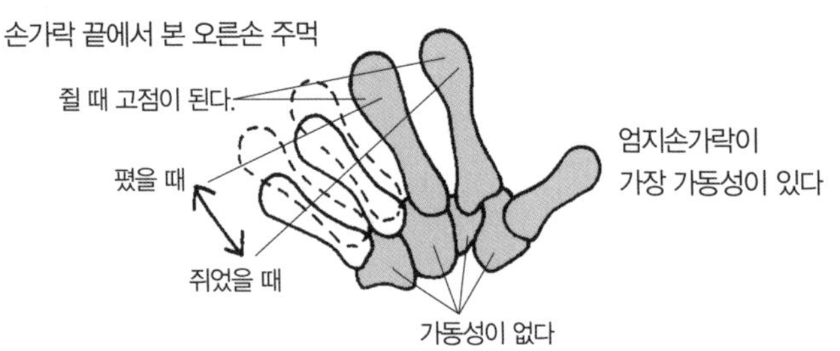

검지와 중지에는 가동성이 없다.

↓

손에는 팔에서 연결된 근육과 손바닥과 각각의 손가락에 붙어 있는 근육이 있다. 이들이 뇌의 명령으로 근력·관절·굽히는 각도 등을 조정해서 물건을 쥔다.

··· 보행의 구조 ···

항상 걷고 있어 습관이 되고 무의식화한 수의근

인간이 직립보행할 수 있는 것은 우선 옆으로 확실히 벌어져 안정감 있는 골반과 이것에 지탱되어 완만하게 곡선을 그리며 서 있는 등뼈 덕분이다. 등뼈에는 목에서 아래 기관과 연결되어 있는 신경이 들어 있는 척수가 지나고 있고, 뇌와 직결해 있다. '걸으세요'라는 명령이 뇌에서 내려지면, 척수의 신경을 거쳐 다리의 각 근육에 전달되어 걷게 된다. 여기에서 자세가 나쁘면 척수가 압박되어 뇌로부터의 명령이 각 근육에 잘 전달되지 않게 된다. 몸을 균형 있게 유지하는 것이 건강에도 좋은 것이다.

보행에 필요한 주요 근육

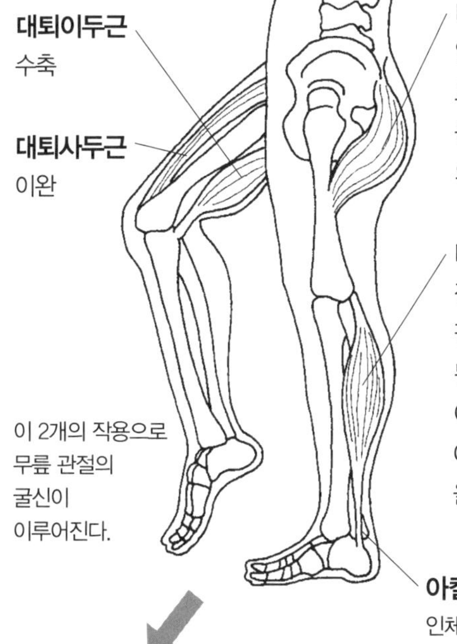

대둔근
엉덩이에 있는 두껍고 강한 근육으로 고관절뿐만 아니라 무릎 관절도 움직인다. 이 근육의 발달이 인간의 직립보행을 가능하게 했다.

비복근
장딴지 근육과 이 속에 숨어 있는 평목근이라는 근육이 협력하여 발뒤꿈치를 들어올리는 작용을 한다. 이 근육의 하단에 붙어 있는 것이 아킬레스건으로 이곳을 다치면 걸을 수 없게 된다.

아킬레스건
인체에서 가장 큰 힘줄

직립해 있을 때의 등뼈

활 모양의 만곡과 만곡을 전후좌우에서 잡아 당겨 유지하고 있는 인대와 근육은 보행할 때 생기는 상하운동의 충격을 완화하는 역할을 한다.

▼ 이상적인 자세

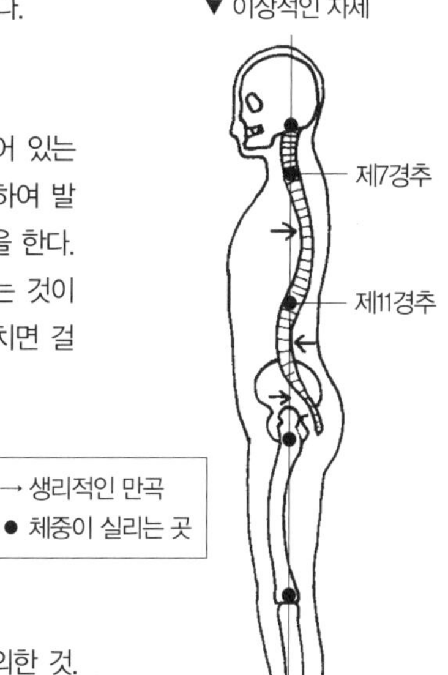

수의운동

직립자세를 유지하거나, 보행, 주행 등은 골격근이라는 수의근의 작용에 의한 것. 물건을 쥘 때와 마찬가지로 대뇌의 명령을 받아 이루어지는 의식적인 움직임이다. 그러나 같은 운동을 몇 번이고 계속 반복하면 무의식적으로 운동이 행해지게 된다. 이것을 수의운동의 반사화라 한다. 보행과 주행 등은 이 수의근이 반사화한 것이다.

··· 발바닥의 구조 ···

체중을 분산하기 어려워 발이 피로한 평발

발바닥에는 아치형으로 떠 있는 '발바닥의 장심'이라는 부분이 있다. 이 아치는 체중을 무리없이 지탱하는 데에 적합한 형태를 하고 있다. 편평족(평발)이란 이 아치가 없는 발인데 얼핏 보아 판단할 수 있는 것은 아니다. 편평족은 골격 그 자체가 평평한 발을 말하는데, 골격은 아치형이어도 겉보기에는 평평한 경우도 있기 때문이다. 편평족은 발이 피로할 뿐만 아니라 몸을 지탱하는 균형을 취하기 어렵다고 한다. 쉽게 잘 넘어지는 사람은 편평족일 가능성이 있다.

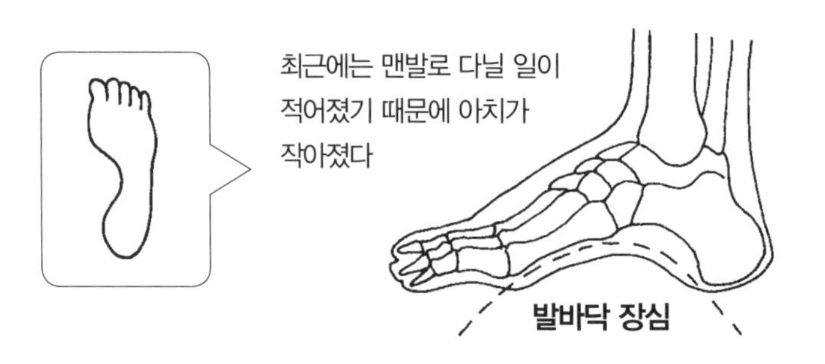

신생아의 발바닥은 편평하게 되어 있다. 걷기 시작하면 근육과 인대가 발달하여 체중을 분산하기 위해 발바닥이 아치형으로 된다. 이 아치가 '발바닥 장심'이다.

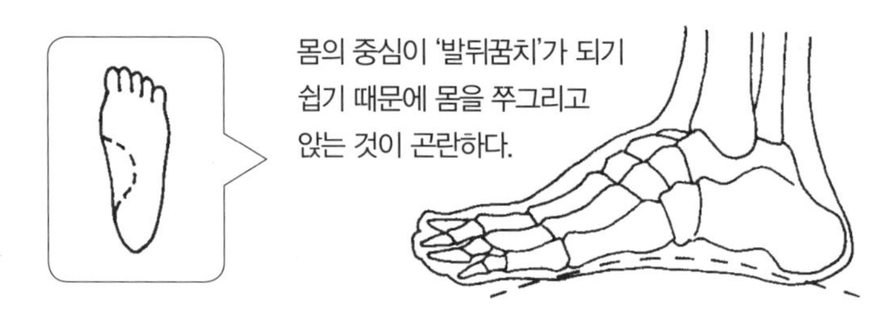

편평족이란 발바닥에 아치가 없는 발을 말한다. 흔히 말하는 평발이다. 체중이 잘 분산되지 않기 때문에 발이 쉽게 피로해진다. 또 몸의 균형을 잡기 어렵기 때문에 자세가 나빠지기 쉽다.

편평족을 고치려면

어린아이의 경우는 인대와 근육이 약하기 때문에 생기므로 맨발로 부드러운 흙 위를 걷게 하면 고칠 수 있다. 어른의 경우는 발과 허리에 통증이 생기는 경우도 있다. 이럴 때는 발바닥의 아치 모양을 한 깔창을 구두에 깔면 통증이 완화된다. 통증이 없을 때는 발가락 끝으로 서서 아치 형성에 관련된 근육을 강화하는 것이 좋다.

구두를 사려면 저녁에

발바닥 면적은 하루 중에도 변화한다. 아침에 일어났을 때가 가장 작고, 시간이 경과함에 따라 커져서 6시간 정도 지나면 아침의 약 20%나 커진다. 그래서 발이 가장 큰 상태인 저녁에 구두를 사면 좋다(특히 외반모지인 사람은 주의). 참고로 키는 아침에 가장 크다.

9장

아담과 이브의 신비

생식기와 생명탄생

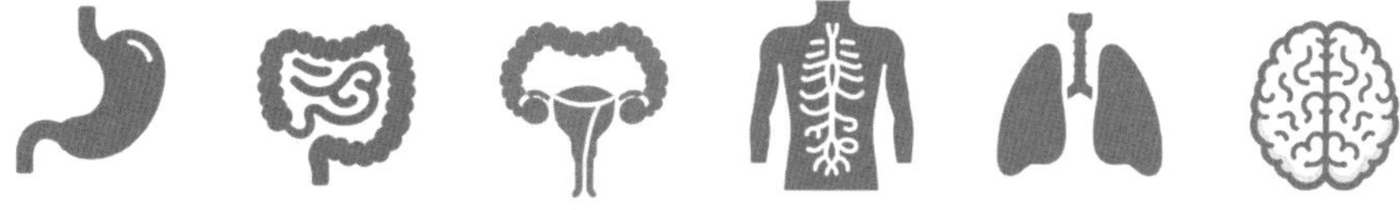

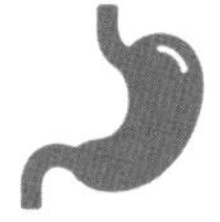

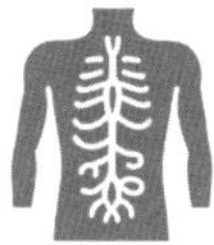
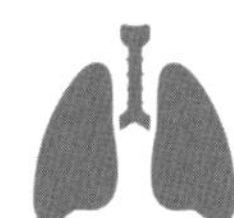
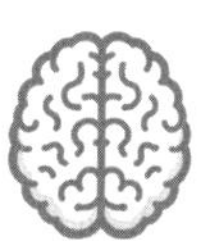

생식기의 구조

생명의 근원을 만들어내다

의외로 잘 모르는 구조

남녀의 생식기를 비교하면 여성은 체내에 있는 내부생식기가 많고, 남성은 밖에서 보이는 외부 생식기가 대부분을 차지한다고 생각하기 쉽지만, 남성의 생식기는 그것 뿐만은 아니다. 별로 알려져 있지 않지만, 내부에 부고환, 정관, 정낭, 전립샘, 사정관 등이 있어 중요한 역할을 하고 있다. 여성 생식기의 경우 종류는 남성 정도로 많지 않고, 주요한 것에는 질, 자궁, 난소 정도가 있다. 그러나 그것은 복잡하고 강하며 더구나 섬세한 작용을 한다.

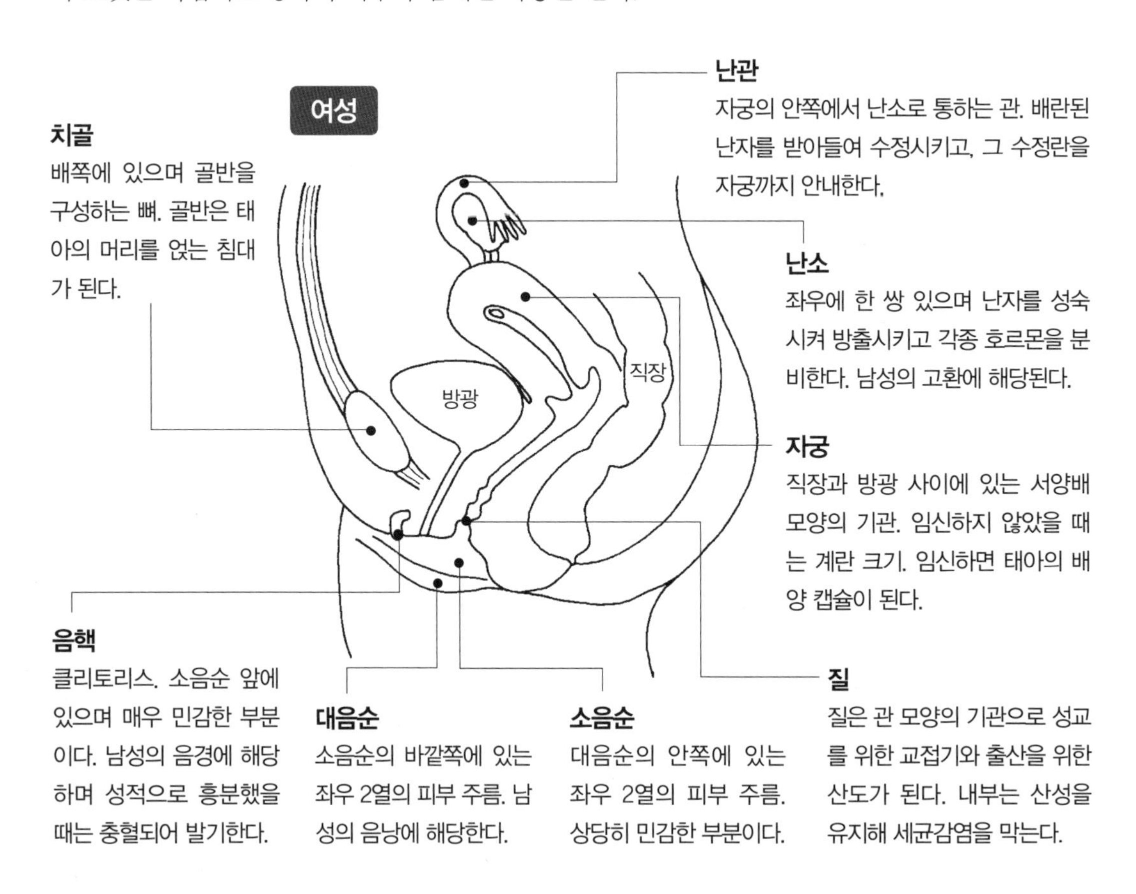

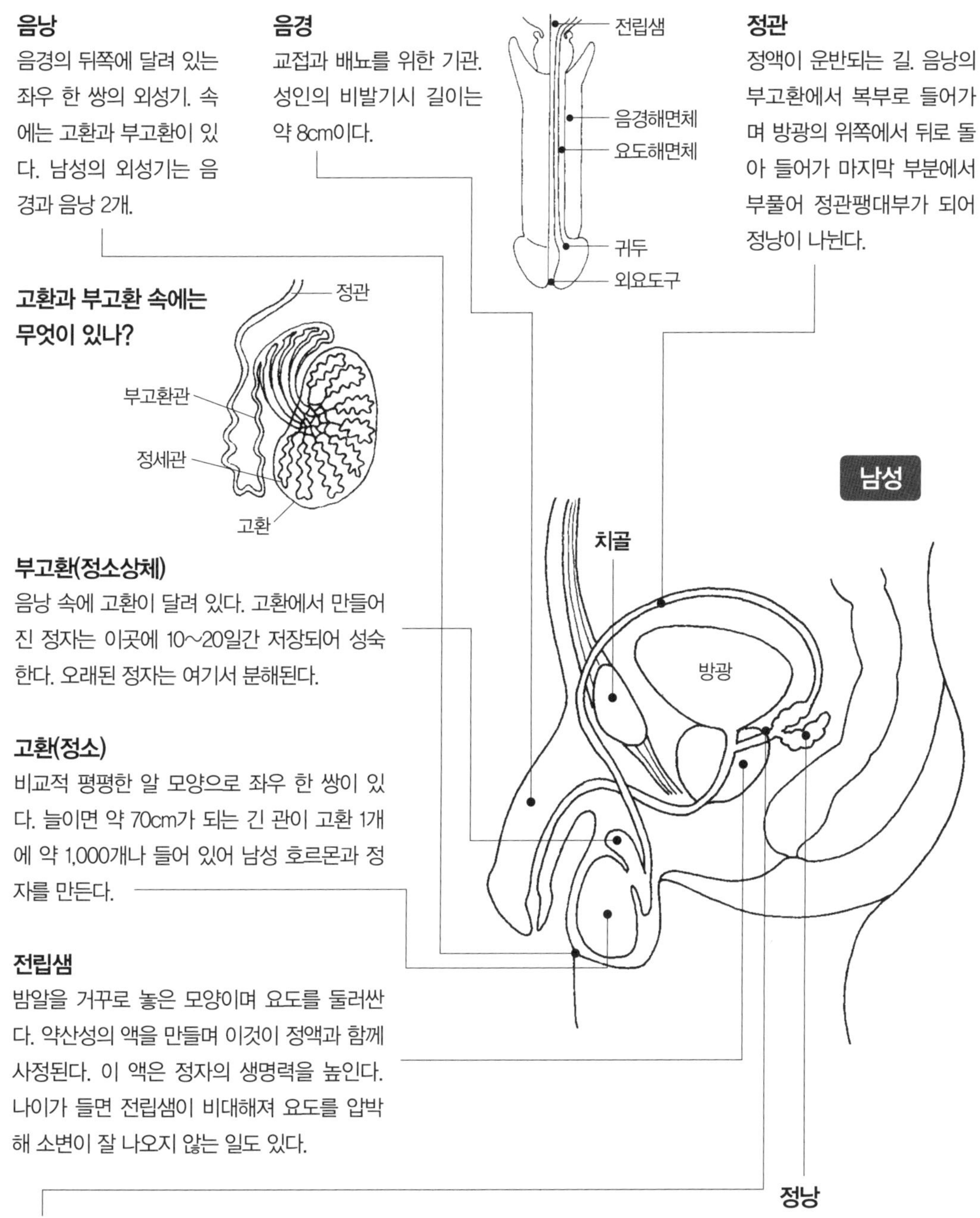

음낭
음경의 뒤쪽에 달려 있는 좌우 한 쌍의 외성기. 속에는 고환과 부고환이 있다. 남성의 외성기는 음경과 음낭 2개.

음경
교접과 배뇨를 위한 기관. 성인의 비발기시 길이는 약 8cm이다.

정관
정액이 운반되는 길. 음낭의 부고환에서 복부로 들어가며 방광의 위쪽에서 뒤로 돌아 들어가 마지막 부분에서 부풀어 정관팽대부가 되어 정낭이 나뉜다.

고환과 부고환 속에는 무엇이 있나?

부고환(정소상체)
음낭 속에 고환이 달려 있다. 고환에서 만들어진 정자는 이곳에 10~20일간 저장되어 성숙한다. 오래된 정자는 여기서 분해된다.

고환(정소)
비교적 평평한 알 모양으로 좌우 한 쌍이 있다. 늘이면 약 70cm가 되는 긴 관이 고환 1개에 약 1,000개나 들어 있어 남성 호르몬과 정자를 만든다.

전립샘
밤알을 거꾸로 놓은 모양이며 요도를 둘러싼다. 약산성의 액을 만들며 이것이 정액과 함께 사정된다. 이 액은 정자의 생명력을 높인다. 나이가 들면 전립샘이 비대해져 요도를 압박해 소변이 잘 나오지 않는 일도 있다.

사정관
정관팽대부와 정낭이 합류하여 사정관이 되고, 나아가 전립샘 속을 통과해 요로와 합류한다. 사정시 부고환과 정관이 수축하여 정액이 요도로 밀려나가며 요도와 음경이 수축되어 정액이 체외로 방출된다.

정낭
좌우 정관에 각각 주머니 모양의 정낭이 달려 있다. 정자가 정관에서 사출되면 이곳에서 정장을 사출한다. 정액의 약 2/3를 차지하는 이 액은 정자에 에너지를 조달한다.

··· 정자·난자가 만들어지는 구조 ···

태아기에 탄생하는 정자와 난자

사람은 10대 중반 정도부터 조금씩 성적으로 성숙하기 시작한다. 따라서 생식에 관한 몸의 작용은 모두 이 무렵에 정비되기 시작하는 것으로 생각하기 쉽다.

그러나 실제로는 사람으로서의 생명의 극히 초기 단계인 수정 후 3주 정도부터 원시생식세포라는 세포가 나타나 서서히, 그러나 착실히 정자 혹은 난자로 분화·발육을 시작한다.

우리들 생명의 근원인 정자와 난자가 만난 바로 직후부터 이미 다음 세대의 생명을 확보하기 위한 시스템이 작동하기 시작하는 것이다.

난자의 생성

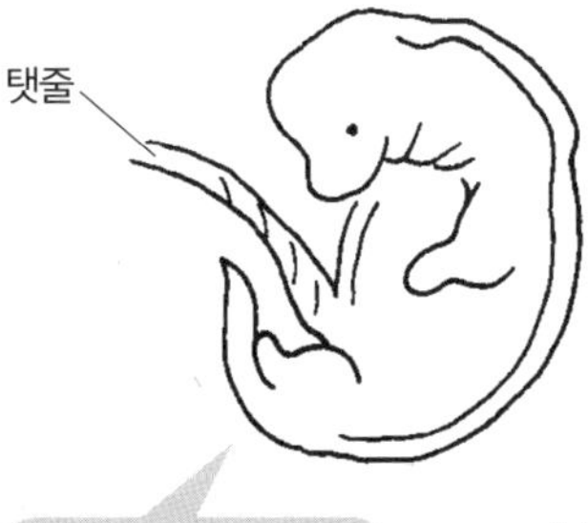

탯줄

수정 후 3주째부터 정자와 난자는 만들어지기 시작한다.

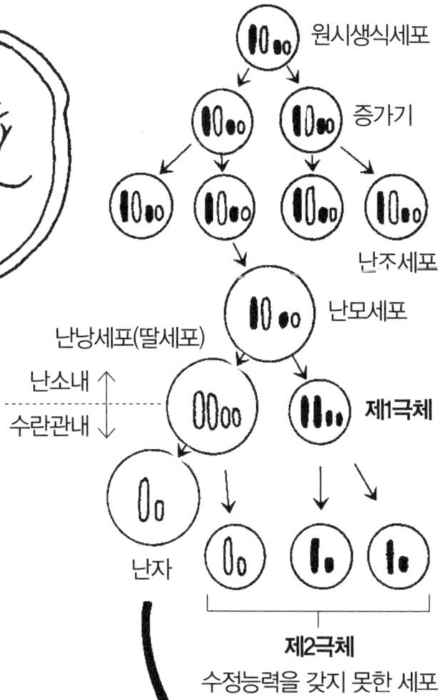

원시생식세포
증가기
난조세포
난모세포
난낭세포(딸세포)
난소내
수란관내
제1극체
난자
제2극체
수정능력을 갖지 못한 세포

난자의 활동도 아직 몸이 완성되지 않은 태아기에서부터 시작된다. 태아기 중에 원시생식세포는 분열, 비대해져 난조세포, 난모세포까지 발육을 마치고 동면을 계속한다. 사춘기가 되면 생식선 자극호르몬의 작용으로 난모세포가 분열을 시작해 난자로 발육한다. 또한 난자와 함께 생기는 수정능력을 가지지 못한 세포는 점차 퇴화·소실된다.

난자의 역할

난자는 수정시에

① 모친의 유전정보를 전달한다.
② 침입해 오는 정자를 1개로 한정한다.
③ 체외에서 영양이 보급될 때까지 영양원을 확보한다.

등의 역할을 수행한다.

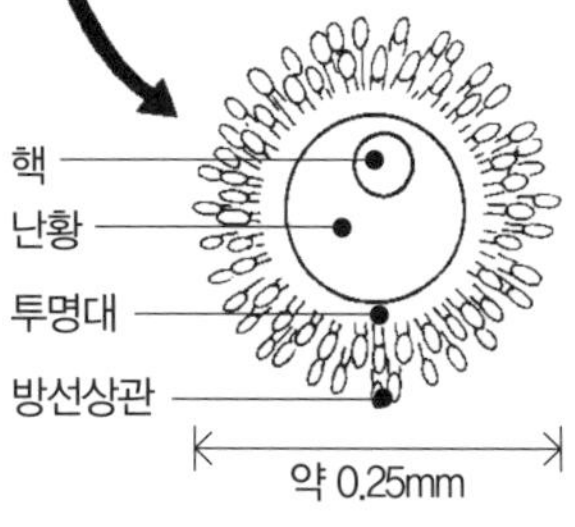

핵
난황
투명대
방선상관
약 0.25mm

난자는 인체에서 가장 큰 세포로 육안으로도 보인다. 난황과 핵으로 되어 있으며 주위를 투명한 막과 방사상으로 배열된 세포가 싸고 있다.

정자는 매일 만들어 지고 있다.

정자의 생성

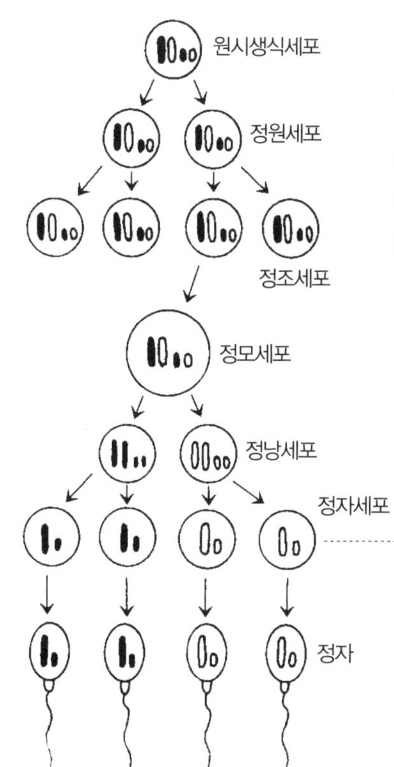

정자의 탄생은 몸도 완성되기 전인 태아기까지 거슬러 올라간다. 이 시기 원시생식세포라는 세포가 1회 분열해 정원세포가 되지만, 그 후 십수 년간은 그대로 동면을 계속한다. 그리고 사춘기가 되면 잠자고 있던 정원세포는 활동을 재개한다. 활동 재개의 스위치를 켜는 것은 뇌하수체에서 분비되는 생식선 자극호르몬의 작용이다.

사춘기에는 남성의 정소 속에서 정원세포가 몇 번의 분열을 반복해서 정모세포, 정낭세포, 정자세포가 되어 마지막으로 정자 특유의 모습으로 변화한다.

정자의 길이는 50~70㎛(1㎛는 1/1,000mm). 정자는 약알칼리성과 난자의 분비물을 향해 가는 특성이 있다.

고환 속에 있는 정세관의 내벽에서 만들어져 부고환으로

정소(고환)내

정소상체(부고환)내

정자의 역할

① 난자에 접근해서 침입한다.

② 난자의 활동을 증가시켜 세포분열을 시작하게 한다.

③ 남성의 유전정보를 전달한다.

두부

핵

수정하면 여기가 끊어져 두부만 남는다.

중간부

미토콘드리아초

미부

섬유초

꼬리를 흔들며 앞으로 나간다.

정자의 두부에는 아버지의 유전정보가 DNA로서 빽빽히 저장되어 있다. 또 정자가 난자에 돌입할 때 필요한 난막을 녹이는 폭약이 되는 효소도 들어 있다.

두부의 바로 아래 중간부에는 나선상의 혹 같은 것이 감겨 있다. 이것은 정자의 에너지 저장고인 미토콘드리아이다.

미부는 이 미토콘드리아 에너지를 사용해서 운동해 정자에 추진력을 준다.

··· 발기하는 구조 ···

중추성과 반사성의 2종류가 있다

사람의 경우 여성의 나체를 보거나, 에로틱한 문장을 읽거나, 야한 상상을 하는 것만으로 발기하는 경우가 있다. 이것은 대뇌피질에의 심리적 자극이 성중추를 거쳐 요수의 발기중추를 자극해서 일어난다. 이것을 중추성발기라 한다. 패팅이나 스스로 성기를 자극해도 발기하는데, 이것은 피부에의 자극이 신경을 거쳐 발기중추를 자극하기 때문이다. 이것을 반사성발기라 한다. 음경의 해면체조직이 혈액으로 가득 차 혈액이 나가는 정맥이 압박되기 때문에 터질 듯이 충만해서 단단해지고 크게 팽창한다.

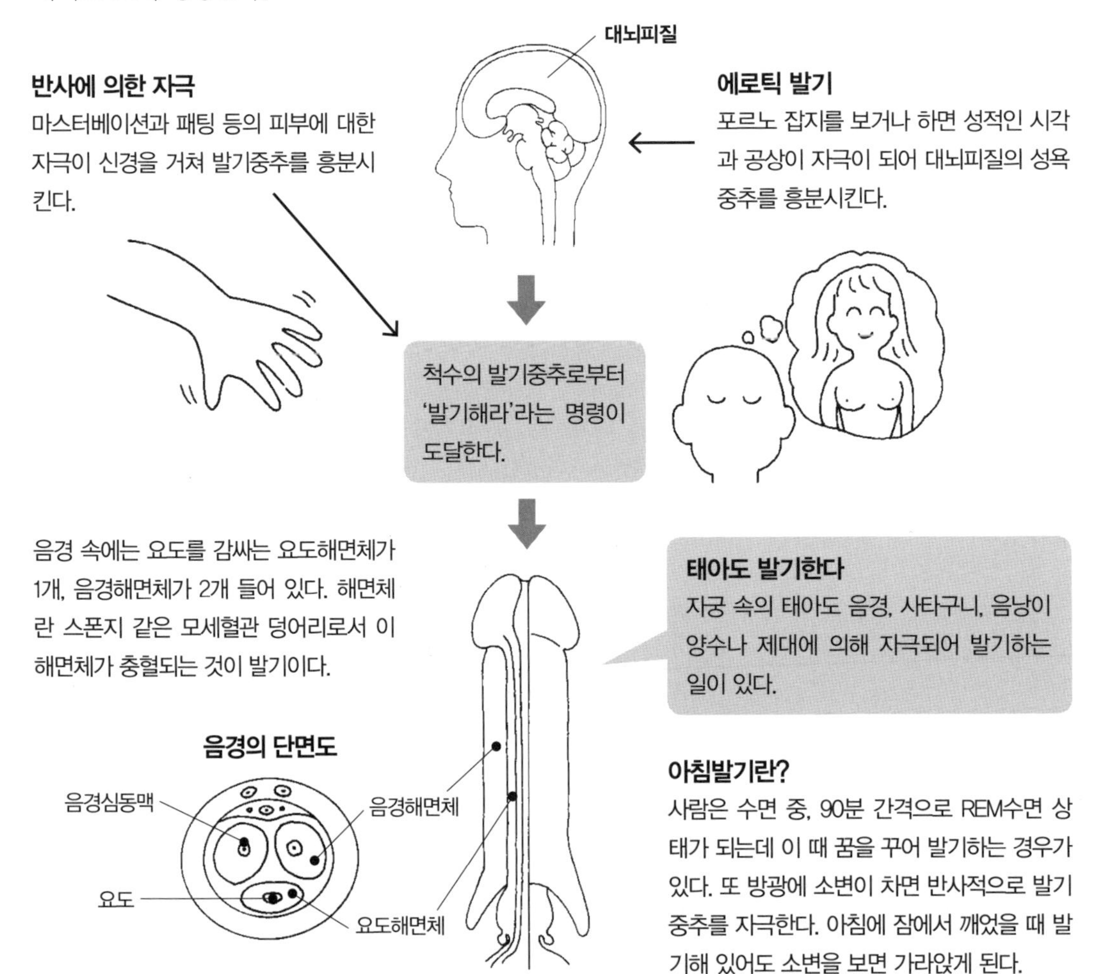

··· 사정의 구조 ···

근육군의 규칙적인 수축으로 사정이 일어난다

성적 흥분이 절정에 달하면 요도괄약근, 해면체근, 좌골해면체근, 음경횡근 등이 수축해서 정액은 요도전립샘부에서 요도구로 밀려나가 근육군의 세차고 규칙적인 수축에 의한 압력으로 사출된다. 젊을수록 사정을 일어나게 하는 근육군이 강하게 움직이기 때문에 사출도 강해 젊은이는 50cm에서 1m나 정액이 나가는 경우가 있다. 나이 들면서 이 사출력은 약해지고, 사정의 쾌감도 서서히 저하된다. 그렇다고 해도 남성의 사정은 80대가 되어도 30%는 가능하다는 조사결과가 있다.

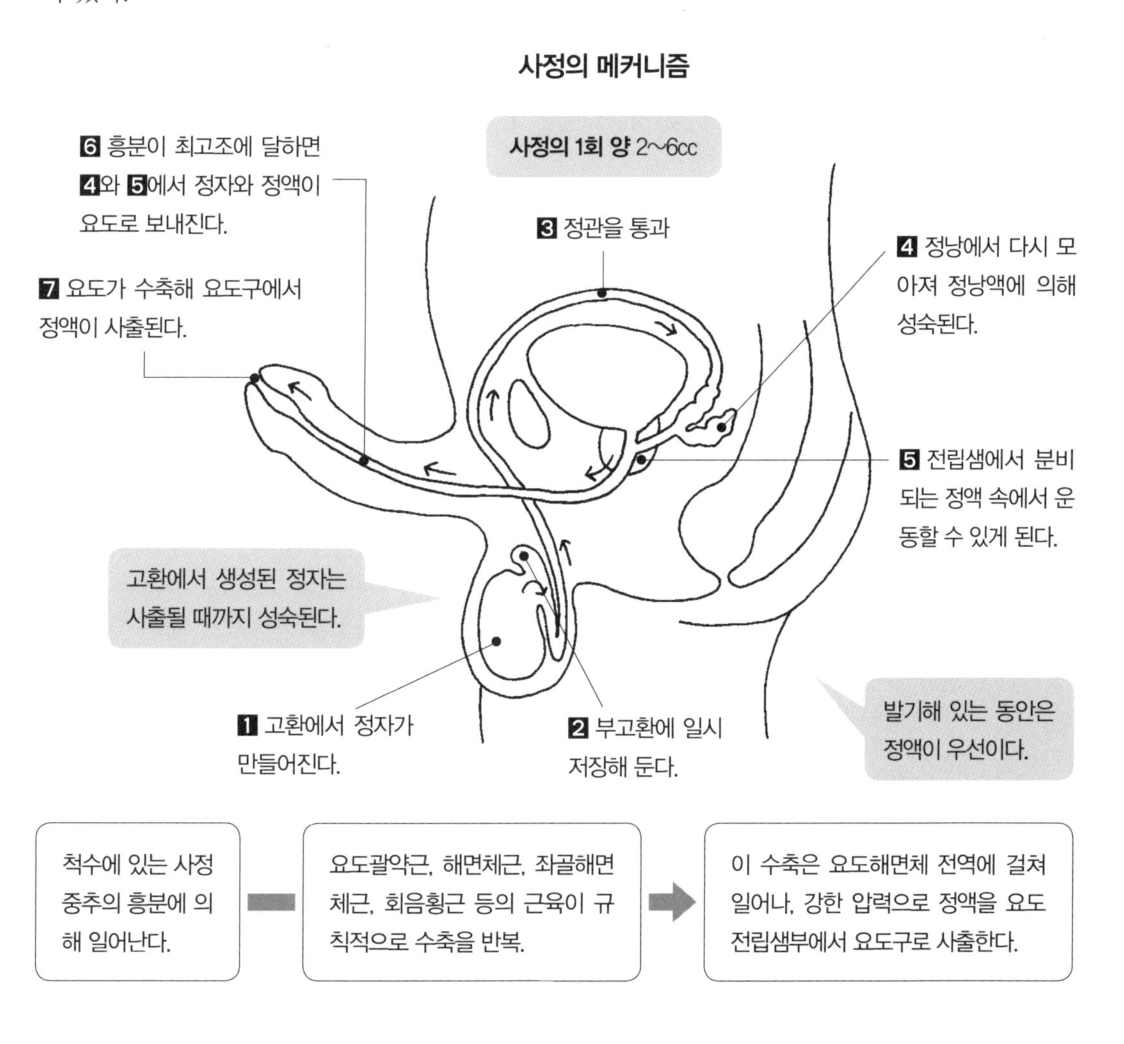

성호르몬의 구조

성장의 조절역

몸 성장에 필수불가결한 호르몬의 작용

호르몬이라는 말에는 원래 '자극하는 것', '불러일으키는 것'이라는 의미가 있다. 호르몬은 체내의 내분비샘 혹은 간장, 위, 십이지장, 신장 등에서 분비되는 화학물질로, 혈액, 체액 등에 의해 목적 기관과 세포조직에 운반되어 그 작용을 촉진하거나 반대로 억제한다.

일부 호르몬은 체내를 도는 중에 간장과 신장에서 화학변화를 일으킨다. 이것이 '대사'이다. 호르몬은 몸과 생식기능의 발육에 커다란 영향력을 갖고 있다.

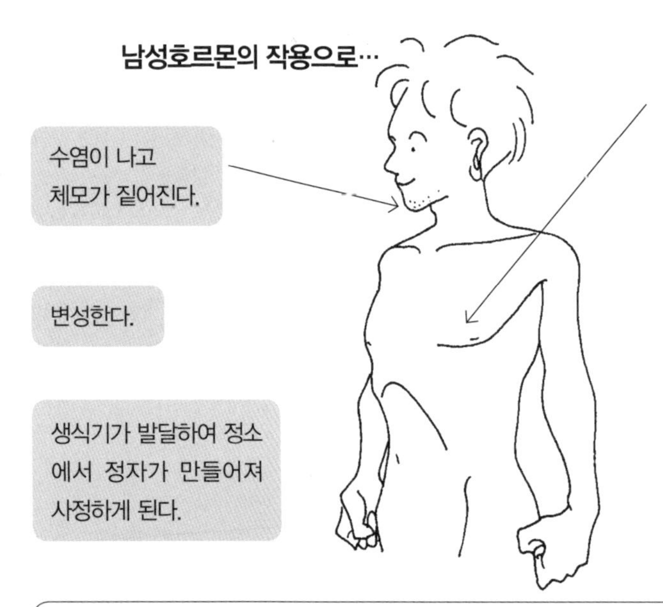

뼈나 근육이 발달하고 어깨가 넓어지며 가슴도 두꺼워지고 탄탄한 체형으로 변화한다.

자극호르몬은 호르몬의 분비를 조절하는 호르몬을 말한다.

정소에서는
생식선 자극호르몬의 작용으로 남성호르몬이 분비되어 생식능력을 높여간다.

뇌하수체는 호르몬의 중추

뇌의 시상하부에 있는 뇌하수체에서는 5가지 종류의 호르몬이 분비된다. 그중 갑상샘자극호르몬, 부신피질자극호르몬, 성선자극호르몬(난포자극호르몬과 황체형성호르몬), 유선자극호르몬은 이름 그대로 각 부위에 작용하여 호르몬의 분비를 촉진시킨다. 나머지 하나인 성장호르몬은 몸 전체의 발육에 관여한다.

호르몬을 분비하는 장소는?

호르몬을 분비하는 것은 내분비샘과 부신, 췌장, 난소, 고환, 간장, 위, 십이지장 등의 기관이다. 각각에 작용하는 조직이 정해져 있다.

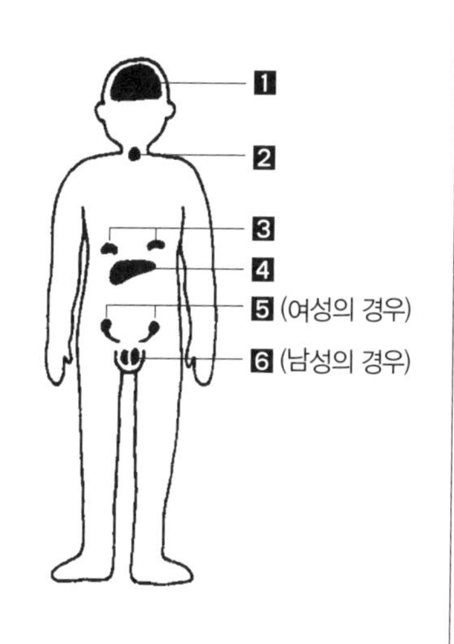

1 뇌하수체 : 각 호르몬의 분비를 촉진하는 호르몬을 분비한다. 이른바 호르몬의 중추이다.

2 갑상샘 : 목 바로 밑에 있는 갑상샘은 몸 전체의 세포를 활성화하는 호르몬을 분비. 이것은 체온조절, 심장과 소화기의 발육 등에도 관여한다.

3 부신 : 좌우 신장의 위쪽에 있는 부신에서는 체액의 균형을 조정하는 호르몬, 혈액 중의 포도당을 조절하는 호르몬 등이 분비된다.

4 췌장 : 췌장의 랑게르한스섬이라 불리는 세포군에서 체내에 포도당을 받아들이는 인슐린이라는 호르몬이 분비된다.

5 난소 : 여성호르몬을 분비.

6 정소 : 남성호르몬을 분비.

여성호르몬의 작용으로…

피하지방이 붙어나 몸 전체가 둥그스름해진다.

생식기가 발육해 초경을 하고 월경이 시작된다.

난소에서는
난포호르몬, 황체호르몬 등이 분비되어 여성답게 해주며 월경의 주기를 조절한다.

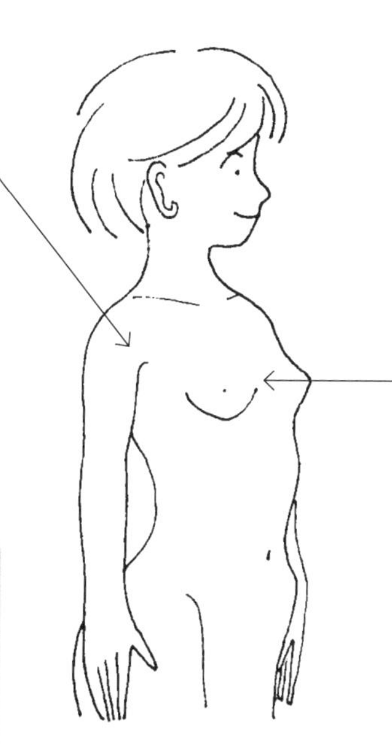

체모(수염과 겨드랑이 털)는 남성호르몬의 영향을 강하게 받아 발모한다. 그러나 머리카락에 관해서는 남성호르몬은 마이너스 작용을 한다. 미량이긴 하지만 남성에게도 여성호르몬, 여성에게도 남성호르몬이 분비되고 있다.

유방이 발육해 부풀어오른다.

남녀의 차이가 확실해지는 것은 초등학교 고학년 무렵. 대뇌의 성중추가 작용하기 시작해 뇌하수체에서 분비된 성선자극호르몬이 고환과 난소에 작용해 각각의 성호르몬을 만든다.

··· 유방이 발육하는 구조 ···

유방의 크기와 유즙 분비능력은 별로 관계없다

여성의 유방을 부풀게 하는 것은 난포호르몬(에스트로겐 = 여성호르몬)의 작용이다. 유방이 아기에게 수유하기 위한 중요한 기관인 것은 말할 필요도 없다. 여성의 유방은 90%가 지방조직이고, 나머지 10%가 유선조직으로 되어 있다. 유즙을 내는 것은 유선이기 때문에 나머지 90%는 수유에 직접 도움이 되지 않는다.

임신하면 어느 정도 유방이 커지는데, 원래 유방이 크다고 해서 젖이 잘 나온다고 할 수는 없다. 유방이 큰 데도 젖이 잘 나오지 않는 여성도 있다.

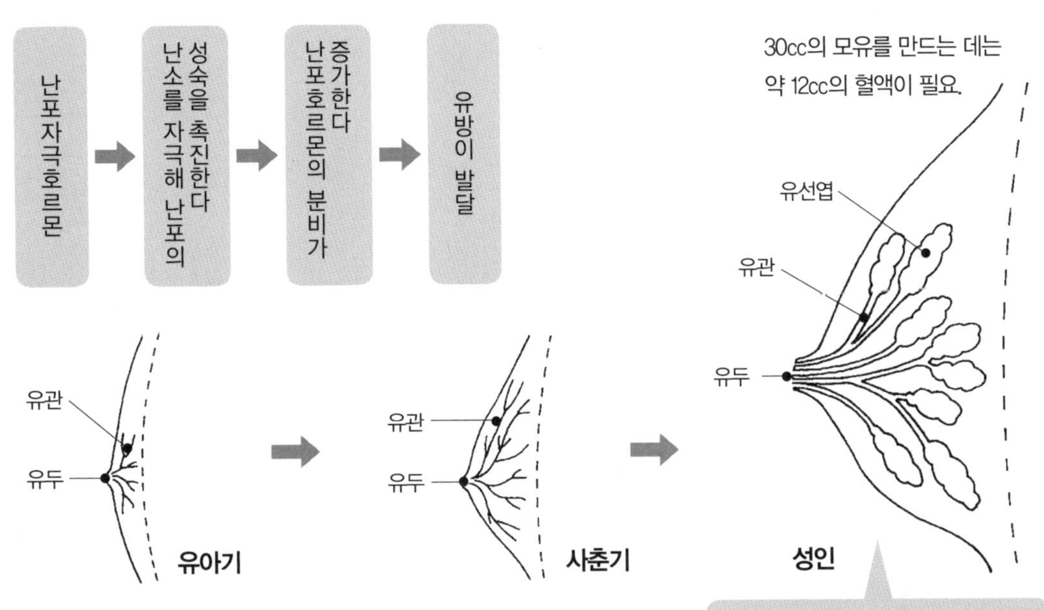

여성의 유방을 쥐면, 유방 속에 딱딱한 것이 만져지는데 이것이 유선이다. 유선은 한쪽 유방에 15~25개 있으며, 여기에서 만들어진 모유는 유관을 통해 유두에서 유아의 입으로 빨려 들어간다.

사춘기가 되면 난포자극호르몬(성선자극호르몬의 일종으로 남녀 모두 분비된다)의 분비가 증가한다. 그러면 여성은 난소가 자극되어 난포가 성숙한다. 그 결과 난포호르몬(여성호르몬의 일종)이 다량으로 분비되게 되고, 이 호르몬의 작용으로 여성 성기의 발육이 촉진됨과 동시에 유방도 커진다.

모유의 성분은 유방의 유선에서 합성된다. 혈액에 의해 포도당, 아미노산, 지방산 등이 공급되고, 이들을 재료로 모유 특유의 양질의 유당과 단백질, 지방이 유선에서 만들어진다. 유방도 특수한 화학공장인 것이다. 젖의 분비량은 산후 5일째에 하루 300~400mL 정도 된다.

젖이 나오는 원리

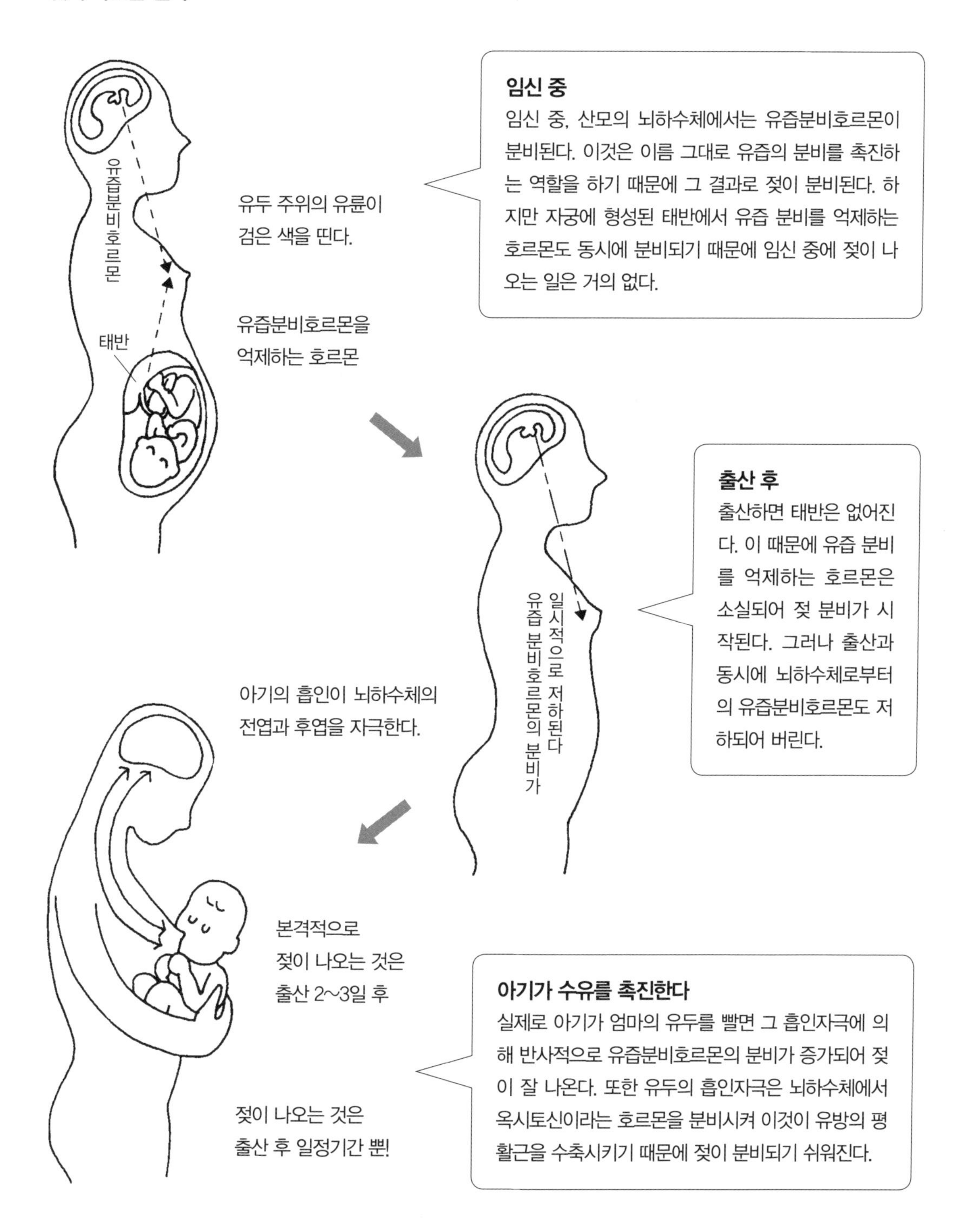
임신 중
임신 중, 산모의 뇌하수체에서는 유즙분비호르몬이 분비된다. 이것은 이름 그대로 유즙의 분비를 촉진하는 역할을 하기 때문에 그 결과로 젖이 분비된다. 하지만 자궁에 형성된 태반에서 유즙 분비를 억제하는 호르몬도 동시에 분비되기 때문에 임신 중에 젖이 나오는 일은 거의 없다.
유즙분비호르몬
유두 주위의 유륜이 검은 색을 띤다.
태반
유즙분비호르몬을 억제하는 호르몬
출산 후
출산하면 태반은 없어진다. 이 때문에 유즙 분비를 억제하는 호르몬은 소실되어 젖 분비가 시작된다. 그러나 출산과 동시에 뇌하수체로부터의 유즙분비호르몬도 저하되어 버린다.
일시적으로 저하된다
유즙 분비호르몬의 분비가
아기의 흡인이 뇌하수체의 전엽과 후엽을 자극한다.
본격적으로 젖이 나오는 것은 출산 2~3일 후
아기가 수유를 촉진한다
실제로 아기가 엄마의 유두를 빨면 그 흡인자극에 의해 반사적으로 유즙분비호르몬의 분비가 증가되어 젖이 잘 나온다. 또한 유두의 흡인자극은 뇌하수체에서 옥시토신이라는 호르몬을 분비시켜 이것이 유방의 평활근을 수축시키기 때문에 젖이 분비되기 쉬워진다.
젖이 나오는 것은 출산 후 일정기간 뿐!

··· 배란의 구조 ···

호르몬의 작용으로 난포가 부서지고 난자가 나온다

생식능력을 가진 여성의 몸에서는 임신을 성립시키기 위한 준비로 난소에서는 난자를 성숙시켜 배란한다. 이에 응해 자궁 내면에서는 수정란이 자궁에 착상하기 쉽도록 자궁내막을 증식해 편안한 쿠션을 만든다. 그러나 자궁내막의 증식, 난자의 성숙, 배란이 일어나도 임신이 성립하지 않았을 때는 자궁내막이 벗겨져서 출혈하는 월경이 일어난다. 성숙한 여성의 몸에서는 항상 이것이 주기적으로 반복해 일어난다. 이러한 규칙적인 움직임을 지배하는 것이 호르몬이다.

난포기(난포성숙)

난소에서는 선택된 1개의 난포가 약 2주일에 걸쳐 발육, 성숙해 난소의 표면으로 나온다. 이 작용은 뇌하수체에서 분비된 난포 자극호르몬이 조절한다.

배란

난포가 성숙하면 뇌하수체에서 일시적으로 대량 방출되는 황체 형성호르몬의 작용을 받아 난포 표면의 피막이 파열되어 그 속의 난자가 난소 밖으로 나온다. 이것이 배란이다. 배출된 난자는 그 후 몇 시간 밖에 수정능력이 없다. 따라서 이 시기에 정자와 만나지 않으면 임신되지 않는다.

황체기

난자가 배출된 후 난포의 움푹 팬 곳을 혈체라고 한다. 이 팬 곳은 잠시 후 황체로 되고, 황체호르몬을 분비하게 된다. 이 시기를 황체기라 한다. 황체호르몬은 자궁내막에 작용해 자궁내막을 두텁고 부드럽게 해서 수정란이 착상되기를 기다린다. 그러나 수정이 일어나지 않은 상태로 2주일이 지나면, 황체호르몬의 작용은 소실되고, 불필요해진 자궁내막이 탈락해 월경이 일어난다. 이 월경의 시작과 동시에 다시 난포자극호르몬이 분비되기 시작하고, 난소에서는 새로운 성숙난포를 키우기 시작한다.

기초체온이란?

여성의 기초체온이란, 근육운동, 식사, 정신작용 3가지가 작용하지 않을 때의 체온으로, 이것을 상승시키는 것은 황체호르몬이다. 여성은 배란일에 기초체온이 많이 내려가며, 이후 급격히 상승해 고온기를 거친 후 월경을 하게 되고 저온기 후에 배란일을 맞는 과정을 되풀이한다. 이 고온기가 황체기로 난포기보다 0.5~0.8℃나 높다. 이 기초체온을 측정하면 배란시기를 알 수 있어 임신이나 피임에 도움이 된다.

1 난포자극호르몬과 황체형성호르몬

여성의 배란 구조를 지배하고 있는 것은 뇌하수체에서 분비되고 있는 난포자극호르몬과 황체형성호르몬이다. 표 2~5의 변화도 모두 이들의 지배를 받는다.

2 난포의 변화

1의 난포자극호르몬의 작용으로 난소에 있는 난포는 약 2주일 동안 발육, 성숙한다. 난포가

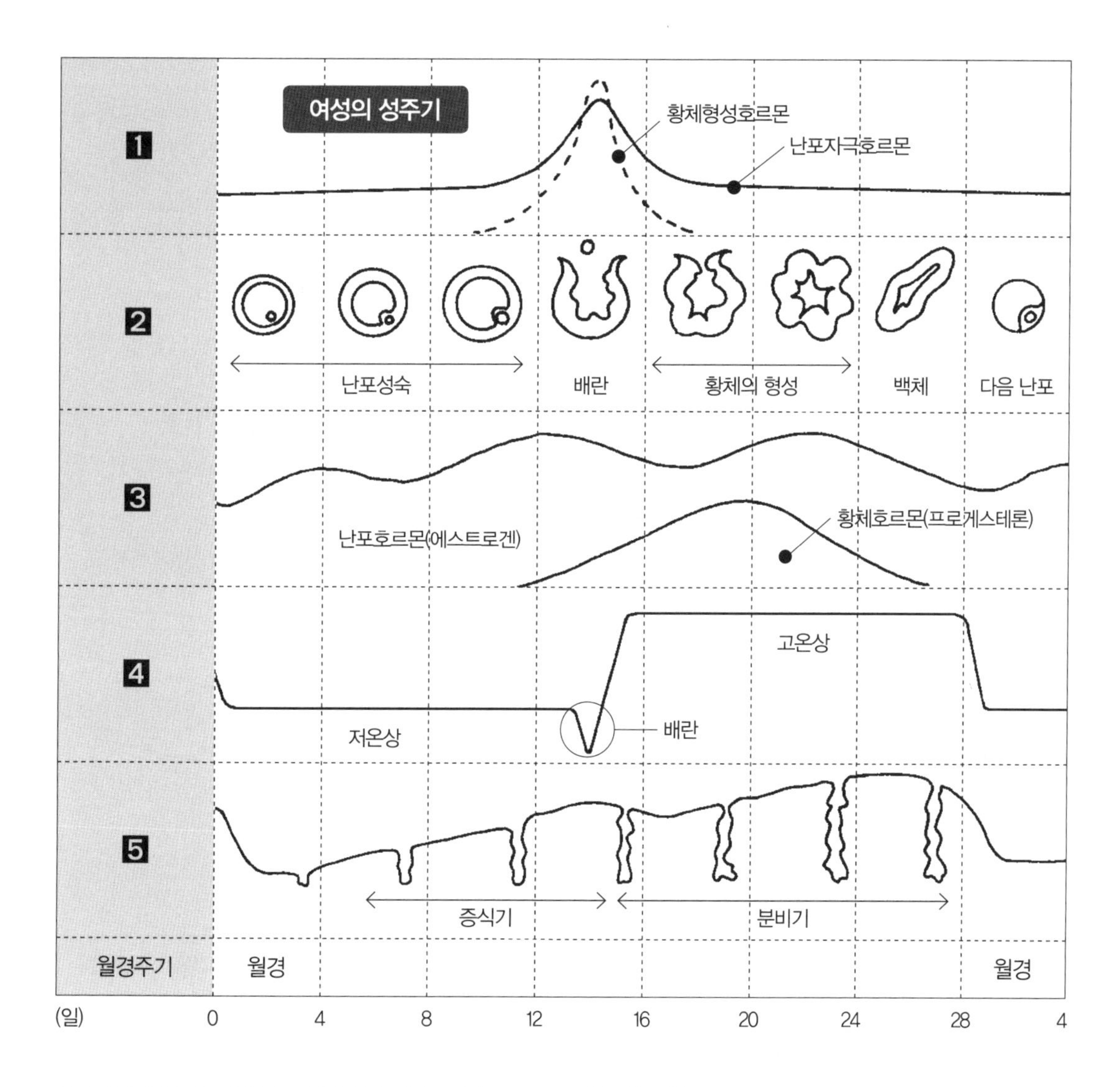

성숙하면 **1**의 황체형성호르몬이 분비되어 그 작용으로 배란이 일어난다. 난자가 배출된 후에는 혈체가 되며 이윽고 황체로 변화하고, 여기에서 황체호르몬이 분비된다.

3 소변 중의 난포호르몬과 황체호르몬

1의 난포자극호르몬의 작용으로 난소가 자극을 받아 난포호르몬이 분비된다. 난포호르몬은 임신에 대비해 자궁내막을 두텁고 부드럽게 한다. 또한 난소에서는 황체가 형성되어 황체호르몬이 분비된다. 황체호르몬은 체온을 상승시키는 작용을 한다.

4 기초체온

배란한 후에는 황체가 형성되며 여기에서 황체호르몬이 분비된다. 이 호르몬은 체온을 상승시키는 작용을 하기 때문에 기초체온이 올라간다.

5 자궁내막

난포호르몬은 임신에 대비해 자궁내막의 세포를 증식시켜 두껍고 부드럽게 한다. 그러나 배란 후 수정이 일어나지 않은 상태로 2주일이 지나면 황체호르몬의 작용이 약해져 자궁내막이 탈락해서 월경이 일어난다.

수정의 구조

'생명' 여기에서 시작된다

혹독한 시련을 거쳐 극적인 연결의 순간

수정이란 실로 장대하고 극적인 사선이다. 여성의 몸에서는 태아기에 난자의 예비군으로 700만 개나 되는 난원세포가 만들어진다. 이것이 탄생 시 100만 개, 사춘기에 40만 개로 감소해, 우수한

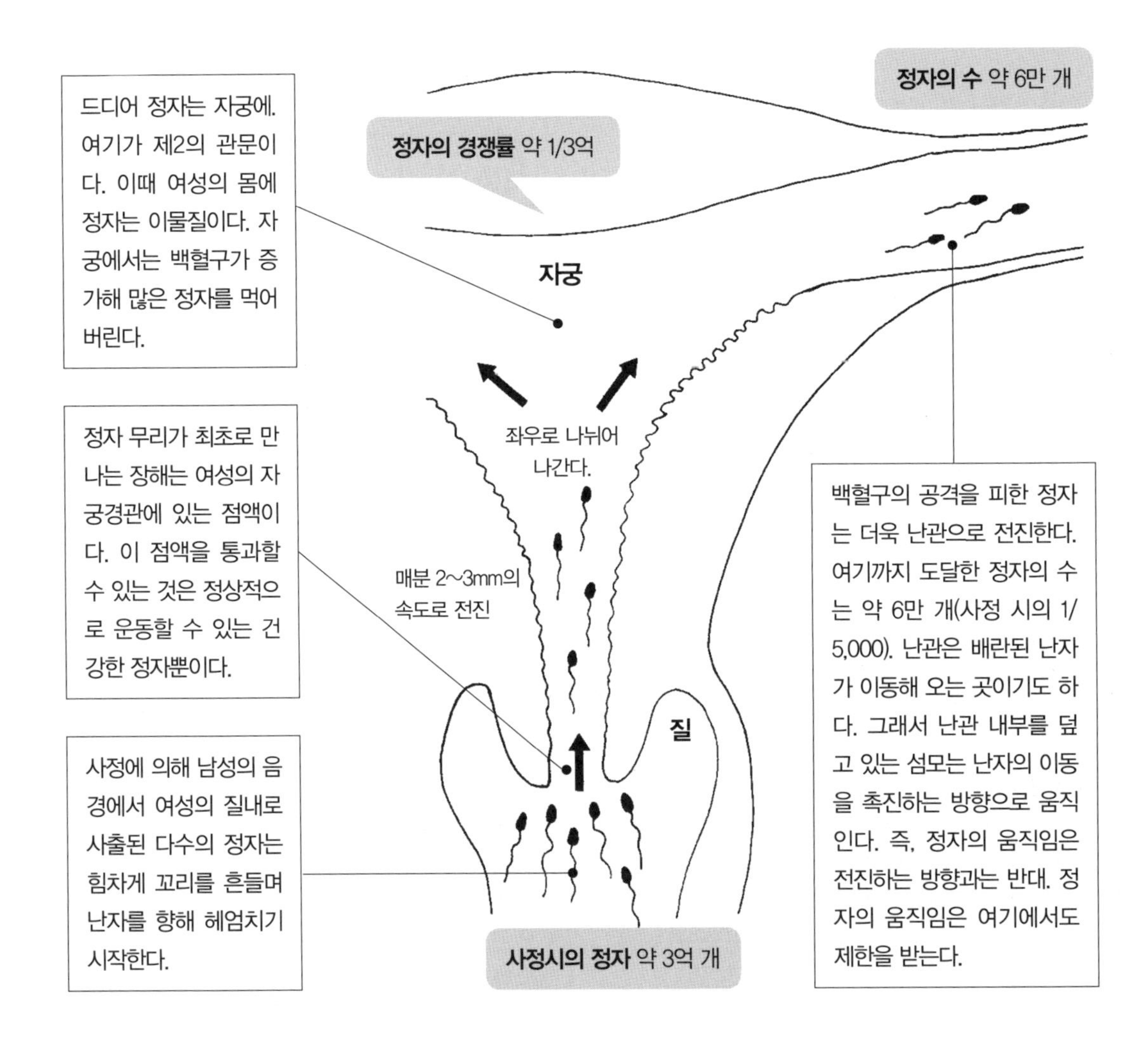

것만이 남는다. 성숙하여 배란되는 것은 400~500개. 한편 남성에게서 1회에 사정되는 정자의 수는 약 3억 개. 질내로 사출된 후 약 30분이면 자궁을 통과, 약 45분에 난관 내에 도착한다. 그러나 자궁경관의 점막과 자궁내막의 백혈구 때문에 도중에 다수의 정자가 죽는다. 심한 시련을 겪고 1개의 난자와 정자는 결합한다.

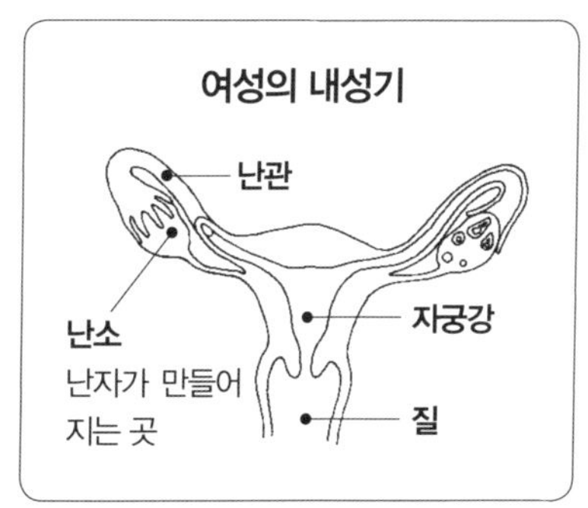

체외수정

남녀의 정자와 난자를 일단 추출하여 샬레에서 수정시킨 후 자궁에 다시 넣어 임신시키는 것이 체외수정이다. 여성의 난관 등에 장해가 있어 자연 임신이 안 되는 사람의 치료법으로 고안된 것이다. 정자와 난자를 시험관에 채취하기 때문에 탄생아는 시험관 아기라 한다. 성공률은 30% 전후이며, 임신되더라도 초기에 유산되는 경우가 많다.

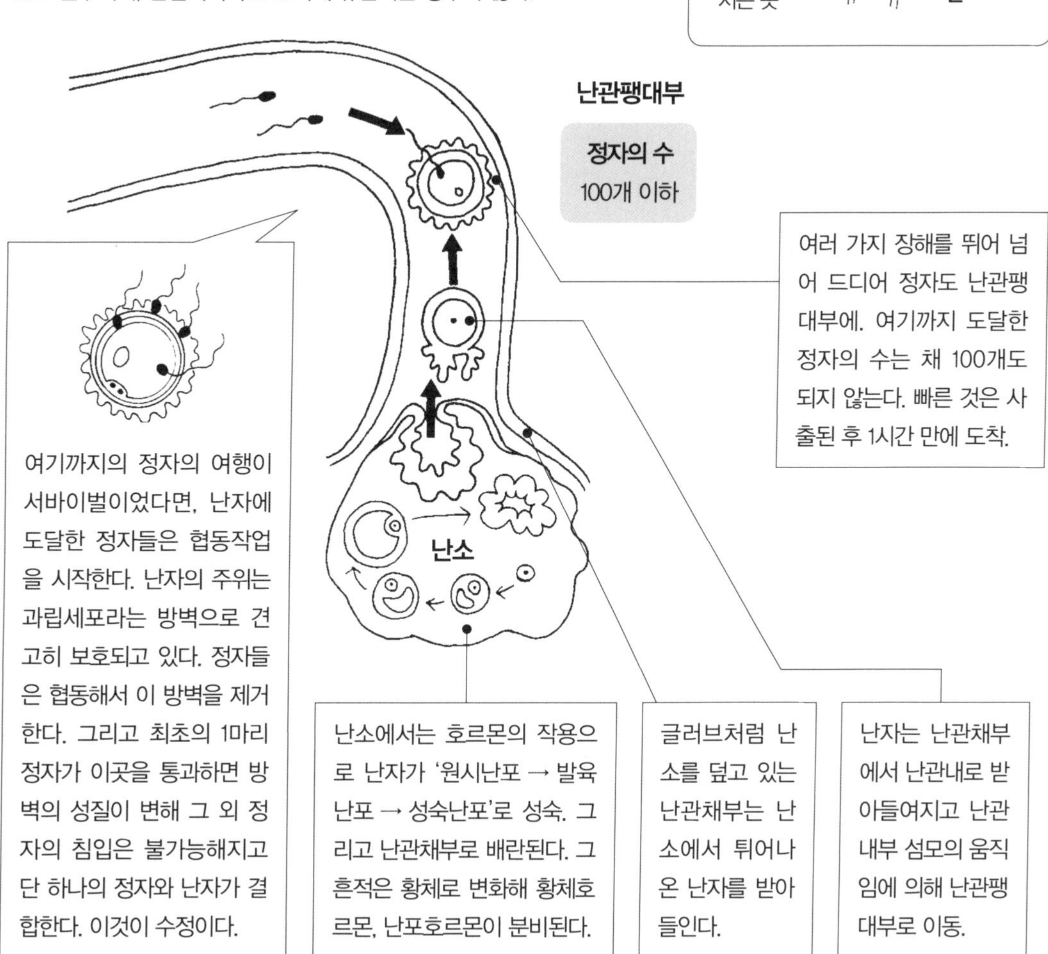

··· 임신의 구조 ···

수정해도 4분의 1은 착상에 실패해 버린다

간신히 수정이 이루어지면 수정란은 자궁강으로 운반된다. 수정 후부터 수정란은 내부에서 왕성하게 분열·발육을 시작해 수정 3일 후에는 약 0.2mm가 된다. 모체 내에서도 변화가 일어나기 시작한다. 난소에서는 배란한 뒤부터 황체호르몬이 분비되어 이것이 자궁의 충혈, 발육, 내막의 비후를 촉진해 수정란을 받아들일 준비를 하고, 이후의 성장을 돕는 중요한 역할을 한다.

수정에서 약 1주일 후 수정란이 무사히 자궁내막에 착상하면 수태, 임신의 시작이다.

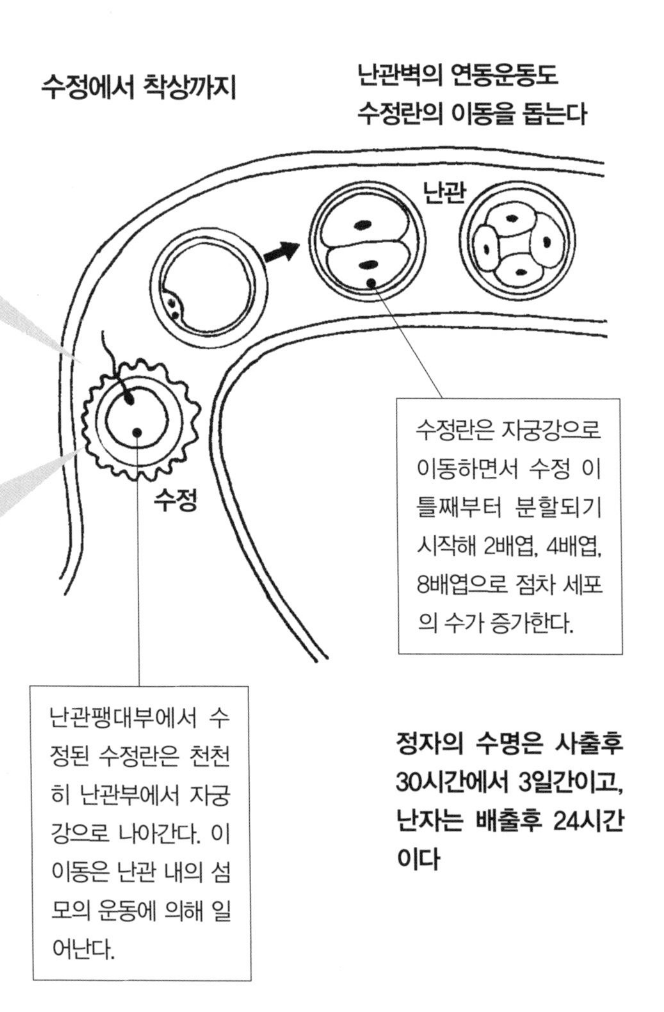

수정 직후 수정란은 회전운동을 한다. 이 회전운동이 왜 일어나는가는 아직 밝혀지지 않았다. 이것은 '생명의 춤'이라 불린다.

정자와 난자가 결합해 수정하면 정자는 꼬리를 끊어내고 두부가 팽창하며 그 속에 있는 핵도 팽대해 정핵이 된다. 또 난자 속에도 난핵이 생겨서 정핵과 난핵은 접근해 핵융합하고 아버지와 어머니의 유전자 정보가 합체되어 수정이 완료된다. 태아의 성별은 수정 순간에 결정된다.

자궁외임신

수정란이 순조롭게 자궁 내부로 들어가지 못하고 수란관과 난소, 복강 등에 착상해 버리는 것. 여기에서는 수정란이 발육할 수 없기 때문에 유산하거나, 난관이 파열되거나 해버린다. 급격한 빈혈이 생겨, 모체의 생명이 위험해지는 경우도 있기 때문에 시급한 처치가 필요하다.

쌍둥이란?

배란은 1회에 1개의 난자가 방출되는 것이 보통이다. 따라서 1회의 임신에 1명의 아이가 태어난다. 그런데 드물게 1회 배란에 2개 이상의 난자가 방출되는 일이 있다. 여러 개의 난자가 수정되면 쌍둥이, 세 쌍둥이, 네 쌍둥이, 다섯 쌍둥이가 태어나게 된다. 이들을 이~오란성 쌍둥이라 한다. 배란유발제를 사용하면 쌍둥이가 태어나는 일이 많다. 또 1개의 난자와 1개의 정자가 수정된 후, 발육 도중에 2개로 분화되어 쌍둥이가 되는 경우가 있다. 이렇게 태어난 쌍둥이를 일란성 쌍둥이라 한다.

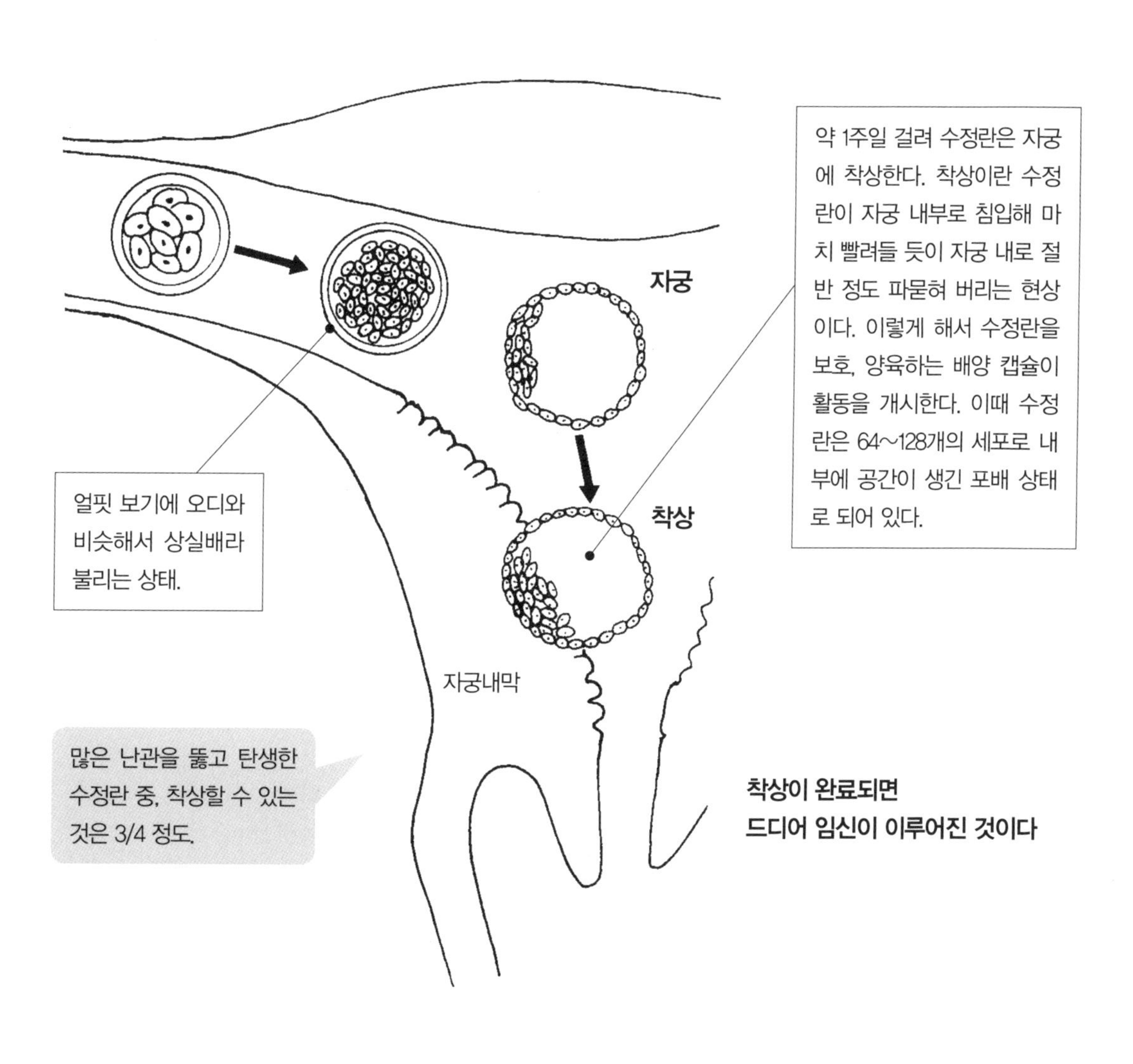

··· 태아성장의 구조 ···

처음에는 0.2mm의 크기 – 2개월 정도면 사람의 형태로 된다

수정 직후는 약 0.2mm 정도의 크기였던 수정란도 착상해서 모체에서 영양을 공급받으면 점차 발육한다. 착상 시 수정란에서 몇백 개나 되는 섬모가 자궁내막에 뻗어 단단히 뿌리를 내려 영양 보급의 파이프 역할을 한다. 아주 초기에는 아직 태아(胎兒)라고는 할 수 없는 세포군으로 태아(胎芽)라 한다. 태아(胎芽)는 작지반 머리, 손발, 뼈, 내장이 될 부분을 확실히 갖추고 있다. 임신 1개월경에는 아직 체장도 1cm가 안 되는데 물고기의 아가미와 비슷한 것이 있어 외견상으로는 다른 동물과의 구별이 어렵다.

태아 개월수 계산법

태아가 모체에 있는 기간은 최종 월경의 첫날부터 세어 280일. 간단한 계산법이 있다. 최종 월경이 있던 달에서 3을 빼고(뺄 수 없을 때는 9를 더한다), 최종 월경일에 7을 더한 수로 출산예정일을 계산할 수 있다.

▪ **예 1**
최종월경 7월 20일
예정월 = 7 − 3 = 4
예정일 = 20 + 7 = 27
출산예정일은 4월 27일

▪ **예 2**
최종월경 1월 15일
예정월 = 1 + 9 = 10
예정일 = 15 + 7 = 22
출산예정일은 10월 22일

임신개월수는 최종월경 첫날부터 28일씩을 1개월로 계산하기 때문에 예정된 월경이 없는 것을 알게 됐을 때는 이미 임신 2개월이 된 것이다. 2회 월경이 나타나지 않을 때는 3개월째로 접어든 것이다.

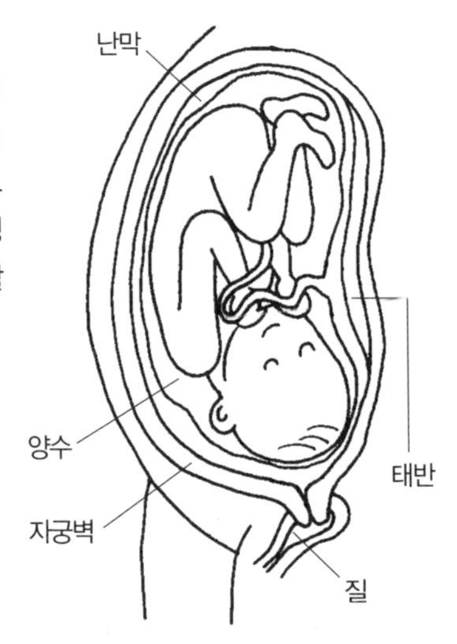

태반이란?

태아를 감싸는 난막과 모체의 자궁벽의 일부가 합쳐져 생긴 기관. 혈관이 풍부한 원반상의 물질로 임신 말기에는 500g이나 된다. 직경 15~20cm, 두께 1~2cm이다. 호흡기, 영양기, 배설기의 역할을 수행하는 태아의 생명유지 장치이다. 또한 각종 영양소 등을 포함한 용액, 색소, 면역체 등을 통과시킨다. 출산 시 태반도 모체 밖으로 나온다.

입덧이란?

임신 초기에는 음식에 대한 기호가 변해 특히 신 것을 좋아하게 되는 사람이 많다. 개중에는 벽지, 목탄, 선향 등의 이물질을 좋아하는 경우도 있다. 이것도 입덧의 일종으로 나타난다고 한다. 임신한 후 수주일 사이에 일어나며, 1~2개월 계속되다가 임신 3~4개월경에는 없어지는 것이 보통이다. 입덧이 심해지면 구역질, 구토 등의 증상이 나타나기도 한다. 원인은 호르몬 실조, 신장 혈류 감소, 자궁태반 빈혈 등으로 여겨진다.

태아의 성장

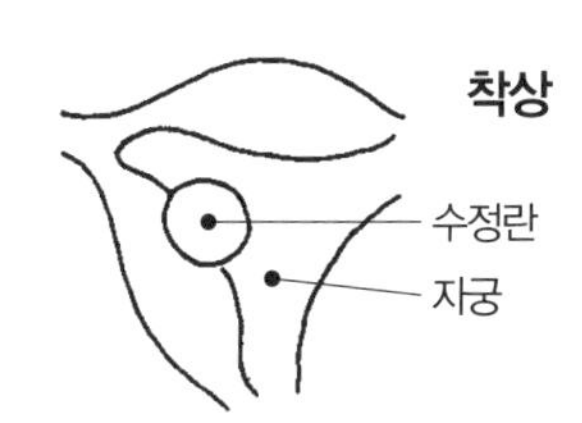

- 수정 직후는 약 0.2mm 크기였던 수정란도 착상해 모체로부터 영양을 공급받게 되면 점차 발육한다.
- 어느 정도 발달한 수정란의 표면은 융모를 가지고 있어 융모막이라 불린다. 이 융모를 통해 받아들여진 영양에 의해 세포군(아직 태아(胎兒)라 할 수 없다)이 양육된다. 이 세포군의 단계를 태아(胎芽)라 한다. 태아(胎芽)는 작지만 앞으로 태아(胎兒)의 머리, 팔다리, 뼈, 내장이 되는 부분을 각각 가지고 있다. 처음에는 물고기 같은 모양을 하고 있으나, 2개월경부터는 점점 사람다워져 태아(胎兒)가 된다.

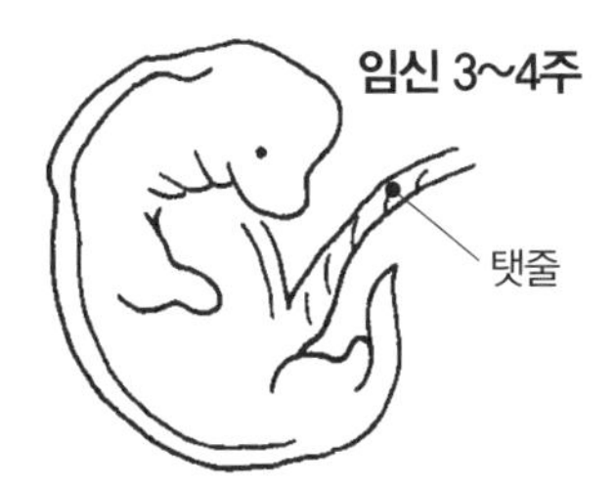

기관의 발생시기

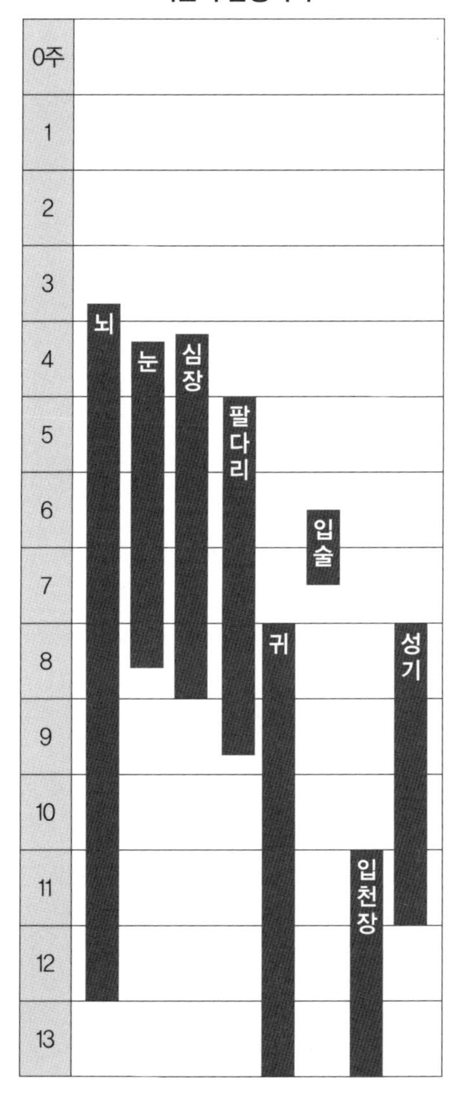

- 임신 1개월 단계에서는 신장이 약 0.7cm, 긴 꼬리, 물고기의 아가미와 비슷한 것이 있다.
- 임신 5주일 무렵에는 골격이 생기기 시작하고, 7주일경에는 뇌가 현저히 발달한다.
- 임신 10주일 무렵에는 대부분의 기관이 갖추어져 있다.

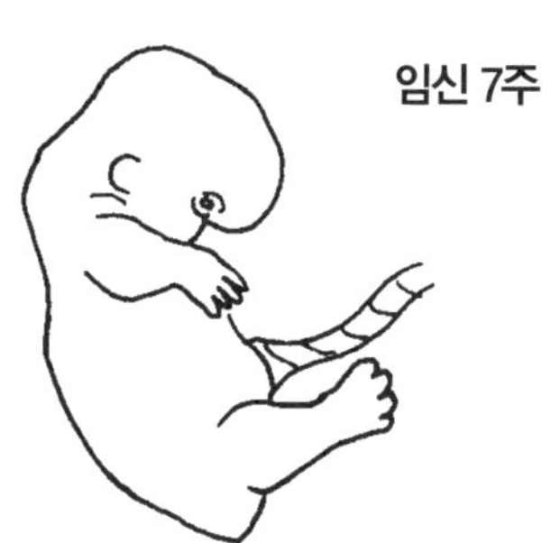

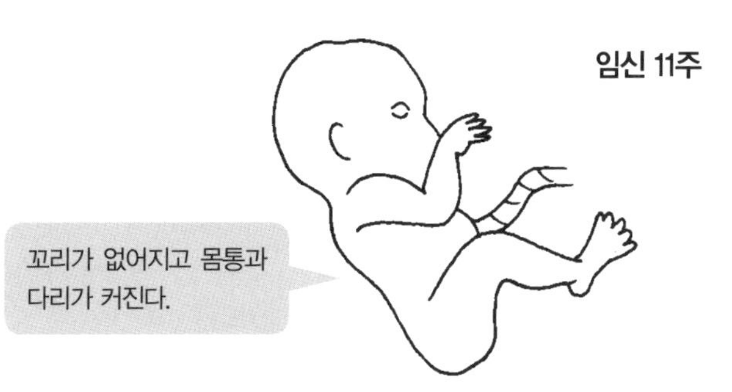

··· 분만의 구조 ···

새로운 생명이 태어나는 분만의 메커니즘

약 10개월의 임신 기간이 끝나면 새로운 생명이 모체에서 외부 세계로 나온다. 출산을 앞두고 모체에서 일어나는 진통에는 엄마와 아기의 정보교환이 관계되어 있다는 것이 최근 연구에서 밝혀졌다. 정자, 난자의 발생에서 장대한 드라마가 전개되어 드디어 새로운 생명이 탄생하는 최후의 중요한 순간이다. 출산에 걸리는 시간은 초산에서는 평균 14시간, 경산부는 6~7시간이다.

진통이 일어나는 이유는?

분만의 계기가 되는 진통은 태아가 보낸 신호에 의해 일어나는 것으로 보인다. 임신 36주가 지나면 태아의 뇌에서 '이제 태어나도 좋다'라는 명령이 내려진다. 그러면 태아의 부신에서 호르몬이 분비되고, 이것이 '엄마, 이제 태어나요'라는 신호가 되어 자궁의 수축을 촉진시켜 진통이 시작된다.

태아의 뇌에서 '이제 태어나도 좋다'고 명령

↓

태아의 부신에서 호르몬이 분비된다.

↓

호르몬에 의해 정보가 전달되어 출산이 시작된다.

↓

드디어 새로운 '생명'의 탄생이다.

출산 시 가장 큰 머리가 먼저 나오도록 태아의 머리는 아래쪽을 향해 있다.

산도, 만출력, 태아의 상황이 잘 조화되는 것이 중요.

분만의 원리

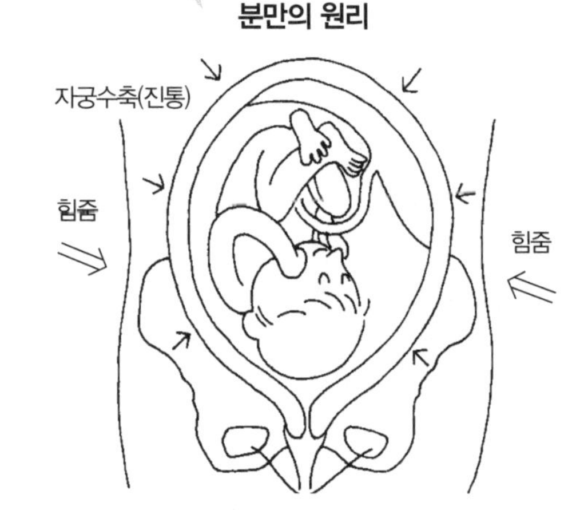

출산의 경과

분만 제1기 : 진통이 시작되고 자궁이 열리기 시작해 완전히 열리기까지(직경 약 10cm). 산모도 통증으로 괴로워하기 시작. 초산에서는 10~12시간, 경산은 4~6시간.

제2기 : 파수되어 태아가 산도를 통해 모체 밖으로 나올 때까지. 직장 등의 내장이 압박되기 때문에 힘주는 것도 자연스럽게 된다. 갓난아이의 머리가 나오면 어깨와 몸은 간단히 나온다. 제2기의 경과시간은 초산에서 2~4시간, 경산은 약 1시간

제3기 : 태아가 태어나서 태반이 나오기까지. 갓난아이가 태어나 몇 분 후 자궁이 수축하고 가볍게 힘을 주면 태반이 나온다. 후산이라 한다. 시간은 10~20분 정도.

부록

용어 사전

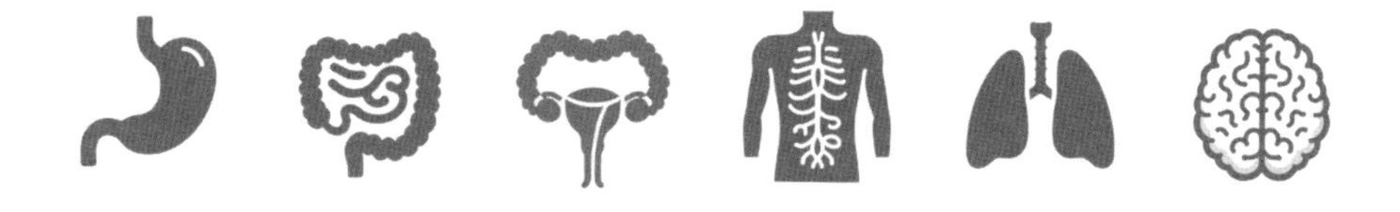

ㄱ

- **각막 :** 안구의 바깥막 중에서 앞쪽 1/6 부분이다. 뒤쪽으로는 흰자위 막과 이어져 있다. 흰자위 막에 비해서 앞쪽으로 볼록하게 굽어 있으며, 투명하다.
- **각질 :** 특수한 물질에 의해 표피세포의 색과 소기관이 파괴되면, 결국 표피세포는 죽게 된다. 이렇게 해서 생겨난 것이 각질이다. 20~90일을 주기로 몸에서 떨어져 나간다.
- **간뇌 :** 대뇌반구와 중뇌 사이에 있는 뇌의 일부분이다. 셋째 뇌실 주위에 있으며 주로 회색질로 이루어져 있다. 시상과 시상하부 등을 비롯해 모두 4부분으로 나뉜다.
- **간장(간) :** 진한 빨간색을 띠는 큰 소화샘으로 배 안 위쪽의 오른쪽에 있다. 혈액을 저장하거나 거르며, 쓸개즙을 분비하고, 당을 글리코겐으로 바꿔 저장하는 등 많은 일을 한다.
- **감각신경 :** 수용기와 중추신경을 이어주는 신경으로 구심신경이라고도 한다.
- **갑상샘 :** 후두의 앞쪽에 위치하고 있으며, 중간의 좁은 부분으로 이어진 양쪽 2개의 엽이 있는 방패모양의 내분비샘이다. 이곳에서 분비되는 호르몬은 필요한 물질은 흡수하고 필요 없는 물질은 배설하는 대사 과정을 돕는다. 그뿐만 아니라, 뼈에서 칼슘이 빠져나가는 것을 막아서 혈액 속의 칼슘 농도를 낮추는 호르몬도 분비한다.
- **건 :** 근막은 근육의 끝에서 모여 뼈에 붙게 된다. 이때 그 근육이 방추형이면 끝에 모인 근막은 띠나 끈 모양을 이루게 되는데, 이것이 건이다.
- **결합조직 :** 우리 몸에 가장 널리 분포하는 조직으로 여러 세포와 그 사이 물질로 이루어져 있다. 상피 아래에서 상피를 고정시켜 몸의 형태를 만들고 유지시킨다. 또, 근육조직이나 신경조직을 이어주거나, 그 사이를 채우기도 한다.
- **경막 :** 가장 바깥에 있는 뇌척수막이다. 뇌를 싸고 있는 경막은 두개골의 골막과 이어져 있으나, 척수를 싸고 있는 경막은 척추골의 골막과 떨어져 있다. 경질막은 그 아래의 거미막과 얕은 공간에 의해 분리되어 있다.
- **경추 :** 목의 뼈대를 이루는 7개의 척추골로 두개골과 흉추 사이에 있다. 몸통이 대체로 작고 납작하며, 가로로 난 돌기 부분에 구멍이 있는 것이 특징이다.
- **고막 :** 우산 펴진 모양의 박으로 바깥귀 길과 가운데 귀 사이를 가르며 비스듬히 놓여 있다. 바깥귀를 통해 들어온 소리를 확성기처럼 증폭해 준다.
- **고실 :** 가운데 귀를 이루는 불규칙하게 생긴 작은 방으로, 3개의 귓속뼈가 들어 있으며 공기로

채워져 있다.

- **고환(정소) :** 정자를 만들고, 남성의 특징을 나타나게 하는 남성 호르몬을 분비하는 한 쌍의 기관이다. 배 안의 뒷벽에서 발생하여 아래로 내려와서 출생 후에는 음낭 속 양쪽에 자리를 잡는다. 납작한 달걀 모양이며, 뒤에는 부고환이 붙어 있다.
- **골막 :** 모든 뼈의 표면을 덮고 있는 특수한 결합조직으로 혈관을 포함하고 있는 치밀한 바깥층과 그보다는 성긴 조직으로 이루어진 속층이 있다.
- **골반 :** 몸통의 아랫부분으로 몸통과 다리가 만나는 곳이다. 위와 아래가 모두 뚫린 세숫대야처럼 생겼다.
- **골수 :** 골수강 속에 있는 액체로 주로 혈구를 만드는 일을 한다.
- **골수강 :** 뼈의 비어 있는 속이다. 생체에서는 골수강에 골수가 차 있다.
- **골지체 :** 보통 핵 근처에 있는 여러 겹의 막으로 이루어진 구조이다. 세포질세망에서 만들어진 단백질을 넘겨받아서, 이를 농축시켜 과립으로 포장하는 일을 한다.
- **공장 :** 십이지장에서 이어지는 소장의 나머지 부분의 약 2/5를 차지한다. 회장에 비해 거의 속이 비어 있고, 혈관 분포가 많아서 생체에서는 더 붉게 보이며, 벽이 더 두껍다.
- **관골 :** 골반의 양쪽에 있는 불규칙 뼈로 3개의 뼈(좌골, 장골, 치골)로 이루어져 있다. 앞에서는 양쪽 관절이 서로 연골로 이어지고, 뒤에서는 양쪽 관골이 천추와 이어져서 골반을 이룬다. 양쪽 관골의 바깥면 가쪽에 반구 모양으로 움푹 들어간 관골구에서 대퇴골의 머리와 관절을 이룬다.
- **관상동맥 :** 심장에 공급해 주기 위한 산소와 영양물질을 실은 혈액이 흐르는 동맥이다. 심장에는 2개의 관상동맥이 있어 대동맥의 양쪽에서 일어나며, 이들의 큰 가지는 심장표면에 난 고랑으로 달린다.
- **관절 :** 2개 이상의 뼈가 만나는 곳이다. 대개의 관절은 움직이지만, 머리뼈의 봉합과 같은 일부 관절은 움직이지 않는다.
- **관절연골 :** 연골로 이루어진 얇은 층으로, 윤활관절에서 뼈의 관절면을 이룬다. 관절연골은 거의 초자연골이다.
- **괄약근 :** 어떤 출입구의 둘레에 둥글게 놓여 있는 근육으로 수축하면 이 근육이 둘러싸고 있는 공간을 좁히는 일을 한다. 항문과 동공 둘레에서 볼 수 있다.
- **교감신경 :** 자율신경의 하나로 위급한 경우에 빠르게 대처할 수 있게 도와준다. 이 신경이 자극을 받으면, 골격근과 신경으로 가는 혈액량이 늘어나며, 심장의 박동이 빨라지고, 감각도 예민

해진다. 반면에, 내장으로 가는 혈액량은 크게 줄어든다.

- **교뇌 :** 소뇌 위로 연수와 중뇌 사이에 위치해 있는 뇌간의 일부분이다. 언뜻 보면, 소뇌의 양쪽 반구를 연결하는 다리 같다고 해서 붙여진 이름이다.
- **구강 :** 소화계통의 처음 부분으로 치아를 경계로 두 부분으로 나뉘며, 인두와 이어져 있다.
- **귓바퀴(이개) :** 머릿속에 있지 않고 바깥으로 튀어나온 바깥귀의 일부분으로 소리를 모으는 일을 한다. 연골과 그 위를 덮는 피부로 이루어져 있다.
- **근세포 :** 근섬유라고도 하며, 근육섬유막이라고 하는 섬세한 결합조직에 싸여 있다. 수십 개의 근섬유가 모여 근육다발을 이루고 근육다발이 모여서 근육을 이룬다.
- **근육 :** 동물의 운동을 담당하는 것으로 수축할 수 있는 근육섬유(근육세포)로 이루어져 있다. 근육섬유의 구조에 따라 평활근과 횡문근으로 나뉜다. 횡문근은 다시 골격근과 심근으로 나뉜다.
- **근조직 :** 수축과 이완을 통해 동물의 운동을 담당하는 조직이다. 긴 모양의 근섬유와 이를 얽어매는 약간의 결합조직으로 이루어져 있다. 근섬유의 세포질 속에는 수축성 단백질이 많이 들어 있어 다른 조직에서 볼 수 없는 수축력이 있다.
- **근층 :** 소화관의 벽을 이루는 구조로 나선상으로 주행하며 세포들의 주행방향에 따라 두 층으로 나누어지는 평활근세포로 이루어져 있다. 안쪽 층에서는 평활근세포가 돌림방향으로 배열하고 있고, 바깥쪽 층에서는 대부분 세로방향으로 배열한다.
- **기관 :** 공기만 드나드는 관으로 후두 아래쪽으로 이어져서 두 갈래의 기관지로 갈라진다. 길이는 약 10cm이며, 지름은 약 2cm이다. C자 모양으로 생긴 15~20개의 기관연골(C자의 트인 곳이 앞을 향한다)로 이루어져 있다.
- **기관연골 :** 기관을 이루는 C자 모양의 연골로 C자에서 트인 곳이 뒤를 향하며 이곳은 막으로 막혀 원모양을 이룬다.
- **기관지 :** 기관이 두 갈래로 갈리는 부분에서 폐까지 뻗어 있는 관으로, 기관처럼 C자 모양의 연골이 이어져 뼈대를 이룬다. 양쪽 기관지는 서로 달라 오른쪽 기관지가 왼쪽보다 더 짧고, 더 굵으며, 더 수직에 가깝다. 따라서 어떤 물체가 기관으로 들어갈 경우, 오른쪽으로 더 잘 들어가게 된다.

ㄴ

- **난관 :** 양쪽 난소에서 자궁까지 난자를 운반하는 관으로 길이는 약 10cm이다. 처음 부분은 손가락 모양으로 되어 있으며 난소에서 배란된 난자를 잡아끌고, 끝부분은 다른 부분에 비해 부풀어 있으며 난자와 정자의 수정이 이루어진다.
- **난소 :** 난자를 만들며, 여성의 특징을 나타나게 하는 여성 호르몬을 분비하는 한 쌍의 기관이다. 납작한 달걀 모양이며, 골반 안의 양쪽 옆에 하나씩 있다.
- **난자 :** 난소에서 만들어진 여성 생식세포로 세포가 아닌 조직으로 둘러싸여 있으며, 큰 핵을 갖고 있는 둥글게 생긴 세포이다.
- **난포 :** 난소 속에 있는 난자를 겹겹이 둘러싸고 있는 세포층으로 이루어진 주머니이다. 여러 시기로 발달하여 일부 난포가 난자와 함께 성숙한다.
- **내이 :** 청각과 평형감각을 담당하는 장치가 마련되어 있는 곳이다.
- **뇌 :** 두개골 속에 들어 있는 중추신경의 한 부분으로, 두개골에 난 대공을 통해 척수와 연결되고 있다. 대뇌, 소뇌, 간뇌, 뇌간으로 이루어져 있다. 근육의 운동을 조절하고, 감각을 받아들이며, 생각하거나 감정을 느끼는 일을 한다.
- **뇌간 :** 막대모양의 뇌부분으로 대뇌반구와 척수를 연결하고 있다. 연수와 교뇌, 중뇌로 나뉜다.
- **뇌신경 :** 뇌에 이어져 있는 12쌍의 신경이며, 각각의 기능과 위치에 따라 다른 이름이 있으며, 이를 로마 숫자(Ⅰ,Ⅱ,Ⅲ,…)로 나타내기도 한다.
- **뇌하수체 :** 접형골의 오목한 부위 속에 놓여 있다. 배자의 발생 기원에 따라 샘뇌하수체와 신경뇌하수체로 나뉘며, 다른 내분비선을 자극하는 호르몬을 분비한다.
- **누선(눈물샘) :** 눈물을 만들어 분비하는 샘으로서 안와의 위 가쪽에 위치하고 있다. 이 샘에서 6~12개의 분비관이 결막을 지나 위 가쪽에서 열린다.
- **늑골 :** 척추에서 앞아래쪽으로 휘어져 있는 뼈로, 길고 납작하며 좌우 12쌍이 있다. 위쪽 7쌍의 앞쪽 끝은 연골로 흉골에 붙고, 8~10번째 늑골은 위쪽의 연골에 붙는다. 11~12번째 늑골은 앞쪽 끝이 아무 데도 붙어있지 않다.

ㄷ

- **단핵구 :** 무과립백혈구 중의 하나이며, 백혈구 중에서 가장 크다. 모세혈관의 벽을 통과하여 결합조직으로 들어가 이물질을 막는 세포로 분화된다.
- **달팽이(와우) :** 듣는 데에 관여하는 속귀의 기능적인 앞부분이다. 달팽이 껍질과 비슷한 모양을 하고 있으며 두 바퀴 반 정도 돌아 있다.
- **달팽이관(와우각) :** 두 바퀴 반 정도 돌아 있는 관으로서 림프로 채워져 있다. 안뜰계단이나 고실계단에서 전달되면 이 림프가 흔들린다. 이 진동은 이곳에 있는 수용기를 자극하고, 이는 청각을 담당하는 뇌신경으로 전달되어 결국 소리를 듣게 되는 것이다.
- **담낭 :** 간에서 만든 담즙을 저장하는 곳으로 서양배 모양이다. 간의 뒤 아랫면에 위치해 있다.
- **대동맥판 :** 좌심실의 출구에 있는 판막으로서 좌심실과 대동맥의 경계에 위치하고 대동맥으로 흐르는 혈액이 역류하지 않도록 한다.
- **대뇌 :** 뇌의 주요한 부분으로 두개골 공간의 윗부분을 차지하며, 양쪽의 대뇌반구로 이루어져 있다.
- **대뇌반구 :** 대뇌의 좌우 양쪽으로 부풀어 오른 부분이다. 사람의 뇌에서 가장 넓은 부분을 차지한다. 부분적으로 긴 틈새에 의해 분리되어 있고, 속에는 뇌실이 있으며, 대뇌피질로 덮여 있다.
- **대뇌수질 :** 대뇌피질 속에 있는 부분으로 대뇌피질을 드나드는 신경섬유(축삭)가 모여 있는 곳이다.
- **대뇌피질 :** 각각의 대뇌반구를 덮고 있는 회색질의 층으로 고랑과 이랑이 있다. 높은 수준의 정신기능, 운동, 내장기능, 인식, 행동에 대한 반응, 그리고 이러한 기능들의 연계와 통합을 담당하는 중요한 부분이다.
- **대음순 :** 여성의 외생식기관 중에서 가장 바깥에 있는 부분이다. 치구에서 아래 뒤쪽으로 이어지는 세로로 난 피부 주름이며, 앞과 뒤에서 만나므로 그 사이는 틈으로 갈라져 있다. 바깥에는 피지선과 털이 많이 있으나, 속은 털이 없고 매끈하다.
- **대장 :** 장의 먼 부분으로, 그 길이가 소장에서 항문까지 1.5m에 이른다.
- **대퇴골 :** 대퇴에 있는 뼈로 우리 몸에서 가장 길고, 강한 뼈이다. 길이는 대개 키의 1/4이며, 장골이다. 몸쪽 끝에는 구형의 머리가 관골과 관절을 이루고 있으며, 몸통은 원기둥 모양이고, 먼쪽 끝은 경골과 관절을 이루고 있다.

- **대퇴사두근 :** 대퇴 앞부분에 있는 근육으로 4부분으로 이루어져 있으며, 4부분은 하나의 건을 이룬 다음에 경골에 닿는다.
- **동공 :** 안구에 있는 조리개의 중앙에 뚫려 있는 구멍으로 빛이 들어가는 입구이다.
- **동맥 :** 심장에서 혈액을 내보내는 줄기를 동맥이라고 한다. 심장에서 나가는 큰 동맥은 가지를 내면서 점점 작아지는데 지름이 0.5mm 이하인 것을 소동맥이라고 한다. 소동맥이 작아져서 모세혈관이 된다.
- **두개골 :** 머리를 이루는 기본 뼈대로서 바깥에는 눈, 귀, 코, 입이 놓이는 자리가 패여 있고, 속에는 뇌가 들어가는 두개강이 있다.

ㄹ

- **리보솜 :** 세포질 속에 있는 소기관의 하나로 두 부분으로 이루어져 있다. 핵의 염색체에서 단백질 합성에 대한 암호가 전달되어 오면, 이를 해독해서 단백질을 만드는 공장과 같은 곳이다.
- **림프구 :** 무과립백혈구 중의 하나이며, 미생물, 이물질, 암세포 등의 침입에 대한 방어와 면역에서 다양한 일을 하는 둥근 세포이다. 분화된 장소와 세포의 표면 성질에 따라 크게 T림프구와 B림프구로 나뉜다.
- **림프관 :** 혈관 밖의 조직으로 빠져 나온 액체를 모아서 혈액으로 되돌려 보내는 얇은 벽으로 이루어진 관이다.
- **림프액 :** 림프관 속에 있는 액체로 혈액과는 달리 심장 쪽을 향해 한쪽으로만 순환한다.
- **림프샘 :** 림프조직으로 이루어진 신장 모양의 작은 덩어리이다. 몸 전체에 분포하고 있으며 림프관을 따라 군데군데 매듭처럼 있다. 혈액으로 들어가기 전에 림프는 적어도 한 군데 이상의 림프샘에서 걸러진다.

ㅁ

- **말초신경 :** 중추신경 밖에 있는 모든 신경이며, 중추신경을 모든 신체 부위와 이어준다. 뇌신경과 척수신경으로 이루어진 뇌척수신경과 교감신경과 부교감신경으로 이루어진 자율신경으로 구분된다.

- **망막 :** 안구의 속막으로서 초자체를 둘러싸고 있으며, 뒤로는 시각을 담당하는 뇌신경과 이어진다.
- **맹장 :** 회장이 끝나는 곳에서 아래쪽 장까지이다. 위쪽은 상행결장으로 열려 있고, 아래쪽은 주머니처럼 끝이 막혀 있다. 뒤 안쪽 면에는 충수가 뻗어 있다.
- **모세혈관 :** 넓게 퍼져서 그물 구조를 이루는 가느다란 혈관이다. 이들의 벽을 통해 혈액과 조직 사이에 물질 교환이 일어난다. 거의 다 정맥으로 모인다.
- **모양체 :** 수정체의 두께를 조절하는 일을 하며, 앞쪽에 있는 안구의 가운데 층이다. 속에는 근육이 들어 있으며, 끈 같은 띠가 나와 수정체에 이어져 있다. 섬모체 근육이 수축하여 이 띠를 당기면 수정체가 얇아져서 멀리 있는 물체를 볼 수 있으며, 이완하여 이 띠를 놓으면 수정체가 두꺼워져서 가까운 것을 볼 수 있게 된다.
- **문맥 :** 모세혈관과 모세혈관 사이에 있는 정맥을 뜻하는 말이지만, 일반적으로 간문맥을 뜻한다. 문맥은 항문관의 일부를 제외한 모든 소화관, 이자, 비장에서 혈액을 받아 간으로 보내는 정맥이다. 즉, 위장관에서 흡수한 영양물질을 간으로 운반하기 위한 정맥이다.
- **미골 :** 가장 아랫부분의 척추골로 대개 4개가 합쳐져 있으며, 아래쪽으로 가면서 점점 작아진다.
- **미뢰 :** 혓바닥 주변에 퍼져 있으며, 맛을 감지하는 신경의 끝부분이 들어 있는 기관으로 작은 봉오리 모양이다.

ㅂ

- **반규관(반고리관) :** 3개의 반고리로 이루어져 있으며, 앞, 뒤, 가쪽 방향으로 서로 수직이다. 속은 림프로 채워져 있어서 몸이 회전하면 이 림프가 돌기 때문에, 회전운동을 감지할 수 있다.
- **방광 :** 근육으로 이루어진 보트 모양의 기관으로 요관을 통해 들어온 소변을 저장하고 요도를 통해 내보낸다. 비어 있을 때 방광은 골반 속에 있으나, 소변이 차면 달걀 모양으로 바뀌면서 점차 위로 올라가 배꼽 높이에 이른다.
- **방실결절 :** 우심방에서 관상정맥동이 열리는 구멍 근처의 심방 사이에 있다. 동방결절에서 받은 자극은 방실다발로 전달해서 두 심실을 수축시킨다. 동방결절이 작동하지 않을 때에는 대신하여 자극을 만들어 내기도 한다.
- **백질 :** 흰색의 신경조직으로 뇌와 척수의 전도 부분, 즉 말이집으로 싸여있는 신경세포의 신경

섬유가 모여 있는 부분이다.

- **백혈구 :** 혈구의 하나로 색깔이 흰 세포이다. 적혈구보다는 조금 크나 수는 훨씬 적다. 혈액 속은 물론 다른 조직 가운데로 돌아다니면서 병원균에 대한 방어작용을 한다.
- **복막 :** 복강의 벽을 따라 완전히 둘러싸고 있는 막이다. 남자의 복막 안은 틈이 전혀 없는 주머니처럼 되어 있으나, 여자의 복막 안은 난관의 끝을 지나 자궁과 질로 통할 수 있다.
- **부고환 :** 정자를 보관하는 관으로 고환의 뒤에 붙어 있다. 머리, 몸통, 꼬리 부분으로 이루어져 있다. 고환에서 나오는 관들이 결국 하나로 만나서 구불구불하게 얽혀 있는 부분이다. 길이는 약 5m이며 정관으로 계속 이어진다.
- **부교감신경 :** 자율신경의 하나로 위급한 상황에 대비하여 미리 에너지를 저장해 두기 위한 일등을 한다. 이 계통의 신경이 자극을 받으면, 내장으로 가는 혈액량이 늘어나 소화와 배설 등이 활발히 일어나고, 심장의 박동이 느려져서 대체로 에너지의 사용이 줄어든다.
- **부신 :** 신장 위 안쪽 면에 접하는 내분비샘으로 피질과 수질로 나뉜다. 대개 삼각형 모양을 이루는데 높이는 3~5cm, 폭이 2~3cm, 두께가 1cm 이내이다. 왼쪽 것이 보통 더 크며, 더 위쪽에 있다. 피질에서는 신장에서 나트륨을 흡수하게 하는 호르몬과 혈액 속의 당의 농도를 높이는 호르몬을 분비하고 속질에서는 혈당량을 높이고 혈압을 높이는 호르몬을 분비한다.
- **분비관 :** 외분비샘의 분비부에서 분비물이 생성되면 분비물을 샘 바깥으로 내보내는 구조이다. 단순샘의 경우엔 하나의 분비관을 가지며 복합샘의 경우에는 계속 분비한다.
- **비강 :** 비공에서 뒷비공 사이의 공간으로 비중격에 의해 둘로 나뉘어 있다. 비공 바로 안쪽의 넓어진 부분에는 비(코)의 피부가 이어져 있고 털도 나 있다. 후각을 담당하는 신경이 분포하여 냄새를 맡는 부분도 있으며, 점막과 혈관이 많아서 들이쉰 공기를 따뜻하고 축축하게 해주는 부분도 있다.
- **비루관 :** 눈과 코 사이를 잇는 관이다. 눈꺼풀을 뒤집어 보면 그 안쪽 구석에서 2개의 구멍인 눈물점을 볼 수 있다. 여기에서 시작된 작은 관이 바로 비루관으로 열리고, 이는 아래 코선반 아래 공간으로 열리게 된다. 울게 되면 이 관을 통해 눈물이 흘러 들어가 콧물로 나오기도 한다.
- **비장 :** 위와 횡격막 사이에 위치해 있다. 순환계통에 있는 가장 큰 림프기관으로, 혈액을 걸러서 그 속에 침투해 들어온 미생물을 방어한다. 또한 오래된 적혈구를 파괴하는 기능도 한다.

ㅅ

- **사구체 :** 모세혈관의 모임으로 사구체낭으로 둘러싸여 있다. 이 모세혈관의 속벽을 이루는 세포는 다른 모세혈관과는 달리 틈이 많아서 혈액 성분이 크기에 따라 걸러진다.
- **사정관 :** 전립샘 뒤에서 정관과 정낭의 관이 만나서 이루어지며, 전립샘 속에 묻혀 있다. 길이는 약 2cm이며, 요도의 전립샘 부분으로 열린다.
- **삼첨판 :** 우심실과 우심방 사이에 있는 판막으로서 3개의 첨판으로 이루어진다.
- **상지골 :** 상지를 이루는 뼈이다. 상지를 몸통에 이어주는 견갑골, 쇄골, 그리고 자유롭게 움직일 수 있는 상완골, 요골, 척골, 수근골, 중수골, 지골로 이루어져 있다.
- **상행결장 :** 회장과 맹장의 경계에서 시작해 간의 바로 아래까지 올라가는 대장이다.
- **섬모 :** 공간과 접하는 세포의 자유면에서 나온 움직일 수 있는 작은 돌기이다.
- **성대주름 :** 소리를 내는 일을 하며, 후두의 연골 사이에서 앞뒤 방향으로 나 있는 주름이다. 양옆 주름 사이에는 틈이 있어서 양쪽 성대주름이 힘 있게 모아져 그 틈새가 좁아지면, 이 틈새로 공기가 나가면서 소리가 나게 된다. 주름 속에는 인대가 들어 있어서 주름을 느슨하게 하거나 팽팽하게 하여 소리의 높낮이를 조절한다.
- **세포 :** 모든 생명체의 기본 구조이다. 세포질과 핵으로 이루어져 있다.
- **세포막 :** 세포의 바깥쪽에 있어서 바깥과 세포질을 분리해 준다. 어떤 물질이 세포 안으로 들어오거나 밖으로 나갈 때, 이를 가려서 조절하는 일을 한다.
- **세포질 :** 주로 막으로 이루어진 이 소기관은 길쭉하고 납작한 주머니가 겹겹이 이어져 그물 구조를 이루고 있기 때문에 붙여진 이름이다. 리보소체가 붙어 있냐에 따라 두 종류로 나뉜다. 리보소체에서 만들어진 단백질을 받아 이를 변형하고, 지방을 합성하며, 칼슘을 저장하는 등의 일을 한다.
- **소뇌 :** 대뇌의 뒤통수엽 아래쪽, 뇌간 뒤에 달려 있다. 평형을 유지할 수 있게 하며, 근육의 수축 세기를 조절하고, 정교한 운동을 할 수 있도록 한다. 좌우로 부풀어 오른 반구와 구 가운데 부분으로 이루어져 있고, 표면에는 많은 가로주름이 나 있다. 소뇌의 겉은 회색질이고, 속은 백색질이다.
- **소음순 :** 대음순 안쪽에 있는 작은 피부주름으로 대음순과는 달리 지방조직이 없다. 가쪽 면은 대음순과 접하고 안쪽 면은 양쪽 것이 서로 접한다.

- **소장 :** 장의 가장 가까운 소화관이다. 지름에 있어 대장보다 작으며, 소화관에서 가장 긴 부분으로 6m가 넘는다. 십이지장, 공장, 회장으로 나뉜다.
- **소화관 :** 음식물이 운반되어 분해, 흡수되고 배설도 되는 입에서 항문까지 이어지는 긴 관이다.
- **수용기 :** 감각신경의 끝부분으로 여러 가지 자극에 반응한다. 그뿐만 아니라, 호르몬이나 신경전달물질 같은 특정한 물질이 붙는 장소로 주로 세포의 표면에 있다.
- **수정체 :** 앞뒤로 볼록한 볼록렌즈 모양의 투명한 구조로 유리체의 앞에 있다. 눈에 들어오는 빛을 굴절시켜 그물막에 상을 맺히게 한다. 물체의 거리에 따라서 섬모체가 수정체의 두께를 조절한다.
- **수질 :** 대뇌나 신장 등을 잘라보면 색, 기능, 구성성분에 따라서 바깥층과 속층이 구분되는 것을 볼 수 있는데, 이중에 속층을 뜻한다.
- **승모판 :** 좌심방과 좌심실 사이에 있는 판막으로 2개의 첨판으로 이루어진다.
- **시상 :** 간뇌의 가장 넓은 부위를 차지하며, 간뇌의 등 쪽에 있는 좌우 한 쌍의 회색질 구조이다. 시상의 앞쪽은 약간 좁고 뒤쪽은 둥근 달걀 모양이며, 안쪽 면과 윗면은 뇌실에 접하고 있다. 대뇌피질로 들어가는 거의 모든 신경세포는 이곳에서 연접을 이룬 다음 대뇌피질로 간다.
- **시상하부 :** 시상의 배 쪽에 있는 간뇌의 일부이다. 내장 기능, 내분비 기능 등에 관여하는 자율신경의 중심이다. 뇌하수체의 호르몬 양을 조절하는 호르몬을 만들며, 직접 뇌하수체의 호르몬을 만들기도 한다.
- **식도 :** 인두와 위 사이에 있는 근육으로 된 기관으로 목, 가슴, 배 부분까지 길이는 약 25cm이다. 앞에는 기관이, 뒤에는 척추가 있기 때문에, 앞뒤로 눌려 찌그러져 있다.
- **신경 :** 중추신경과 몸의 다른 부분 사이에서 근육에 내리는 운동 명령이나 여러 감각 자극을 전달하는 줄 같은 구조이다.
- **신경세포(뉴런) :** 신경계통을 이루는 기본 세포로 신경원이라고도 한다. 몸의 안팎에서 오는 각종 자극을 받아들여 이를 전달하고, 적당한 반응을 일으키는 일을 한다. 1개의 세포체와 2종류의 돌기로 이루어져 있다.
- **신경세포체 :** 핵이 들어 있는 신경세포의 일부분이다. 바로 이곳에서 가지돌기와 신경섬유가 뻗어 나간다.
- **신동맥 :** 대동맥 양옆에서 일어나 거의 수평으로 신장에 이어지는 동맥이다. 하대정맥의 뒤로 지나가며, 신장 입구 근처에서 앞가지와 뒷가지로 나뉜다. 대동맥이 왼쪽에 치우쳐 있기 때문

에 오른쪽 신장동맥이 더 길다.

- **신우 :** 신장에서 소변이 흐르는 통로로 신장에서 신배의 소신배, 대신배에 이어져서 들어오는 구조이다.
- **신장 :** 허리의 양쪽에 있는 기관으로 혈액을 걸러 우리 몸의 노폐물질을 소변으로 분비한다. 강낭콩 모양과 비슷하여 가쪽 모서리가 볼록하고 안쪽 모서리가 오목하다. 바로 이 안쪽 모서리로 혈관과 요관이 드나든다. 구형, 달걀형, 방추형 등 여러 모양이고, 크기도 다양하다.
- **신정맥 :** 신장과 대정맥을 이어주는 정맥이다. 신장 속에 있던 앞, 뒤 두 가지가 하나로 만나서 신장동맥의 앞을 가로질러 하대정맥으로 들어간다. 왼쪽의 신장정맥이 오른쪽보다 더 길다.
- **심근 :** 심장에 있는 민무늬근으로, 강하게 수축해서 혈액을 짜는 펌프 같은 일을 한다.
- **심장 :** 심장은 자신의 주먹보다 조금 더 큰 근육으로 된 속이 빈 기관으로, 생체에서는 혈액이 차 있다. 심장에는 방이 4개, 심장바닥, 심장끝 그리고 연이 3개 있다. 심장의 주된 작용은 혈액을 순환시키는 펌프 작용이다.
- **십이지장 :** 소장의 처음 부분으로, 길이는 약 25cm이다. 위에서 넘어온 내용물이 췌장액, 쓸개즙과 섞이는 곳이다. ㄷ자 모양과 비슷하며 끝부분이 약간 위쪽을 향한다. ㄷ자 모양의 트인 부분은 췌장과 접하고 있고, 그 벽에는 췌장에서 시작된 관이 열린다.

ㅇ

- **안관절(안장관절) :** 윤활관절의 하나로 관절면이 말 안장을 포개놓은 것과 같아 붙여진 이름이다. 굽힘, 폄, 모음, 벌림이 일어나고, 약간의 돌림도 일어난다. 엄지손가락에서 볼 수 있다.
- **안구 :** 안와 속에 있는 작은 공모양의 기관이다. 카메라 같은 일을 하며, 6개의 근육이 앞에 있어 모든 방향의 운동이 가능하다. 바깥층, 가운데층, 속층으로 이루어져 있다.
- **안륜근 :** 안와 주위를 타원형으로 둘러싸는 얇은 근육으로 안와, 안검, 눈물주머니 부분으로 되어 있고 각각의 역할을 한다.
- **안면신경 :** 운동신경과 감각신경을 모두 갖고 있는 신경이다. 안면근육을 지배하는 운동신경과 혀의 앞부분에서 맛을 느끼는 감각신경이 있다.
- **연골 :** 뼈에 비해서 단단하지 않은 섬유성 결합조직이다. 발생 초기에는 임시로 뼈대의 대부분을 이루며, 관절에서는 두 뼈를 이어준다.

- **연막 :** 가장 안쪽에 있는 뇌척수막이다. 뇌와 척수에 닿아 있어 이들의 표면에 있는 굴곡을 따라 들어간다.
- **연수 :** 끝을 자른 원뿔 모양인 뇌간의 끝부분으로 위로는 교뇌와, 아래로는 척수와 이어진다. 소뇌의 앞에 있으며, 뒷면의 일부분은 넷째 뇌실의 바닥을 이루고 있다. 여러 신경이 지나가는 통로일 뿐만 아니라 호흡, 순환 등의 중요한 기능을 담당하는 신경세포가 많이 모여 있다.
- **염색체 :** 핵 속에 있는 물질로 유전 정보를 담고 있다. 유사분열의 초기에 농축되어 나타나며, 그 수와 모양은 동물 종에 따라 독특하다. 사람은 46개의 염색체를 가지고 있다.
- **영구치(간니) :** 6세 이후부터 나타나기 시작하는 32개의 치아로서, 유치(젖니) 뒤에서 생겨나 모든 유치를 대체한다. 각 턱에는 절치(앞니) 4개, 견치(송곳니) 2개, 소구치(작은어금니) 4개, 그리고 대구치(큰어금니) 6개가 있다.
- **외이 :** 소리가 나는 방향에 맞추어 음파를 받아들이고 이를 증폭시키는 기관이다. 귓바퀴와 바깥귀로 이루어져 있다.
- **요관 :** 신장에서 방광까지 소변이 흘러가는 관으로 길이는 약 25cm이다. 반은 복강, 반은 골반강에 있다.
- **요도 :** 요도는 소변을 몸 밖으로 내보내는 관이다. 남자와 여자가 서로 다르며, 남자의 경우 정액도 같이 운반하고, 전립샘 부분, 막 부분, 해면체 부분의 3부분으로 나뉜다.
- **요도해면체 :** 음경에 있는 3개의 해면체 중에서 아래(배쪽)에 있는 1개의 해면체이다. 요도를 둘러싸고 있는 원기둥 모양의 발기조직이다.
- **요추 :** 흉추에서 아래로 이어지는 5개의 척추골로 몸무게를 받쳐주기 때문에 가장 크며, 이 부위에서의 운동도 가장 잘 일어난다.
- **우심방 :** 심장의 네 칸의 공간 중에서 오른쪽 윗부분에 있다. 상대정맥과 하대정맥에서 이산화탄소 등의 노폐물질이 많은 혈액을 받는다.
- **우심실 :** 심장의 네 칸의 공간 중에서 오른쪽 아랫부분에 있다. 우심방을 통해 이곳으로 들어온 이산화탄소가 많은 혈액을 폐로 보내기 위해 펌프 작용을 하는 곳이다. 따라서 폐동맥이 열리는 구멍이 있다.
- **우폐 :** 가슴 안의 오른쪽에 있는 폐로 수평 방향과 비스듬한 방향의 엽 사이 틈새가 있어서 위, 중간, 아래 3개의 엽으로 나뉜다.
- **운동신경 :** 중추신경에서 효과기로 운동신호를 전달하는 신경이다.

- **월경기 :** 난자와 정자의 수정이 일어나지 않으면, 황체는 약 14일 후에 점차 퇴화되므로 여기에서 분비되던 호르몬의 양이 줄어든다. 따라서, 이 호르몬에 의해 두껍게 유지돼 오던 자궁 속막이 퇴화되고 그 바깥층이 떨어져 나간다. 이때 일부 혈관이 파열되면서 출혈이 시작된다.
- **위 :** 식도와 소장 사이에 있는 소화관의 부푼 부분으로 왼쪽으로 늘어져 있다. 식도를 통해 위에 들어온 음식물은 위에서 나오는 위액에 의해 분해되어 소장으로 내려가게 된다.
- **위장관(장관) :** 소화관에서, 위, 소장, 대장까지를 위장관이라고 한다. 소화흡수에 관여하는 부분이다.
- **유관 :** 유선의 15~20개의 엽에서 각각 하나씩 나와서 젖을 분비하는 관으로, 모두 유두로 열린다.
- **유두 :** 유방의 한가운데에 돌출되어 있는 구조로 색소 때문에 짙은 빛깔을 띤다. 유관이 열리는 15~20개의 구멍이 나 있으며, 각 구멍의 지름은 약 0.5mm이다.
- **유륜 :** 유두 둘레의 짙고 약간 솟은 둥그런 부분이다. 피지선이 많아서 아기가 젖을 빨 때 부드럽게 해 준다.
- **유방 :** 가슴의 양쪽에 있는 구조로, 유선과 이것의 바깥을 덮는 지방층과 피부로 이루어져 있다. 남자의 유방은 평생 기능이 없고 흔적으로 남아 있다. 그러나, 여자의 경우 사춘기, 임신, 수유기, 폐경기를 지나면서 뚜렷하게 변화한다.
- **유치(젖니) :** 6개월 정도 된 태아에서 발달하기 시작하는 20개의 치아로서, 생후 6개월 후에 첫 번째 앞니가 나기 시작하여 생후 2년 반까지 모두 나게 된다. 4개의 절치(앞니), 2개의 견치(송곳니), 4개의 대구치(큰어금니)로 각 턱에 10개씩 있다. 약 6세가 되면 모두 빠지고 영구치가 나온다.
- **음경 :** 사타구니에서 앞으로 튀어나온 긴 구조이다. 섬유조직으로 싸인 3개의 해면체로 이루어진 발기조직이며, 요도가 들어 있다.
- **음경해면체 :** 음경에 있는 3개의 해면체 중에서 위(등쪽)에 있는 2개의 해면체로 원기둥 모양의 발기조직이다.
- **음낭 :** 음경의 뒤쪽에서 고환과 부고환을 싸고 있는 주머니이다. 왼쪽 것이 오른쪽 것보다 더 아래로 처져 있고, 피부와 평활근층으로 이루어져 있다. 피부는 얇고 색소가 있어 짙게 보이며, 피지선과 한선이 많다.
- **음핵 :** 남자의 음경에 해당하는 여성의 외생식기관으로 음경과는 달리 좌우에 2개가 있고, 요

도가 해면체 속을 지나가지 않는다. 대부분 소음순에 덮여 있다.

- **이(치아) :** 상악골과 하악골의 이틀에 심겨 있어 음식물을 씹어 잘게 부수는 일을 하는 매우 단단한 것이다. 자작한 칼같이 생긴 절치(앞니), 끝이 삐죽한 견치(송곳니), 그리고 입방형인 어금니가 있다. 20개의 유치에서 32개 영구치로 평생에 한 번 교체된다.
- **이관 :** 코인두와 중이를 연결하는 관으로 길이는 3~4cm이다. 인두 쪽 2/3는 연골로, 귀 쪽의 나머지 1/3은 뼈로 이루어져 있고, 이 경계에서 오목하여 가장 좁다. 이관은 외이와 중이의 압력을 같게 해준다. 연골부분은 침을 삼키거나 하품을 할 때를 빼고는 거의 닫혀 있다.
- **이소골 :** 고실에 있는 작은 뼈 3개로 모두 관절로 이어져 있다. 바깥쪽부터 순서대로 망치골, 모루골, 등자골이 있다. 망치골은 고막에, 등자골은 전정창(안뜰창)에 닿아 있다. 소리에 의해 고막이 움직이면, 이 진동은 귓속뼈를 통해 전정창(안뜰창)에 전달되어 속귀에 차 있는 림프에 물결을 일으킨다.
- **인대 :** 뼈나 기관 등을 지지해 주는 밴드처럼 생긴 것이다. 잘 늘어나지 않으므로 불필요한 운동이 일어나지 않게 한다.
- **인두 :** 비강과 구강, 그리고 후두의 뒤에 있으며, 음식물을 삼키는 데 작용하는 근육과 점막으로 이루어진 통로이다. 두개골의 바닥에서 여섯째 경추까지 뻗어 있으며, 식도로 이어진다. 비인두와 구인두, 후두인두의 3부분으로 나뉜다.
- **인두편도 :** 비인두의 지붕과 그 뒷벽 부분에 위치한 편도이다.

ㅈ

- **자궁 :** 수정된 난자가 자리를 잡아 배자와 태아로 자랄 수 있는 근육으로 된 기관이다. 골반 안에 있으며 질과 약 100도의 각을 이루며 앞으로 기울어져 있다. 임신한 적이 없는 성숙한 여자의 경우, 자궁은 조롱박 모양이다. 위치는 고정되어 있지 않아서 방광과 직장의 속이 찬 정도에 따라 약간씩 달라진다.
- **자궁경 :** 잘록한 자궁체와의 경계에서 시작되어 아래 뒤쪽으로 뻗는 원기둥 모양의 자궁 부분으로, 질 속으로 열린다.
- **자궁내막 :** 자궁벽을 이루는 두 층으로 월경 중 떨어져 나가서 매 월경 주기마다 다시 생기는 바깥층과 월경 중에도 남아서 이때 떨어져 나간 바깥층을 다시 만드는 속층이 있다.

▪ **자율신경 :** 자기 마음대로 조절할 수 없는 심장혈관계통, 호흡계통, 소화계통, 비뇨생식계통 등 내장의 활동에 관련된 신경조직이다. 우리 몸속 환경을 일정하게 유지하기 위한 것으로 교감신경과 부교감신경이 있으며, 대개 이들은 서로 반대되는 일을 한다.

▪ **장간막 :** 공장과 회장을 배 안의 뒷벽에 매달아 주는 두 층의 복막이다.

▪ **장골 :** 폭보다 길이가 더 긴 뼈이며, 몸통과 뭉툭한 뼈끝으로 이루어져 있다.

▪ **적혈구 :** 혈구의 하나로서 혈액의 주성분이다. 가운데가 움푹 들어간 둥근 판 모양이며, 신체 각 기관의 조직에 산소를 공급해 주는 일을 한다.

▪ **전립샘 :** 요도의 전립샘 부분을 둘러싸며, 정액의 성분을 분비하는 샘이다. 방광 바로 아래에 있고, 앞쪽에는 치골결합이 있으며 뒤쪽에는 직장이 있다

▪ **전정(이석) :** 속귀의 가운데에 있는 타원형의 넓은 공간이다. 림프로 채워져 있어서 직선 운동을 감지할 수 있다. 몸을 움직이면 이 림프가 흔들리면서 수용기를 자극하고, 이 자극은 뇌신경으로 전달된다.

▪ **점막 :** 관으로 되어 있는 구조의 속을 덮고 있는 부드럽고 끈끈한 막으로 유해한 물질로부터 우리 몸을 보호해준다.

▪ **점막하조직 :** 치밀결합조직으로 이루어져 있으며 많은 혈관, 림프관, 점막하신경얼기가 있고, 샘과 림프조직도 있다.

▪ **정관 :** 부고환에서 이어져 사정관까지 정자를 운반하는 관으로 길이는 약 30cm이다. 부고환의 안쪽을 따라 올라가다가 정색의 일부로서 서혜관을 지나서 복강으로 들어간 다음, 정색을 빠져 나와서 골반강으로 들어간다. 골반에서는 방광의 뒤로 내려가서 정낭의 관과 만나 사정관을 이룬다.

▪ **정낭 :** 꼬불꼬불한 관으로 이루어진 새끼손가락만 한 기관이다. 정자의 운동에 필요한 에너지가 되는 정액의 성분을 분비한다. 방광의 뒤에서 정관의 팽대된 부분 가쪽으로 접해 있다. 정낭의 뾰족한 아래쪽 끝은 정관과 만나 사정관을 이룬다.

▪ **정맥 :** 정맥은 평활근과 판막의 도움에 의해서 심장으로 혈액을 돌려보낸다. 정맥에는 심장 계통 전체 혈액의 70% 이상이 흐르며, 관습적으로 소정맥, 작은 정맥, 중간 정맥, 큰 정맥으로 분류할 수 있다.

▪ **정자 :** 고환에서 만들어진 남성 생식세포로 핵을 담고 있는 머리와 잘록한 목, 긴 꼬리로 이루어져 있다. 난관으로 들어가 난자와 만나 수정한다.

- **조직 :** 다세포 생물체에서 모양과 하는 일이 비슷한 세포와 그 사이의 물질이 모여 있는 것이다.
- **좌심방 :** 심장의 네 칸의 공간 중에서 왼쪽 윗부분에 있다. 이곳으로 폐정맥 4개가 열려서 폐에서 온 산소가 많은 혈액이 들어온다.
- **좌심실 :** 심장의 네 칸의 공간 중에서 왼쪽 아랫부분에 잇다. 좌심방에서 이곳으로 들어온 산소가 많은 혈액을 대동맥을 통해 온몸으로 내보내는 펌프 작용을 한다. 따라서, 심장벽이 가장 두꺼우며, 대동맥으로 열리는 구멍이 있다.
- **좌폐 :** 흉강의 왼쪽에 있는 폐로 왼쪽에 치우쳐 있는 심장 때문에 우폐보다 작다. 비스듬한 방향의 엽 사이 틈새가 있어서 위와 이보다 더 큰 아래의 2개의 엽으로 나뉜다.
- **중뇌 :** 뇌간의 첫 번째 부분으로 위로는 간뇌와 아래로는 교뇌와 이어져 있다. 앞면에는 좌우 양쪽에 원기둥 모양으로 돌출된 구조가 대뇌에 연결되고 있으며, 뒷면에는 반구형으로 돌출된 4개의 구조가 두드러진다.
- **중이 :** 작은 방인 고실로 이루어져 있다. 천장과 바닥은 얇은 뼈로 되어 있으며, 가쪽 벽은 고막으로 되어 있다. 또, 안쪽 벽은 속귀의 바깥벽과 마주하고 있으며, 전정창과 달팽이창이 있다. 또한 고실의 앞쪽 벽에는 이관이 열리는 구멍이 있어서 인두와 이어지며, 뒷벽에도 구멍이 나 있어서 유양돌기로 이어진다.
- **중추신경 :** 뇌와 척수로 이루어져 있으며, 감각의 수용과 조절, 운동, 생체활동의 조절 등 중요한 일을 한다.
- **지문 :** 손가락의 피부를 보면, 특히 손가락 끝마디에서 두드러지게 주름이 져 있는데, 이를 지문이라 하며, 사람에 따라 다르게 나타난다.
- **지주막 :** 뇌척수막의 가운데 층으로 연막과 경막 사이에 있다. 뇌를 싸고 있는 지주막은 그 아래의 연막과 기둥 같은 것으로 이어져 있으나, 척수를 싸고 있는 지주막은 이러한 구조가 없으므로 연막과 뚜렷하게 구분된다.
- **지주막하강 :** 지주막과 연막 사이의 공간으로 뇌척수액을 담고 있으며 연막에서 나온 가는 기둥이 솟아 있다.
- **직장 :** 대장의 가장 끝부분으로 S상결장에서 곧게 이어지며, 항문관으로 이어지면서 끝난다.
- **진피 :** 표피를 받들어 지지하고 있는 결합조직으로 이루어진 층이다. 피부 두께의 대부분을 차지하며, 그 아래에 있는 피하조직과 뚜렷하지 않은 경계로 이어져 있다. 두께는 부위에 따라 매우 다양하다. 예를 들면 눈꺼풀 같은 곳은 매우 얇고, 손바닥과 발바닥의 경우 매우 두껍다.

- **질 :** 여성 생식계통의 하나로 요도가 열리는 구멍 뒤에 질이 열리는 구멍이 있으며, 자궁경으로 이어진다. 성교나 출산의 통로로 이용되며, 월경 산물을 배출하는 길이기도 하다. 질이 열리는 구멍에는 처녀막이 있다.

ㅊ

- **척수 :** 척주 속에 들어 있는 중추신경의 한 부분이다. 길이는 43~45cm이고, 지름은 약 1cm이며 앞뒤지름보다 가로지름이 더 크다. 척수신경이 나오는 부위에 따라 목분절, 가슴분절, 허리분절, 엉치분절, 꼬리분절로 나뉜다.
- **척수신경 :** 척수에서 나와 척추뼈 사이를 지나가는 31쌍의 신경이다. 목분절에서 8쌍, 가슴분절에서 12쌍, 허리분절과 엉치분절에서 각각 5쌍, 꼬리분절에서 1쌍의 신경이 나온다.
- **척주 :** 몸통의 뒤쪽 가운데에 있는 뼈기둥으로 26개의 척추골로 이루어져 있다. 부위에 따라 경추 7개, 흉추 12개, 요추 5개가 있다. 그 아래로 5개의 척추골이 합쳐져서 천추를 이루며, 가장 아래쪽의 4개가 합쳐져서 미추를 이룬다. 각 척추골 사이에는 추간원판이 끼어 있다.
- **천추(선골) :** 요추 아래로 이어지는 척추골로 5개가 합쳐져 있다. 위쪽이 넓고 아래쪽이 좁은 세모꼴을 이루며, 앞으로 오목하게 굽어 있다.
- **초자체(유리체) :** 눈알의 속, 즉 수정체와 그물막 사이의 넓은 공간을 채우고 있는 무색투명한 젤 같은 물질로 99%의 수분이 들어 있다.
- **추간원판 :** 이웃하는 척추골의 몸통 사이를 이어주는 원반 모양의 관절이다. 그 두께는 대개 척추골 몸통의 1/3이다. 뼈의 몸통과 접하는 면에는 얇은 유리연골로 된 판이 붙어 있어서 척추골 사이의 운동 때문에 생기는 충격을 줄여준다. 속질핵과 섬유테로 이루어져 있다.
- **추골 :** 척주를 이루는 26개의 뼈로 부위에 따라 경추 7개, 흉추 12개, 요추 5개가 있다. 그 아래로 5개의 추골이 합쳐져서 천추를 이루며, 가장 아래쪽의 4개가 합쳐져서 미추를 이룬다. 부위에 따라 크기와 모양이 다르기는 하지만, 거의 모든 추골은 앞쪽의 뼈 덩어리인 몸통과 뒤쪽의 고리로 이루어져 있으며 그 사이에는 구멍이 나 있다. 추골의 몸통 사이에는 추간원판이 끼여 있다.
- **충수 :** 맹장의 뒤 안쪽면 바닥에 꼬리처럼 붙어 있는 구조이다. 사람에 따라 길이(평균 7~8cm)와 위치의 차이가 많다. 한국인의 경우, 회장의 끝부분 뒤를 지나 위로 뻗은 것과 골반을 향해 아

래로 뻗은 경우가 가장 많다.

- **췌장 :** 위의 뒤에서 비장과 십이지장 사이에 수평으로 위치한 큰 소화선이다. 오른쪽 끝은 뭉툭한 머리로 십이지장 사이에 끼여 있으며, 왼쪽 끝은 꼬리로서 비장을 가로지른다. 인슐린과 글리코겐을 만들어 혈관으로 분비하는 내분비샘의 역할을 한다. 또한, 단백질 등의 소화를 도와주는 췌장액을 만들어 십이지장 벽으로 분비하는 외분비샘의 기능도 한다.
- **치골 :** 관골을 이루는 3개의 뼈 중에서 가장 앞 아래쪽 부분에 있는 뼈이다. 양쪽 치골은 정중에서 치골결합으로 이어져 치구 밑의 뼈대를 이룬다.
- **치밀골 :** 뼈조직이 치밀하게 되어 있어서 대체로 하얗게 보이는 뼈이다.

ㅌ

- **타액선 :** 입안에 있는 외분비샘으로 소화, 윤활, 면역에 관여하는 침을 생성한다. 입안 전체에 작은 침샘들이 있고 또한 3개의 커다란 타액선(이하선, 악하선, 설하선)이 있다.
- **태반 :** 임신 기간에 모체와 태아 사이에서 영양물질과 노폐물질의 교환이 일어나는 임시 기관이다. 모체와 태아의 서로 다른 개체에서 나온 조직이 모여 이루어진 유일한 기관이다.
- **태아(胎兒) :** 수정 후 9주째부터 출생 때까지 모체 속에 있는 개체이다. 배자기 동안 발달하기 시작한 기관과 조직의 분화가 이루어지며, 몸통의 빠른 성장이 두드러진 유일한 기관이다.
- **탯줄(제대) :** 배자와 태아의 배꼽을 태반에 연결해 주는 유연한 구조이다. 모체에서 산소와 영양물질을 나르는 정맥과 태아에서 노폐물질을 나르는 동맥이 들어 있다. 출생 시 그 길이를 재어보면 약 50cm에 이른다.

ㅍ

- **편도 :** 이름과 같이 복숭아 씨 모양으로 생긴 작고 둥근 림프조직 덩어리이다. 그 위치에 따라 몇 가지가 있지만, 보통 편도라고 할 때는 구개편도를 말하는 경우가 많다. 편도는 7살까지 빠르게 커지지만, 나이 들면서 점점 작아져서 늙으면 거의 없어진다.
- **편평골 :** 판처럼 얇은 치밀뼈 사이에 해면골과 골수가 차 있는 납작한 뼈이다. 흉골과 두개골이 여기에 속한다.

- **평면관절 :** 윤활관절의 하나로 양쪽 관절면이 편평하여 미끄럼 운동만 일어나는 관절이다. 척추골 사이, 수근골 사이의 관절에서 볼 수 있다.
- **평활근 :** 소화관이나 요관 등의 관에서 내용물이 아래로 내려가게 하는 운동을 일으키는 근육으로 대개 동그랗게 배열된 윤상층과 관을 따라 길게 배열된 세로층의 두 층으로 이루어진다. 혈관에는 윤상층만 있으며, 이는 혈관을 수축시켜 혈액을 쥐어짜는 일을 한다.
- **폐 :** 숨을 쉬는 데 필요한 내장으로 혈액의 환기가 일어나는 곳이다. 모양은 대체로 원뿔을 반으로 잘라놓은 것과 비슷하다. 양쪽의 폐는 가슴 안의 대부분을 차지하며, 이들 사이에 왼쪽으로 치우쳐 있는 심장과 중간 구조에 의해 분리되어 있다.
- **폐정맥 :** 폐에서 산소를 공급받은 혈액을 심장으로 옮기는 혈관이다. 각 폐의 엽에서 하나씩 나오나, 우폐의 경우 3개의 엽에서 나오는 정맥 중 위의 2개가 서로 합쳐지므로 보통 4개가 좌심방으로 들어간다.
- **폐포 :** 매우 작아 맨눈으로는 보이지 않지만, 현미경으로 보면 꽈리 모양같이 보이는 주머니이다. 기관과 기관지를 통하여 들어온 공기 중에서 산소가 들어가고 이산화탄소는 나가는 곳이다. 그 수가 엄청나서 이들을 모두 펴서 그 면적을 계산해보면 거의 테니스 코트만하다고 한다. 이는 공기가 닿는 면적을 극대화하여 공기의 교환이 더 효율적으로 일어날 수 있도록 하기 위한 것이다.
- **표정근(안면근) :** 두개골의 윗부분과 눈, 코, 입, 귀 주위에 있는 근육이다. 이 근육에 의해 얼굴의 여러 가지 표정이 나타난다. 뼈나 근막에서 일어나서 피부에 붙기 때문에, 수축하면 표정을 나타낼 수 있다.
- **표피 :** 바깥에 노출되어 있는 피부의 상피층이다. 주로 각질이 되는 세포로 이루어져 있으며, 이들 사이에는 멜라닌세포를 비롯하여 구조와 기능이 다른 여러 세포가 퍼져 있다.
- **피부 :** 속의 기관을 보호하기 위해 몸의 표면을 둘러싸고 있는 덮개로, 표피와 진피로 이루어져 있다.
- **피지선 :** 피지를 분비하는 외분비샘이다. 털주머니 주변에 있으므로 털이 없는 손발바닥을 제외한 거의 모든 피부에 있다. 얼굴과 머리의 피부에 특히 많으며, 유륜이나 포피, 소음순 같은 털이 나 있지 않은 피부에도 있다.
- **피질 :** 대뇌나 신장 등을 잘라보면 색 또는 기능과 구성성분에 의해서 바깥층과 속층이 구분되는 것을 볼 수 있는데, 이 중에 바깥층을 뜻한다.

- **피하조직 :** 피부를 그 아래에 있는 조직과 느슨하게 결합시키는 성긴 결합조직으로서 피부가 이 조직 위를 미끄러질 수 있도록 해준다. 지방이 들어 있는 경우가 많다.

ㅎ

- **하대정맥 :** 하지나 골반 부위, 복강의 기관 등에서 오는 정맥이 모이는 대정맥이다. 다섯째 요추 높이에서 시작하며, 대동맥의 오른쪽에서 위로 올라가 심장의 우심방에서 끝난다.
- **하지골 :** 하지와 몸통을 연결하는 관골, 대퇴에 있는 대퇴골, 하퇴에 있는 경골과 비골, 발에 있는 족근골, 중족골, 지골이다.
- **하행결장 :** 횡행결장이 끝나는 부분에서 세로 방향으로 내려가는 대장이다. 그 끝은 S상결장으로 이어진다.
- **한선 :** 땀을 만들어 내는 분비부위와 이를 배출하는 관으로 이루어져 있는 외분비샘이다. 특히 손바닥과 발바닥의 피부에 많으며, 피부 전체에는 200만~500만 개의 한선이 있는 것으로 알려져 있다.
- **항문 :** 소화관 끝부분과 바깥 사이의 구멍으로 대변이 나가는 곳이다.
- **항문괄약근 :** 항문주위에서 수축과 이완을 통해 항문을 여닫는 반지 모양의 괄약근이다. 바깥항문괄약근과 속항문괄약근으로 나뉜다.
- **해면골 :** 뼛속을 보면, 잔구멍이 많은 누런 갯솜인 해면 같은 부분이 있다. 가느다란 뼈기둥이 서로 엉성하게 얽혀 있는 이런 부분을 해면골이라고 한다.
- **해면체 :** 어떤 조직에 있는 정맥이 틈이 전혀 없는 상피세포로 둘러싸여 있어서 혈액량이 증가하면 이 공간에 혈액이 차서 잘 빠져나가지 못하므로 이 조직은 빳빳해진다. 그러나, 평상시에는 물이 쏙 빠진 해면처럼 그 공간이 비어 있다. 이러한 조직을 해면체라고 하며, 음경에는 2개의 음경해면체와 1개의 요도해면체가 원통형으로 위치해 있다.
- **핵 :** 대개 둥글거나 타원형이며, 세포의 가운데에 있다. 유전물질을 담고 있는 장소이며, 세포질 속의 합성 활동을 조절한다.
- **혀(설) :** 혀는 구강 안에 있는 근육으로 된 기관이며 그 표면을 점막이 덮고 있고, 혀의 입천장 쪽인 혀 등에는 미각을 감지할 수 있는 유두를 가지고 있다.
- **혈관 :** 말 그대로 혈액이 지나는 통로로서 동맥, 정맥, 모세혈관으로 나뉜다.

- **혈소판 :** 혈구의 하나로 불규칙한 모양의 작은 세포이다. 혈액의 응고에 필요한 효소를 가지고 있다.
- **혈액 :** 심장혈관계통 속에 있는 혈구와 혈장으로 이루어진 물질이다. 주로 심장의 주기적인 수축에 의해 한 방향으로 일정하게 흐른다.
- **혈장 :** 혈액 속의 혈구를 제외한 액체 성분이다. 영양물질을 흡수하거나 만드는 부위에서 이를 운반하여 몸의 다른 부위로 나누어준다. 또한 멀리 떨어져 있는 기관들이 서로 화학 정보를 교환할 수 있도록 호르몬도 운반한다.
- **혈청 :** 혈액을 뽑아서 응고시키거나 가만히 놔두었을 때, 바닥에 가라앉는 물질과 구별되는 맑은 노란색 액체이다.
- **홍채 :** 각막 뒤에 있으며, 색깔이 있는 동그란 막이다. 가운데 부분은 동공으로 뚫려 있다. 홍채는 이 동공의 크기를 조절하여 빛의 양을 조절한다. 즉, 동공 둘레에 근육이 방사형으로 있어서, 이 근육이 수축하면 동공이 더 커져서 빛이 더 많이 들어간다.
- **황체 :** 배란이 일어난 다음에 난소에 남아 있던 난포의 일부 세포층은 황체가 되어서 일시적인 내분비샘이 된다. 황체에서 분비되는 호르몬은 난소에서 새로운 난포가 발달하지 못하게 하며, 자궁벽의 두께를 두껍게 유지시킨다.
- **회백질 :** 회색의 신경조직으로 신경세포체와 말이집으로 싸여 있지 않은 신경섬유와 기타 세포 등이 모여 있는 부분이다.
- **회장 :** 공장에서 이어지는 소장의 3부분 중에서 끝부분이다. 공장과의 다른 점은 속이 거의 채워져 있고, 혈관 분포가 적어서 공장에 비해 붉게 보이지 않으며, 벽이 더 얇다는 것 등이 있다.
- **횡격막 :** 흉강과 복강을 나누는 근육으로 된 막으로, 중심 부위는 나뭇잎 세 개를 붙여 놓은 모양의 건으로 이루어져 있다. 바로 이 부분에 테두리에 있는 근육이 닿는다. 양쪽 횡격막 사이에는 구멍이 나 있어서 식도, 대동맥, 대정맥과 같은 흉강과 복강을 지나는 길다란 구조가 지난다.
- **횡문근(가로무늬근) :** 근섬유가 규칙적으로 배열되어 있어서 현미경으로 보면 가로로 난 무늬가 보인다. 골격근과 심근이 이에 속한다.
- **횡행결장 :** 상행결장이 오른쪽으로 굽기 시작하는 부분에서 가로 방향으로 왼쪽 늑골 아래 부분까지 이어지는 대장이다. 비장 밑에서 아래로 굽어 하행결장으로 이어진다.
- **후두 :** 인두와 기관을 연결하는 통로로 몇 개의 연골로 이루어져 있다. 3가지 기능을 담당한다.

우선 숨을 쉴 때 공기가 지나가는 길이 되며, 음식물이 기도로 들어가지 않게 막는 일을 한다. 또한 소리를 내는 일도 한다.

- **후두개 :** 혀의 뿌리 뒤쪽에서 위로 뻗어 있는 나뭇잎 모양의 구조이다. 위쪽은 둥글게 넓고 아래쪽은 좁고 길다. 후두가 위로 올라오면 이 덮개와 맞닿아 기도의 입구가 막히고, 음식물은 식도로만 넘어간다.
- **흉골 :** 가슴의 정중앙에 위치한 편평골로서 아래쪽 끝이 뾰족하여 짧은 칼처럼 생겼다. 이 뼈의 양옆으로는 쇄골과 늑골이 이어진다.
- **흉부 :** 목과 횡격막 사이 부분으로서 늑골이 새장처럼 둘러싸고 있다.
- **흉추 :** 가슴의 뼈대를 이루는 척추골로서 늑골과 흉골을 지지해준다. 몸통과 가로로 난 돌기 두 곳에 늑골과 이루는 관절면이 있어서 다른 척추골과 쉽게 구별된다.

A~

- **S상결장 :** 하행결장에서 이어지는 S자 모양의 장으로 골반에 놓여 있으며, 곧 장으로 이어진다.

중앙에듀북스 Joongang Edubooks Publishing Co.
중앙경제평론사 | 중앙생활사 Joongang Economy Publishing Co./Joongang Life Publishing Co.

중앙에듀북스는 폭넓은 지식교양을 함양하고 미래를 선도한다는 신념 아래 설립된 교육 · 학습서 전문 출판사로서
우리나라와 세계를 이끌고 갈 청소년들에게 꿈과 희망을 주는 책을 발간하고 있습니다.

인체의 신비 〈최신 개정판〉

초판 1쇄 발행 | 2010년 7월 22일
초판 8쇄 발행 | 2022년 3월 20일
개정초판 1쇄 인쇄 | 2024년 11월 15일
개정초판 1쇄 발행 | 2024년 11월 20일

감수자 | 안도 유키오(安藤幸夫)
편역자 | 안창식(ChangSik An)
펴낸이 | 최점옥(JeomOg Choi)
펴낸곳 | 중앙에듀북스(Joongang Edubooks Publishing Co.)

대　표 | 김용주
편　집 | 한옥수 · 백재운 · 용한솔
디자인 | 박근영
인터넷 | 김회승

출력 | 삼신문화　종이 | 한솔PNS　인쇄 | 삼신문화　제본 | 은정제책사

잘못된 책은 구입한 서점에서 교환해드립니다.
가격은 표지 뒷면에 있습니다.

ISBN 978-89-94465-50-0(03470)

원서명 | からだのしくみ事典

등록 | 2008년 10월 2일 제2-4993호
주소 | ㊝ 04590 서울시 중구 다산로20길 5(신당4동 340-128) 중앙빌딩
전화 | (02)2253-4463(代)　팩스 | (02)2253-7988
홈페이지 | www.japub.co.kr　블로그 | http://blog.naver.com/japub
네이버 스마트스토어 | https://smartstore.naver.com/jaub　이메일 | japub@naver.com
♣ 중앙에듀북스는 중앙경제평론사 · 중앙생활사와 자매회사입니다.